"十三五"国家重点图书出版规划项目
国家新闻出版改革发展项目
国家出版基金项目
科技基础性工作专项
中央本级重大增减支项目

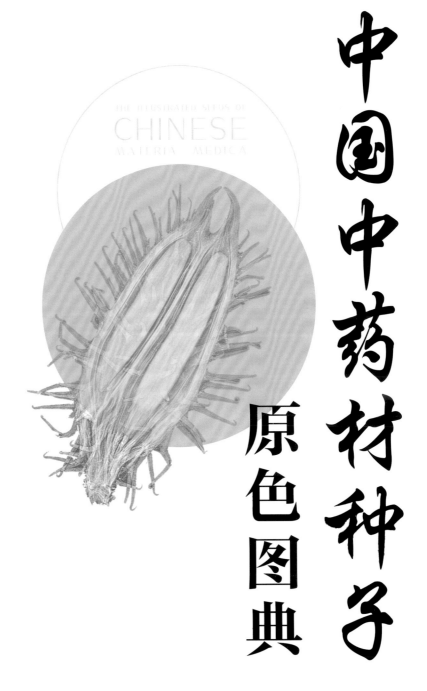

中国中药材种子原色图典

主编　黄璐琦

海峡出版发行集团 | 福建科学技术出版社
THE STRAITS PUBLISHING & DISTRIBUTING GROUP | FUJIAN SCIENCE & TECHNOLOGY PUBLISHING HOUSE

图书在版编目（CIP）数据

中国中药材种子原色图典/黄璐琦主编. —福州：
福建科学技术出版社，2018.11
（中国中药资源大典）
ISBN 978-7-5335-5770-6

Ⅰ.①中… Ⅱ.①黄… Ⅲ.①药用植物—种子—图集
Ⅳ.①S567.024-64

中国版本图书馆CIP数据核字（2018）第292947号

书　　名	中国中药材种子原色图典
	中国中药资源大典
主　　编	黄璐琦
出版发行	福建科学技术出版社
社　　址	福州市东水路76号（邮编350001）
网　　址	www.fjstp.com
经　　销	福建新华发行（集团）有限责任公司
印　　刷	中华商务联合印刷（广东）有限公司
开　　本	889毫米×1194毫米　1/16
印　　张	34
图　　文	544码
版　　次	2018年11月第1版
印　　次	2018年11月第1次印刷
书　　号	ISBN 978-7-5335-5770-6
定　　价	480.00元

书中如有印装质量问题，可直接向本社调换

编委会

前言

FORWORD

　　我国中药资源种类繁多，药用植物栽培历史悠久。自神农尝百草以来，我国人民对中医药的探索已历经数千年历史。中医药是我国基本医疗体系重要组成部分，在保障人们健康、抵御疾病方面发挥着不可替代的作用。中药资源是国家战略资源，是中医药事业发展的物质基础。随着中医药事业的发展，野生中药资源已不能满足临床用药需求。目前，中药材生产已成为我国产业扶贫的重要支点，约300种中药材已经实现了人工栽培。种子是中药材生产的源头，且有130多种中药材是直接以种子或果实入药，中药材种子的真伪优劣直接影响药材质量。当前，中药材种子质量参差不齐，存在种源混杂、以假充真、陈种新卖、采收和出售未成熟种子、种子净度低等一系列问题，严重影响我国中药材生产和中医药事业的健康发展。目前，中华人民共和国农业农村部、国家中医药管理局正联合起草制定《中药材种子管理办法》，是对《中华人民共和国种子法》的贯彻落实，将为中药材种子管理提供法律依据与切实保障。开展中药材种子形态结构、萌发特性、贮藏行为等全面而系统的研究，有助于丰富和完善中药材种子理论与实践，促进中药材种子的规范化生产、管理和流通，从源头保证中药材质量，确保临床疗效，从而保障我国中药产业持续、健康发展。

　　药用植物种子研究在20世纪90年代被列为"七五"国家科技攻关项目，《植物药种子手册》（1987）、《实用中药种子技术手册》（1999）、《常用中草药种子种苗彩色图鉴》（2004）及《中国药用植物种子原色图鉴》（2009）等专著相继出版，为中药材种子研究和生产提供了很好的指导，但系统而全面的研究仍属缺乏，种子显微结构及显微特征并未涉及。许多中药材种子从外观形态和解剖结构上也难以区别。种子的显微鉴别是不可或缺的重要手段，同药材显微鉴别相比，种子切片制作的技术困难致使我国中药材种子的显微鉴别研究截至本书出版前尚属空白。

　　《中国中药材种子原色图典》隶属于"十三五"国家重点图书出版规划项目、国家新闻出版改革发展项目、国家出版基金项目，由中国中医科学院"十二五"重点领域研究专项资金资助，依托第四次全国中药资源普查中药材种子种苗繁育基地建设的研究成果，由中国中医科学院中药资源中心牵头，组织全国 30 余家科研单位、110 余位专家和学者参加研究与编写。书中侧重于生产实践中种子繁殖的中药材品种，根据作者及其研究团队在项目实施以来开展的种子形态、显微结构、萌发、贮藏方面的研究成果以及多年生产实践中积累的经验和数据进行全面整理、整合，以图文并茂的形式全面展现种子（或果实）的来源、药用价值、采集、形态特征、微观特征、萌发特性、贮藏等内容。全书总结了 213 种中药材种子系统而全面的研究成果，其中《中华人民共和国药典》（2015 年版，以下简称《中国药典》）收载 201种，临床常用、习用中药材种子 12 种。每种除有科学的文字描述外，还配有原植物、花或果实、种子的外观和解剖原色照片，尤其是种子（或果实）的显微特征、X 光和扫描电镜图，直观而生动地展现种子（或果实）的外观特征、解剖特征及微观特征，为国内首部对从原植物到果实（或花）再到种子，从外观性状到微观特征进行全面系统研究的中药材种子图典，是中药材种子从宏观研究走向微观研究的科研成果，是一本高质量而较权威的研究专著。我们期望该书的出版能提升中药材种子生产、科研、教学和管理等水平，从源头保证中药材质量，填补我国中药材种子显微研究的空白。

本书在种子收集、鉴定、拍照、形态学及生理特性等研究方面，直至最后的撰稿和审定，得到了国内众多中药学及植物学专家、学者及同行的支持。第四次全国中药资源普查队的老师们为我们提供了精美的原植物图片。中国中医科学院中药资源中心郝近大研究员、中国科学院昆明植物研究所杜燕正高级工程师及广西药用植物园余丽莹研究员审读全稿。对此，谨向他们表示衷心感谢！

中药材种子研究尤其是显微鉴定是一门发展中的新兴学科。因时间和水平有限，书中难免有所错误和疏漏，敬请广大读者和专家给予宝贵意见，以便今后修订补充。

1. 本书共收载临床常用、习用中药材之基原植物的种子 213 种，其中 201 种为《中国药典》2015 年版所收载。书中以基原植物为纲，采用《中国植物志》的分类系统进行分类。

2. 每种种子收载的主要内容有：

（1）基原植物中文名：首先参考《中国药典》（2015 年版），药典未收录者则参考《中国植物志》。

（2）基原植物拉丁学名：首先参考《中国药典》（2015 年版），药典未收录者则参考《中国植物志》。

（3）别名：一般 1~5 个。多个别名时，首先收录《中国植物志》中记录的物种名称，其次选择民间常用别名。无别名者该项从略。

（4）生活型：简要概述基原植物的生活型。如一年生草本或灌木。

（5）药用价值：介绍入药部位、药材名、功效、主治。其中，药材名首先参考《中国药典》，药典未收录者则参考《中药大辞典》《中华本草》等有关书籍。

（6）分布：记述植物的分布信息。

（7）采集：介绍该植物的花期、果期，以及种子采集方式。

（8）形态特征：根据研究成果，结合有关科研文献，描述种子或果实主要外观形态、内部结构的鉴别特征，以及千粒重。

（9）微观特征：根据研究成果，结合有关科研文献，描述种子显微、扫描电镜等微观鉴别特征。

（10）萌发特性：描述种子的萌发特性。

（11）贮藏：描述种子的贮藏特性或条件。

3. 图片：为了便于读者使用，书中每种种子配有基原植物照片及种子（果实）特征图。基原植物照片基本包括整体植株、特征部位、花枝、果枝等，种子特征图基本包括种子（果实）群体图、解剖图（正面、侧面、腹面、横切面、纵切面）、X 光图，以及显微特征图、扫描电镜图等。其中，种子（果实）特征图为本书关键核心内容，均附有比例尺。

4.附录：本书附有种子传统经验术语图解、部分中药材种子萌发温度表、中华人民共和国种子法。

5.索引：在书末附有基原植物中文名笔画索引、药材中文名笔画索引、基原植物拉丁学名索引。

总 论 1

中药材种子研究应用简史 ——— 2

药用植物分类及果实类型 ——— 4
药用植物分类 4
果实类型 4

中药材种子学 ——— 8
种子概念 8
种子形态结构与鉴别 8
种子萌发与休眠 16
种子寿命与储藏 21

各 论 29

银杏科 ——— 30
1 银杏 30

红豆杉科 ——— 32
2 榧 32

三白草科 ——— 34
3 三白草 34

桑科 ——— 36
4 构树 36
5 无花果 39
6 大麻 41

荨麻科 ——— 44
7 珠芽艾麻 44

马兜铃科 ——— 46
8 北细辛 46
9 北马兜铃 48
10 马兜铃 50

蓼科 ——— 52
11 红蓼 52
12 拳参 54
13 头花蓼 56
14 杠板归 58
15 何首乌 60

16 虎杖 62
17 药用大黄 64
18 掌叶大黄 66
19 唐古特大黄 68

藜科 ——— 70
20 地肤 70

苋科 ——— 72
21 青葙 72
22 鸡冠花 74
23 牛膝 76

商陆科 ——— 78
24 垂序商陆 78

马齿苋科 ——— 80
25 马齿苋 80

石竹科 ——— 82
26 麦蓝菜 82
27 石竹 84
28 肥皂草 86

睡莲科 ——— 88
29 莲 88

目 录
CONTENTS

30 芰 90

毛茛科 92

31 牡丹 92

32 芍药 94

33 大三叶升麻 96

34 升麻 98

35 兴安升麻 100

36 腺毛黑种草 102

37 小木通 104

38 绣球藤 106

39 乌头 108

40 天葵 110

41 黄连 112

小檗科 114

42 桃儿七 114

防己科 116

43 青藤 116

44 蝙蝠葛 118

45 粉防己 120

木兰科 122

46 厚朴 122

47 八角茴香 124

48 五味子 126

49 华中五味子 128

樟科 130

50 乌药 130

罂粟科 132

51 地丁草 132

山柑科 134

52 白花菜 134

十字花科 136

53 芥 136

54 萝卜 138

55 独行菜 140

56 菘蓝 142

57 播娘蒿 145

虎耳草科 147

58 虎耳草 147

杜仲科 149

59 杜仲 149

蔷薇科 151

60 厚叶梅 151

61 山楂 153

62 贴梗海棠 155

63 金樱子 157

64 西伯利亚杏 158

豆科 160

65 儿茶 160

66 皂荚 162

67 望江南 166

68 决明 168

69 越南槐 170

70 苦参 172

71 相思子 174

72 刀豆 176

73 大豆 178

74 扁豆 180

75 赤豆 182

76 赤小豆 184

77 补骨脂 185

78 扁茎黄芪 187

79 膜荚黄芪 189

80 蒙古黄芪 191

81 甘草 193

82 胡芦巴 195

亚麻科 197

83 亚麻 197

蒺藜科 199

84 蒺藜 199

芸香科 201

85 黄檗 201

86 黄皮树 203

87　九里香　208

棟科　210
88　川棟　210
89　棟　212

大戟科　214
90　巴豆　214
91　飞扬草　216
92　续随子　218

漆树科　220
93　漆树　220

凤仙花科　222
94　凤仙花　222

鼠李科　224
95　酸枣　224

锦葵科　228
96　冬葵　228
97　苘麻　230
98　黄蜀葵　232

藤黄科　234
99　贯叶连翘　234

旌节花科　236
100　中国旌节花　236
101　喜马山旌节花　238

胡颓子科　240
102　沙棘　240

使君子科　242
103　使君子　242

五加科　244
104　刺五加　244
105　人参　246
106　三七　248
107　西洋参　250

伞形科　252
108　明党参　252

109　宽叶羌活　255
110　羌活　257
111　狭叶柴胡　258
112　柴胡　260
113　茴香　262
114　蛇床　264
115　白芷　266
116　杭白芷　268
117　当归　270
118　重齿毛当归　272
119　珊瑚菜　274
120　白花前胡　277
121　防风　280

山茱萸科　282
122　青荚叶　282

木犀科　284
123　连翘　284

马钱科　286
124　马钱　286

龙胆科　288
125　坚龙胆　288
126　龙胆　290
127　三花龙胆　292
128　条叶龙胆　294

萝藦科　296
129　西南杠柳　296
130　白薇　298

旋花科　300
131　裂叶牵牛　300
132　菟丝子　303

紫草科　305
133　内蒙紫草　305

马鞭草科　307
134　大叶紫珠　307

唇形科 —————————— 309

　　135　筋骨草 —————— 309

　　136　黄芩 ——————— 311

　　137　荆芥 ——————— 313

　　138　益母草 —————— 316

　　139　丹参 ——————— 318

　　140　紫苏 ——————— 320

茄科 —————————— 323

　　141　宁夏枸杞 ————— 323

　　142　枸杞 ——————— 326

　　143　莨菪 ——————— 328

　　144　酸浆 ——————— 330

　　145　白花曼陀罗 ———— 332

玄参科 —————————— 334

　　146　玄参 ——————— 334

紫葳科 —————————— 336

　　147　美洲凌霄 ————— 336

列当科 —————————— 338

　　148　管花肉苁蓉 ———— 338

　　149　肉苁蓉 —————— 340

爵床科 —————————— 342

　　150　穿心莲 —————— 342

车前科 —————————— 344

　　151　平车前 —————— 344

　　152　车前 ——————— 346

茜草科 —————————— 349

　　153　白花蛇舌草 ———— 349

　　154　钩藤 ——————— 350

　　155　栀子 ——————— 352

　　156　茜草 ——————— 354

忍冬科 —————————— 356

　　157　忍冬 ——————— 356

川续断科 ————————— 358

　　158　川续断 —————— 358

葫芦科 —————————— 360

　　159　罗汉果 —————— 360

　　160　木鳖 ——————— 362

　　161　丝瓜 ——————— 364

　　162　冬瓜 ——————— 366

　　163　栝楼 ——————— 369

桔梗科 —————————— 372

　　164　党参 ——————— 372

　　165　素花党参 ————— 374

　　166　川党参 —————— 376

　　167　桔梗 ——————— 378

　　168　沙参 ——————— 380

　　169　轮叶沙参 ————— 382

菊科 —————————— 384

　　170　短葶飞蓬 ————— 384

　　171　旋覆花 —————— 386

　　172　天名精 —————— 388

　　173　苍耳 ——————— 390

　　174　黄花蒿 —————— 392

　　175　艾 ———————— 394

　　176　茅苍术 —————— 396

　　177　白术 ——————— 399

　　178　牛蒡 ——————— 401

　　179　蓟 ———————— 404

　　180　水飞蓟 —————— 406

　　181　红花 ——————— 408

　　182　云木香 —————— 411

　　183　蒲公英 —————— 413

黑三棱科 ————————— 415

　　184　黑三棱 —————— 415

禾本科 —————————— 418

　　185　大麦 ——————— 418

　　186　薏苡 ——————— 420

天南星科 ————————— 422

　　187　异叶天南星 ———— 422

　　188　东北天南星 ———— 424

189　天南星　　　　　　426

谷精草科 ————————— 428
190　谷精草　　　　　　428

灯心草科 ————————— 430
191　灯心草　　　　　　430

百合科 ————————— 432
192　知母　　　　　　432
193　伊犁贝母　　　　434
194　平贝母　　　　　436
195　川贝母　　　　　438
196　暗紫贝母　　　　440
197　韭菜　　　　　　442
198　万寿参　　　　　444
199　玉竹　　　　　　446
200　多花黄精　　　　448
201　云南重楼　　　　451
202　天冬　　　　　　453
203　麦冬　　　　　　455

薯蓣科 ————————— 457
204　薯蓣　　　　　　457

鸢尾科 ————————— 459
205　射干　　　　　　459
206　马蔺　　　　　　462
207　鸢尾　　　　　　464

姜科 ————————— 466
208　大高良姜　　　　466
209　草果　　　　　　468
210　阳春砂　　　　　470

兰科 ————————— 472
211　白及　　　　　　472
212　铁皮石斛　　　　474
213　霍山石斛　　　　476

主要参考文献　　　　　478
附录一　种子传统经验术语图解　492
附录二　部分中药材种子萌发温度表　498
附录三　中华人民共和国种子法　501
基原植物中文名笔画索引　514
药材中文名笔画索引　523
基原植物拉丁学名索引　526

总

ZONGLUN

论

中药材种子研究应用简史

　　人类对中药材种子的应用始于对中药材的栽培及种子类药材的使用，而中药材种子研究则是随着中药材栽培的发展而发展。我国古籍中有关中药材栽培的记载最早可追溯到 2600 年以前的《诗经》（前 11 世纪—前 6 世纪中叶），此后，西汉的《神农本草经》、隋唐的《千金翼方》、南北朝的农书《齐民要术》与《隋书·经籍志》、北宋的《本草图经》、南宋的《橘录》等典籍中也有零星记载[1]。而我国最早的种子应用研究则始于北魏末年（533—544）的《齐民要术》，其记载"桃……熟时，合肉埋粪地中。直置凡地则不生，生亦不茂"，提出了种子休眠的问题。明代李时珍《本草纲目》，对前人中药材栽培工作进行了总结，提及可栽培的中药材有 130 余种，其中不少可通过种子进行繁殖，如红花是"二月、八月、十二月皆可以下种"，牛蒡子是"种子，以肥壤栽之"，紫草是"三月逐垄下子，九月子熟时刈草……"。《本草纲目》中亦记载具有休眠的种子需要进行越冬处理，次年才能萌发，如附子"十一月播种，春月生苗"，五味子"亦可取根种之，当年就旺；若二月种子，次年乃旺，须以架引之"，人参"亦可收子，于十月下种"。李时珍之后，王象晋的《群芳谱》、徐光启的《农政全书》均对多种中药材栽培方法做了详细描述。

　　清代，我国的本草著作数量大幅增加，达 400 余部，其中普及型本草书籍占了大半。赵学敏的《本草纲目拾遗》对《本草纲目》进行了补充，载药 921 种，收集了《本草纲目》未载之药 761 种，是清代一部重要本草著作。同期（19 世纪下半叶）国外的种子生物学研究飞速发展。种子学创始人奥地利科学家 Nobbe 于 1876 年发表了种子科学巨著《种子学手册》，开启了种子生物学的理论研究。其他科学家亦做出了杰出贡献，如 Sachs（1859，1865，1868，1887）揭示了种子成熟过程中营养物质累积变化的报道，Haberlandt（1874）等对种子寿命进行了长期研究，De Vries（1891）揭示了后熟与温度的关系，Sachs（1860，1862，1887）、Cieslar（1883）、Wiesner（1894）和 Kinzel（1907）等揭示了光、温度和萌发抑制剂对种子萌发的影响。

　　民国时期，国外种子科学迅猛发展，推动世界各国种子工作及农业生产大步向前。1931 年，国际种子检验协会（International Seed Testing Association，ISTA）颁发了世界第一部国际种子检验规程，促进了国际种子的贸易和交流。1934 年，日本科学家近藤万太郎编著的《农林种子学》问世，对种子知识、研究和应用进行了系统而全面的总结，对种子行业产生了巨大影响。

　　中华人民共和国成立后，随着医药卫生事业的发展，中药材栽培得到进一步发展，栽培品种、面积、单产、总产等均大幅提升。1958 年，掀起的中医药研究热潮使中药材栽培面积较 1957 年扩大了 80%，1963 年又较 1962 年有大幅增长。中药材种子研究则相对起步较晚，在中华人民共和国成立后二三十年才缓慢发展起来。相关研究论文在二十世纪五六十年代仅有几十篇，这时期的研究主要以药用植物种子的真伪鉴定、种子药的原植物溯源（如蒺藜子、青葙子、地肤子、王不留行、白芥子），以及中药材的栽培技术与方法为主。1949 年，李承祜教授编纂的《药用植物学》详细介绍了药用植物种子发芽的过程及需要的内外条件，是最早对药用植物种子生理进行描述的书籍。该时期国际上种子科学突破性的发现和重要著作不少，如 Borthwith 等（1952）对光敏素的报道，Crocker 和 Barton 的《种子生理学》（1959），柯兹米娜的《种子学》，什马尔科的《种子贮藏原理》（1956），菲尔索娃的《种子检验和研究方法》（1959），郑光华等的《种子工作手册》（1960），叶常丰等的《种子学》（1961）及《种子贮藏与检验》（1961）等，这些著作对我国种子科学的普及和发展、中药材种子的研究起到了巨大的推动作用。20世纪70年代以后，研究者们除了关注中药材种子的质量鉴定和中药材栽培外，逐渐出现了对种子储藏、休眠和萌发等种子生理学的研究报道[2，3]。

二十世纪八九十年代，随着中药材的大规模种植，我国对中药材种子的生理学开展了大量研究，主要是种子休眠和萌发、储藏等方向，集中解决这些与生产密切相关的问题，如解决人参、伊贝母、肉苁蓉、天麻、西洋参、龙胆、三七、厚朴、重楼等较难萌发中药材种子的萌发问题，成功引种驯化天麻、何首乌、山茱萸、栀子、绞股蓝、石斛等大量野生药用植物，从国外引种番红花、水飞蓟、西洋参、小蔓长春花等药用植物，解决了一些过去主要靠进口的丁香、马钱子、金鸡纳等南药的药源供给问题。该时期重要的种子研究专著有胡正海等编写的《栽培中药的种子识别》（1981），该书从中药栽培种子鉴定的角度对83种常用栽培中药材种子的形态、结构、成熟期、繁殖方式、种子处理方法等进行了详细描述；陈瑛编著的《植物药种子手册》（1987），介绍了药用植物种子的一般特性、采集、调制、干燥、检验、萌发、储藏寿命等方法，并对262种中药植物种子进行了分述；孙昌高编著的《药用植物种子手册》（1990）；陈瑛主编的《实用中药种子技术手册》（1999）。这些专著是中国中药材种子多年研究取得的成果，为中药材种子栽培及科学研究提供了重要理论参考。

中药资源是关乎国家民计民生的国家战略资源，开展全国中药资源普查对于掌握真实准确的中药资源数据、健全中药资源保护、发展壮大中药产业意义重大。2011年起开展全国中药资源普查试点工作，截至2018年年底，已有2000多个县开展中药资源调查工作。全国中药资源普查信息管理系统汇总到全国近14000多种野生药用资源、736种栽培药材、1888种市场流通药材的种类、分布信息，总记录数900余万条，拍摄照片600多万张。

中药材种子种苗是中药材生产的物质基础，优良品种及优质种子种苗是实现中药材规范化生产的基础和首要条件。中药材种子种苗繁育基地建设是中药资源普查的四项重点任务之一，通过开展中药材种子种苗繁育基地建设，可加强道地药材、珍稀濒危品种的保护和繁育研究，促进基本药物中药原料生产、供应和中药资源的保护和利用。2012—2015年，我国已在20个省区建设了中药材种子种苗繁育主基地28个、子基地约180个，在我国西北、西南、中部、东北、东南等地区均有分布，繁育超过160种中药材种子种苗。目前，已育有新品种逾20个，包括甘草、柴胡、桔梗等常用药材和人参、三七、石斛等贵细药材。实践过程中开展育种技术创新，获专利授权10余项，专利内容涉及种植养殖、保存培育、栽培方法、技术改良等多方面。各基地通过技术培训、网站发布、技术咨询与指导、生产推广等多种形式，传统与信息化手段结合，积极开展技术服务，产生了良好的经济效益和社会效应。中药材种子种苗繁育基地的建设，对实现优质种子种苗的供应保障，从源头把握好中药材、中药饮片及中药产品的质量具有良好的推动作用。进入21世纪以来，国内多个药用植物研究单位对中药材种子的物理特性指标、种子发芽实验、种子活力检测、幼苗特征等开展了比较系统的研究，制定了基于不同物种种子特性的技术指标、中药材种子种苗质量标准、一系列种子质量管理法律法规，强化了中药材种子质量认证体系，建立了质量监督检验体系，逐渐健全中药材质量保障体系。

药用植物分类及果实类型

药用植物分类

我国药用植物种类丰富，既有高等植物，又有蕨类、藻类等低等植物；既有草本植物，又有木本植物、藤本植物，药用部位和种植方式也各不相同。药用植物的排列方式也多种多样，可依照其亲缘进化关系、生活型、利用部位、中药性味功效等进行排列。

植物界（kingdom）的分类单位从大到小主要分为以下等级：门（division）、纲（class）、目（order）、科（family）、族（tribe）、属（genus）、组（section）、系（series）、种（species）。

门是植物界中最大的分类单位，包含在同一门的植物可继续分下去，分为纲、目、科、属、种。有时因范围过大，还增设一些亚级单位，如亚门、亚纲、亚目、亚科、亚属、亚种等。

种是生物分类的基本单位。根据《国际植物命名法规》规定，种下又可设亚种、变种和变型等级。

亚种（subspecies，缩写为 subsp. 或 ssp.）一般认为是一个种内的变异类群，形态上多少有变异，并具有地理分布上、生态上或季节上的隔离，这样的类群即为亚种。属于同种内的两个亚种，不分布在同一地理分布区内。

变种（variety，缩写为 var.）种类的某些个体在形态上有所变异，变异比较稳定，分布范围比亚种小得多，并与种内其他变种有共同的分布区。

变型（form，缩写为 f.）有形态变异，但是看不出有一定的分布区，而是零星分布的个体。如杜仲有光皮类型和粗皮类型；核桃有早实类型和晚实类型。

对于某一具体物种来说，可通过植物分类等级定位其谱系位置，以反映该物种的历史渊源和谱系关系，反映不同物种之间的联系和区别，为调查、研究、利用和保护该物种提供依据。以栝楼为例说明植物分类的等级：

被子植物门（Angiospermae），双子叶植物纲（Dicotyledoneae），合瓣花亚纲（Sympetalae），葫芦目（Cucurbitales），葫芦科（Cucurbitaceae），南瓜族（Trib. Cucurbiteae），栝楼亚族（Subtrib. Trichosanthinae），栝楼属（*Trichosanthes*），栝楼亚属（Subgen. *Trichosanthes*），叶苞组（Sect. *Foliobracteola*），叶苞亚组（Subsect. *Foliobracteola*），栝楼（*Trichosanthes kirilowii* Maxim.）

果实类型

果实是由受精的子房（少数单性结实 parthenocarpy）发育而成的生殖器官。果实的结构通常分为果皮和种子两部分。果皮又分为外果皮、中果皮和内果皮（多数情况下难以区分），外果皮的表面有时有各种形态的附属物，如腺毛、钩、翅等。中果皮是果实中间一层果皮，结构上变化较大，有的多汁或肉质化，如桃、梅、杏等的可食用部分；有的中果皮变干收缩成膜质或革质，如蚕豆、花生等；最内的一层称为内果皮，有的内果皮如桃、李、梅的核果木质化（巨石细胞）；有的分化为革质薄膜，如苹果、梨等。

在中药材种子采收调制过程中，不同类型的果实需要不同的处理加工方法。根据果实的来源、心皮与花部的关系、成熟时果皮性质等的不同，果实的分类方法亦不同。本书按照果实的发育和形成特点，将果实分为单果（simple fruit）、聚合果（aggregate fruit）和复果（compound fruit）3 大类。

■ 单果

由一朵花的一个成熟子房发育而来的果实称为单果。依据果皮是否开裂，可分为不开裂果（indehiscent fruit）和裂果（dehiscent fruit）2类。

1. 不开裂果

不开裂果，也称闭果，果实成熟后果皮不开裂或分离成几个部分，种子仍包被于果实中。常分为以下种类（图1）：

（1）坚果（nut）：果皮坚硬干燥，内含1枚种子，果皮与种皮分离，如钩栲 *Castanopsis tibetana*、益母草 *Leonurus japonicus*、薄荷 *Mentha haplocalyx*、黄花软紫草 *Arnebia guttata*。

（2）分果（schizocarp）：由复雌蕊发育而成，果实成熟时按心皮数分离成两个或多个含种子的分果瓣，分果瓣干燥不分裂。

（3）瘦果（achene）：果皮干燥、坚韧的小型种子，如蒲公英 *Taraxacum mongolicum*、水飞蓟 *Silybum marianum*。

（4）颖果（caryopsis）：果皮较薄，与种皮愈合，不易分离，内含1枚种子的果实类型，农业生产上常称为"种子"，是禾本科植物特有的果实类型，如薏苡 *Coix lacryma-jobi* var. *mayuan*、大麦 *Hordeum vulgare*。

（5）翅果（samara）：果实内含1枚种子，果皮干燥，一端或周边向外延伸成翅状，如杜仲 *Eucommia ulmoides*。

（6）双悬果（cremocarp）：由两个合生心皮的下位子房发育形成的果实。果实成熟时分离成两个分果，悬挂在心皮柄上端，各个分果各含1枚种子，是伞形科植物特有的果实，如羌活 *Notopterygium incisum*、当归 *Angelica sinensis*。

（7）节荚（lomentaceous fruit）：由单雌蕊发育而成的果实，成熟时不开裂而成节荚，如越南槐 *Sophora tonkinensis*。有的节荚成熟后节节脱落，每节含1枚种子，如决明 *Cassia tora*。

（8）浆果（berry）：由单心皮或合生心皮的雌蕊发育形成的果实。外果皮薄，中果皮和内果皮肉质多汁，1枚果实中常有多数种子，如枸杞 *Lycium chinense*、忍冬 *Lonicera japonica* 等。

（9）核果（drupe）：多由单心皮发育而成的肉质果实，内果皮木质化形成坚硬的果核，如山楂 *Crataegus pinnatifida*、杏 *Armeniaca vulgaris*。

（10）瓠果（pepo）：由具侧膜胎座的三心皮发育而成的肉质果实，下位子房，是葫芦科植物特有的果实类型，如栝楼 *Trichosanthes kirilowii*。

（11）柑果（hesperidium）：由多心皮具中轴胎座的子房发育而成的肉质果实。其外果皮革质，分布多数分泌腔，内含油质；中果皮疏松，具多分枝的维管束；内果皮膜质，分为若干室，向内产生多个汁囊，是主要食用部分，每室含有多枚种子，是芸香科柑橘属植物特有的果实类型。

（12）梨果（pome）：由下位子房的花萼筒和子房壁发育而成的果实类型，花萼筒部分膨大为可食部分，外果皮和中果皮均肉质化，内果皮木质化，常分隔为5室，每室含2枚种子，如贴梗海棠 *Chaenomeles speciosa* 等。

（13）胞果（utricle）：又称囊果，由合生心皮的上位子房发育形成。果皮包围着种子，果皮薄而疏松，易与种皮分开。藜科的果实均为胞果，如青葙 *Celosia argentea*、地肤 *Kochia scoparia*。

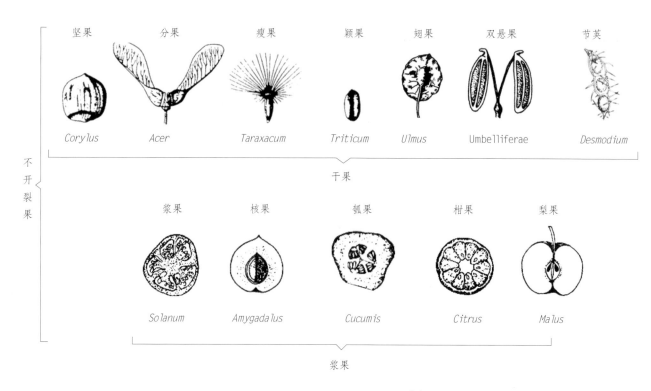

不
开
裂
果

坚果   分果   瘦果   颖果   翅果   双悬果   节荚

Corylus   *Acer*   *Taraxacum*   *Triticum*   *Ulmus*   *Umbelliferae*   *Desmodium*

干果

浆果   核果   瓠果   柑果   梨果

Solanum   *Amygadalus*   *Cucumis*   *Citrus*   *Malus*

浆果

图 1 主要不开裂果的果实类型[4]

2. 裂果

按照心皮的数量又分为单心皮裂果和多心皮裂果。单心皮裂果的果实是由单个心皮的腹缝线和背缝线黏合在一起，果实成熟干燥后，通过腹缝线和 / 或背缝线开裂而使种子散出，按照果实开裂的方式分为荚果和蓇葖果。多心皮裂果是由两个或两个以上的心皮愈合而成，除去少数不规则开裂方式，其分裂方式分为纵裂、孔裂和盖裂。角果和蒴果属于此类，其中纵裂的果实类型最多，又分为室背开裂、室间开裂、室轴开裂（图 2）。

（1）荚果（legume）：豆科植物特有的一种干果，由单心皮发育而成，成熟后果皮沿腹缝和背缝开裂，种子散出，如膜荚黄芪 *Astragalus membranaceus*、甘草 *Glycyrrhiza uralensis*、赤小豆 *Vigna umbellata*。

（2）蓇葖果（follicle）：由单心皮子房发育而成，成熟时沿腹缝线或背缝线开裂，如芍药 *Paeonia lactiflora*、厚朴 *Magnolia officinalis*、八角茴香 *Illicium verum*。

（3）角果（silique）：由两心皮合生的具侧膜胎座的上位子房发育而成的果实，果实成熟时沿两条腹缝线开裂，如十字花科植物的果实。角果又分为长角果（silique）和短角果（silicle），长角果果实细长，如萝卜 *Raphanus sativus*、芥 *Brassica juncea*；短角果果实宽短，如菘蓝 *Isatis indigotica* 等。

（4）蒴果（capsule）：由合生心皮的复雌蕊发育而成的果实，子房 1 室或多室，每室含种子多数，是裂果中最普遍的一种类型。果实成熟后有多种开裂方式，心室之间开裂为室间开裂，如薯蓣 *Dioscorea opposita*、马兜铃 *Aristolochia debilis*；沿背缝线开裂为室背开裂，如百合 *Lilium brownii* var. *viridulum*、鸢尾 *Iris tectorum*；果皮沿室间或室背开裂，但子房隔膜与中轴仍然相连为室轴开裂，如白花曼陀罗 *Datura metel*；心皮不分离，果实成熟时，子房各室上方裂成小孔，种子由孔口散出为孔裂，如桔梗 *Platycodon grandiflorum*；心皮沿果实的上部或中部横裂而成盖裂，如马齿苋 *Portulaca oleracea*、车前 *Plantago asiatica*。

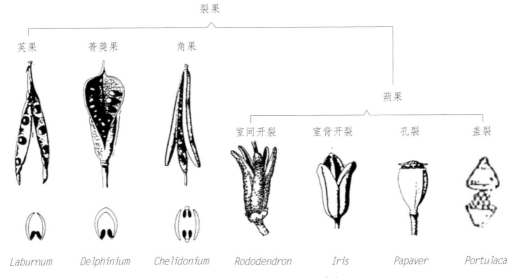

图 2　主要裂果的果实类型[4]

■ 聚合果

指由两个或多个心皮及茎轴发育而成的果实，在一朵花内有多枚离生的雌蕊（心皮），每一枚雌蕊形成一个小单果，是许多小单果聚生在同一花托上所形成的果实。聚合果根据小果类型的不同可分为聚合蓇葖果（aggregate follicles）、聚合坚果（aggregate nuts）、聚合瘦果（aggregate achenes）、聚合核果（aggregate drupes）（图 3）。

■ 复果

复果，也称聚花果，由一个花序的多数花的成熟子房和其他花器官联合发育而成，成熟时整个果穗由母体脱落。有的复果每朵花形成独立小果，聚集在花序轴上，外形似一个果实，如悬铃木 *Platanus orientalis*；有的复果花序轴肉质化，如桑 *Morus alba*；有的花序轴肉质化并内陷成囊状，许多小瘦果着生于囊的内壁而成为隐头果（syconium），如无花果 *Ficus carica*（图 3）。

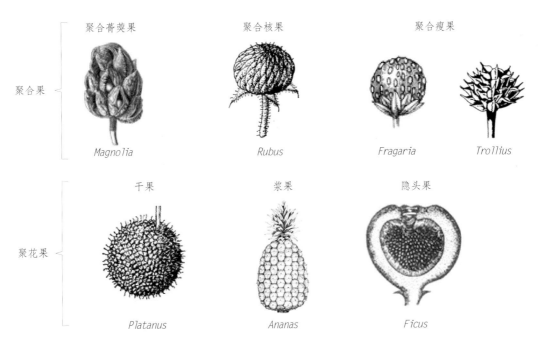

图 3　主要聚合果和聚花果的果实类型[4]

中药材种子学

种子概念

种子在植物学上是指由胚珠发育而成的器官，是种子植物特有的繁殖器官。在农业、林业、园艺生产、中药材栽培领域，种子的概念泛指一切可以繁殖后代，供生产繁殖用的植物器官或植物体的一部分。除了植物学的真种子外，还包括种子状果实、营养器官、人工种子。

1.真种子

由花器官中的胚珠发育而来的，即植物学上的种子。如种子可入药的有播娘蒿、车前、决明、萝卜、马钱等。

2.种子状果实

一些干燥不开裂的果实，在外部形态上与真种子难于区别，常用于播种，亦被人们称为种子，包括颖果、瘦果、坚果、核果、双悬果、节荚等。

3.营养器官

某些药用植物的营养器官，在一定条件下能生根发芽长成新植株，栽培上常作为繁殖材料，包括用于繁殖的根茎、珠芽等，如薯蓣的珠芽，独蒜兰 *Pleione bulbocodioides*、半夏 *Pinellia ternata* 的球茎，天麻 *Gastrodia elata*、延胡索 *Corydalis yanhusuo* 的块茎，川贝母 *Fritillaria cirrhosa*、百合的鳞茎等。

4.人工种子

人工将植物离体培养产生的体细胞胚或具有发育成完整植株能力的分生组织（芽、愈伤组织、胚状体等）包埋在含有养分和具有保护作用的物质中而制成，在适宜条件下能够发芽出苗的颗粒体称为人工种子，也有将植物种子包被在营养物质和保护物质中，从而提高种子的发芽率和成活率。针对一些萌发困难的真种子和部分球茎类药用植物，已开展了人工种子的研究，如具真种子的杜鹃兰 *Cremastra appendiculata*、白及 *Bletilla striata*、铁皮石斛 *Dendrobium officinale*、独蒜兰、毛唇芋兰 *Nervilia fordii* 等，具珠芽的半夏、叶下珠 *Phyllanthus urinaria* 等药用植物。其中，兰科植物种子细小，种子内仅含有胚，无胚乳，缺乏营养物质储存，萌发时仅靠自身内源营养物质难于萌发，通过人工种子的包埋物质提供营养，可以显著提高成活率，具有巨大的应用潜力。尽管人工种子的研发成本很高，但对于难萌发、萌发过程复杂的种子而言，人工种子可大大提高其出苗率和成苗率。

种子形态结构与鉴别

种子形态

相较于植物的营养器官而言，种子是遗传稳定性最强的器官。自然界种子植物种类较多，所产生的种子外部形态多种多样。这些种子的形态特征能作为植物科、属、种的分类学依据，也是进行种子鉴定、净度检验、清选分级及安全储藏等的重要依据。

种子的形态特征包括种子形状、大小、颜色。种子的外形包括球形、椭圆形、肾形、纺锤形、卵形、楔形、不规则形、三棱形等。种子大小一般用种子的长、宽、厚三个维度的尺寸来表示，也用种子的千粒重来表示。为了规范种子形态和尺寸大小的表述，规定长度指着生种脐的种子端至种子相对端间的轴长，宽度指垂直于长度轴的种子最大直线距离，厚度指垂直于宽度的第三平面的直线距离（图4）。宽度和厚度均测量种子的最大部位。种子形状的描述参照国际分类学协会描述性术语委员会（Systematic Association Committed for Descriptive Terminology）制定的对称平面图形和立体名称（图5，图6）。种子的种皮细胞中含有各种色素等，使种子外表呈现不同的颜色和斑纹，如赤豆种子为暗红色，商陆种子为光亮黑色等。种子种皮的质地亦各不相同，有的表面光滑，有的表面粗糙，有的表面有皱褶，有的表面生有瘤刺状突起，有的表面被毛等。

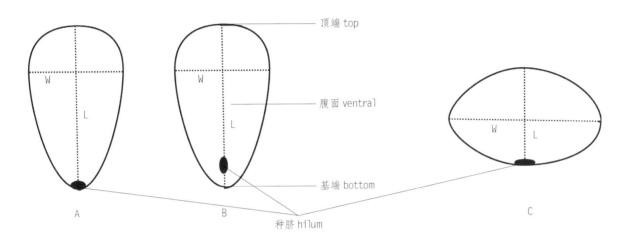

图 4　种子大小和形状的确定（种脐朝下）[5]

A. 种脐位于种子基部；B. 种脐位于种子腹面基部；C. 种脐位于种子侧面近中部；L. 长度；W. 宽度

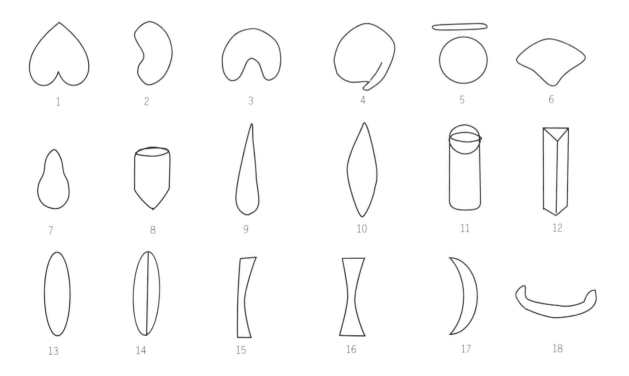

图 5　简单对称平面图形[6]

1. 心形；2. 肾形；3. 马蹄形；4. 逗号形；5. 圆盘形；6. 扇形；7. 梨形；8. 陀螺形；9. 披针形；10. 纺锤形；11. 圆柱形；12. 三棱形；13. 双凸面；14. 平凸面；15. 平凹面；16. 双凹面；17. 新月形；18. 船形

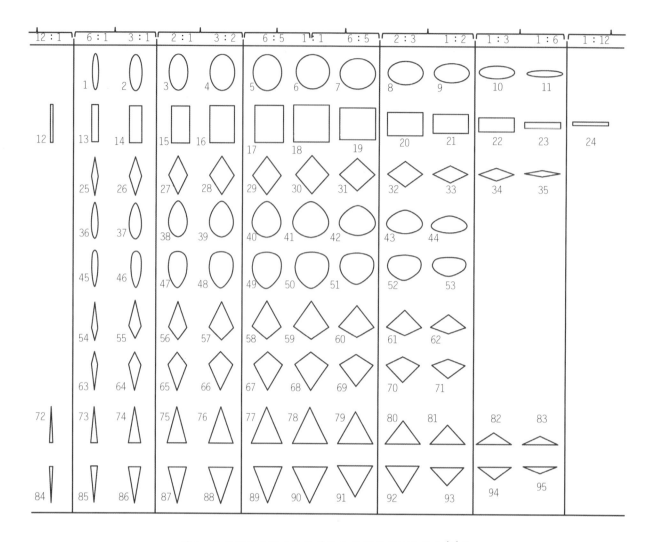

图6　立体形状（引自分类学协会描述性术语委员会[6]）

1~11. **椭圆形的**。1~2. 窄的；3~4. 椭圆形的；5. 宽的；6. 圆形的；7. 横宽的；8~9. 横；10~11. 横窄的。12~24. **矩圆形的**。12. 线形的；13~14. 窄的；15~16. 矩圆形的；17. 宽的；18. 方形的；19. 横宽的；20~21. 横；22~23. 横窄的；24. 横线形的。25~35. **菱形的**。25~26. 窄的；27~28. 菱形的；29. 宽的；30. 方形的；31. 横宽的；32~33. 横；34~35. 横窄的。36~44. **卵形的**。36~37. 窄的；38~39. 卵形的；40~41. 宽的；42. 极宽的；43~44. 压扁的。45~53. **倒卵形的**。45~46. 窄的；47~48. 倒卵形的；49~50. 宽的；51. 极宽的；52~53. 压扁的。54~62. **角卵形的**。54~55. 窄的；56~57. 角卵形的；58~59. 宽的；60. 极宽的；61~62. 压扁的。63~71. **倒角卵形**。63~64. 窄的；65~66. 倒角卵形；67~68. 宽的；69. 极宽的；70~71. 压扁的。72~83. **三角形的**。72. 线状三角形；73~74. 窄的；75~76. 三角形的；77~78. 宽的；79. 极宽的；80~81. 压扁的；82~83. 极压扁的。84~95. **倒三角形**。84. 线形的；85~86. 窄的；87~88. 倒三角形的；89~90. 宽的；91. 极宽的；92~93. 压扁的；94~95. 极压扁的。

　　植物营养器官受环境条件影响而发生变异的概率较高，生殖器官受环境条件的影响则相对较小。虽然种子形态特征是物种特性中最稳定的，然而有些植物同一物种的不同产地、不同植株的种子，甚至同一植株的种子形状、大小、颜色等方面差异也很大。主要包括以下几种情况：

　　1. 大小不一

　　部分植物因生长环境的水热条件差异，而生产出大小不一而形状、颜色一致的种子。如暖湿环境下欧洲七叶树 *Aesculus hippocastaneum* 生产的种子较环境温度低生产的小，甚至其种子干重最大相差7倍。车前种子的千粒重随着产地雨热条件的升高而增加[7]。

2.颜色、大小不一

部分植物的种子因在植株的生长部位不同，而产生颜色、大小的不同，如盐地碱蓬 *Suaeda salsa* 能产生黑色和棕色种子。

3.形状、大小、颜色不一

部分植物同一植株可产生形状、大小、颜色都不相同的种子，也称为异型种子。目前在菊科（中央果和外围果，如金腰箭 *Synedrella nodiflora*）、豆科（地上豆荚和地下豆荚，如三籽两型豆 *Amphicarpa edgeworthii*）、藜科（二型或三型种子，如异子蓬 *Borszczowia aralocaspica*）等26科植物中均有发现，多数分布于干旱、半干旱、荒漠、盐渍地区。菊科植物的头状花序中，中央的种子为直立的瘦果，而周边的边果则内侧弯曲，朝外一侧向外凸出。滨藜属植物 *Atriplex sagittata* 有3种类型的果实：第一种果实具有黑色种子和五裂花被，不传播；第二种果实具有黑色种子和苞片，风媒传播；第三种果实具有棕色种子和苞片，风媒传播[8]。

以上这些形态大小差异的同一物种的种子，除了形态差异外，萌发休眠特性、传播特点，甚至种子萌发产生的幼苗和植株也存在差异。异型种子是植物避免密集负效应，减弱同胞子代间的竞争，而采取的"两头下注"策略以适应时空异质性环境，是植物适应恶劣环境条件的一种策略[9]。然而，这些形态、结构差异的异型种子给药用植物的种子鉴定带来了诸多不便，异型种子可能会被鉴定为两种不同植物的种子。因此，了解具有异型种子的类群，明确不同类群异型种子的形态、结构特点，才能在鉴别种子时避免出现错误，以切实解决中药材种子假冒、混杂等问题，以及鉴别种子类中药材的真伪等。

■ 种子结构

植物种子的外部形态千差万别，而观察其内部结构，则发现存在一致性，基本均由种皮（seed coat）、胚（embyo）和胚乳（endosperm）组成。不同类型的种子又具有不同的结构。根据子叶数目不同，将种子分为单子叶植物种子和双子叶植物种子。单子叶植物种子的胚具有1枚子叶，而双子叶植物种子的胚具有2枚子叶。根据种子内有无胚乳，将双子叶植物种子分为两类，有胚乳种子和无胚乳种子。双子叶无胚乳种子由种皮和胚组成，营养物质储存于子叶，如赤小豆、大豆 *Glycine max*（图7，A）。双子叶有胚乳种子的典型代表是蓖麻种子，其种子由种皮、胚和胚乳构成，胚乳是种子物质储藏结构（图7，B），如余甘子 *Phyllanthus emblica*、莨菪 *Hyoscyamus niger*、颠茄 *Atropa belladonna*、防风 *Saposhnikovia divaricata*、人参 *Panax ginseng* 等的种子均为有胚乳的双子叶植物种子。

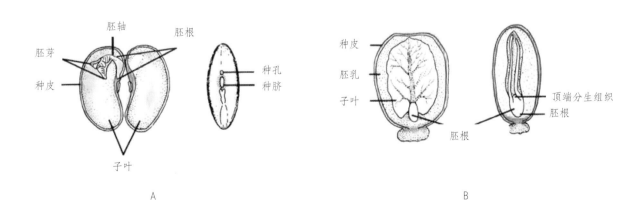

图7　双子叶植物种子的结构[10]

A. 菜豆种子；B. 蓖麻种子

单子叶植物的种子多数有胚乳（图8，A、B），仅少数无胚乳（图8，C），如兰科的铁皮石斛、天麻、独蒜兰，菱科的菱 *Trapa bispinosa* 等的种子无胚乳。

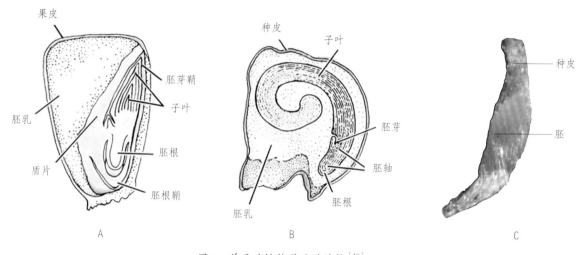

图8　单子叶植物种子的结构[10]

A. 玉米种子；B. 洋葱种子；C. 铁皮石斛种子

1. 种皮

种皮是由一层或两层珠被发育而成，外珠被发育成外种皮，内珠被发育成内种皮，外种皮通常质厚而坚韧，内种皮多呈薄膜状。种皮对种子的胚起到保护作用，防止胚过度脱水、受到物理和生物伤害。成熟种皮一般由多层细胞组成，其组成细胞具有不同结构特征。大多数植物种子具有干种皮，也有少数种类为肉质种皮，如石榴的可食用部分为种皮的外表皮。种皮结构的致密程度及细胞内所含化学物质都会在不同程度上影响种子与外界环境的关系，如种子发芽、储藏寿命等。很多豆科植物种皮表面含有不透水的角质层，且种皮具有排列致密的柱状石细胞，致使种皮不透水，给生产带来不便。

种皮表面常有一些胚珠发育的原始遗迹，常作为种子鉴定的重要特征。种脐（hilum）是种子成熟后从珠柄与种子的连接处断开后，留在种皮上的疤痕。豆科植物种子的种脐明显，如膜荚黄芪、甘草。种脊（raphe）指种脐到合点之间隆起的脊棱线，由倒生胚珠的珠柄发育而来。种脊发达的如蓖麻。有些植物种子形成过程中，胚珠的外珠被顶端生出一种围绕着珠孔的海绵状突起物，即种阜（caruncle）。一些大戟科植物种子的种阜比较明显，如蓖麻（图7，B）。胚珠上的珠孔发育成种子的种孔（micropyle），通常为种子萌发时吸收水分和胚根伸出的部位。部分植物种子种皮表面生有毛、刺、腺体、翅、黏液等附属物；部分植物种皮外面有假种皮，是由珠柄或胎座发育而成，如龙眼 *Dimocarpus longan* 果实的可食部分由珠柄发育而来，苦瓜 *Momordica charantia*、番木瓜 *Carica papaya* 种子外面的肉质附属物是由胎座发育而成。这些种皮外的附属物可以帮助种子进行传播，具有重要的生态意义。

2. 胚

胚一般包括子叶、胚芽、胚轴和胚根四部分。胚芽是叶和茎的原始体，位于胚轴的上端，它的顶点即茎的生长点。胚轴是连接胚芽和胚根的部位。双子叶植物子叶着生点至胚根之间的部分称为下胚轴，而子叶着生点以上的部分称为上胚轴。胚根为植物未发育的初生根，位于胚轴下方。种子萌发时，胚根迅速生长和分化。

　　胚的形状及其在种子中的位置也因植物的不同而不同。Matin[11]对6000多种1400多属植物的种子进行了研究，根据胚的外部形态及其与种子其他结构的关系，总结归纳了以下12种不同类型的胚（图9）。不同类型的胚通常具有不同的种子萌发和休眠特性[12]。

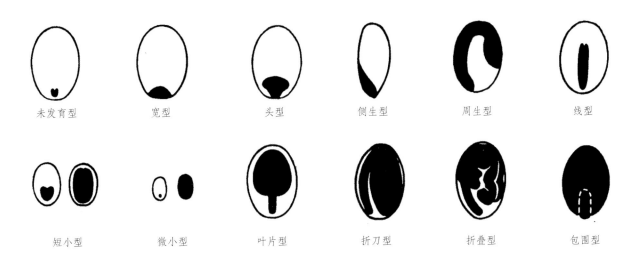

　　　未发育型　　　　　宽型　　　　　　头型　　　　　侧生型　　　　　周生型　　　　　线型

　　　短小型　　　　　微小型　　　　　叶片型　　　　　折刀型　　　　　折叠型　　　　　包围型

图9　种子胚的类型[11]

　　（1）未发育型（rudimentary）：种子一般中等大小。胚小，球形至椭球形；子叶通常未发育完全，形态不清。具未发育型胚的种子更易引起形态休眠。如羌活、宽叶羌活 *Notopterygium forbesii*、三七 *Panax pseudoginseng* var. *notoginseng*、人参、黄连 *Coptis chinensis*、厚朴等。

　　（2）宽型（broad）：胚的宽度等于或大于其高度，胚位于种子的边缘或靠近边缘。如灯心草 *Juncus effusus*、王莲 *Victoria regia*。

　　（3）头型（capitate）：胚上端膨大成头状，仅在单子叶植物中存在。如薯蓣、黄山药 *Dioscorea panthaica*、异型莎草 *Cyperus difformis*。

　　（4）侧生型（lateral）：胚侧生于种子基部，常向周边延伸，可至种子一半，少数更大，仅见于禾本科。如淡竹叶 *Lophatherum gracile*、芦苇 *Phragmites australis*。

　　（5）周生型（peripheral）：胚长而大，占种子的1/4或大部分，常弯曲，至少部分与种皮连接；胚乳富含淀粉，位于中心或少数位于侧面，子叶窄或宽，如地肤、牛膝 *Achyranthes bidentata*。

　　（6）线型（linear）：胚的长度比宽度大数倍，直或弯曲或盘绕，子叶不宽展，种子不为短小型和微小型，如油松 *Pinus tabuliformis*、枸杞、白花曼陀罗、百合。

　　（7）短小型（dwarf）：种子小，一般0.3~2 mm（除种皮外），长多与宽近等长。胚小至充满整个种子，常呈宽椭圆形、椭圆形或矩圆形，子叶发育不全，如地黄 *Rehmannia glutinosa*、秦艽 *Gentiana macrophylla*、羊踯躅 *Rhododendron molle*、党参 *Codonopsis pilosula*。

　　（8）微小型（micro）：种子极小，常小于0.2 mm（除种皮外），多球形，由较少细胞构成，胚由微小至充满整个种子。如兰科的天麻、铁皮石斛、白及、独蒜兰。微小型种子通常种子内仅有胚，无胚乳或储藏营养物质结构，因此该类型种子通常需要由共生菌提供营养物质或人为提供营养物质，才能正常萌发。

　　（9）叶片型（spatulate）：胚直立，子叶叶片状，有宽有窄，有薄有厚。如菊科的苍术 *Atractylodes lancea*、牛蒡 *Arctium lappa*、蒲公英、车前、紫花地丁。

（10）折刀型（bent）：胚为叶片型，但像折刀一样在胚颈部弯折，子叶常厚。如菘蓝、萝卜、槐、黄芪、甘草、盐肤木 *Rhus chinensis*。

（11）折叠型（folded）：胚的子叶通常薄而宽展，以不同方式折叠，如牵牛 *Pharbitis nil*、南方菟丝子 *Cuscuta australis*。

（12）包围型（investing）：胚直立，胚轴短，一半以上被厚而宽的子叶包被，无胚乳或具很少胚乳，如香果树 *Emmenopterys henryi*、栗 *Castanea mollissima*、胡桃 *Juglans regia*。

3. 胚乳

胚乳也称内胚乳，是被子植物在双受精过程中精子与极核融合后形成的种子储藏组织。胚乳细胞常含有大量淀粉粒、糊粉粒、脂肪油、蛋白质等营养物质，为种子萌发过程提供营养物质。少数植物种子的珠心层发育成可以储藏营养物质的外胚乳，如甜菜 *Beta vulgaris*、胡椒 *Piper nigrum* 等植物的种子。有的种子发育过程中胚乳物质被消耗，因此成熟时胚乳退化为薄层或消失。如牵牛成熟种子的胚乳为薄层组织，杏种子的胚乳几乎消失。胚乳的有或无、形态、颜色、质地等特征都是种子的重要鉴别特征。

对胚乳的形态和质地进行描述时，常用以下术语：粉末状（floury）、颗粒状（granular）、嚼烂状（ruminate）、玻璃状（translucent）、半透明状（semi-transparent）、水样（watery-fleshy）、坚硬（hard）、柔软（soft）。

对胚乳成分进行描述，多用以下术语：淀粉质（starchy）、油脂质（oily）、胶质（colloidal）、角质（courneous）、非淀粉质（non-stachy）。

通常对种子胚乳的描述，用以上各种术语进行组合，如油松种子的胚乳为半透明油质，延龄草 *Trillium erectum* 种子的胚乳为坚硬半透明状，菝葜 *Smilax china* 种子的胚乳为坚硬半透明非淀粉质，美人蕉 *Canna indica* 种子的胚乳为粉状淀粉质等。

■ 中药材种子鉴别

不同物种由于遗传基础不同，种子形态和内部结构上常呈现稳定的差异，因而对种子的形状、大小、颜色、种皮表面纹饰，种子内胚的大小、形状、颜色、类型，胚乳的形状、质地等进行观察统计，以区别和界定不同物种。种子形态鉴别需参照已知物种的种子形态结构信息，这要求鉴别人员具有丰富的种子知识和鉴别经验。建立种子标本实物库和信息库，可以为种子鉴别提供详细的种子实物及数据信息。

种子的显微鉴别指通过显微镜观察中药材种子的显微结构。果实类种子的显微鉴别，首先观察果皮的形态结构，包括外果皮、中果皮和内果皮的形态结构差异，如伞形科植物果实的内果皮比较特殊，为1层镶嵌状细胞层。种皮的表面形态、结构、组成，种子的外胚乳、内胚乳或子叶细胞的形状、细胞壁增厚情况，以及所含脂肪油、糊粉粒或淀粉粒等，均是显微鉴别的重要特征。种皮表面显微形态是显微鉴定最基本的参照特征，很多研究表明种皮微形态在植物系统演化和分类学中具有重要价值，不仅可以解决一些科属的分类问题，对于部分属种间的分类关系也具有启迪意义。部分类群的种皮结构具有其特定特征，对于种子鉴别具有重要参考价值，如烟草属 *Nicotiana* 植物种子表面纹饰为颗粒状、网状和网状颗粒状；番薯属 *Ipomoea* 植物种子种脐大，表面纹饰为网状，具多边形或六边形的网穴；绿绒蒿属 *Meconopsis* 植物种子种皮为网状和多皱褶状纹饰。

Murley[13]对种子表面纹饰进行了系统总结，整理出13种具有代表性的种子表面纹饰类型（表1）。

表1　13种具有代表性的种子表面纹饰类型

纹饰类型	纹饰特征	图例
光滑无纹饰 psilate smooth	表面光滑，几乎无任何纹饰	—
皱纹状 rugulate	表面具非常小的皱纹	图10，A
条纹状 striate	表面具相互平行或近平行的条纹	图10，B
网状 reticulate	表面具由突起的网脊和下凹的网眼组成的网状纹饰	图10，C
负网状 areolate	表面具由凹陷的网脊和凸出的网眼组成的网状纹饰	—
咀嚼状 ruminate	表面布满像被侵蚀后形成的不同方向的小沟	图10，D
粗糙 scabrate	表面具有小于1μm的细微突起，可以为小颗粒、小穴或小皱纹	图10，E
颗粒状 granulate	表面密布圆形颗粒状突起	图10，F
瘤状 ruberculate	表面密布圆头状突起，突起的高度大于或等于宽度，基部稍收缩	图10，G
疣状 verrucate	表面密布扁圆形突起，突起的最宽处大于高度，基部不收缩	图10，H
刺状 aculeate	表面密布小尖刺状突起	图10，I
棒状 claviform	表面密布高度大于宽度的棍棒状突起	图10，J
穴状 foveolate	表面具圆形或近圆形凹穴	图10，K

指纹图谱被认为是一类快速鉴别中药的方法，一般包括化学指纹图谱和DNA指纹图谱。中药材种子的化学指纹图谱技术是指将种子进行处理提取后，采取薄层扫描（TLCS）、高效液相（HPLC）、气相色谱法（GC）等色谱法以及紫外光谱（UV）、红外光谱（IR）、质谱（MS）、核磁共振（NMR）等光谱法进行分析，得到能够标识其化学特征的色谱图和光谱图。随着化学检测技术的发展，HPLC–MS/MS、GC–MS/MS等联用技术的应用，成为指纹图谱技术的首选。Xu et al.[14]利用HPLC–DAD–ESI–MS分析方法，对羌活和宽叶羌活种子的指纹图谱进行分析，可完全将外形相似的两种种子分辨开来。

DNA指纹图谱，即通过分析遗传物质的多态性来判断物种的遗传变异而进行鉴别的方法，也称分子鉴定。分子鉴定经历了RAPD、ISSR、RFLP、AFLP、SNP序列分析等发展阶段。DNA条形码（DNA barcoding）是近年来快速发展起来的一类分子鉴定方法，因具有更好的通用性、重复性和稳定性，使其在中药材乃至中药材种子鉴别中迅速普及。DNA条形码是指生物体内能够代表该物种的、标准的、有足够变异的、易扩增的、相对较短的DNA片段。近年来大量中药材的DNA条形码标准片段被研究开发，重楼、人参、羌活、天南星、地黄、丹参、金银花等均可以进行准确鉴定。因为DNA序列在个体发育过程中不会改变，所以同种生物不同时期的DNA条形码是一致的。这些已开发的中药材DNA条形码标准片段同样可以用于该物种种子的鉴别。无论是化学指纹图谱，还是DNA指纹图谱，都需要确定某一物种或品种的标准图谱，建立标准图谱数据库。因此，建立公共、开放的标准图谱数据库，对中药材种子的指纹图谱鉴定具有非常重要的意义。

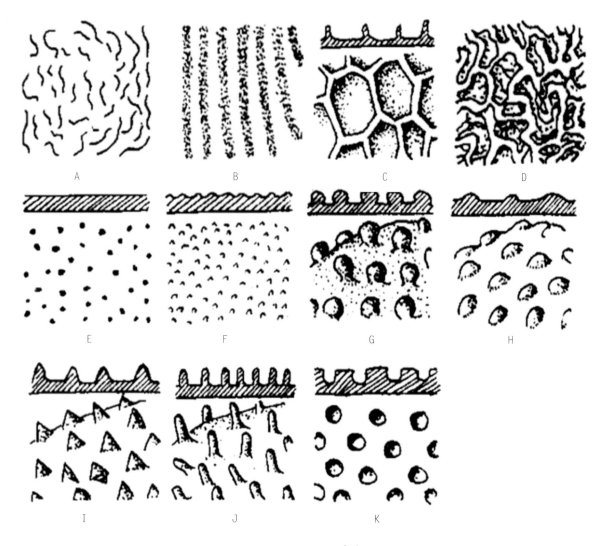

图10　种子表面纹饰[13]

A.皱纹状；B.条纹状；C.网状；D.咀嚼状；E.粗糙；F.颗粒状；G.瘤状；H.疣状；I.刺状；J.棒状；K.穴状

种子萌发与休眠

种子萌发

种子萌发是指具有生活力的无休眠种子，在适宜萌发条件下，萌动并发育成为幼苗的过程。种子萌发的适宜条件包括：充足的水分、适宜的温度、空气，光照对部分物种萌发也是必需的。

1. 水分

水分是种子萌发的首要条件。种子吸水包括三个阶段，第一阶段（Ⅰ）是吸胀（imbibition），这个时期种子迅速吸水，吸水后种子膨胀、软化。这是一个与种子种皮结构和内含物质成分相关的物理过程，一般种子要吸收其本身重量的25%~50%或更多的水分才能萌发，大豆甚至需要吸收120%的水分才能萌发。种子萌发时吸水量的差异，由种子所含成分的不同引起。吸水一定时间后，种子含水量达到平台期，即种子吸水的第二个阶段（Ⅱ），此时种子细胞发生活化和修复，活化的顺序一般是氨基酸代谢、糖酵解、三羧酸循环、磷酸戊糖途径等过程。吸水过程中，种子的膜、DNA、RNA分子也需要修复。正常的生物膜由磷脂和蛋白质组成，具有完整构造的双层膜结构。在种子成熟和干燥脱水过程中，种子内膜脂构型变为不稳定的六边形模式，便于种子储存过程的膜脂稳定，但易发生渗漏。吸水时，细胞膜的磷脂排列发生改变，膜脂重排从六边形结构逐渐恢复到正常的双层膜系统，种子内物质通过膜结构的漏洞渗出到细胞外面。伴随着种子的部分物质发生外渗，细胞膜系统完成膜结构的正常转换。干种子中，细胞内 DNA 链上出现裂口或断裂，种子吸水后 DNA 分子由 DNA 内切酶、DNA 多聚酶和 DNA 连接酶来完成修复。修复方式一般是首先由内切酶切取受到损伤的片段，而后由多聚酶重新合成相应片段，再由连接酶连接到相应 DNA 分子上。一般 DNA 分子裂口可由连接酶直接结合。其实吸水第二阶段的修复过程大多从吸水的第一个阶段就逐渐开始了，在该阶段完成修复过程。

种子吸水的平台期过后，种子胚部细胞开始分裂、伸长，胚根伸出，胚轴伸长，胚芽长出，这期间种子代谢旺盛，吸水量迅速升高，达到第二个快速吸水期。

如果水分过多，种子萌发时可能会发生吸水敏感，种子发生"涝害"。该情况易于土壤或沙土栽培环境，播种后积水时发生。低温会加重种子"涝害"程度，整个吸水过程的生理代谢变化减慢，酶活性降低，物质代谢速度减缓。一些温带作物在湿冷的春季易发生此伤害。种子吸水过程中，低温导致膜脂不能正常地从六边形构型恢复到双层膜的稳定结构，细胞内物质持续渗漏，从而引发种子死亡，即吸胀冷害（imbibitional chilling injury）的发生[15]（图11）。多数豆类植物种子在春播时易发生吸胀冷害。吸水敏感的种子可通过渗透调节来保持种子缓慢吸水，以避免过快吸水或过多吸水对种子造成伤害。通过渗透调节，让种子缓慢吸收水分子，逐渐完成吸水的第二个阶段（Ⅱ），之后再播种到萌发基质中，可以显著改善该类种子的吸水敏感程度。

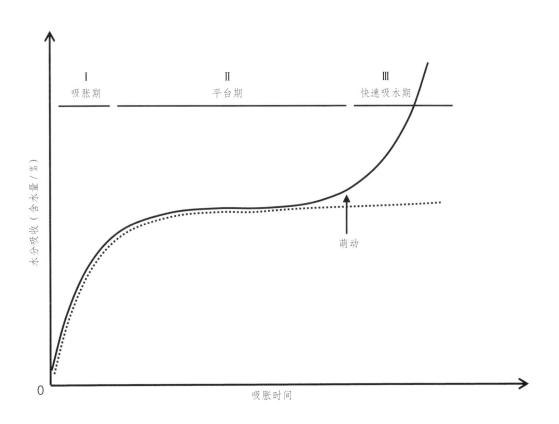

图 11　种子萌发过程中水分吸水的典型模式[16]

注：实线为活种子，虚线为死种子。

2. 温度

每种植物种子萌发都有相应的萌发温度范围，存在最低、最适和最高三个基点温度。种子萌发温度受环境温度条件影响。温带地区植物种子萌发要求的温度范围比热带的低。如温带起源植物小麦萌发的 3 个基点温度分别为 0~5℃、25~31℃、31~37℃，而热带起源植物水稻的 3 个基点温度分别为 10~13℃、25~35℃、38~40℃。种子萌发的最适温度在不同物种中差异很大，大部分温带起源植物种子最适萌发温度为 20~25℃，热带起源植物种子最适萌发温度为 25~30℃，生长在干旱半干旱荒漠地带的部分黎科植物种子的发芽最适温度达 40℃，而一些物种经过低温层积解除休眠后，在 5℃ 低温条件下更易萌发，如原拉拉藤 Galium aparine。不同产地的同一物种种子萌发的最适温度也会有差异，如产于希腊苏弗里（Soufli）的 Pinus brutia 种子最佳萌发温度为 20℃，而产于萨索斯（Thasos）的则为 25℃[17]。甚至同一植株的种子也会存在萌发温度差异，荒漠植物藜 Chenopodium album 的褐色种子在 20℃ 可以萌发，而黑色种子需要解除休眠才能萌发[18]。

许多植物种子在恒温条件下不能萌发或很少萌发，而在昼夜交替温度条件下萌发[12]。不同物种对于光照和变温的需求不同，有时光照可以完全替代变温对种子萌发的作用，有时光照仅能减少萌发需求的温差变化幅度。如灯心草种子在光照及变温条件下可以萌发，而黑暗条件下变温则不能萌发。

3. 氧气

绝大多数种子萌发过程需要氧气的供给。种子吸水后有氧呼吸加强，需要足够的氧气，酶的活动也需要氧气。研究发现降低和提高氧气含量均会降低种子萌发率。土壤水分过多或土壤表面板结使土壤空隙减少，通气不良，均会降低土壤空气中的氧气含量，进而影响种子萌发。

有报道称，暂时的厌氧环境可以解除某些种子的休眠，促进种子萌发，甚至可以替代低温层积对种子休眠解除的作用。某些水生植物的种子多存在厌氧萌发，即种子在低浓度氧气水平才能萌发[19]，这是该类植物种子对深水环境萌发的适应，种子深水萌发后，可以扎根在水底泥土中。农、林业生产上，多通过给种子充入高浓度氮气，来提高种子储藏时间和质量，尤其是应用于一些顽拗型种子，其主要目的是减慢储藏过程中种子的呼吸代谢过程。有些研究发现，高氮气（低氧气）环境可以诱导种子进入次生休眠，如曼陀罗种子置于 25℃ 高氮气环境中，就会进入次生休眠[20]。

4. 光照

大多数种子在有光照和无光照条件下萌发没有差别。少数植物种子萌发时需要光，如垂叶榕 Ficus benjamina、烟草 Nicotiana tabacum、莴苣 Lactuca sativa 等的种子在无光条件下不能萌发，这类种子叫需光种子。少数种子会发生光萌发抑制，光降低种子萌发率，如曼陀罗、天冬 Asparagus cochinchinensis 等种子，该类种子叫嫌光种子。从生态角度考虑，环境通过光照来控制种子萌发。需光种子一般很小，种子散布后，容易散落在土壤表面或能透光的土壤表层，水温条件合适即可萌发成苗。而埋藏到深层土壤的种子，因为不能获得光照而无法萌发，进入土壤种子库，从而保证居群的可持续性。

种子对光的敏感性是不稳定的，即使同一植株上的种子，随着其他环境因素的变化对光的反应也不同。比如，种子在某一温度条件下对光不敏感，而在另一温度条件下萌发则需要光。如莴苣种子，在 10~20℃ 黑暗条件下可以发芽，25~30℃ 条件下，种子很少萌发，光可以显著促进其种子萌发。相反的例子也有，烟草种子在 15~20℃ 条件下，光照可以显著提高种子萌发率（萌发率提高 90%），而在 20~30℃ 黑暗条件下种子萌发率也可达到近 100%，与光照条件下的萌发率一致。

■ 种子休眠

中药材栽培受到种子休眠的严重制约，许多名贵中药材不能完成人工栽培或人工栽培规模小、产量低，很大程度上都受到种子休眠的影响，如重楼、东北红豆杉 Taxus cuspidata、羌活等，研究和弄清种子休眠方式及休眠解除方法，对中药材栽培具有重大的指导价值和实用意义。

种子休眠（dormancy）指在适宜萌发条件下，成熟的种子仍不能萌发的特性，是种子植物抵抗外界不良环境的一种生态适应，有利于种群延续。

依据种子休眠的来源分为内源的胚引起的休眠和外源的种皮或果皮引起的休眠。其中，前一类包括生理休眠（physiological dormancy）、形态休眠（morphological dormancy）、形态生理休眠（morphophysiological dormancy），后一类包括物理休眠（physical dormancy）、组合型休眠（combinational dormancy）[12]。

1. 生理休眠

生理休眠是种子最常见的一种休眠方式，指胚已发育完全，但由于胚本身存在生理障碍而无法发芽的休眠形式，即使让胚裸露于适宜的萌发条件下，仍保持休眠状态。Nikolaeva[21] 将生理休眠分为浅度（nondeep）、中度（intermediate）和深度（deep）三类。

大多杂草、蔬菜、园艺植物及一些木本植物种子具有浅度生理休眠。浅度生理休眠的成熟种子散布时在任何温度条件下均不能萌发，或仅可以在极窄的温度范围内萌发。种子可以通过低温层积（cold stratification）解除休眠，休眠解除时间从 5 天到 3 个月不等。层积是指种子吸水后与湿润物（如湿沙、湿泥炭等）进行分层或混合放置，用以保持种子湿度的一种处理方式。浅度生理休眠的种子也可以经过后熟（after ripen）过程解除休眠。Echinochlo aturnerana 的种子在 28℃ 干燥储藏 7 个月，休眠被完全解除[22]。暖层积（≥ 15℃）可以提高某些具浅度生理休眠种子的萌发率，但是不能完全解除其休眠。暖层积解除休眠需要的层积时间，依据不同物种而存在差异，从几周到几个月不等。小野芝麻 Galeobdolon chinense 和宝盖草 Lamium amplexicaule 的种子在 35℃ 和 20℃ 条件下分别进行暖层积 2 个月和 3 个月休眠被解除。一些化学物质也可以减轻该类休眠方式，包括赤霉素（giberrellin，GA）、乙烯（ethylene）等激素类化合物，硝酸钾、一氧化氮等。

具中度生理休眠的种子可以通过低温层积而解除休眠，层积时间一般大于 6 个月。Nikolaeva[21] 认为中度生理休眠种子的离体胚可以生长，并发育成正常小苗。干燥后熟可以缩短某些植物种子低温层积需要的时间，其该休眠类型的种子有欧洲山毛榉 Fagus sylvatica、美国白桦 Fraxinus americana 等。

具深度生理休眠的种子只有通过长期的低温层积处理才能解除休眠，甚至需要不同温度的层积组合才能解除。Nikolaeva[21] 认为深度生理休眠种子的离体胚，将不能正常生长或将长成不正常的小苗。赤霉素可以促进某些物种种子离体胚的发育，但不能诱导种子的完全萌发，如 Euonymus europaea[23]。

2. 形态休眠

有些植物成熟种子在散布时，胚具有可以分辨的胚根和胚芽，但是胚没有发育完全（underdeveloped）。另一些植物种子在散布时，胚仅有一团未分化的组织。这些种子只有胚继续生长或完成分化后才能萌发。这种由于种子的胚未分化或未发育完全，待种子胚生长至合适阶段才能发芽的休眠类型称为形态休眠，其通常发生于具有未发育型胚、线型胚、短小型胚、微小型胚的种子。

形态休眠的解除，需要胚离开母体后继续生长。这就需要潮湿的环境和合适的温度，一般通过暖层积来解除形态休眠，有些物种还需要特殊的光照或黑暗条件。大多形态休眠种子胚的生长需要 15~30℃ 条件，少数热带物种需要 35~40℃ 条件，如油棕 Elaeis guineensis[24]。银杏 Ginkgo biloba、伞形科部分物种、杜鹃花科部分物种、兰科的多数物种均具该休眠类型的。多数具未发育完全胚的种子见于温带起源植物，且多数同时具有生理休眠。

3. 形态生理休眠

形态生理休眠是形态休眠和生理休眠的结合，其休眠解除需要待胚发育完全后，解除生理休眠才能萌发。自然条件下，多数具该类型休眠的种子需要几年才能萌发，是种子休眠中最困难的一类。通常发生在具有未发育型胚和线型胚的种子中。部分物种的形态休眠和生理休眠可以同时解除，而有的物种则需要分别处理解除。休眠解除处理一般包括暖层积、冷层积、暖层积后冷层积，以及更复杂的模拟植物野外生境温度条件处理。该类型休眠多发生于冬青科、五加科、马兜铃科、小檗科、木兰科、木通科、百合科、罂粟科、毛茛科等植物种子，且多数为常绿阔叶林物种。常绿阔叶林环境通常水分充足，因此未发育完全的胚可以随时生长发育。在条件良好的生长环境中，种子通常通过生理休眠来调节其萌发时机，以最大利益化其物种繁衍。

双重休眠，即胚根休眠和胚芽休眠，通常需要不同温度处理才能解除休眠，有时甚至需要按照一定顺序处理才能解除。名贵中药材重楼的种子被认为具有典型的双重休眠，种子的胚完成后熟后，胚根伸出，胚芽需要再经过一段低温处理才能出土成苗。如 *Anemone nemorosa* 种子散布后，胚即迅速生长，在 20℃ 条件下 5 个月后，胚已长到种子长度的近一半，而后需要较低温度（10~15℃），种子的胚根迅速伸出，而胚芽的伸出则需在 4℃ 条件下才能完成。如果改变温度处理的次序，则种子萌发率大幅降低[25]。种子萌发处理温度即是对其种子散布后经历的环境温度条件的模拟。

4. 物理休眠

物理休眠是指由于种皮不透水而致种子不能吸水萌发。种皮不透水通常是因为种皮具有一至几层致密的栅栏细胞，栅栏组织主要由巨石细胞和角质细胞构成。该类型的种子常通过自身的特殊结构来调节吸水过程，如珠孔（micropyle，如部分葫芦科植物）、种脐（hilum，如豆科植物）、合点处塞子（chalazal plug，如锦葵科植物）、珠孔附近的塞子（plug near micropyle，如旋花科植物）、孔盖（operculum，如部分芭蕉科植物）、位于种脊的盖子（lid on raphe，如美人蕉科植物）等，这些结构在物理休眠的种子中，一般是不透水的[12]。只有经过昼夜温度变化、高温、低温、反复吸水、微生物侵蚀等自然条件的环境因子处理后，这些结构被腐蚀松动，从而致种皮透水。部分漆树科植物种子的种皮未发育完全，果实的内果皮不透水，且内果皮不易与种子分离，因此其种子也具有物理休眠。豆科、锦葵科、旋花科、漆树科、葫芦科、芭蕉科、无患子科、鼠李科、椴树科植物易于形成具有物理休眠的种子。但并不是说该类群中的所有植物的种子都具有物理休眠，同一物种、同一居群或同一植株上的种子可能有的具有物理休眠，有的不具有物理休眠。

在实验室及人工条件下，解除物理休眠可以通过机械震动或摩擦、酸腐蚀、酶解、有机物腐蚀、温度处理（湿热、干热、低温）、干燥储藏、辐射等方式弄破种皮或打开种皮的透水结构，从而使种子吸水萌发。

5. 组合型休眠

通常具有物理休眠的种子，其胚不存在生理休眠。少数具有物理休眠的种子同时也具有生理休眠，被称为组合型休眠。如豆科植物 *Cercis canadensis*，种皮吸水限制解除后，需要冷层积种子才能萌发；枣属 *Ceanothus* 植物，种皮吸水限制解除后，生理休眠需要冷层积处理才能解除；小花锦葵 *Malva parviflora* 种子物理休眠破除后，仍需暖层积解除生理休眠。

种子寿命与储藏

种子寿命

种子寿命（seed longevity）是指种子在一定环境条件下能保持生活力的期限，即种子能存活的时间。一般用半活期（half-living period）来表示，即发芽率降到 50% 的时间，也称为平均寿命。

每个物种的种子寿命有长有短，且可以遗传，不同物种间有明显差异。对种子寿命的长短，研究者们提出了不同的划分方法。Ewart[26] 把种子分为短命、中命、长命三大类，认为短命种子寿命在 3 年以内，中命种子寿命为 3~15 年，长命种子寿命在 15 年以上。种子寿命也会随储藏条件的不同而不同。因此以上种子寿命的分类标准，需要标注种子的储藏条件（温度、湿度）。Waters et al.[27] 对 18 个科 276 个物种种子进行了活力分析，并对种子进行了相对寿命（relative longevity）分类，划分为短命、中命、长命种子。计算物种种子的 $p50$（即活力下降 50% 所用天数），并统计所有物种的中值 $p50$，如果物种 $p50 <$（中值 $p50 -$ 中值 $p50/3$），为短命种子；物种 $p50 >$（中值 $p50 +$ 中值 $p50/3$），为长命种子；（中值 $p50 -$ 中值 $p50/3$）$\leqslant$ 物种 $p50 \leqslant$（中值 $p50 +$ 中值 $p50/3$），为中等寿命种子。这种分类方法适用于对物种数目较多的种子寿命分析。

种子寿命检测可以通过测定保存一段时间的种子活力来表示，这对种子库比较好实现。目前常用老化实验来进行种子相对寿命的预测，一般是将种子放到高温、高湿条件下加速其老化，每隔一定时间取出部分种子进行活力检测，根据检测结果绘制种子寿命回归曲线，进而计算出 $p50$。科学家们利用大量种子萌发实例，推导出根据温度、水分含量来预测种子寿命的概率模型[28]。公式如下：

$$v = K_i - p/10^{K_E - C_W logm - C_H t - C_Q t^2}$$

公式中 v 代表活力（viability），K_i 表示种子初始活力的概率值，K_E 表示种子的潜在活力概率值，C_W 表示种子的水分敏感参数，C_H 表示温度敏感线性参数，C_Q 表示温度敏感二次参数，m 是含水量，t 是摄氏温度值（℃），p 为储藏天数。

对于同一物种来说，以上公式中的参数 K_E、C_W、C_H、C_Q 应为常数，因此 $1/10^{K_E - C_W logm - C_H t - C_Q t^2}$（代表种子活力曲线的斜率）为常数。对于正常型种子来说，C_H 和 C_Q 两个参数在不同物种之间是基本没有差异的，分别是 0.0329 和 0.000478[29]。这样就只需要通过在某一温度条件下，开展一系列水分梯度实验来预测该物种的水分敏感参数 C_W，再结合 C_H 和 C_Q 值预测 K_E 值。目前，许多作物的寿命相关参数都已有研究，因此可以通过寿命公式来推测特定储存条件下的种子寿命，从而可以更加有目标、有计划地开展种子储藏工作。

种子寿命的影响因素

植物界种子的寿命相差很大，寿命短的如柳树种子，一般只能活 1 周，而有些长寿命种子可以存活几百至上千年，如 1952 年在辽宁省普兰店挖出的仍能发芽的古莲种子已存活千年以上。种子寿命在不同地区、不同条件下差别很大，种子寿命的长短，与多方面因素相关，包括内在遗传因素和外界环境因素。

自身遗传因素是种子寿命的直接决定因素。如具有物理休眠的种子因为种皮对种子的机械保护而寿命较长，兰科植物种子因为种子内无营养储存而寿命较短，这都是植物本身具有的遗传特性，是无法改变的。当然科学家们一直致力于克隆长命种子的长命基因，通过遗传改良的方式来改良短命种子，只是还未有成功案例。种子收集时的活力及发育状态是影响种子储藏寿命的关键因素。种子的初始活力，即种子散布时的生活力，显著影响种子的储藏寿命，如果种子初始活力较低，在储藏过程中，种子活力就会持续快速下降，因而种子寿命降低（图12）。因此，收集高质量的种子对于种子储藏至关重要。有的物种种子收集时，初始活力较高，但因为种子收集过早或过晚，导致种子的耐储藏能力下降，而致种子的储藏寿命下降。

除种子自身因素外，环境因素对种子寿命的影响也很大。水分或湿度是影响种子寿命的关键环境因素之一。种子的含水量会随着储藏环境湿度的变化而变化，若未密闭保存，种子的相对湿度与周围环境达到平衡。种子含水量与呼吸强度密切相关。当种子内出现自由水时，其呼吸速率激增；种子内的代谢过程开始运行，使种子大量产热；同时，产生大量过氧化产物，抗氧化系统启动，当抗氧化系统不能维持过氧化产物的低水平时，种子内部膜系统破坏，透性增加，种子活力下降，寿命大受影响。因此，随着种子含水量的增加，其寿命就越短。按照哈林顿经验法则，含水量为5%~14%时，每降低1%，耐脱水种子的寿命就会延长1倍[30]；后经Roberts等修正为含水量每下降2.5%，种子寿命增加1倍[31]。当然也不是含水量越低越好，研究发现，对于正常型种子来说，3%~7%的含水量最适宜种子储存，一般对应的相对湿度为15%（15℃条件下）。

储藏温度是影响种子寿命的另一个关键因素。相同水分条件下，储藏温度越低，正常型种子的寿命就越长。低温条件下，种子呼吸可以控制在更低水平，代谢水平降低，因而能保持更长的活力。依据哈林顿经验法则，温度为0~50℃，每降低5℃，正常型种子的寿命就会延长1倍[30]；后经Roberts等修正为温度每降低6℃，种子寿命增加1倍[31]。一般正常型种子储藏的适宜温度为–20~5℃，当然前提是种子含水量必须保持较低。

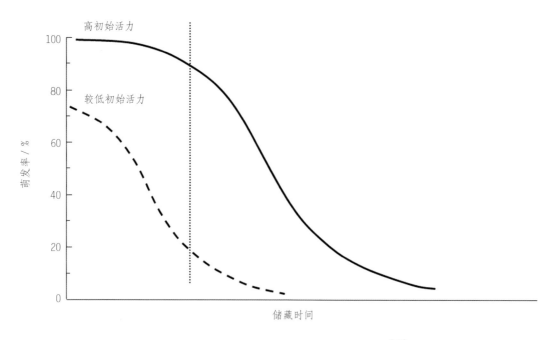

图12 不同初始活力种子储藏过程的老化曲线[31]

■ 种子脱水耐性与储藏方式

植物种子对脱水的敏感度不同，依据种子对脱水的敏感性和贮藏耐性将其分为正常型（orthodox）、中间型（intermediate）和顽拗型（recalcitrant）三种不同的储藏行为（storage behavior）[31]。

正常型种子也称脱水耐受型种子，是指种子可以耐受较低含水量（< 7%），其活力不受影响，种子寿命随着水分含量的降低而延长，可以在–20℃长期储藏。大部分植物种子为正常型种子，如黄

芪、菘蓝、薯蓣、紫花地丁、车前等中药材种子。Hong *et al.*[32]统计发现，约占种子植物 79% 的物种都具有正常型种子。正常型种子通常可以在干燥低温条件下进行储藏，中药材栽培的留种，就通过晒干后室温储藏 1 年，第二年播种即可正常出苗。对于大多数植物种子来说，–20~–10℃、30% 相对湿度（含水量 10% 左右）的环境条件是适合的。目前国际上大多长期种子库的储存条件是 –20℃、15% 相对湿度（含水量 3%~7%），这也是最经济、最高效的正常型种子的保存方式。

顽拗型种子也称脱水敏感种子，一般指脱水至含水量为 20%~30% 即死亡，且种子对低温敏感。通常顽拗型种子寿命较短，即使在较高湿度条件下储藏，也仅能保存几周到几个月。不同物种的致死含水量不同，羯布罗香 *Dipterocarpus turbinatus* 脱水至 50% 含水量，种子活力即显著下降，而可可 *Theobroma cacao* 的半致死含水量为 20%。五加科的三七，樟科的肉桂 *Cinnamomum cassia*、樟 *Cinnamomum camphora*、乌药 *Lindera aggregata*，棕榈科的槟榔 *Areca catechu*，芸香科的黄檗 *Phellodendron amurense*、黄皮树 *Phellodendron chinense* 等的种子不能耐受过度脱水，种子脱水敏感。

中间型种子是介于正常型和顽拗型种子之间的一种类型，种子可以耐受 10%~12% 的含水量，但是继续脱水，种子活力将下降，或者低温、低含水量，活力下降更快，且种子对 –20℃储藏敏感[33]。小粒咖啡 *Coffea arabica* 和番木瓜的种子均为中间型种子[34]，馨香玉兰 *Magnolia odoratissima*[35]、瑞丽茜 *Fosbergia shweliensis* 以及多数柑橘属植物的种子也属于中间型种子（图 13）。

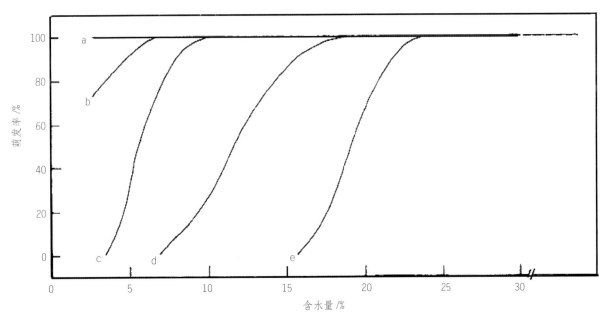

图 13　不同储藏类型种子脱水的活力曲线[36]

a. 正常型种子；b、c、d. 中间型种子；e. 典型顽拗型种子

研究者们发现顽拗型种子通常较大，且种皮较薄（种皮 / 种子比值较小）；种子一般生长在水分条件良好的热带、亚热带常绿林及温带湿性阔叶林中；顽拗型种子发育过程中不经历成熟脱水，种子散布时水分含量较高，这样种子不需要经过成熟脱水和萌发前的吸水过程即可快速发芽。因此采收种子时，可以通过这些特征来判断是否为脱水敏感种子，进而选择合适的运输储藏方式。实验室内可以通过筛选试验来判断种子是否为脱水敏感种子（图 14）。

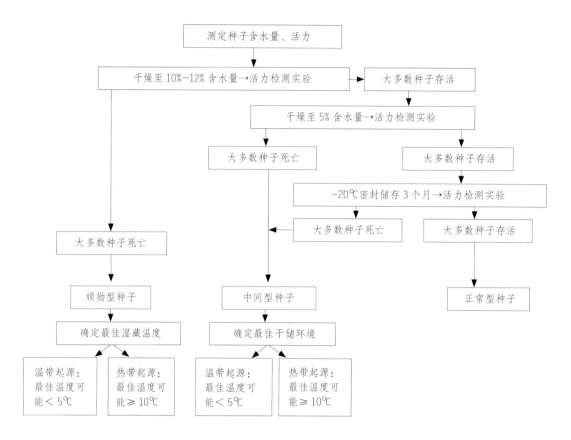

图 14　种子储藏行为测定试验方法[36]

顽拗型和中间型种子不能脱水到较低水平，因而储藏过程中代谢旺盛导致不耐储藏，一般通过适温保湿进行短期储藏。可以将脱水敏感种子的寿命从几天或十几天延长至几个月甚至几年，能够有效解决脱水敏感种子的运输和短期储藏问题，但是针对种质安全问题，长期保存是有必要探讨的。离体保存（in vitro preservation）是目前对脱水敏感物种材料进行保存的成熟途径。离体培养是指在无菌环境条件下进行植物培养，然后将培养得到的能再生成小植株的中间繁殖体，在人工控制的条件下培养或保存，能够相对长期地保存种质资源材料。一般通过继代培养和限制生长来进行保存。

超低温保存（crypreservation）被认为是脱水敏感种子最有前途的保存方法。超低温保存指在 −196℃的液氮超低温下使细胞代谢和生长基本停止，在适宜条件下可繁殖再生出新的植株，并保持原来的遗传特性。超低温保存的方法有预冷法、两步法、包埋脱水法、微滴冻法、玻璃化法。其中玻璃化法已被广泛应用于多种植物材料的超低温研究。利用玻璃化法，将脱水敏感种子的胚或胚轴取出，放置到特定的冰冻保护剂中，通过渗透作用，渗透调节物质置换出细胞内的水分，造成细胞的玻璃化状态，从而避免过冷致水分产生冰晶刺破细胞膜而致胚死亡。将玻璃化的胚置于液氮中可进行长期保存。冰冻材料的解冻方式和恢复培养方法也是超低温保存过程的关键环节。一般认为，与缓慢解冻相比，快速解冻能防止降温过程形成的晶核对细胞造成的损伤。不同物种、不同材料的预处理条件、玻璃化处理条件、组培方法不同，因此超低温保存不能批量开展，需要对不同物种、不同材料进行一一摸索。目前，一些脱水敏感的植物种子，如重楼、三七、香樟等，已完成种子的超低温保存研究。

主要参考文献

［1］周成明，廖均岳，赵然，等．李时珍《本草纲目》以来传统中药栽培技术的形成和发展［J］．亚太传统医药，2006（9）：27-30.

［2］陈瑛，孙国栋，李瑛．药用植物种子休眠及萌发的生物学特性观察［J］．中药材，1980（4）：3-7.

［3］张维经，胡正海，宇文强．伊贝母（*Fritillaria pallidiflora* Schrenk.）种子休眠特性的研究［J］．Journal of Integrative Plant Biology，1978（2）：175-177.

［4］SPJUT R W. A systematic treatment of fruit types［J］．Economic Botany，1994，49（49）：39.

［5］刘长江，林祁，贺建秀．中国植物种子形态学研究方法和术语［J］．西北植物学报，2004，24（1）：178-188.

［6］Systematics Association Committee for Descriptive Terminology. Terminology of simple symmetrical plane shapes［J］．Taxon，1962，11.

［7］胡枭剑，李爱花，杨娟，等．不同产地车前种子重量、萌发特性及其影响因子［J］．植物分类与资源学报，2013，35（3）：310-316.

［8］MANDAK B，PYSEK P. Effects of plant density and nutrient levels on fruit polymorphism in *Atriplex sagittata*［J］．Oecologia，1999，119（1）：63-72.

［9］IMBERT E. Ecological consequences and ontogeny of seed heteromorphism［J］．Perspectives in Plant Ecology Evolution & Systematics，2002，5（1）：13-36.

［10］TAKHTADZHYAN A L，DANILOVA M F. Comparative seed anatomy：Volume 1 Monocotyledones［M］．Nauka，U.S.S.R.：Leningrad，1985.

［11］MARTIN A C. The comparative internal morphology of seeds［J］．American Midland Naturalist，1946，36（3）：513-660.

［12］BASKIN C C，BASKIN J M. Seeds：Ecology，Biogeography，and Evolution of Dormancy and Germination［M］．2nd ed. San Diego，USA：Academic Press，2001.

［13］Murley M R. Seeds of the Cruciferae of Northeastern North America［J］．American Midland Naturalist，1951，46（1）：1-81.

［14］XU K，JIANG S，ZHOU Y，et al. Discrimination of the seeds of *Notopterygium incisum* and *Notopterygium franchetii* by validated HPLC-DAD-ESI-MS method and principal component analysis［J］．Journal of Pharmaceutical & Biomedical Analysis，2011，56（5）：1089-1093.

［15］BEWLEY J D，BLACK M. Imbibition，Germination，and Growth［M］．Springer Berlin Heidelberg，1978：106-131.

［16］YU X M, LI A H, LI W Q. How membranes organize during seed germination： three patterns of dynamic lipid remodelling define chilling resistance and affect plastid biogenesis［J］. Plant Cell & Environment, 2014, 38（7）： 1391-1403.

［17］SKORDILIS A, THANOS C A. Seed stratification and germination strategy in the Mediterranean pines *Pinus brutia* and *P. halepensis*［J］. Seed Science Research, 1995, 5（3）： 151-160.

［18］姚世响，油天钰，徐栋生，等．新疆干旱区植物藜的种子异型性及其萌发机理［J］.生态学报，2010, 30（11）： 2909-2918.

［19］PONS T L, SCHRÖDER H F. Significance of temperature fluctuation and oxygen concentration for germination of the rice field weeds *Fimbristylis littoralis* and *Scirpus juncoides*［J］. Oecologia, 1986, 68（2）： 315-319.

［20］BENVENUTI S, MACCHIA M. Effect of hypoxia on buried weed seed germination ［J］. Weed Research, 1995, 35（5）： 343-351.

［21］NIKOLAEVA M G. Factors controlling the seed dormancy pattern［A］. In： A. A. Khan （ed.） The Physiology and Biochemistry of Seed Dormancyand Germination［M］. North-Holland Publishing Company, 1977, 51-74.

［22］CONOVER D, GEIGER D. Germination of Australian Channel Millet ［*Echinochloa turnerana* （Domin） J. M. Black］ seeds. I. Dormancy in Relation to Light and Water ［J］. Functional Plant Biology, 1984, 11（5）： 395-408.

［23］SINGH C P. A comparison between low temperature and gibberellic acid removed dormancy of *Euonymus europaeus* L. Embryos with respect to seedling growth and development ［J］. Phyton （Buenos Aires）, 1985, 45： 143-148.

［24］MOK C K, HOR Y L, 林斌. 油棕种子经高温处理后的贮藏［J］.种子, 1984（2）： 77-80.

［25］ANDREA M, ROBIN P, GRAZIANO R, et al. Habitat-correlated seed germination behaviour in populations of wood anemone （*Anemone nemorosa* L.） from northern Italy ［J］. Seed Science Research, 2009, 18（4）： 213-222.

［26］EWART A J. On the longevity of seeds［J］. Proceedings of the Royal Society Victoria, 1908, 21： 1-210.

［27］WALTERS C, WHEELER L M, Grotenhuis J M. Longevity of seeds stored in a genebank： species characteristics ［J］. Seed Science Research, 2005, 15（1）： 1-20.

［28］ELLIS R H, ROBERTS E H. Improved equations for the prediction of seed longevity ［J］. Annals of Botany, 1980, 45（1）： 13-30.

［29］ELLIS R H. The longevity of seeds ［J］. Hortscience, 1991, 26（9）： 1119-1125.

［30］HARRINGTON J F. Seed storage and longevity［A］. In： Kozlowski TT （ed） Seed biology,

Vol III New York：Academic Press，1972.

[31] ROBERTS E H. Predicting the storage life of seeds [J] . Proceedings，1973（1）： 499−514.

[32] HONG T D，LININGTON S，ELLIS R H，et al. Compendium of information on seed storage behaviour [J] . Kew Publishing，1998.

[33] ELLIS R H，HONG T D，ROBERTS E H. Effect of moisture content and method of rehydration on the susceptibility of pea seeds to imbibition damage [J] . Seed Science & Technology，1990： 131−137.

[34] SANGAKKARA U R. Influence of seed ripeness，sarcotesta，drying and storage on germinability of papaya （*Carica papaya* L.） seed [J] . Pertanika Journal of Tropical Agricultural Science，1995，18（3）： 193−199.

[35] HAN C Y，SUN W B. Seed storage behaviour of Magnolia odoratissima [J] . Seed Science & Technology，2013，41（1）： 143−147.

[36] HONG T D，ELLIS R H. Engels，A Protocol to Determine Seed Storage Behaviour. IPGRI Technical Bulletin No. 1，1996.

各

GELUN

论

银杏科 | Ginkgoaceae

① 银杏
多年生落叶乔木 | 别名：白果、公孙树、鸭脚树
Ginkgo biloba L.

■ 药用价值 以干燥成熟种子入药，药材名白果。具有敛肺定喘、止带缩尿之功效。用于痰多喘咳，带下白浊，遗尿尿频。以干燥叶入药，药材名银杏叶。具有活血化瘀、通络止痛、敛肺平喘、化浊降脂之功效。用于瘀血阻络，胸痹心痛，中风偏瘫，肺虚咳喘，高脂血症。

■ 分　布 系中生代孑遗的稀有树种，我国特产，栽培区甚广，海拔 2000 m 以下均可栽培。

■ 采　集 花期 3~4 月，种子成熟期 9~10 月。种子成熟、自然脱落后采集，除去肉质外种皮，洗净，晾干，干燥处贮藏。

■ 形态特征 种子略呈椭圆形，一端稍尖，另端钝，长 2~3 cm，宽 1~2 cm，厚 1~1.5 cm。中种皮黄白色，骨质，平滑，两侧有棱边。内种皮膜质，棕红色。种仁宽卵球形或椭圆形，一端淡棕色，另一端金黄色，横断面淡黄色或黄绿色，胶质样。胚乳丰富，胚较小，直生。

■ 微观特征 中种皮细胞木质化，坚硬，骨质，乳白色，有光泽，向两侧逐渐变平，中种皮由 5~6 层石细胞组成。内种皮由 1~2 层薄壁细胞组成，细胞排列整齐，胞腔内充满红棕色物质。胚乳细胞淡黄绿色，含有少量油滴及糊粉粒。

■ 萌发特性 在 25℃条件下，湿沙层积可促进其萌发；经光和赤霉素处理有利于提高其发芽率，黑暗有利于胚根、胚轴的生长；在自然光照下，种子萌发的最适温度为 25℃恒温和 15~25℃变温，最佳空气相对湿度为 100%；低浓度氯化钙有利于提高种子的活力。随着种子含水量的降低，其发芽率、发芽势、发芽指数和活力指数均迅速下降，当种子含水量低于 30% 时，种仁硬化，难以再萌发，失去栽培用种价值。

■ 贮　藏 温带顽拗型种子。在贮藏过程中，应注意保持高的含水量和适当低的贮藏温度。

侧面　　　　腹面

横切面　　　　纵切面

①种子群体
②种子外观及切面
③种仁纵切面
④中种皮表面纹理

①	②
③	④

红豆杉科 | Taxaceae

② 榧

乔木 | 别名：圆榧、芝麻榧、了木榧
Torreya grandis Fort.

药用价值 以干燥成熟种子入药，药材名榧子。具有杀虫消积、润肺止咳、润燥通便之功效。用于钩虫病，蛔虫病，绦虫病，虫积腹痛，小儿疳积，肺燥咳嗽，大便秘结。

分　布 分布于江苏、浙江、福建、江西、安徽、湖南、贵州等地。

采　集 花期4月，种子翌年10月成熟。种子黄棕色至深棕色时及时采摘，去除肉质假种皮，阴干，精选去杂，干燥处贮藏。

形态特征 种子卵形或椭球形，顶端稍尖，基端圆钝；表面具不明显纵沟，底部具长17.50~45 mm、宽8.5~25 mm的宽纺锤形脐，距脐中央约1.50 mm的两侧各具1个长3.00 mm、宽1.50 mm唇状突起的椭圆形"榧眼"，偶为2个；灰黄色至棕色；长2.19~2.87 cm，宽1.83~2.24 cm，千粒重为2649.68 g；包于纤维状肉质假种皮（未成熟时绿色，成熟后浅紫褐色）中。假种皮表面被白粉，内具大量圆形或椭圆形树脂道，具芳香气味，基部具宿存苞片。外种皮为灰黄色至棕色；骨质，厚0.90 mm；与内种皮分离。内种皮棕褐色，凹凸不平；表层膜质，下面密布红棕色颗粒；紧贴胚乳，难以分离。胚乳包含外胚乳和内胚乳，内胚乳较为丰富，位于种皮下，表面凹凸不平，反刍状；乳黄色；胶质，含少量油脂，气微，味微甜而涩；几乎充满整粒种子；与胚之间存在纺锤形胚腔。外胚乳量少；白色，透明；玻璃状淀粉质；紧紧包被着胚。胚匙形，稍扁；乳黄色；胶质，含少量油脂；长1.53~2.50 mm，宽0.70 mm，厚0.40 mm；直生于种子基端。子叶2枚，窄卵形，稍扁；长0.69~0.83 mm，宽0.35 mm。胚根扁圆柱形；长0.69~0.83 mm，宽0.45 mm；朝向种脐。

萌发特性 具形态休眠。种子自然成熟后，需经3个月以上贮藏，达到生理后熟后才能萌发。

贮　藏 不耐长期贮藏。

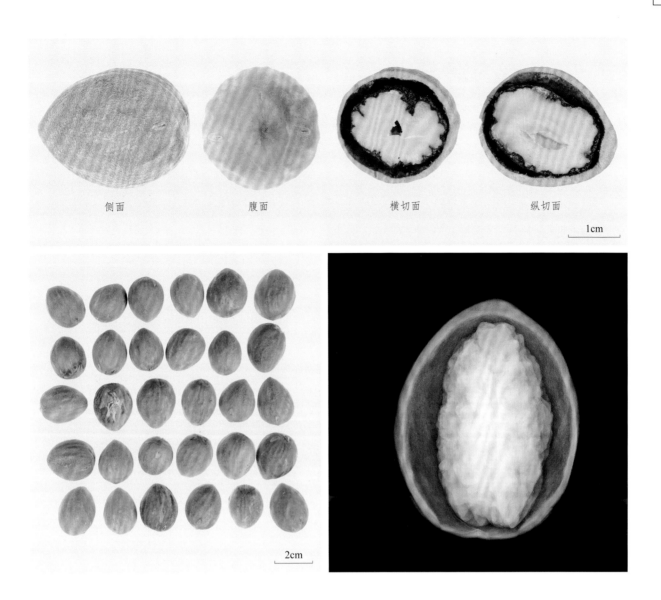

| 侧面 | 腹面 | 横切面 | 纵切面 |

1cm

2cm

①种子外观及切面
②种子群体
③种子X光图

| ① |
| ② | ③ |

三白草科 | Saururaceae

③ 三白草 多年生湿生草本 | 别名：白面菇、水九节连、白舌骨、塘边藕
Saururus chinensis (Lour.) Baill.

药用价值 以干燥地上部分入药，药材名三白草。具有利尿消肿、清热解毒之功效。用于水肿，小便不利，淋沥涩痛，带下；外治疮疡肿毒，湿疹。

分　布 分布于河北、山东、河南和长江流域及其以南各地。

采　集 花期4~8月，果期6~9月。果实成熟时及时采摘，晒干，脱粒，精选去杂，干燥处贮藏。

形态特征 蒴果近球形，棕褐色，由4个分果爿组成。分果爿三棱状卵形或半球形，背面具脑纹样瘤状突起，顶端具背向弯曲的花柱残基；棕色至棕褐色；长1.70~2.48 mm，宽1.30~1.86 mm，厚1.06~1.42 mm，千粒重为0.52 g；果疤近圆形，黄棕色，位于腹面近基端；果皮棕色至棕褐色，海绵质，厚0.15~0.45 mm，与种皮相分离；成熟时不开裂，内含种子1枚。种子卵形，顶端稍尖；灰白色至灰黄色；长1.03~1.27 mm，宽0.75~0.94 mm，厚0.75~0.95 mm。种脐圆形，直径为0.11 mm；褐色；位于种子近基端，稍凹。外种皮灰白色至灰黄色，厚0.08 mm，海绵状，与内种皮贴合；内种皮红棕色，薄，胶质，紧贴胚乳，难以分离。胚乳丰富，边缘胚乳为玻璃状角质，中央胚乳为白色粉末状或颗粒状，包被着胚。胚未分化，短圆锥形，白色或乳白色，蜡质，长0.25~0.30 mm，宽0.40~0.43 mm，位于种子顶端。

萌发特性 具生理休眠。在实验室内，20℃、12 h/12 h光照条件下，含200 mg/L赤霉素（GA₃）的1%琼脂培养基上，萌发率为65.5%。田间发芽适温为4℃。

贮　藏 正常型。干燥至相对湿度15%后，于-20℃条件下贮藏，种子寿命可达5年以上。常温下为1~2年。

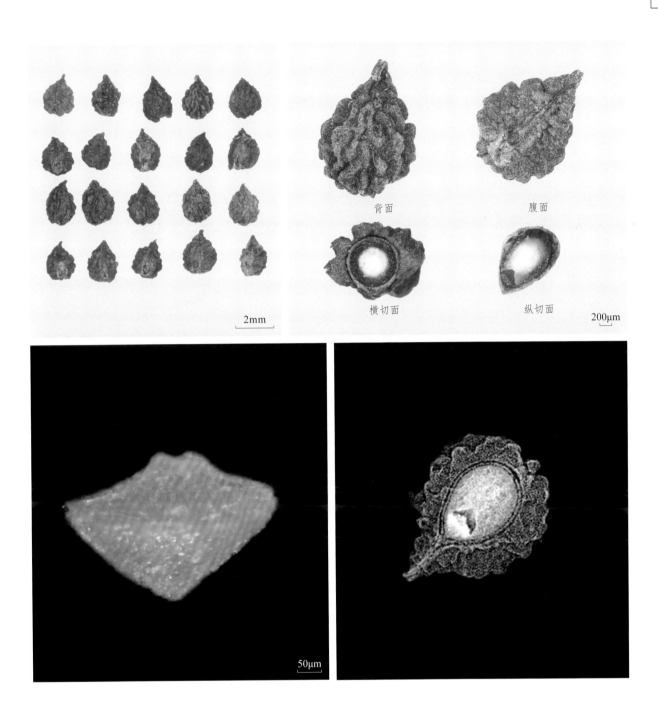

背面　　　　　　　腹面

横切面　　　　　　纵切面

2mm

200μm

50μm

①分果爿群体
②分果爿外观及切面
③胚
④分果爿 X 光图

①	②
③	④

桑 科 | Moraceae

④ 构 树 落叶乔木 | 别名：楮、楮桑、沙纸树
Broussonetia papyrifera (L.) Vent.

药用价值 以干燥成熟果实入药，药材名楮实子。具有补肾清肝、明目、利尿之功效。用于肝肾不足，腰膝酸软，虚劳骨蒸，头晕目昏，目生翳膜，水肿胀满。以枝条入药，药材名楮茎。具有祛风、明目、利尿之功效。用于风疹，目赤肿痛，小便不利。以树皮的内皮入药，药材名楮树白皮。具有利水、止血之功效。用于小便不利，水肿胀满，便血，崩漏。以嫩根或根皮入药，药材名楮树根。具有凉血散瘀、清热利湿之功效。用于咳嗽吐血，崩漏，水肿，跌打损伤。以茎皮部的乳汁入药，药材名楮皮间白汁。具有利尿、杀虫解毒之功效。用于水肿，疥癣，虫咬。以叶入药，药材名楮叶。具有凉血止血、利尿、解毒之功效。用于吐血，衄血，崩漏，金疮出血，水肿，疝气，痢疾，毒疮。

分　布 分布于河北、河南、山东、山西、江苏、安徽、浙江、江西、福建、台湾、湖北、湖南、广东、广西、陕西、甘肃、云南、贵州、四川等地。

采　集 花期5月，果期8~10月。秋季果实成熟呈红色时采集，洗净晒干，除去灰白色膜状花被及杂质。

形态特征 聚花果肉质，球形，直径2~3 cm，成熟时橙红色。熟时小瘦果借肉质子房柄向外挺出。果实圆球形、卵圆形至宽卵形，稍扁，长0.15~0.3 cm，宽0.15~0.2 cm。表面红棕色至棕黄色，微具网状皱纹和颗粒状凸起，一侧有一凹沟，另一侧有棱，偶有果柄和未除净的灰白色膜质花被。果皮坚脆，易压碎，膜质种皮紧贴于果皮内面。胚乳白色，富油质；胚弯曲。

■ 微观特征 果皮表皮细胞类方形或径向延长，长度不一，壁薄。其下为 1 列栅状细胞，高 40~128 μm，直径 11~16 μm，呈波状排列，细胞壁呈细条状增厚；含晶厚壁细胞 1 列，壁极厚，每个细胞内含类圆形或矩圆形草酸钙簇晶，直径 8~24 μm，最内的厚壁细胞列数及界限不清，仅见增厚壁的纹理。种皮细胞 1 列，黄棕色，细胞小，直径 8~18 μm，内壁及侧壁增厚。胚乳及子叶薄壁细胞富含脂肪油及糊粉粒。

■ 萌发特性 种子较小，种皮坚硬，田间发芽率不到 4%。种子发芽的适宜温度为 25~30℃，最适温度为 30℃，发芽率达到 88.6%，发芽势为 42%。30℃、12 h/12 h 光照条件下发芽率和发芽势均为最高。

■ 贮　　藏 正常型。干燥处贮藏，注意防蛀。

顶面观　　　　　侧面观　　　　　纵切面　　　　　横切面

①果实（聚花果）
②小瘦果群体
③小瘦果外观及切面

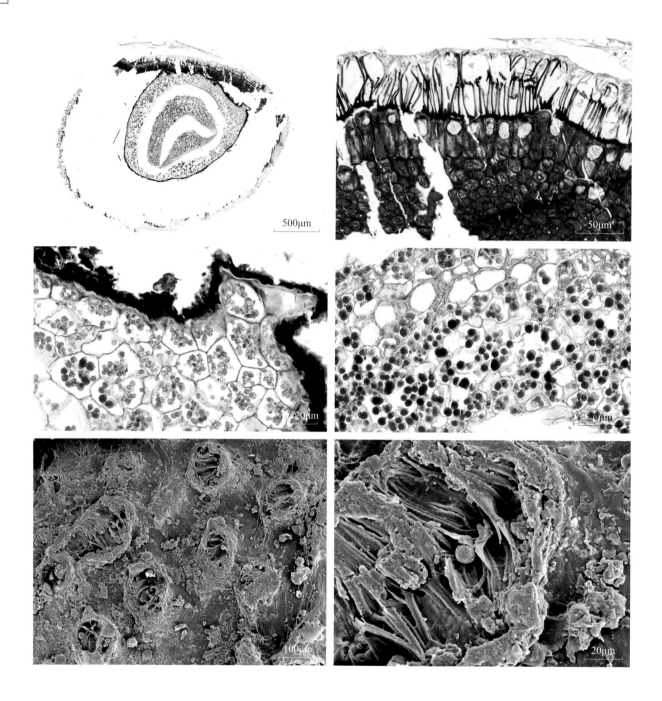

①果实横切面显微结构图
②栅状细胞、含晶厚壁细胞和厚壁细胞
③胚乳细胞（示脂肪油和糊粉粒）
④子叶细胞（示脂肪油和糊粉粒）
⑤果实表皮表面纹饰
⑥果实表皮下的栅状细胞

①	②
③	④
⑤	⑥

⑤ 无花果

落叶灌木 | 别名：文光果、奶浆果、蜜果
Ficus carica L.

药用价值 以干燥花序托入药，药材名无花果。具有健脾益胃、润肺止咳、解毒消肿、清热润肠之功效。用于咳嗽，咽喉肿痛，便秘，痔疮，喉痛，痈疮疥癣，久泻不止，肺热声嘶等。

分　布 原产于地中海沿岸和西南亚，我国中、南部各省均有栽培。

采　集 花期 4~5 月，果熟期 9~10 月。夏、秋二季摘取未成熟青色花序托，放沸水中烫过，立即捞起，晒干或烘干。

形态特征 肉质隐头花序托有短梗，梨形，成熟时黑紫色。扁球形或近卵圆形，直径约 1.2 cm，表面光滑，果脐带黄色，近基部略隆起。内果皮木质，与种皮紧贴，胚乳红棕色。种子直径约 0.6 mm。千粒重约 0.6 g。

微观特征 含较多黄棕色颗粒状多糖细胞。

萌发特性 有休眠。25℃层积 30 d 以上，萌发率约为 58.7%；山梨醇浸种萌发率可达 80.6%。

贮　藏 正常型。室温下可贮藏 3 年以上。

側面　　　　　　　横切面　　　　　　　纵切面

①种子群体
②种子外观及切面
③种皮厚壁细胞
④多糖团块

①	
②	
③	④

⑥ 大 麻

一年生直立草本 | 别名：山丝苗、火麻、线麻

Cannabis sativa L.

■ **药用价值**　以干燥成熟果实入药，药材名火麻仁。具有润肠通便之功效。用于血虚津亏，肠燥便秘。

■ **分　布**　全国各地均有栽培，分布于山东莱芜、泰安，浙江嘉兴，河北等地。

■ **采　集**　花期5~6月，果期7~8月。秋季果实成熟时采收，除去杂质，晒干。

■ **形态特征**　果实呈卵圆形，长4~5.5 mm，直径2.5~4 mm。表面灰绿色或灰黄色，有微细的白色或棕色网纹，两边有棱，顶端略尖，基部有一圆形果梗痕。果皮薄而脆，易破碎。种皮绿色，子叶2枚，乳白色，富油性。气微，味淡。

■ **微观特征**　粉末特征：外果皮石细胞多成片，淡黄色。表面观呈不规则多角形，垂周壁深波状弯曲，有的分枝呈星状，直径13~54 μm，壁厚3~11 μm，长约90 μm，外平周壁稍有纹理，层纹清晰，纹孔细密，胞腔大，有的含棕黄色物。断面观呈长方形，细胞界限不明显。网状果皮细胞成片，黄棕色。细胞小，直径6~10 μm，壁薄，波状弯曲。内果皮石细胞成片，黄棕色或淡黄色。顶面观呈类圆形或类多角形，胞间层细波状弯曲，垂周壁甚厚，孔沟细密，与胞间层相连，胞腔明显。断面观呈栅状，长70~215 μm，宽约52 μm，胞

间层不规则弯曲，径向壁厚，近内壁渐薄，细胞界限不甚明显。草酸钙簇晶多存在于皱缩的果皮薄壁细胞中，直径 4~13 μm。种皮表皮细胞黄色或黄棕色，细胞界限不甚明显，壁薄，有类圆形间隙。子叶细胞无色或黄色，含脂肪油滴。

■ 萌发特性 种子萌发的适宜温度为 20~30℃，发芽率约 91%。属中光性种子。

■ 贮　　藏 常温下贮藏 1.5 年，发芽率 70%~80%，贮藏 2.5 年，发芽率降至 30%~50%；0℃以下低温贮藏，可延长种子寿命。

①果实外观及纵切面
②外果皮
③果皮
④内果皮

①	②
③	④

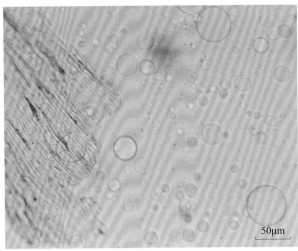

①种皮
②子叶细胞和脂肪油滴

① | ②

荨麻科 | Urticaceae

⑦ 珠芽艾麻　多年生草本　｜　别名：红禾麻、铁棒槌、青麻
Laportea bulbifera (Sieb. et Zucc.) Wedd.

药用价值　以干燥地上部分、根或珠芽入药，药材名红禾麻。具有祛风除湿、活血化瘀之功效。用于风湿麻木，跌扑损伤，骨折。

分　布　分布于辽宁、吉林、黑龙江、河南、山西、贵州等地。

采　集　花期6~8月，果期8~12月。果实变黄褐色时采集果序，阴干，脱粒，去杂，装入布袋，干燥处贮藏。

形态特征　成熟的瘦果圆状倒卵形或近半圆形，偏斜，扁平，长 2.99~3.66 mm，宽 2.06~2.76 mm，厚 0.68~1.12 mm；果皮表面黑褐色，有紫褐色疣状突起，果柄下弯，具锐尖的宿存花柱，长约 0.91 mm。果皮厚约 0.25 mm，黑褐色，外侧角质；种皮白色，角质，内包直生的胚，长 1.13 mm，宽 0.87 mm，无胚乳，有 2 枚近椭圆形肉质子叶，长 0.85 mm，宽 0.65 mm。千粒重约 2.018 g。

萌发特性　有休眠。萌发温度 20~25℃，发芽率达 73.2%。

贮　藏　正常型。装入布袋，于室内通风干燥处常温贮藏，种子寿命 1~2 年。干燥至相对湿度 15% 后，于 –20℃条件下贮藏，种子寿命可达 3 年以上。

①瘦果群体
②瘦果外观
③瘦果外观及纵切面
④胚与子叶

①	②
③	④

马兜铃科 | Aristolochiaceae

⑧ 北细辛

多年生草本 | 别名：辽细辛、细参、烟袋锅花
Asarum heterotropoides Fr. Schmidt var. *mandshuricum* (Maxim.) Kitag.

■ **药用价值** 以根和根茎入药，药材名细辛。具有解表散寒、祛风止痛、通窍、温肺化饮之功效。用于风寒感冒，头痛，牙痛，鼻塞流涕，鼻衄，鼻渊，风湿痹痛，痰饮喘咳。

■ **分　布** 分布于黑龙江、吉林、辽宁等地。

■ **采　集** 花期 5 月，果期 6~7 月。果实成熟后及时采摘，以防种子脱落。

■ **形态特征** 蒴果肉质、半球形，种子多数。种子倒卵形，长 2.8~4.1 mm，宽 1.7~2.1 mm，厚 1.2~1.8 mm，黑棕色。解剖镜下可见种子表面不平坦，有波状皱纹和圆形浅凹。种脐位于腹面下端。背面隆起，腹面有纵沟状凹陷，内有附属物。

■ **微观特征** 种皮表皮为小的椭圆形细胞，内壁增厚明显，红棕色，细胞内含草酸钙方晶。胚及胚乳的细胞内充满糊粉粒和浅红色油滴。

■ **萌发特性** 有休眠，种子具有种胚生理后熟和下胚轴休眠特性。需光种子，变温处理 15℃/25℃，萌发率达 94.52%，赤霉素处理可解除种子下胚轴休眠。

■ **贮　藏** 正常型。在常温下沙藏或通风条件下，可贮藏 1 个月左右。

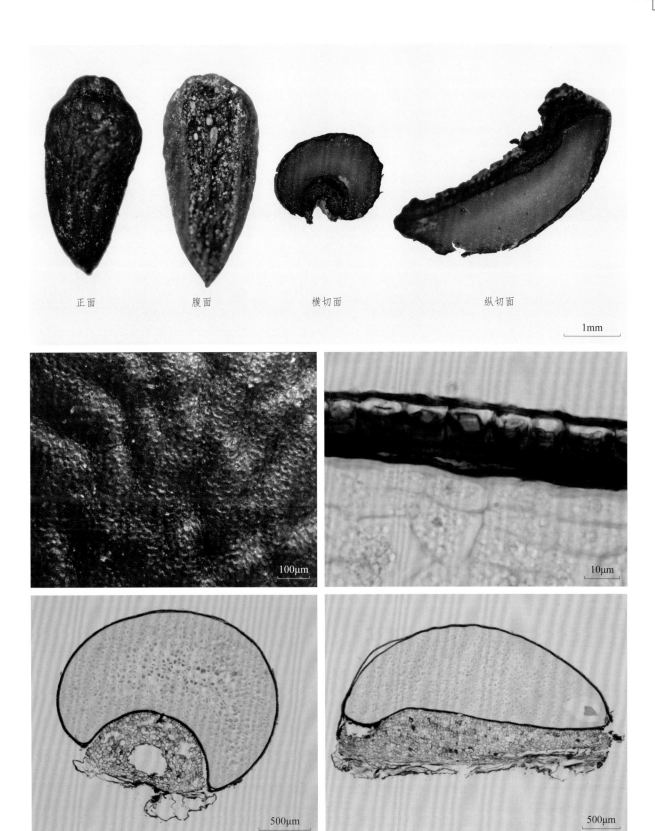

正面　　　　　腹面　　　　　横切面　　　　　纵切面

1mm

100μm

10μm

500μm

500μm

①种子外观及切面
②种子表面纹饰
③种皮显微结构图
④种子横切面显微结构图
⑤种子纵切面显微结构图

	①	
②		③
④		⑤

⑨ 北马兜铃

草质藤本 | 别名：马斗铃、铁扁担、臭瓜蒌、茶叶包、河沟精
Aristolochia contorta Bge.

■ 药用价值 以干燥成熟果实入药，药材名马兜铃。具有清肺降气、止咳平喘、清肠消痔之功效。用于肺热咳喘，痰中带血，肠热痔血，痔疮肿痛。

■ 分　　布 分布于辽宁、吉林、黑龙江、内蒙古、河北、河南、山东、山西、陕西、甘肃和湖北等地。

■ 采　　集 花期5~7月，果期8~10月。蒴果黄褐色时及时采摘，阴干，脱粒，精选去杂，干燥处贮藏。

■ 形态特征 蒴果倒卵形或椭圆状倒卵形，长3~6.5 cm，宽2.5~3 cm；顶端圆而微凹，四周具6条棱，基部具长2.5~5 cm的果梗；成熟时黄绿色，并由基部向上沿室间开裂为6瓣，果柄撕裂成5~6条，丝状，内含种子多枚。种子倒三角形或倒梯形，扁平；四周具枯黄色的纸质周翅，翅宽1.31~2.60 mm；背面的胚部呈心形圆块状，褐色，无光泽，稍粗糙；腹面呈灰褐色或胚部颜色稍深，有光泽，较平滑，中央具一纵线，长为种子的4/5；长5.5~8.0 mm，宽5.97~11.2 mm，厚0.4~0.66 mm，千粒重为6.05~8.30 g。种脐小，突起状；位于基端。合点横线状，位于种仁上缘。种皮灰褐色；海绵状纸质；厚0.10 mm；紧贴胚乳，难以分离。胚乳白色；软角质，含油脂，半透明；几乎充满整粒种子；包被着胚。胚白色；肉质，富含油脂，半透明；长0.62~1.00 mm，宽0.28~0.39 mm，厚0.10 mm；直生于种子基端。子叶2枚；椭圆形，扁平；长0.32~0.50 mm，宽0.28~0.39 mm，每枚厚0.05 mm；并合，稍交错。胚根舌状；长0.30~0.50 mm，宽0.24~0.32 mm，厚0.10 mm，朝向种脐。

■ 萌发特性 具形态休眠。在实验室内，20℃、12 h/12 h光照条件下，含200 mg/L赤霉素（GA_3）的1%琼脂培养基上，萌发率为15%~20%。田间发芽适温为20~30℃。

■ 贮　　藏 正常型。常温下种子寿命为1~2年。

1cm

腹面　　　　　　　背面

横切面　　　　　　纵切面

1mm

①种子群体(去翅)
②种子外观及切面
③种子 X 光图

	①	
②		③

⑩ 马兜铃

草质藤本 | 别名：兜铃根、独行根、青木香、一点气、天仙藤
Aristolochia debilis Sieb. et Zucc.

■ **药用价值** 以干燥成熟果实入药，药材名马兜铃。具有清肺降气、止咳平喘、清肠消痔之功效。用于肺热咳喘，痰中带血，肠热痔血，痔疮肿痛。

■ **分　　布** 分布于长江流域以南各省区以及山东、河南等地。

■ **采　　集** 花期7~8月，果期9~10月。蒴果黄褐色时及时采摘，阴干，脱粒，精选去杂，干燥处贮藏。

■ **形态特征** 蒴果近球形或矩圆球形，长4~6 cm，宽3~4 cm；顶端钝圆而微凹，四周具6条棱，基部具长2.5~5 cm的果梗；成熟时黄褐色或褐色，并由基部向上沿室间开裂为6瓣，内含种子多枚。种子倒三角形或倒梯形，扁平；四周具枯黄色的纸质周翅，翅宽1.15~3.73 mm；背面的胚部呈心形圆块状，褐色，无光泽，稍粗糙；腹面呈灰黄色或胚部颜色稍深，有光泽，较平滑，中央具一纵棱，长为种子的3/4；长5.50~12.54 mm，宽6.49~11.48 mm，厚0.51~0.98 mm，千粒重为6.4~8.05 g。种脐小，不明显；位于基端。种皮黄褐色；纸质，厚0.03mm；紧贴胚乳，难以分离。胚乳丰富；白色；角质，含油脂；几乎充满整粒种子；包被着胚。胚白色；肉质，含油脂，半透明；长0.74~1.09 mm，宽0.36~0.40 mm，厚0.16 mm；直生于种子基端。子叶2枚；椭圆形或矩圆形，扁平；长0.50 mm，宽0.40 mm，每枚厚0.07 mm；并合。胚根长舌状，顶端尖；长0.55 mm，宽0.30 mm，厚0.16 mm，朝向种脐。

■ 萌发特性　具形态休眠。在实验室内，20℃和25℃/15℃、12 h/12 h光照条件下，1%琼脂培养基上，
萌发率分别为25%和30%；在20℃、12 h/12 h光照条件下，含200 mg/L赤霉素（GA₃）
的1%琼脂培养基上，萌发率为25%。田间发芽适温为20~30℃。

■ 贮　藏　正常型。常温下种子寿命为4~5年。

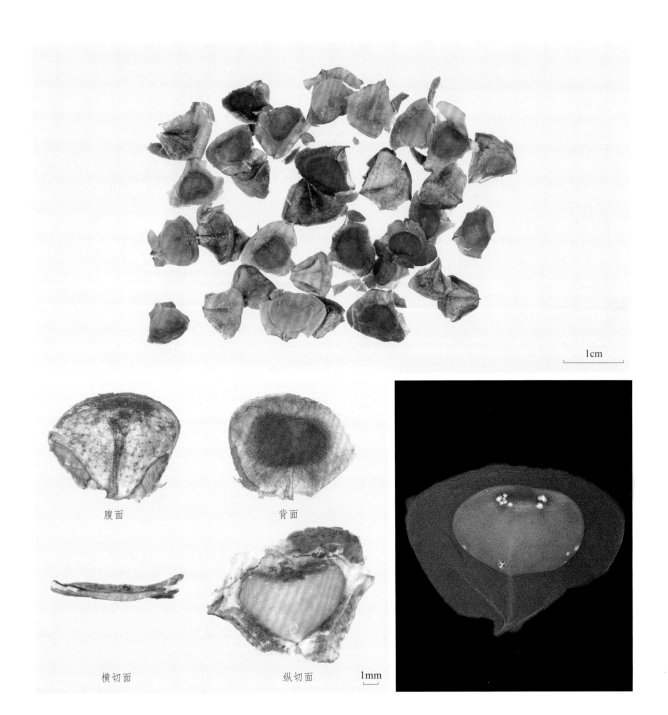

腹面　　　背面

横切面　　　纵切面　　　1mm

①种子群体
②种子外观及切面
③种子 X 光图

■ 蓼 科 | Polygonaceae

11 红 蓼 一年生草本 | 别名：红草、大红蓼、狗尾巴花
Polygonum orientale Linn.

■ **药用价值** 以干燥成熟果实入药，药材名水红花子。具有散血消癥、消积止痛、利水消肿等功效。用于癥瘕痞块，瘿瘤，食积不消，胃脘胀痛，水肿腹水等。

■ **分　布** 除西藏外，广泛分布于全国各地，野生或栽培。

■ **采　集** 花期 6~9 月，果期 8~10 月。果实成熟时割取果穗，晒干，打下果实，除去杂质。

■ **形态特征** 瘦果近圆形，双凹，直径 2.5~3.5 mm，黑褐色，有光泽。两面微凹，中部略有纵向隆起。顶端有突起的柱基，基部有浅棕色略突起的果梗痕。种子扁圆形，表面浅棕色，胚细小弯曲。

■ **微观特征** 外果皮为 1 列红色栅状细胞，排列整齐而紧密，细胞外壁呈规则波状。内果皮由薄壁细胞组成，内含深红色物。种皮细胞排列疏松，细胞间隙大，角质层无色透明，内种皮表皮细胞排列紧密，胚乳与子叶间有裂隙。

■ **萌发特性** 有休眠。对种皮进行剪口处理，萌发率达 82%。0.5 g/ml 氢氧化钠浸种 45 min，萌发率达 99.63%。

■ **贮　藏** 正常型。室外地表自然放置或低温贮藏。

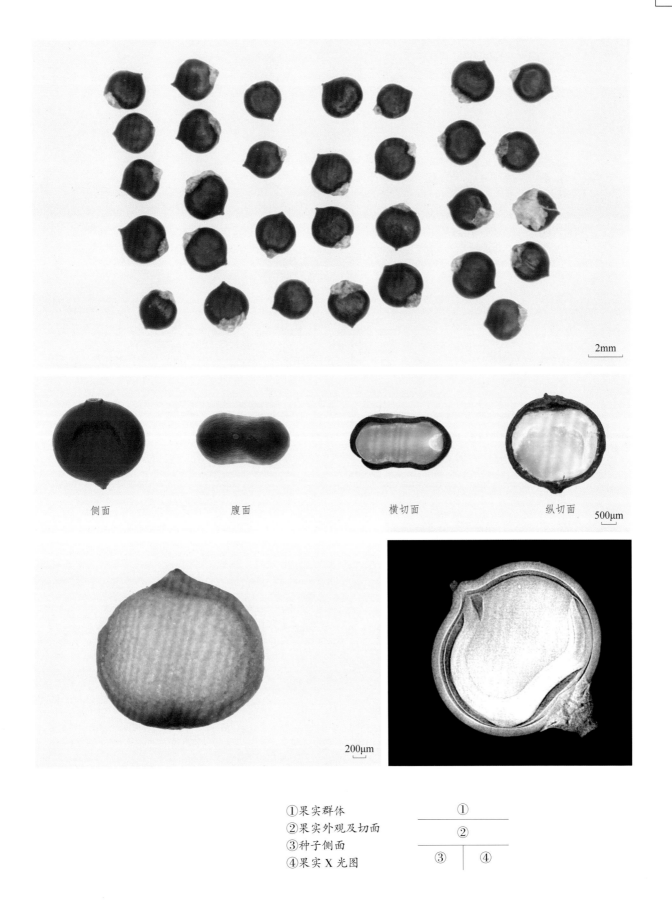

2mm

侧面　　　　　腹面　　　　　横切面　　　　　纵切面　500μm

200μm

①果实群体　　　　　　　　①
②果实外观及切面　　　　②
③种子侧面　　　　　　③ | ④
④果实X光图

12 拳 参 多年生草本 | 别名：拳蓼、山虾子、倒根草、紫参、草河车
Polygonum bistorta L.

■ **药用价值** 以干燥根茎入药，药材名拳参。具有清热解毒、消肿、止血之功效。用于赤痢热泻、肺热咳嗽，痈肿瘰疬，口舌生疮，血热吐衄，痔疮出血，蛇虫咬伤。

■ **分　布** 分布于东北、华北及陕西、宁夏、甘肃、山东、河南、江苏、浙江、江西、湖南、湖北和安徽等地。

■ **采　集** 花期6~7月，果期7~11月。瘦果棕色或褐色时及时采摘，阴干，脱粒，精选去杂，干燥处贮藏。

■ **形态特征** 瘦果卵状三棱形；顶端具花柱残基，尖；长2.99~4.23 mm，宽1.73~2.64 mm，千粒重为4.42~4.60 g；棕色或褐色，光滑且光亮；包于宿存花被中。果疤棕色；近圆形，直径为0.42 mm；位于基端。果皮棕色或褐色；革质；厚0.08 mm；与种皮分离；内含种子1枚。种子卵状三棱形；顶端具褐色、圆形、稍凸的合点；黄棕色；长1.90~2.79 mm，宽1.35~2.22 mm。种脐黑褐色；近圆形，直径为0.70 mm；凸；位于种子基端。种皮黄棕色；膜质；紧贴胚乳，难以分离。胚乳含量中等；白色；颗粒状淀粉质，与胚相接处为粉末状；从三面包被着胚。胚逗号形；子叶横向弯折，与下胚轴和胚根呈近90°夹角；乳白色；蜡质；长2.03~2.65 mm，宽0.86~1.05 mm，厚0.35 mm。子叶2枚；宽卵形，扁平；长1.10~1.49 mm，宽0.86~1.03 mm，每枚厚0.17~0.27 mm；并合，横向插入胚乳中。下胚轴和胚根长圆柱形，顶端尖；长1.03~1.51 mm，宽0.17~0.35 mm，厚0.30 mm；位于种子的一条棱上，贴近种皮，朝向合点。

■ **萌发特性** 5℃层积28 d，然后在25℃、12 h/12 h光照条件下，含200 mg/L赤霉素（GA$_3$）的1%琼脂培养基上，萌发率可达100%；在20℃、12 h/12 h光照条件下，1%琼脂培养基上，萌发率为95%。

■ **贮　藏** 正常型。干燥至相对湿度15%后，于-20℃条件下贮藏，种子寿命可达5年以上。常温下为1~2年。

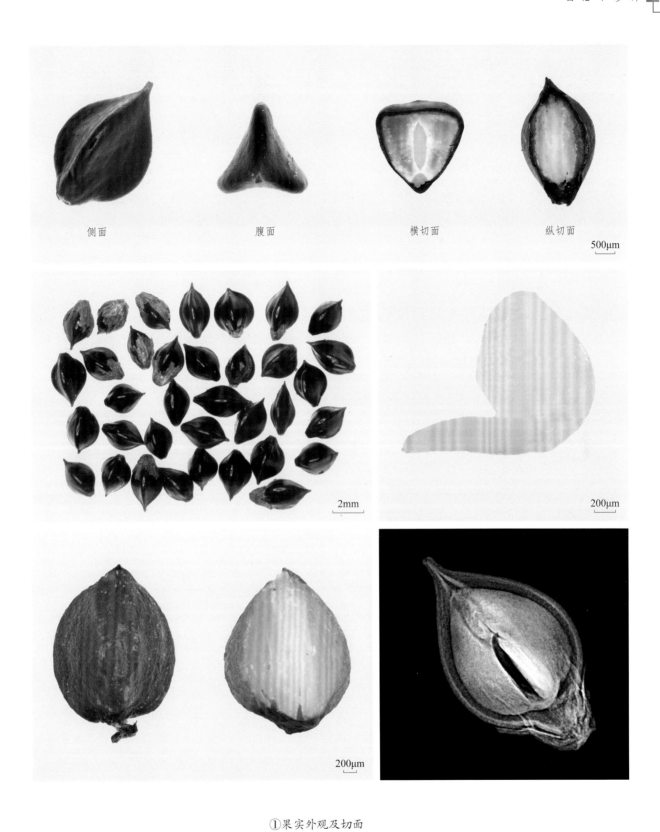

侧面　　　　　　　腹面　　　　　　横切面　　　　　　纵切面

500μm

2mm

200μm

200μm

①果实外观及切面
②果实群体
③胚
④种子外观及纵切面
⑤果实X光图

	①	
②		③
④		⑤

⑬ 头花蓼 多年生草本 | 别名：四季红、水绣球、石莽草
Polygonum capitatum Buch.-Ham. ex D. Don

■ **药用价值** 以全草或地上部分入药，药材名头花蓼。具有清热解毒、利尿通淋、活血止痛之功效。用于膀胱炎，痢疾，风湿疼痛，尿路结石，跌打损伤，水肿等。

■ **分　布** 分布于江西、湖北、湖南、广东、广西、四川、贵州、云南、西藏等地。

■ **采　集** 花期7~8月，果期8~11月。头花蓼带宿存花被的果实9~11月均可采收，果序由粉红色变为白色带墨绿时，分批采收成熟果序，晾干，脱粒，精选去杂，干燥处贮藏。

■ **形态特征** 种子为带宿存花被的瘦果，呈三棱状卵形，包裹于白色膜质的宿存花被内，长1.80~2.64 mm，直径1.0~1.44 mm。去花被的瘦果卵状三棱形，长1.4~1.6 mm，直径0.8~1.2 mm，表面黑褐色，有光泽，基部具白色的宿存花托。瘦果横切面三角形，纵切卵状披针形。果皮厚约70 um，黑褐色，外侧角质化，基部有短柱状果柄。种皮白色膜质，胚乳丰富，白色，粉质，胚小而略弯曲，长约0.76 mm，子叶2枚，卵形，长约0.52 mm。千粒重为0.948 g。

■ **萌发特性** 无休眠。在15~25℃、有散射光照条件下发芽；播种时，播种育苗田盐浓度不能高于1~2g /L，浓度过高影响种子发芽。播种用带宿存花被的瘦果，发芽率为93.3%。

■ 贮　藏 试验研究结果表明，种子用透气性良好的棉布袋与用透气性较差的牛皮纸袋包装贮藏，其发芽率无显著差异，说明包装材料的透气性差异对头花蓼种子的发芽率无显著影响。但种子贮藏环境与时间对其发芽率均有影响。不同贮藏环境下，其发芽率随着贮藏时间的延长而呈现不同的下降趋势。种子在室温环境中的寿命为 30 个月，干燥或低温环境能延长其寿命。

500μm

500μm

横切面　　　纵切面　　　100μm

100μm

①果实群体（具宿存花被）
②果实群体（去除花被）
③种子切面
④胚

①	②
③	④

⑭ 杠板归 | 一年生草质藤本 | 别名：蛇倒退、犁头刺藤、老虎利
Polygonum perfoliatum L.

■ **药用价值**　以干燥地上部分入药，药材名杠板归。具有清热解毒、利水消肿、止咳之功效。用于
咽喉肿痛，肺热咳嗽，小儿顿咳，水肿尿少，湿热泻痢，湿疹，疖肿，蛇虫咬伤等。

■ **分　布**　分布于贵州、四川、云南、广西、湖南、重庆等地。

■ **采　集**　花期 6~8 月，果期 8~9 月。当穗状果序上的果实宿存花被片变成蓝色、种子呈黑色时，
分批次"用手脱粒采摘法"采集，放入水中搓去宿存蓝色花被，晾干，干燥处贮藏。

■ **形态特征**　瘦果近球形，直径 3.00~4.10 mm，表面蓝黑色。播种用瘦果，球形，坚硬，长轴 3.23~
3.88 mm，短轴 2.68~3.10 mm；表面黑色，光滑，有光泽，顶端具有小突起，基部为
污白色海绵状宿存花托所覆盖。瘦果纵切面圆形，基部为污白色海绵状宿存花托。
果皮厚约 0.22 mm，外侧角质化，萌发孔位于下侧面；内有 1 枚种子，种皮较厚，
角质，内含丰富的蜡质胚乳，胚弯曲，长约 3 mm，子叶 2 枚，阔卵形，长约 1.5 mm，
宽约 0.4 mm。

■ **萌发特性**　种子（瘦果）发芽率 94.3%，发芽适温为 15~25℃。

■ **贮　藏**　布袋室温贮藏或混沙室温贮藏。贮藏 1 年后，室温贮藏的发芽率从 96.6% 下降至
94.3%，混沙室温贮藏的发芽率从 95.6% 下降至 94.2%。

①瘦果群体（带肉质宿存花被）
②瘦果群体
③瘦果纵切面
④胚

①	②
③	④

15 何首乌

多年生藤本 | 别名：多花蓼、紫乌藤、九真藤
Polygonum multiflorum Thunb.

药用价值 以干燥块根入药，药材名何首乌。生首乌具有解毒、消痈、截疟、润肠通便之功效。用于疮痈，瘰疬，风疹瘙痒，久疟体虚，肠燥便秘。以干燥藤茎或带叶的藤茎入药，药材名夜交藤。具有养心安神、祛风、通络之功效。用于失眠，多梦，风湿痹痛等。

分　　布 分布于河南、湖北、广西、广东、贵州、四川、江苏等地。

采　　集 花期8~9月，果期9~10月。果实成熟时采集果序，晾干，脱粒，去杂，干燥处贮藏。

形态特征 带宿存花被的瘦果黄褐色，具3枚阔翅状花被，顶端凹裂，基部下延成楔形，具长约2 mm的果梗；带花被整体外形近倒卵形，长6.2~7.5 mm，宽4.3~5.5 mm；去花被瘦果较小，三棱形，与宿存花柱共长1.98~3.36 mm，宽1.21~1.60 mm，厚1.10~1.58 mm，表面有光泽，深褐色或棕褐色。去宿存花被种子（瘦果）横切面三角形，具厚40~110 μm的黑褐色果皮；果皮与种皮易分离，种皮薄膜质，黄褐色，内具丰富的白色粉质胚乳，胚弯曲，长约1.1 mm，子叶2枚，长约0.71 mm，宽约0.33 mm。

萌发特性 商品种子为带宿存花被的瘦果，发芽率为87.92%。种子宜在25℃条件下，沙土发芽床发芽，计数时间为3~15 d。

贮　　藏 晾干，保存于透气布袋中，常温贮藏，于翌年春季播种。

①瘦果（带宿存花被）
②瘦果群体
③种子
④瘦果横切面
⑤胚

①		②
③	④	⑤

16 虎杖

多年生草本 | 别名：酸筒杆、酸桶芦、大接骨、斑庄根

Polygonum cuspidatum Sieb. et Zucc.

■ 药用价值 以根茎和根入药，药材名虎杖。具有利湿退黄、清热解毒、散瘀止痛、止咳化痰之功效。用于湿热黄疸，淋浊，带下，风湿痹痛，痈肿疮毒，水火烫伤，经闭，癥瘕，跌打损伤，肺热咳嗽。

■ 分　布 分布于陕西、甘肃、贵州、四川、云南及华东、华中、华南等地。

■ 采　集 花期 6~7 月，果期 8~10 月。花被变淡褐色时及时采集，熟后种子落地，晾干，去杂质，放阴凉处保存。

■ 形态特征 瘦果三棱状卵形，长 4.2~4.5 mm，宽 2.5~2.9 mm，外包有淡褐色或黄绿色扩大成翅状的膜质花被（常破损或脱落），表面棕黑色或棕色，有光泽。内含种子 1 枚。种子为三棱状卵形，表面绿色，先端尖，具种孔，基部具一短种柄。胚乳白色，粉质，胚稍弯曲，子叶 2 枚，呈新月形。

■ 萌发特性 易萌发，在恒温箱内发芽率都不高，以 25℃较好；20~30℃变温下发芽较恒温下为好；去果壳促进发芽，去果壳播种后 3 d 即开始发芽，发芽率为 38.9%，而未去果壳，播种后 11 d 开始发芽，发芽率仅为 5.6%。生产上如需用种子播种，一般春播，南方于 3 月，北方于 4 月播种，穴播，行株距 50~65 cm，每穴播种 8~9 枚，覆土 3 cm 左右。

■ 贮　藏 不耐贮藏，隔年种子不能用。

2mm

侧面　　　　　　　腹面　　　　　　　横切面

500μm

500μm

①瘦果群体
②瘦果外观及切面
③胚
④瘦果 X 光图

①	
②	
③	④

⑰ 药用大黄

多年生草本 | 别名：南大黄、西大黄、川军
Rheum officinale Baill.

■ **药用价值** 以根和根茎入药，药材名大黄。具有泻下攻积、清热泻火、凉血解毒、逐瘀通经、利湿退黄之功效。用于实热积滞便秘，血热吐衄，目赤咽肿，痈肿疔疮，肠痈腹痛，瘀血经闭，产后瘀阻，跌打损伤，湿热痢疾，黄疸尿赤，淋证，水肿；外治烧烫伤。

■ **分　布** 分布于陕西、四川、湖北、贵州、云南、河南等地。

■ **采　集** 花期 5~6 月，果期 8~9 月。果实成熟时采集，去除杂质，晾干。

■ **形态特征** 瘦果椭圆状三棱形，长 5.6~8.9 mm，宽 3.1~4.8 mm。果皮黄褐色，带紫黑色，沿棱具 3 个膜质翅，翅呈皱缩状。每个翅只有下端常有残留的花被。花被 2 轮，近等大。含种子 1 枚。胚乳乳白色，丰富，胚直，偏于一侧。千粒重约为 18.2 g。

■ **微观特征** 瘦果横切面：外果皮细胞方形，外壁厚，黄色。中果皮细胞网状排列，细胞红棕色，细胞内可见大的草酸钙簇晶。内果皮细胞不规则圆形。外胚乳细胞近不规则方形，内含块状物及油滴。胚乳细胞内充满大的糊粉粒，每个糊粉粒含一草酸钙簇晶。子叶两片。

■ **萌发特性** 易萌发，萌发最适温度为 20~25℃，超声波 30 min 与 650 kV/cm 的高压静电场处理种子 50 min，可促进萌发，提高种子活力。

■ **贮　藏** 正常型。干燥保存。

①瘦果群体
②瘦果外观及切面
③瘦果横切面显微结构图
④胚
⑤瘦果 X 光图

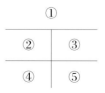

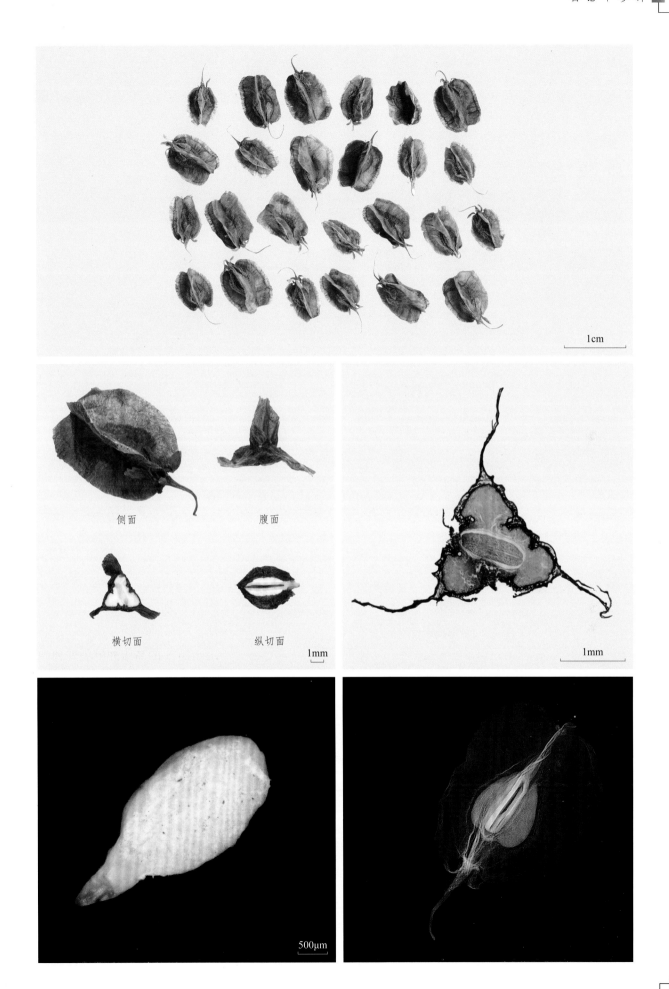

侧面　　　　腹面

横切面　　　　纵切面

1cm

1mm

1mm

500μm

⑱ 掌叶大黄

多年生草本 | 别名：香大黄、将军、马蹄黄、生军
Rheum palmatum L.

药用价值 以根和根茎入药，药材名大黄。具有泻下攻积、清热泻火、凉血解毒、逐瘀通经、利湿退黄之功效。用于实热积滞便秘，血热吐衄，目赤咽肿，痈肿疔疮，肠痈腹痛，瘀血闭经，产后瘀阻，跌打损伤，湿热痢疾，黄疸尿赤，淋证，水肿；外治烧烫伤。

分　布 分布于甘肃、青海、宁夏、四川及西藏等地。

采　集 花期5~7月，果期6~8月。大部分果穗变褐色时，选晴天连同花枝一起割下，倒挂于阴凉通风处，稍干后抖下果实，阴干。

形态特征 瘦果矩卵圆形，长6~9 mm，宽2.9~5.0 mm，具3条棱，沿棱生翅，翅边缘半透明，顶端稍凹陷，基部呈心形，果柄残留，花萼宿存。果皮黄褐色，皱缩，果体棕黑色，内含种子1枚。种子棕黑色，种皮薄，胚乳白色，胚根短小，子叶2枚，卵形。千粒重约为10 g。

微观特征 果实表面呈竹节状纹理。瘦果横切面：外果皮细胞方形，外壁厚，黄色。中果皮细胞红棕色，网状排列。内果皮细胞不规则圆形。种皮细胞近不规则方形，内含块状物及油滴。胚乳细胞内充满糊粉粒，每个糊粉粒含1个草酸钙簇晶。

萌发特性 无休眠。萌发最适温度为15~25℃。

贮　藏 低温超干贮藏。

①瘦果群体
②瘦果外观及切面
③瘦果横切面显微结构图
④瘦果X光图
⑤种皮表面纹饰

	①	
②		③
④		⑤

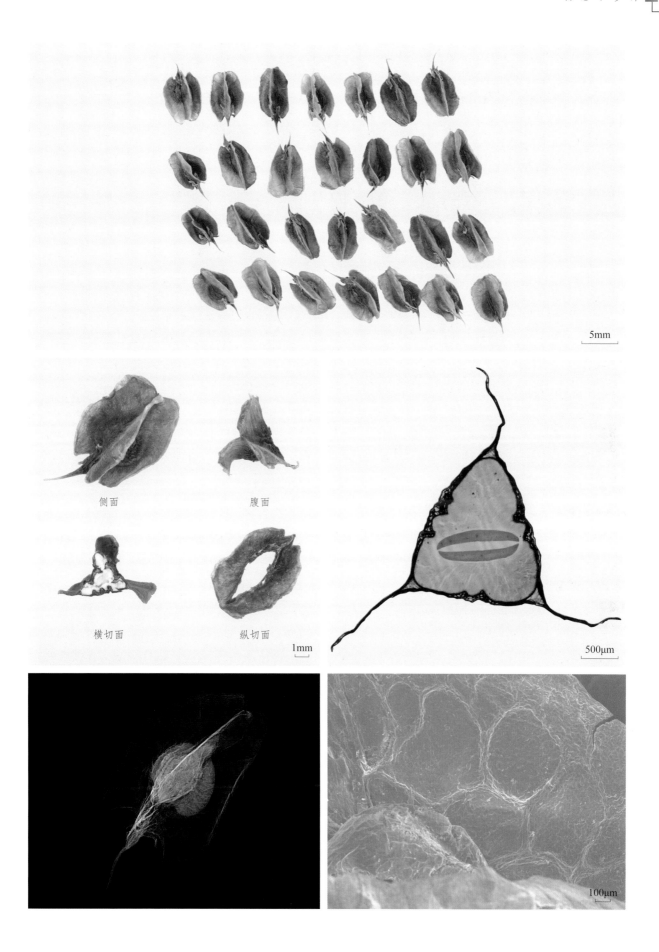

侧面   腹面

横切面   纵切面

5mm

1mm

500μm

100μm

⑲ 唐古特大黄

多年生草本 | 别名：鸡爪大黄
Rheum tanguticum Maxim. ex Balf.

■药用价值 以根和根茎入药，药材名大黄。具有泻下攻积、清热泻火、凉血解毒、逐瘀通经、利湿退黄之功效。用于实热积滞便秘，血热吐衄，目赤咽肿，痈肿疔疮，肠痈腹痛，瘀血经闭，产后瘀阻，跌打损伤，湿热痢疾，黄疸尿赤，淋证，水肿；外治烧烫伤。

■分　　布 分布于甘肃、青海及西藏东北部。

■采　　集 花期5~6月，果期8~9月。果实成熟时采集，晾干，去壳，取出种子，去除杂质，晾干。

■形态特征 瘦果椭圆状三棱形，长7.2~10.6 mm，宽3.1~5.8 mm。沿棱具3个膜质翅，果柄位于基部，常有残留的花被。花被2轮，内轮稍大含种子1枚，翅与果脐呈褐色，种子部位黑色，翅无皱缩。

- **微观特征** 瘦果横切面：外果皮细胞方形，外壁厚。中果皮细胞网状排列，细胞内可见大的草酸钙簇晶。内果皮细胞不规则圆形。外胚乳细胞近不规则方形，内含块状物及油滴。胚乳细胞内充满大的糊粉粒，每个糊粉粒含一草酸钙簇晶。

- **萌发特性** 易萌发，15~25℃下均能迅速整齐萌发。超声波 30 min 与 650 kV/cm 的高压静电场处理种子 50 min，可促进萌发，提高种子活力。

- **贮 藏** 正常型。干燥保存。

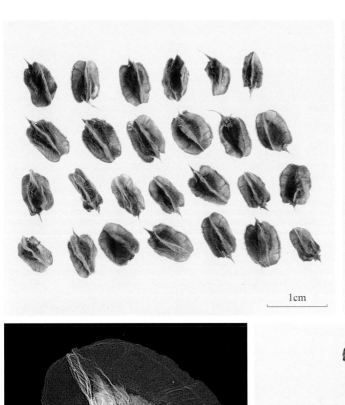

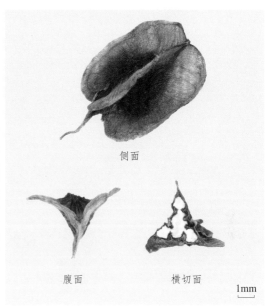

侧面

腹面　　　　　横切面

1mm

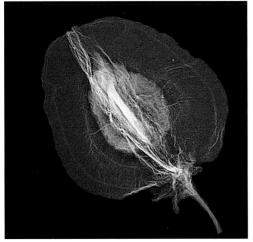

1cm

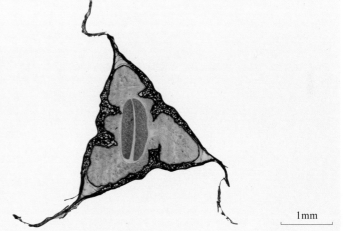

1mm

①果实群体
②果实外观及切面
③果实 X 光图
④果实横切面显微结构图

①	②
③	④

藜 科 | Chenopodiaceae

20 地 肤 一年生草本 | 别名：地葵
Kochia scoparia (L.) Schrad.

药用价值 以干燥成熟果实入药，药材名地肤子。具有清热利湿、祛风止痒之功效。用于小便涩痛，阴痒带下，风疹，湿疹，皮肤瘙痒。

分　布 全国各地均有分布。

采　集 花期6~9月，果期7~10月。秋季果实成熟时采收植株，晒干，打下果实，除去杂质，通风干燥处贮藏。

形态特征 胞果呈扁球状五角星形，直径1~3 mm。外被宿存花被，表面灰绿色或浅棕色，周围具膜质小翅5枚，背面中心有微突起的点状果梗痕及放射状脉纹5~10条；剥离花被，可见膜质果皮，半透明。种子扁卵形，长约1 mm，黑色。气微，味微苦。种子长1~1.5 mm，宽约1 mm，边缘稍隆起，中部略凹。解剖镜下可见种子表面有网状皱纹。种子内有马蹄形胚，绿黄色，油质，胚乳白色。内种皮褐色，膜质。千粒重约为1.20 g。

■ **微观特征**　种皮细胞 1~2 列，细胞小，胚乳细胞排列疏松，内含糊粉粒，中央可见胚。
■ **萌发特性**　发芽适温 15~30℃，对光不敏感，发芽率 90% 以上。
■ **贮　　藏**　正常型。4~10℃下可保存 3 年以上。

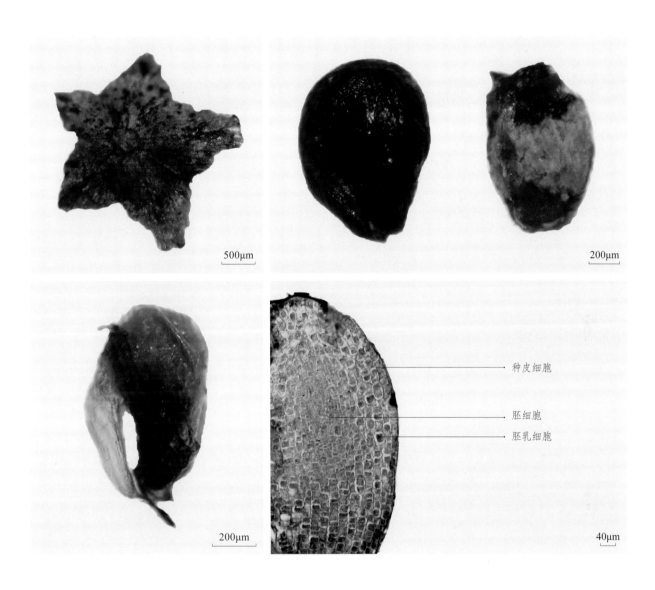

500μm

200μm

200μm

种皮细胞

胚细胞

胚乳细胞

40μm

①果实
②种子外观及切面
③内种皮外观
④种子纵切面显微结构图

①	②
③	④

■ 苋 科 | Amaranthaceae

21 青葙 一年生草本 | 别名：青葙子、青葙花
Celosia argentea L.

■ **药用价值** 以干燥成熟种子入药，药材名青葙子。具有清肝泻火、明目退翳之功效。用于肝热目赤，目生翳膜，视物昏花，肝火眩晕。

■ **分　布** 全国均有分布，大多栽培。

■ **采　集** 花期5~8月，果期6~10月。秋季果实成熟时采割植株或摘取果穗，晒干，脱粒，精选去杂，干燥处贮藏。

■ **形态特征** 胞果卵形，长约3 mm，包裹于宿存花被片内；熟时盖裂。花被片5枚，披针形、干膜质，白色，半透明，中间有一绿色中脉。种子圆形或圆状肾形；直径1.2~1.5 mm，厚0.5~0.9 mm；表面黑色或棕黑色，平滑，有光泽；两侧面凸起，边缘呈脊，腹侧微凹。种脐位于种子基部凹缺处。胚乳白色，粉质，胚弯曲，呈环状，含油脂；子叶2枚，线形。胚根圆柱状。千粒重约为0.78 g。

■ **微观特征** 种子表皮有矩形或多角形细小网纹，排成同心圆状。种皮表层为 1 列棕色细胞；内层为长方形细胞，细胞壁上有水平增厚纹理。外胚乳细胞不规则，含有浅红色脂肪油。胚乳细胞为多边形，内部充满糊粉粒与淀粉粒，且常含有 1 个菱形或者方形的草酸钙晶体。

■ **萌发特性** 易萌发，15~35℃下均可萌发，发芽适温为 20~30℃，最适温度为 25℃。

■ **贮 藏** 正常型。室温下可贮藏 4 年。

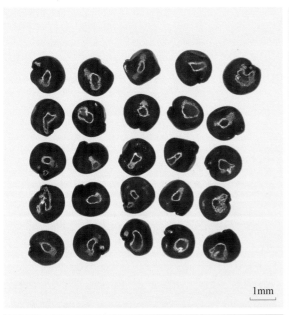

1mm

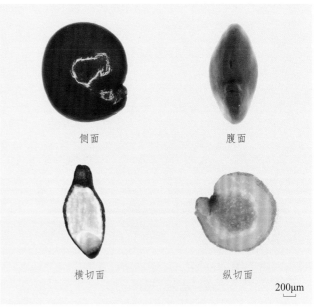

侧面　　　　　　腹面

横切面　　　　　纵切面

200μm

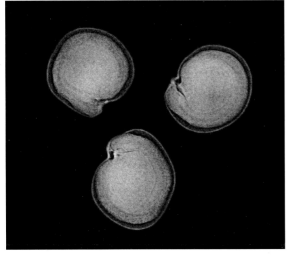

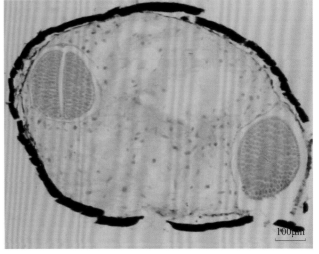

100μm

①种子群体
②种子外观及切面
③种子 X 光图
④种子横切面显微结构图

①	②
③	④

㉒ 鸡冠花 一年生草本 | 别名：鸡公花、鸡髻花、鸡角枪
Celosia cristata L.

■ **药用价值** 以干燥花序入药，药材名鸡冠花。具有收敛止血、止带、止痢之功效。用于吐血，崩漏，便血，痔血，赤白带下，久痢不止。

■ **分　布** 广泛分布于温暖地区，南北各地均有栽培。

■ **采　集** 花期 8~9 月，果期 9~10 月。种子变黑时剪取花序，晒干，脱粒，精选去杂，干燥阴凉处贮藏。

■ **形态特征** 胞果卵形，长约 3 mm，包于宿存花被中，熟时盖裂。种子圆形或圆状肾形；直径 1.4~1.6 mm，厚 0.5~0.8 mm；表面黑色或棕黑色，平滑，有光泽；两侧面凸起，常具 1~2 个凹窝；腹部微凹，内有 1 个小突起状种脐。胚乳白色，粉质；胚弯曲，环状，淡黄色，含油脂；子叶 2 枚，线形。胚根圆柱状。千粒重约 0.8 g。

■ **微观特征** 种子表皮有矩形或多角形细小网纹，排成同心圆状。种皮表层为 1 列棕色细胞；内层为长方形的细胞，细胞壁上有横向平行增厚。胚乳细胞为多边形，充满糊粉粒，且常含有草酸钙晶体。

■ **萌发特性** 易萌发，15~35℃下均可萌发，发芽适温为 25~35℃。

■ **贮　藏** 正常型。室温下可贮藏 3 年以上。

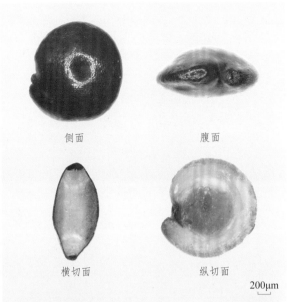

侧面　　　　　腹面

横切面　　　　　纵切面

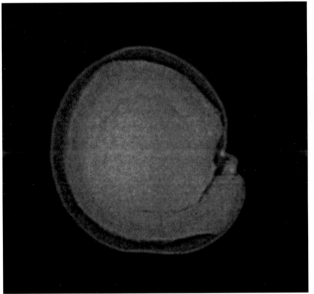

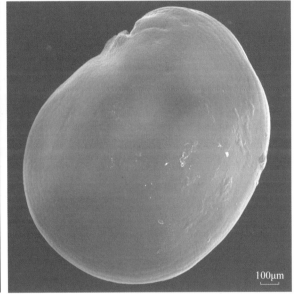

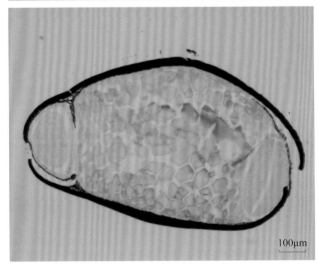

①	②
③	④
⑤	

①种子群体
②种子外观及切面
③种子 X 光图
④种子扫描电镜图
⑤种子纵切面显微结构图

㉓ **牛 膝** 多年生草本 | 别名：怀牛膝、山苋菜、对节菜
Achyranthes bidentata Bl.

■ **药用价值** 以干燥根入药，药材名牛膝。具有逐瘀通经、补肝肾、强筋骨、利尿通淋、引血下行之功效。用于经闭，痛经，腰膝酸痛，筋骨无力，淋证，水肿，头痛，眩晕，牙痛，口疮，吐血，衄血。

■ **分 布** 除东北外，其他各地均有栽培。

■ **采 集** 花期7~9月，果期9~10月。果实变为黄褐色时及时采摘，晒干，脱粒，精选去杂，干燥处贮藏。

■ **形态特征** 胞果长圆形，长2~2.5 mm，褐色，常附带黄色苞片及小苞片，上方具宿存花柱，内含种子1枚。种子长圆形；长2.5 mm，宽1.5 mm，黄褐色。胚弯曲成环状，乳白色；具子叶2枚；紧贴种皮，半包着外胚乳。外胚乳肉质，位于种子中部。千粒重为0.69~3.54 g。

■ **萌发特性** 无休眠，易萌发。种子宜在15~35℃下，先用清水浸种24 h，然后在5~12℃室温下，湿沙层积发芽。

■ **贮 藏** 正常型。室温下贮藏4~5年后，发芽率仍在10%以上。

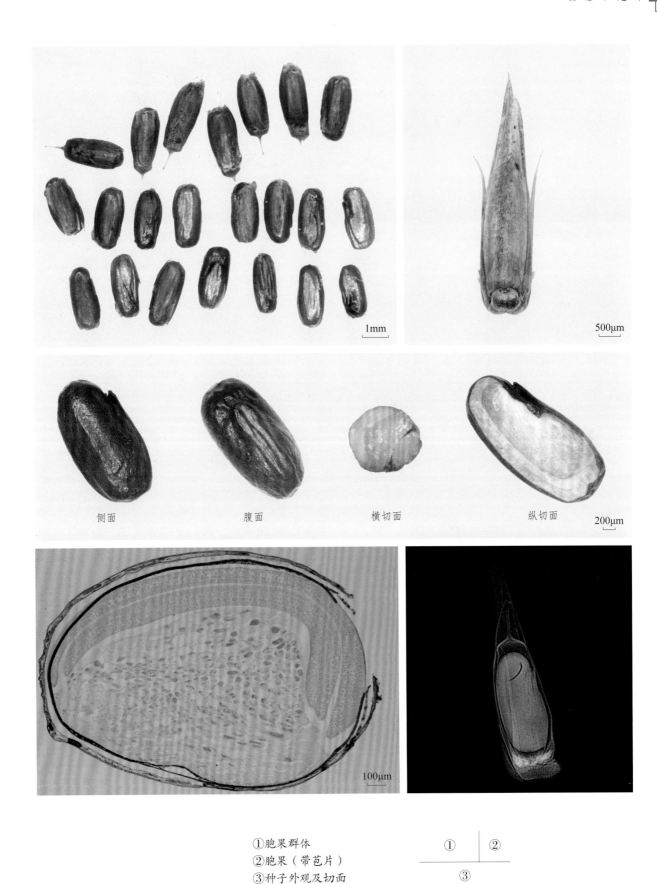

①胞果群体
②胞果（带苞片）
③种子外观及切面
④种子纵切面显微结构图
⑤胞果X光图

①	②
③	
④	⑤

侧面　　腹面　　横切面　　纵切面

商陆科 | Phytolaccaceae

24 垂序商陆 多年生草本 | 别名：洋商陆、美国商陆、当陆
Phytolacca americana L.

■ **药用价值** 以干燥根入药，药材名商陆。具有逐水消肿、通利二便、外用解毒散结之功效。用于水肿胀满、二便不通；外治痈肿疮毒。

■ **分　布** 原产于北美，河北、山东、浙江、江西、河南、云南等地有栽培，或逸生。

■ **采　集** 花期 6~8 月，果期 8~10 月。果实紫黑色时采收，放入水中搓去外皮，晒干，贮藏。

■ **形态特征** 浆果扁球形，熟时紫黑色，分果 8 个，短肾型，有宿萼。种子圆肾形，黑色，直径约 3 mm。表面光滑，有光泽。种脐位于侧面的凹陷内，黄色。

■ **微观特征** 种皮表面密布突起网纹。种皮表皮为 1 列红棕色栅状细胞，排列紧密，外壁有细纵沟纹，内壁波状弯曲。内种皮由椭圆形的薄壁细胞组成。胚乳由薄壁细胞组成。

■ **萌发特性** 有休眠。种子发芽难，种皮硬实度达 80%~90%。浓硫酸浸种 20 min 后，再用赤霉素处理，可提高萌发率。

■ **贮　藏** 正常型。干燥处贮藏。

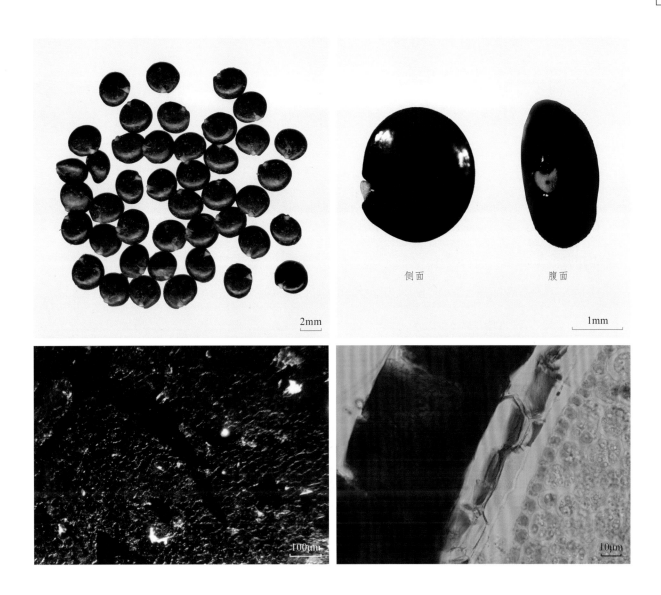

①种子群体
②种子外观
③种皮表面
④种皮横切面显微结构图

①	②
③	④

侧面　　腹面

马齿苋科 | Portulacaceae

㉕ 马齿苋 一年生草本 | 别名：马齿、马连菜
Portulaca oleracea L.

■ 药用价值 以干燥地上部分入药，药材名马齿苋。具有清热解毒、凉血止血、止痢之功效。用于热毒血痢，痈肿疔疮，湿疹，丹毒，蛇虫咬伤，便血，痔血，崩漏下血等。

■ 分　布 广泛分布于全世界温带和热带地区。我国南北各地均有分布。

■ 采　集 花期5~8月，果期6~9月。夏、秋二季茎叶繁茂时采收，洗净，沸水略烫后晒干，干燥处贮藏。

■ 形态特征 种子细小，多数近肾形，表面黑色或黑褐色，有光泽，偏斜球形，直径不及1 mm，种子腹侧中下部微凹。解剖镜下可见不规则的扁疣状突起，呈同心圆状排列。灰色种脐位于种子基部凹陷处，上面覆盖蝶翅状脐膜。胚乳白色，半透明。胚白色。千粒重约为0.05 g。

■ 微观特征 种皮由外向内依次是放射状增厚的角质层、石细胞层、薄壁细胞层和颓废色素层。种皮表皮细胞排列不规则，表面具有许多小突起，突起呈颗粒状，但表皮细胞结合牢固，解剖镜下可见表面密布排列整齐的颗粒状突起。

■ 萌发特性 无休眠。种子发芽适温为25~30℃，超过35℃则发芽受抑制，温度低于10℃几乎不发芽。25℃下催芽，其发芽时间集中在24~28 h，清水浸种12~24 h为宜，发芽率82.6%，发芽7 d萌发率可达98%。当种子含水量低于8%时，失去栽培用种价值。

■ 贮　藏 正常型。室温下可贮藏3年以上。

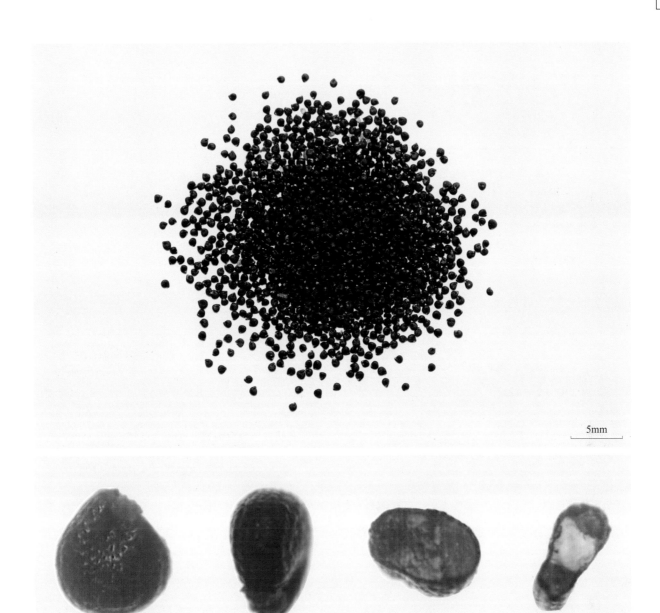

5mm

侧面　　　　　　腹面　　　　　　横切面　　　　　　纵切面　200μm

①种子群体
②种子外观及切面

①
②

石竹科 | Caryophyllaceae

26 麦蓝菜 一年或二年生草本 | 别名：留行子、奶米、王牡牛、大麦牛
Vaccaria segetalis (Neck.) Garcke

■ **药用价值** 以干燥成熟种子入药，药材名王不留行。具有活血通经、下乳消肿、利尿通淋之功效。用于经闭，痛经，乳汁不下，乳痈肿痛，淋证涩痛。

■ **分　布** 除华南外，其他地区均有分布，主产于河北、山东、辽宁、黑龙江。

■ **采　集** 花期 4~6 月，果期 5~7 月。夏季果实成熟、果皮尚未开裂时采割植株，晒干，打下种子，除去杂质，再晒干。

■ **形态特征** 种子近球形，直径约 2 mm。幼嫩时白色，继而变橘红色，最后呈黑色而有光泽，表面布有颗粒状突起，种脐近圆形，下陷，其周围的颗粒状突起较细，种脐的一侧有一带形凹沟，沟内的颗粒状突起呈纵行排列；胚乳乳白色。质坚硬。气无，味淡。千粒重约为 4.71 g。

■ **微观特征** 种子横切面：种皮由数列细胞组成，细胞壁呈连珠状增厚，表面可见网状增厚纹理；有些细胞内含棕色物。胚乳占横切面的大部分，细胞中含细小糊粉粒与淀粉粒。子叶与胚根分别位于种子的两侧，内含脂肪油。

■ **萌发特性** 种子采用 0.5% 高锰酸钾浸泡 10 min，用纸间培养作为发芽床，种子发芽的最适温度为 20℃，发芽率在 70% 以上。

■ **贮　藏** 正常型。常温下可贮藏 1 年。

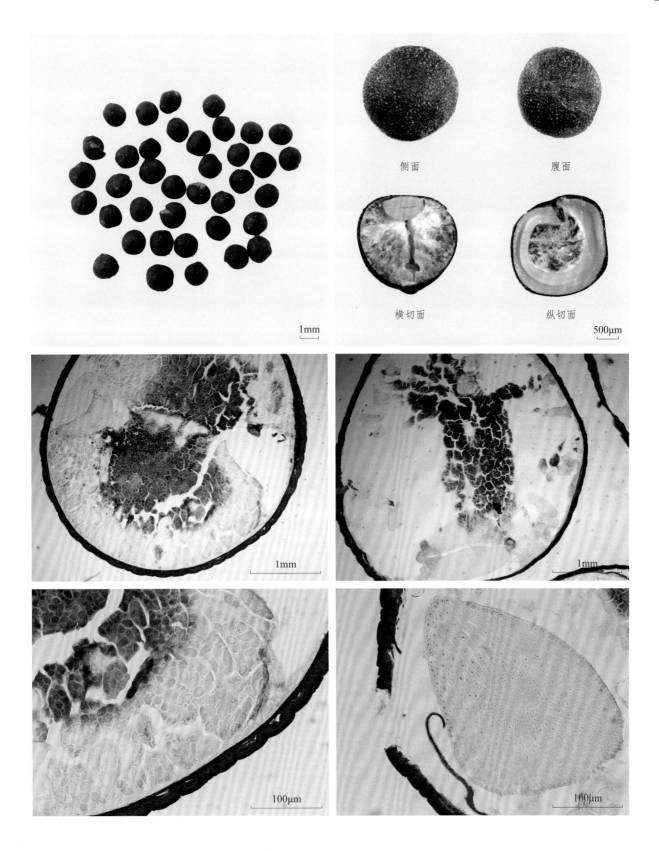

①种子群体

②种子外观及切面

③种子横切面显微结构图

④种子纵切面显微结构图

⑤种皮横切面显微结构图

⑥胚纵切面显微结构图

①	②
③	④
⑤	⑥

㉗ 石 竹 多年生草本 | 别名：石竹子花
Dianthus chinensis L.

■ **药用价值** 以干燥地上部分入药，药材名瞿麦。具有利尿通淋、活血通经之功效。用于热淋，血淋，石淋，小便不通，淋沥涩痛，经闭瘀阻。

■ **分　布** 全国各地均有栽培。

■ **采　集** 花期5~6月，果期7~9月。蒴果呈黄色且顶端开裂小孔、种子呈黑褐色时采集，晾干，精选去杂，干燥处贮藏。

■ **形态特征** 蒴果圆筒形，长15~25 mm，直径4~5 mm，包于宿存萼内，顶端4裂。种子扁卵圆形，薄膜状，长2.2~3.0 mm，宽1.6~2.4 mm，厚0.3~0.6 mm。种子黑色，部分黄色。表面有辐射状纹理。基部种脐为小圆形突起。腹面中央有一纵脊，中部有一白点。千粒重约为0.68 g。

■ **微观特征** 种子表面为边缘波状的短棱样突起。种子横切面：种皮红棕色，波浪状弯曲。胚和胚乳内可见糊粉粒。

■ **萌发特性** 10~35℃下种子均可萌发，其中发芽适温为20~25℃，发芽率可达90%以上。在光照与黑暗条件下均能发芽。

■ **贮　藏** 正常型。室温下贮藏2年。

①种子群体
②种子外观及切面
③种子横切面显微结构图
④种子纵切面显微结构图
⑤种子横切面显微结构图（局部）
⑥种子纵切面显微结构图（局部）
⑦种子横切面显微结构图（局部）
⑧种子纵切面显微结构图（局部）

①	②
③	④
⑤	⑥
⑦	⑧

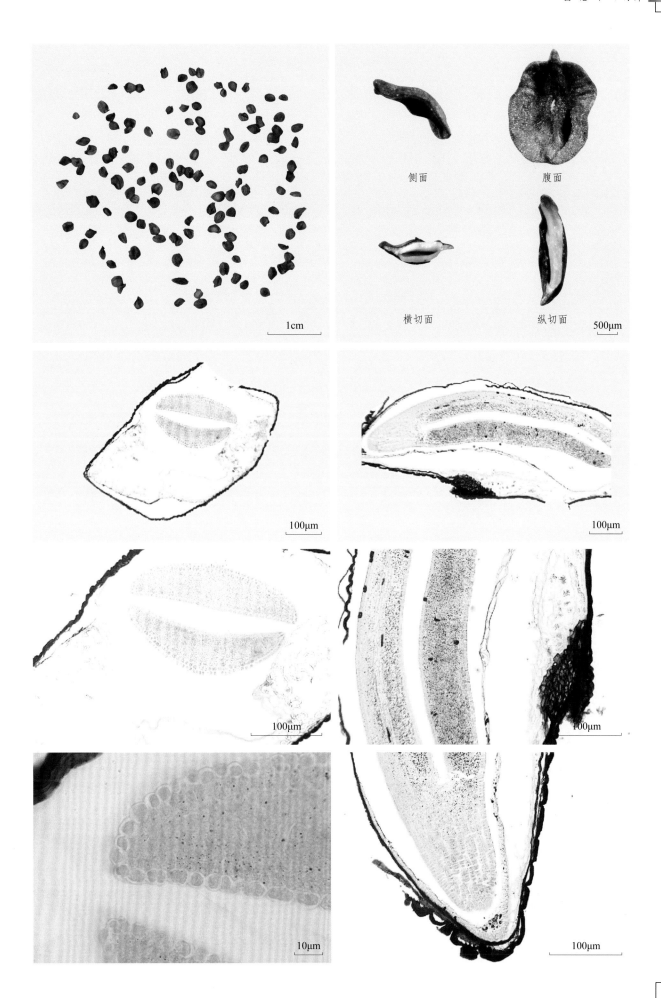

侧面　　　　　腹面

横切面　　　　纵切面

1cm

500μm

100μm

100μm

100μm

100μm

10μm

100μm

28 肥皂草
多年生草本 | 别名：石碱花
Saponaria officinalis L.

药用价值 以干燥根入药，药材名肥皂草。具有祛痰、峻泻、祛风除湿、抗菌、杀虫之功效。用于咳嗽等。可提取肥皂草素作为靶向毒蛋白，以广泛应用于医疗和科研领域。

分　布 原产于欧洲，全国各地均有栽培。

采　集 花期6月，果期7~8月。蒴果黄色时及时采摘，晒干，脱粒，精选去杂，干燥处贮藏。

形态特征 蒴果长肾形，长约2 cm，直径约7 mm，花萼宿存，先端5裂，种子多数。种子扁肾形，长1.9~2.0 mm，宽1.5~1.7 mm，厚0.6~0.7 mm；表面黑色或棕黑色。解剖镜下可见成行排列的扁疣状突起。腹侧肾形凹入处，可见1个点状种脐。胚乳半透明。肉质胚呈环状，白色，胚轴圆柱状，子叶2枚。千粒重约为1.82 g。

微观特征 种皮由外向内依次是放射状增厚的角质层、大石细胞层、薄壁细胞层和颓废色素层。扫描电镜图上可见种皮表面为负网状纹饰。

萌发特性 有休眠。新鲜种子在5~30℃、黑暗或光照条件下均不萌发。层积可部分解除休眠，4℃层积75 d以上萌发率为20%左右。机械划伤可完全解除休眠，萌发率可达99%以上。变温可快速解除休眠，发芽7 d萌发率可达97.5%。

贮　藏 正常型。室温下可贮藏3年以上。

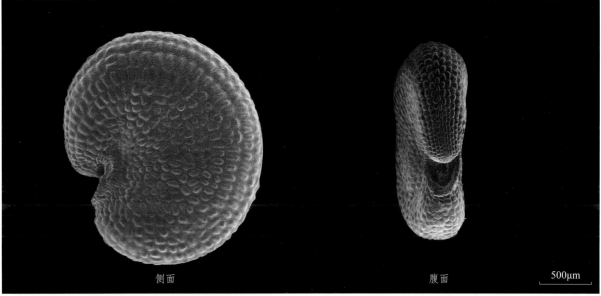

侧面　　　　　　　　　　　　腹面

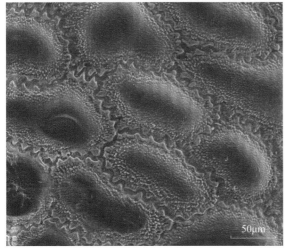

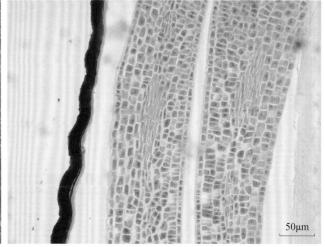

①种子群体
②种子外观及纵切面
③种子扫描电镜图
④种皮纹饰
⑤种子纵切面显微结构图

睡莲科 | Nymphaeaceae

29 莲 多年生水生草本 | 别名：荷花、芙蕖、菡萏
Nelumbo nucifera Gaertn.

■ **药用价值** 以干燥种子入药，药材名莲子。具有补脾止泻、止带、益肾涩精、养心安神之功效。用于脾虚泄泻，带下，遗精，心悸失眠。以老熟果实入药，药材名石莲子。具有清湿热、开胃进食、清心宁神、涩精止泄之功效。用于噤口痢，呕吐不食，心烦失眠，遗精，尿浊，带下。以成熟种子中的干燥幼叶及胚根入药，药材名莲子心。具有清心安神、交通心肾、涩精止血之功效。用于热入心包，神昏谵语，心肾不交，失眠遗精，血热吐血。以干燥花托入药，药材名莲房，具有化瘀止血之功效。用于崩漏，尿血，痔疮出血，产后瘀阻，恶露不尽。以干燥雄蕊入药，药材名莲须。具有固肾涩精之功效。用于遗精滑精，带下，尿频。以干燥叶入药，药材名荷叶。具有清暑化湿、升发清阳、凉血止血之功效。用于暑热烦渴，暑湿泄泻，脾虚泄泻，血热吐衄，便血崩漏。以干燥根茎节部入药，药材名藕节。具有收敛止血、化瘀之功效。用于吐血，咯血，衄血，尿血，崩漏。

■ 分　布　广泛分布于南北各地。

■ 采　集　花期6~8月，果期8~10月。10月，果实成熟时割下莲蓬，取出果实，或于修整池塘时拾取落于淤泥中的莲实。

■ 形态特征　果实卵圆状椭圆形，两端略尖，长1.5~2 cm，直径0.8~1.3 cm。表面灰棕色至黑棕色，平滑，有白色霜粉，先端有圆孔状柱迹或有残留柱基，基部有果柄痕迹，质坚硬，内含1枚种子。种子卵形，种皮黄棕色或红棕色，有细纵纹和较宽的脉纹，不易剥离；先端中央呈乳头状突起，深棕色，常有裂口，其周围及下方略下陷；子叶2枚，淡黄白色，粉性，中心凹入成槽形；中间胚及幼叶略呈细棒状，绿色，长1.5 cm，直径2 mm，其中幼叶2枚，一长一短，卷成箭形，向下反折，胚芽极小，位于两幼叶之间，胚根圆柱形，长约3 mm，黄白色。百粒重149.3 g。

■ 微观特征　莲子果皮上的表皮层及栅栏状细胞层发达，果皮和种皮结构致密，成熟时果皮革质化，果壳非常坚硬，水分和空气不易进入。

■ 萌发特性　莲子果皮透水透气性极差，自然萌芽时间长，须进行人工催芽。经98%浓硫酸浸种2 h处理后，清水浸种发芽率可达62.67%，配合赤霉素、细胞分裂素浸种24 h，最高发芽率可达83.33%。

■ 贮　藏　因果壳致密坚硬，限制了水分和空气交换，而且种子脂质过氧化水平极低，故种子具有非常长的寿命，最长记录是1200年前的莲子仍可以正常发芽。莲子也具有抗超高温的能力，100℃保温24 h仍可发芽。

  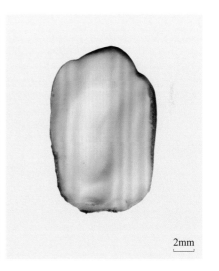

2mm　　　2mm　　　2mm

①幼叶及胚根
②种子群体　　①　②　③
③子叶

30 芡 一年生大型水生草本 | 别名：鸡头子、鸡头实、雁喙实
Euryale ferox Salisb.

■ 药用价值 以干燥成熟种仁入药，药材名芡实。具有益肾固精、补脾止泻、除湿止带之功效。用于遗精滑精，遗尿尿频，脾虚久泻，白浊，带下。

■ 分　布 分布于我国南北各地，江苏、广东、山东、湖南等地有栽培。

■ 采　集 花期7~8月，果期8~9月。秋末冬初采收成熟果实，除去果皮，取出种子，洗净，再除去硬壳（外种皮），晒干。

■ 形态特征 浆果球形，直径3~5cm，海绵质，暗紫红色，外面密生硬刺，上有宿存萼片。种子球形，直径约10mm，黑色，坚硬，具膜质假种皮。种脐和种孔位于种子的同一端，种孔外为种孔盖所覆盖，种孔盖的内方为一圆锥形的胚。

■ 微观特征 种皮的表皮细胞呈类长方形纵向延长，排列紧密，细胞壁厚，外被角质层；表皮层以下由25~30层石细胞组成，外侧石细胞类圆形或不规则形，内侧石细胞扁椭圆形，壁增厚，木化，纹孔或纹孔沟细密，散在具有网状壁孔的细胞；最内方为多列切向延长的细胞，细胞内含棕红色色素。种脐细胞较大，排列疏松。外胚乳薄壁细胞内含大量淀粉粒。

■ 萌发特性 种子成熟后必须在水中经过一段休眠期才能完成后熟作用，4℃低温处理60d后，再用赤霉素（GA_3）溶液浸种12 h，对解除种子休眠有较好的作用，浓度以50 mg/L为宜。

■ 贮　藏 将选出的老熟种子装入透气的编织袋中，浸于池塘内。贮藏期间要防止水干受冻。

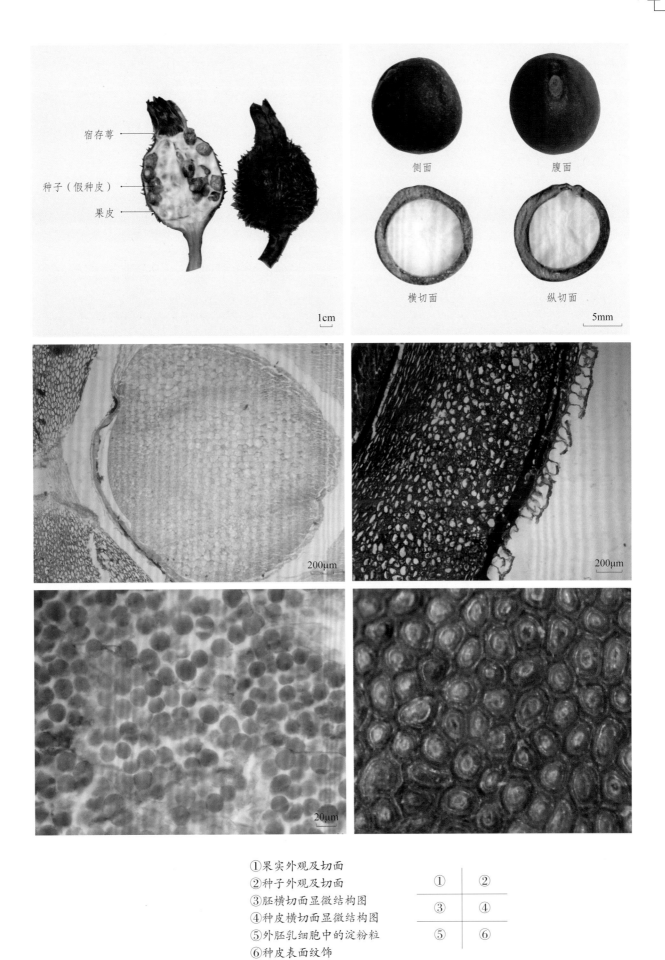

①果实外观及切面
②种子外观及切面
③胚横切面显微结构图
④种皮横切面显微结构图
⑤外胚乳细胞中的淀粉粒
⑥种皮表面纹饰

①	②
③	④
⑤	⑥

毛茛科 | Ranunculaceae

㉛ 牡 丹 落叶灌木植物 | 别名：木芍药
Paeonia suffruticosa Andr.

■ **药用价值** 以干燥根皮入药，药材名牡丹皮。具有清热凉血、活血化瘀之功效。用于热入营血，温毒发斑，吐血衄血，夜热早凉，无汗骨蒸，经闭痛经，跌扑伤痛，痈肿疮毒。

■ **分　布** 全国各地广泛栽培。

■ **采　集** 花期5月，果期6月，种子成熟期8月上旬至9月中旬。果荚变黄时采摘果实，置于阴凉潮湿处，以果实形式保存，便于种子在果壳内完成生理后熟。

■ **形态特征** 蓇葖果长圆形，密生黄褐色硬毛。单瓣花结果为五角，每一果荚结籽7~13粒。重瓣花一般结果1~5个角，部分果荚有种子或无。果实成熟时，颜色为蟹黄色，种子为黄绿色；过熟时果荚开裂，种子为黑褐色，果内种子多互相挤压而呈多面形，成熟种子直径0.6~0.9 cm，千粒重为400 g。

■ 微观特征 种子由种皮、种胚和胚乳三部分构成，胚乳占种子的绝大部分。成熟的种子有坚硬的黑色外壳，并附有黏结物质。种皮细胞致密有序，壁厚而角质化。其内由柱状细胞构成的圆形或近圆形胚乳，胚乳外有薄层白色膜包被。

■ 萌发特性 具有休眠特性。种子休眠包括胚根（下胚轴）和胚芽（上胚轴）的休眠，以上胚轴的休眠更为突出。种子萌发过程表现出阶段性变化，对温度的需求不同。不同种类之间，不同萌发阶段对温度和持续时间长短需求也不同。成熟的种子，当年秋播后存在胚根发育形成根而胚芽不伸长的现象，须经过一定的低温期和一定的低温值后才可以解除休眠而发芽出土。层积 5℃可以打破种子的休眠。

■ 贮　藏 以果实的形式保存在阴凉潮湿处，或将晾干的种子与干净的河沙按照 1:3 的比例拌匀，低温潮湿贮藏。注意通气与保湿。

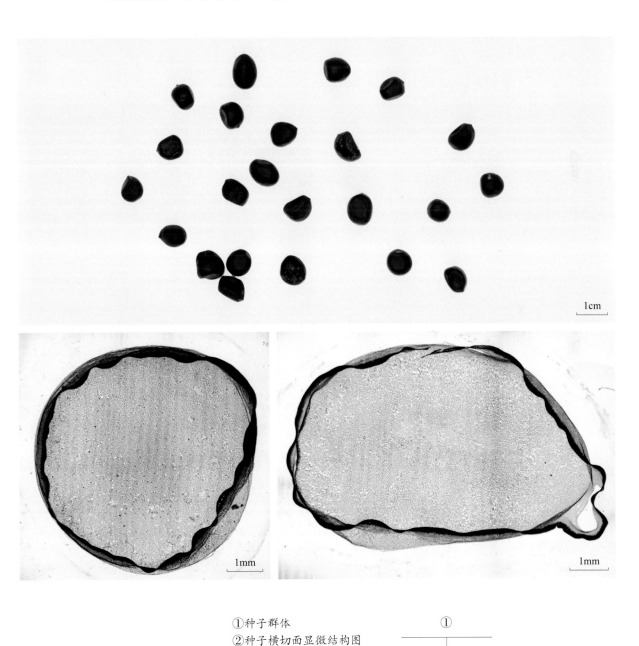

①种子群体
②种子横切面显微结构图
③种子纵切面显微结构图

①

② ｜ ③

32 芍药

多年生宿根草本 | 别名：离草、别离草、将离

Paeonia lactiflora Pall.

■ **药用价值** 以干燥根入药，药材名白芍或赤芍。白芍具有养血调经、敛阴止汗、柔肝止痛、平抑肝阳之功效。用于血虚萎黄，月经不调，自汗，盗汗，胁痛，腹痛，四肢挛痛，头痛眩晕。赤芍具有清热凉血、散瘀止痛之功效。用于热入营血，温毒发斑，吐血衄血，目赤肿痛，肝郁胁痛，经闭痛经，癥瘕腹痛，跌扑损伤，痈肿疮疡。

■ **分　布** 分布于我国东北、华北、陕西及甘肃南部，东北分布于海拔 480~700 m 的山坡草地及林地，其他地方分布于海拔 1000~2300 m 的山坡草地，在我国四川、贵州、安徽、山东、浙江等省及各城市公园有栽培。

■ **采　集** 花期 5~6 月，果期 6~8 月。蓇葖果变黄时即可采收，晒干，脱粒，精选去杂，干燥处贮藏。果实为蓇葖果，长 2.5~3.0 cm，直径 1.2~1.5 cm，有小突尖，顶端具喙，种子 5~7 粒。

■ **形态特征** 种子阔椭圆形或倒卵状球形，长 6.8~8.7 mm，宽 6.5~7.2 mm，表面棕色或红棕色，基部略坚，具 1 个不明显种孔。种脐位于种孔旁，短条形，污白色。种子由种皮、胚乳、胚组成，胚乳所占比例较大。外种皮硬骨质，内种皮膜质。胚乳半透明，具油性。千粒重约为 161 g。

■ **微观特征**　种皮表皮细胞柱状，外壁增厚，红棕色，侧壁弯曲，细胞内含棕色色素，干后褐色。种皮下数列厚壁细胞，壁孔纹增厚。

■ **萌发特性**　有上下胚轴双重休眠。自然播种萌发率低、生长周期长。通过变温层积，即在 25℃ 恒温处理 30 d 后，再于 15℃ 恒温处理 90 d 可解除休眠，萌发率达 66%。或先 4℃ 低温处理 4 周后，再用 500 mg/L 赤霉素（GA₃）处理，也可解除休眠，萌发率为 96.67%。

■ **贮　　藏**　沙藏保存。常温下干燥储存。

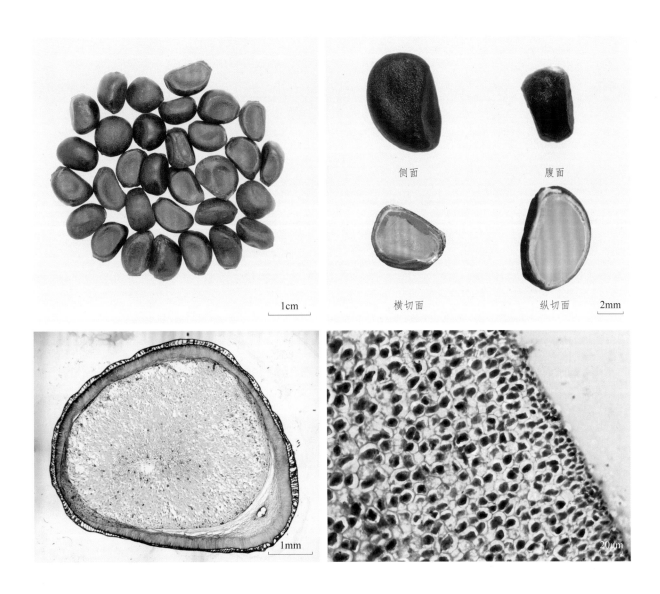

侧面　　　腹面

横切面　　　纵切面

1cm　　2mm　　1mm　　20μm

①种子群体
②种子外观及切面
③种子横切面显微结构图
④种子横切面显微结构图（胚乳部分）

①	②
③	④

㉝ 大三叶升麻

多年生草本 | 别名：窟窿牙根、龙眼根
Cimicifuga heracleifolia Kom.

■ **药用价值** 以干燥根茎入药，药材名升麻。具有发表透疹、清热解毒、升举阳气之功效。用于风热头痛，齿痛，口疮，咽喉肿痛，麻疹不透，阳毒发斑，脱肛，子宫脱垂。

■ **分　布** 分布于辽宁、吉林和黑龙江等地。

■ **采　集** 花期 8~9 月，果期 9~10 月。蓇葖果黄色时及时采摘，阴干，脱粒，精选去杂，干燥处贮藏。

■ **形态特征** 蓇葖长圆形，长 5~6 mm，宽 3~4 mm；表面具横向隆起的脉纹，顶端具 1 个外弯短喙，基部渐狭成长 1 mm 的短柄；黄绿色或黄棕色；沿腹缝线开裂，内含种子 2 枚。种子矩圆形；四周着生宽 0.71~1.75 mm、具条纹的指状膜翅，背腹面具短的膜质鳞翅；棕色或棕褐色；长 2.47~4.12 mm，宽 2.21~3.42 mm，厚 0.89~1.21 mm，千粒重为 0.65~1.21 g（带翅）。种脐近圆形，不明显，略凸；棕褐色；位于基端。种皮棕色；膜质，具纵条纹；紧贴胚乳，难以分离。胚乳丰富；白色；肉质，富含油脂；几乎充满整粒种子；包被着胚。胚未分化，卵球形；白色；肉质，富含油脂；长 0.38 mm，宽 0.21 mm，厚 0.21 mm；位于种子基端。

■ **萌发特性** 具形态生理休眠。即采即播，出苗率为 69%；采种后用细湿沙拌匀，埋于地下，于封冻前播种，出苗率为 78%。

■ **贮　藏** 正常型。不耐贮藏，常温下贮藏 16 个月后，发芽率几乎为零。

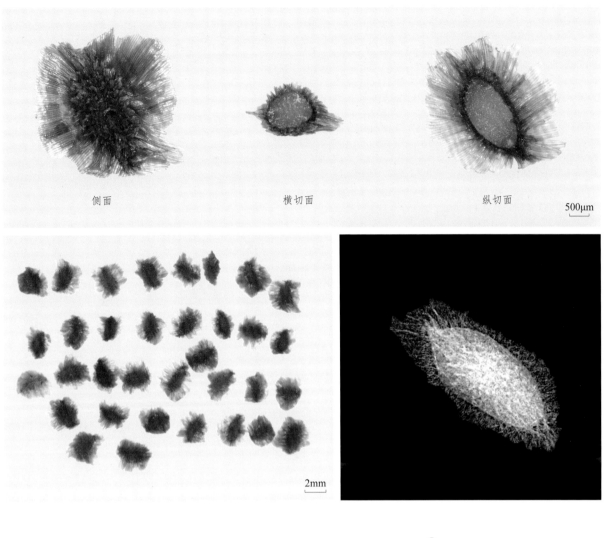

侧面　　　　　　　横切面　　　　　　　纵切面　　　　500μm

2mm

①种子外观及切面
②种子群体
③种子 X 光图

①
②　③

③④ 升 麻 多年生草本 | 别名：绿升麻
Cimicifuga foetida L.

■ **药用价值** 以干燥根茎入药，药材名升麻。具有发表透疹、清热解毒、升举阳气之功效。用于风热头痛，齿痛，口疮，咽喉肿痛，麻疹不透，阳毒发斑，脱肛，子宫脱垂。

■ **分　布** 分布于西藏、云南、四川、青海、甘肃、陕西、河南和山西等地。

■ **采　集** 花期7~9月，果期8~10月。蓇葖果黄色至黄褐色时及时采摘，阴干，脱粒，精选去杂，干燥处贮藏。

■ **形态特征** 蓇葖长圆形，长8~14 mm，宽2.5~5 mm；表面具伏毛和横向隆起的脉纹；顶端具1个外弯短喙，基部渐狭成长2~3 mm的短柄；黄绿色或黄棕色；沿腹缝线开裂，内含种子1枚。种子长方形；四周着生宽0.63~1.31 mm、具条纹的指状膜翅，背腹面的指状翅相对较短；棕褐色；长2.48~3.57 mm，宽1.72~2.74 mm，厚0.93~1.26 mm，千粒重为0.79 g（带翅）。种脐近圆形，不明显，略凸；棕褐色；位于基端。种皮棕色；膜质，具纵条纹；紧贴胚乳，难以分离。胚乳丰富；白色；肉质，富含油脂；几乎充满整粒种子；包被着胚。胚未分化，椭球形；白色；肉质，富含油脂；长0.25 mm，宽0.20 mm，厚0.15 mm；位于种子基端。

■ **萌发特性** 具形态生理休眠。5℃层积56 d，然后在25℃/15℃、12 h/12 h光照条件下，1%琼脂培养基上，萌发率为90%；在20℃、12 h/12 h光照条件下，含200 mg/L赤霉素（GA₃）的1%琼脂培养基上，萌发率为95%。

■ **贮　藏** 正常型。干燥至相对湿度15%后，于-20℃条件下贮藏，种子寿命可达4年以上。

侧面　　　　　　　横切面　　　　　　　纵切面　　　　500μm

2mm

①种子外观及切面　　　　　　①
②种子群体　　　　　──────────
③种子 X 光图　　　　　②　｜　③

35 兴安升麻 多年生草本 | 别名：窟窿牙
Cimicifuga dahurica (Turcz.) Maxim.

药用价值 以干燥根茎入药，药材名升麻。具有发表透疹、清热解毒、升举阳气之功效。用于风热头痛，齿痛，口疮，咽喉肿痛，麻疹不透，阳毒发斑，脱肛，子宫脱垂。

分　布 分布于山西、河北、内蒙古、辽宁、吉林和黑龙江等地。

采　集 花期7~8月，果期8~9月。蓇葖果黄褐色时及时采摘，阴干，脱粒，精选去杂，干燥处贮藏。

形态特征 蓇葖果5个，长椭圆形，长7~8 mm，宽4 mm；表面被贴伏的白色柔毛，顶端近截形；熟时黄褐色，沿腹缝线开裂，内含种子多枚。种子长圆形或矩圆形，四周着生宽0.62~1.35 mm、具纵脉纹的指状膜翅，背腹面具较短的膜质鳞翅；黄棕色；长1.88~3.48 mm，宽1.32~2.52 mm，厚0.68~1.21 mm，千粒重为0.46~1.7 g。种脐近圆形，不明显，略凸；棕褐色；位于基端。种皮黄棕色；膜质；紧贴胚乳，难以分离。胚乳丰富；白色；肉质，富含油脂；几乎充满整粒种子；包被着胚。胚未分化；椭球形；白色；肉质，富含油脂；长0.22 mm，宽0.15 mm，厚0.15 mm；位于种子基端。

萌发特性 具形态生理休眠，常规播种难以发芽。

贮　藏 正常型。

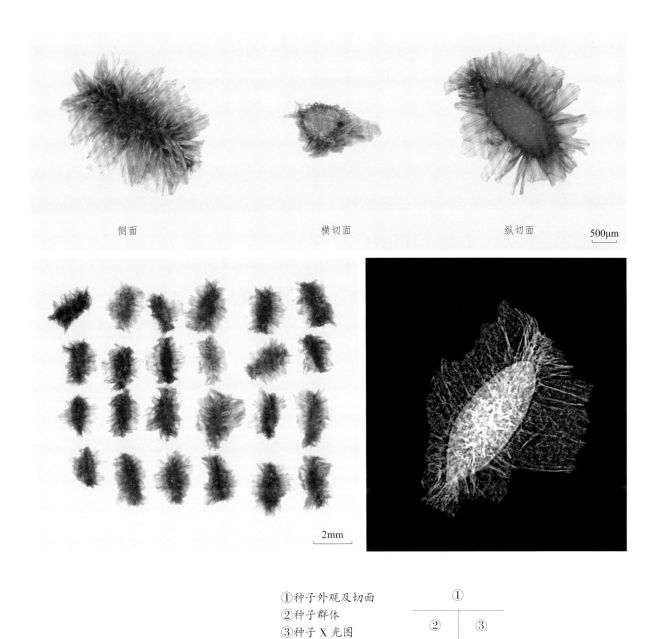

側面　　　　　　　横切面　　　　　　　縱切面　　　　　500μm

2mm

①种子外观及切面
②种子群体
③种子 X 光图

	①	
	②	③

36 腺毛黑种草

多年生草本
Nigella glandulifera Freyn et Sint.

药用价值 以干燥成熟种子入药,药材名黑种草子。具有补肾健脑、通经、通乳、利尿之功效。用于耳鸣健忘,经闭乳少,热淋,石淋。

分　布 我国新疆有栽培,中亚地区亦有栽培。

采　集 花期6~7月,果期8月。8月初蒴果由绿色变黄色时采收,避免蒴果顶裂造成损失。采收后晒干、脱粒、除杂质。

形态特征 蒴果长约1 cm,有圆鳞状突起,宿存花柱与果实近等长。种子三棱形,长2.5~3.5 mm,宽、厚各约2 mm,有横皱,表面密布小颗粒,无光泽。种脐位于底部尖端。千粒重约为3 g。

微观特征 种皮表面布满疣状凸起。种子横切面:种皮表皮细胞1列,外壁大多向外突起呈乳突状或延伸似非腺毛状,壁稍厚,角质较薄,隐约可见细密网格样纹理。褐色的薄壁细胞3~4列,切向延长,长方形或不规则形。内种皮为1列扁平细胞,细胞壁有纵向细纹理,细胞腔哑铃形,含红棕色物。胚乳含油滴和糊粉粒。

萌发特性 易萌发,萌发最适温度为15~20℃。

贮　藏 正常型。干燥贮藏,耐贮藏,室温下可贮藏3年。

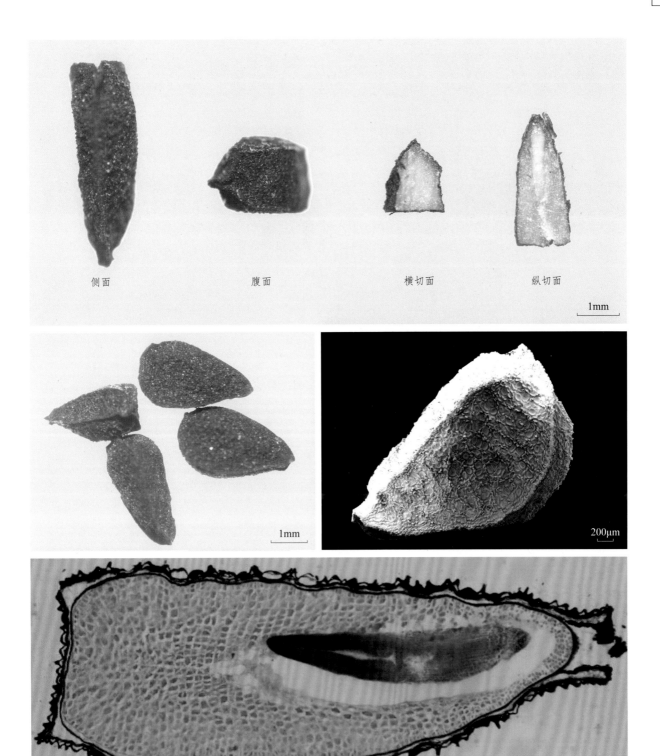

<table>
<tr><td>侧面</td><td>腹面</td><td>横切面</td><td>纵切面</td></tr>
</table>

①种子外观及切面
②种子群体
③种子扫描电镜图
④种子纵切面显微结构图

	①	
②		③
	④	

37 小木通 木质藤本 | 别名：菝葜藤、川木通
Clematis armandii Franch.

■ 药用价值　以干燥藤茎入药，药材名川木通。具有利尿通淋、清心除烦、通经下乳之功效。用于淋证，水肿，心烦尿赤，口舌生疮，经闭乳少，湿热痹痛。

■ 分　布　分布于西藏、云南、贵州、四川、甘肃、陕西、湖北、湖南、广东、广西和福建等地。

■ 采　集　花、果期6~11月。瘦果黄褐色时及时采摘，阴干，脱粒，精选去杂，干燥处贮藏。

■ 形态特征　瘦果卵形至椭圆形，扁平；表面疏生白色或黄色长柔毛，顶端具长5 cm、带白色柔毛的羽状宿存花柱，基部斜截，具楔状短柄，四周具0.32~0.56 mm宽的边棱；黄褐色或红棕色；长5.98~9.51 mm，宽2.80~4.35 mm，厚0.62~0.97 mm，千粒重为6.19 g。果疤黄棕色或黄褐色；圆形，直径为0.30 mm；内部深凹，有时具残留的圆柱状果梗；位于瘦果基端。果皮薄，草质，厚0.10 mm；紧贴种皮，难以分离；内含种子1枚。种子卵形至椭圆形，扁平；顶端略尖，基部斜截，四边内凹成沟状；枯黄色，偶带点绿色；长3.22~4.68 mm，宽2.24~3.32 mm，厚0.96 mm。种脐黄褐色；长条形，长0.9 mm，宽0.2 mm；位于近基端斜截处。种皮枯黄色，偶带点绿色；膜质；紧贴胚乳，难以分离。胚乳丰富，厚0.96 mm；白色；角质，含少量油脂；几乎充满整粒种子；包被着胚。胚乳白色；蜡质，含油脂；长0.35~0.54 mm，宽0.29~0.32 mm，厚0.22~0.29 mm；位于种子顶端。子叶2枚；半圆形，扁平；长0.13~0.34 mm，宽0.29~0.32 mm，每枚厚0.09~0.10 mm；分离，呈20°夹角。胚根舌状；长0.20~0.32 mm，宽0.22~0.29 mm，厚0.22~0.29 mm，朝向种子顶端。

■ 萌发特性　具形态生理休眠。在20℃、12h/12h光照条件下，含200mg/L赤霉素（GA_3）的1%琼脂培养基上，播种7 d后剥去果皮，萌发率可达100%；5℃层积22 d，然后在15℃、12 h/12 h光照条件下，1%琼脂培养基上，77 d剥去果皮，萌发率为95%。

■ 贮　藏　正常型。干燥至相对湿度15%后，于-20℃条件下贮藏，种子寿命可达3年以上。

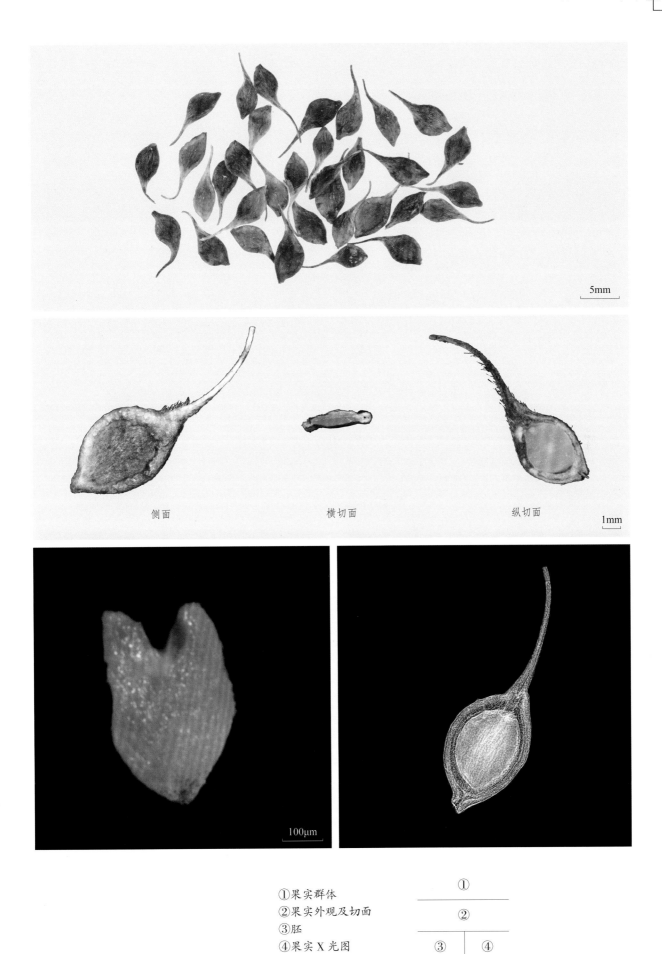

①果实群体
②果实外观及切面
③胚
④果实 X 光图

①	
②	
③	④

38 绣球藤

木质藤本 | 别名：三角枫、淮木通、柴木通

Clematis montana Buch.-Ham. ex DC.

药用价值 以干燥藤茎入药，药材名川木通。具有利尿通淋、清心除烦、通经下乳之功效。用于淋证，水肿，心烦尿赤，口舌生疮，经闭乳少，湿热痹痛。

分　　布 分布于西藏、云南、贵州、四川、甘肃、宁夏、陕西、河南、湖北、湖南、广西、江西、福建、台湾和安徽等地。

采　　集 花期4~6月，果期7~12月。瘦果黄褐色时及时采摘，阴干，脱粒，精选去杂，干燥处贮藏。

形态特征 瘦果卵形或角卵形，稍扁平，四周具宽0.2~0.4 mm的边棱；表面无毛，顶端具羽状、稀被白色短柔毛的宿存花柱，基部平截；黄棕色至褐色；长4.76~7.07 mm，宽2.62~4.30 mm，厚0.66~1.22 mm（不包括花柱），千粒重为4.47 g。果疤黄棕色或黄褐色；圆形或椭圆形，直径0.3~0.5 mm；内凹，有时具残留的短圆柱状果梗；位于瘦果基端。果皮草质，厚0.05 mm；紧贴种皮，难以分离；内含种子1枚。种子宽角卵形，基端平截，周缘有一明显或不明显的浅凹槽；灰黄色；长2.68~4.38 mm，宽2.15~3.24 mm，厚0.75 mm。种脐黄褐色；长条形，长0.65 mm，宽0.30 mm；位于基端。种皮灰黄色；膜质；紧贴胚乳，难以分离。胚乳丰富，厚0.75 mm；白色；角质，含少量油脂；几乎充满整粒种子；包被着胚。胚倒梨形；乳白色；蜡质，含油脂；长0.65~0.66 mm，宽0.35~0.41 mm，厚0.23 mm；位于种子顶端。子叶2枚；半圆形或椭圆形，扁平；长0.25~0.35 mm，宽0.34~0.36 mm，每枚厚0.07 mm；并合，稍错离。胚根舌状；长0.30~0.34 mm，宽0.35~0.38 mm，厚0.23~0.24 mm，朝向种子顶端。

萌发特性 具形态生理休眠。5℃层积56 d，然后在25℃/15℃、12 h/12 h光照条件下，1%琼脂培养基上，萌发率可达100%；在25℃/10℃、12 h/12 h光照条件下，含200mg/L赤霉素（GA_3）的1%琼脂培养基上，萌发率为89%。

贮　　藏 正常型。干燥至相对湿度15%后，于-20℃条件下贮藏，种子寿命可达4.5年以上。

侧面　　　　　　横切面　　　　　　纵切面　　1mm

1cm

500μm

100μm

①果实外观及切面
②果实群体
③种子外观
④胚
⑤果实 X 光图

	①	
②		③
④		⑤

㊴ 乌 头 多年生草本 | 别名：草乌、乌药、盐乌头、鹅儿花、五毒
Aconitum carmichaelii Debx.

■ 药用价值 以子根的加工品入药，药材名附子。具有回阳救逆、补火助阳、散寒止痛之功效。用于亡阳虚脱，肢冷脉微，心阳不足，胸痹心痛，虚寒吐泻，脘腹冷痛，肾阳虚衰，阳痿宫冷，阴寒水肿，阳虚外感，寒湿痹痛。以干燥母根入药，药材名川乌。具有祛风除湿、温经止痛之功效。用于风寒湿痹，关节疼痛，心腹冷痛，寒疝作痛及麻醉止痛。

■ 分 布 分布于云南、四川、湖北、贵州、湖南、广西、广东、江西、浙江、江苏、安徽、陕西、河南、山东和辽宁等地。

■ 采 集 花期7~10月，果期9~11月。蓇葖果黄褐色或褐色时及时采摘，阴干，脱粒，精选去杂，干燥处贮藏。

■ 形态特征 蓇葖果长圆形，长1.5~1.8 cm；表面具有横脉，花柱宿存，芒尖状。种子为三棱状倒卵形，其中腹棱呈宽翅状；顶端略平，具直径1 mm的圆形合点；表面着生宽0.75 mm的波状横翅，翅上具纵脉纹；灰褐色至褐色；长3.42~5.22 mm，宽2.29~3.87 mm，厚1.04~2.11 mm，千粒重为2.50~3.19 g。种脐黑褐色；近圆形，直径为0.25 mm；凹；位于基端。外种皮灰褐色至褐色；膜状胶质；与内种皮贴合，可分离；内种皮黑褐色或灰褐色；膜质；紧贴胚乳，难以分离。胚乳丰富；白色；蜡质，含油脂；几乎充满整粒种子；包被着胚。胚椭球形；乳黄色；肉质，含油脂；长0.53~0.55 mm，宽0.23~0.25 mm，厚0.24 mm；位于种子的基端。子叶2枚；椭圆形或半圆形，扁平；长0.23~0.24 mm，宽0.25 mm，每枚厚0.08~0.11 mm；分离，呈30°夹角。胚根短圆柱形；长0.30~0.31 mm，宽0.24 mm，厚0.22~0.24 mm；朝向种脐。

■ 萌发特性 具形态休眠。在25℃/10℃、12 h/12 h光照条件下，含200mg/L赤霉素（GA₃）的1%琼脂培养基上，萌发率为80%~84%；5℃低温层积28 d，然后在25/15℃、12 h/12 h光照条件下，1%琼脂培养基上，萌发率为88%。

■ 贮 藏 正常型。干燥至相对湿度15%后，于−20℃条件下贮藏，种子寿命可达6年以上。

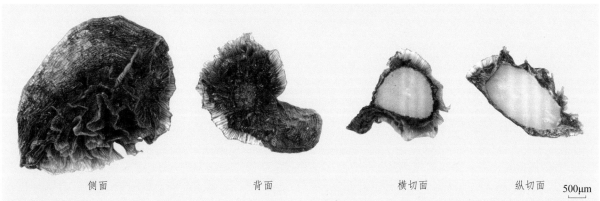

侧面　　　　　　背面　　　　　　横切面　　　　　纵切面　　500μm

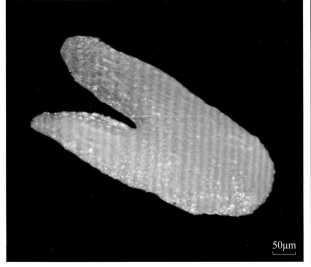

50μm

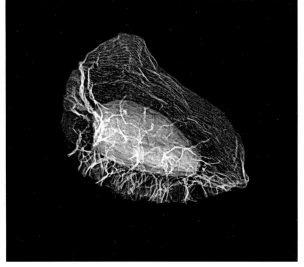

①种子群体　　　　　　　　　　　①
②种子外观及切面
③胚　　　　　　　　　　　　　　　②
④种子 X 光图
　　　　　　　　　　　　　③　｜　④

40 天葵 多年生小草本 | 别名：麦无踪、千年老鼠屎、紫背天葵、耗子屎
Semiaquilegia adoxoides (DC.) Makino

■ 药用价值 以干燥块根入药，药材名天葵子。具有清热解毒、消肿散结之功效。用于痈肿疔疮，乳痈，瘰疬，蛇虫咬伤。

■ 分　布 分布于四川、贵州、湖北、湖南、广西、江西、福建、浙江、江苏、安徽和陕西等地。

■ 采　集 花期3~4月，果期4~5月。蓇葖果黄色时及时采摘，阴干，脱粒，精选去杂，干燥处贮藏。

■ 形态特征 蓇葖果3~4片，蓇葖卵状长椭圆形，荚果状；表面具凸起的横脉纹；长6~7 mm，宽约2 mm。种子倒卵形，背面圆拱，腹面稍平，顶部圆钝或略尖，基部略尖；表面密布短横棱，腹面中央具一黑色纵棱；褐色或黑褐色；长1.14~1.37 mm，宽0.62~0.82 mm，厚0.52~0.76 mm，千粒重为0.31~0.34 g。种脐黄白色；长条形，长0.15 mm，宽0.10 mm；位于基端。种皮褐色或黑褐色；胶质，脆，厚0.05 mm；可与胚乳分离。胚乳丰富；白色；肉质，富含油脂；几乎充满整粒种子；包被着胚。胚未分化，卵球形；白色；肉质，富含油脂；长0.15 mm，宽0.10~0.12 mm；位于种子基端。

■ 萌发特性 具形态休眠。低于10℃或高于40℃种子不能发芽，20℃、30℃、38℃时发芽率较高，分别为96%、94.8%、96.4%。

■ 贮　藏 正常型。

500μm

侧面　　　　　　　背面

横切面　　　　　　纵切面

100μm

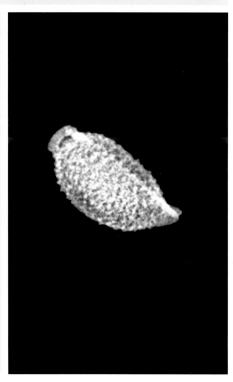

①种子群体
②种子外观及切面
③种子 X 光图

①

②　｜　③

41 黄 连 | 多年生草本
Coptis chinensis Franch.

■ **药用价值** 以干燥根茎入药，药材名黄连。具有清热燥湿、泻火解毒之功效。用于湿热痞满，呕吐吞酸，泻痢，黄疸，高热神昏，心火亢盛，心烦不寐，心悸不宁，血热吐衄，目赤，牙痛，消渴，痈肿疔疮；外治湿疹，湿疮，耳道流脓。

■ **分 布** 分布于重庆、四川、湖北等地，贵州、陕西等地有栽培。

■ **采 集** 2~3月开花，4~6月结果。5月，蓇葖果呈紫绿色、果尖裂孔略大于3 mm、胚乳黄色浓乳状时及时采收。经1~2 d后熟后脱粒，将其摊放于阴凉湿润的地上，厚约3 cm，每天翻动3次，经7~8 d后，种子变为黄褐色，精选去杂。

■ **形态特征** 蓇葖果长6~8 mm，柄约与之等长。种子呈细圆柱形，多数稍弯曲，长1.6~2 mm，直径0.8~1 mm，顶端钝，基部具明显种脐。种皮包括外种皮、中种皮、内种皮。外种皮棕绿色或黄棕色，外有纹理，有崎；内种皮为1层无色透明的膜，胚乳呈黄色。种子横切，胚呈圆形，位于中央，约占横切面积的10%。千粒重约1.20 g。

■ **微观特征** 种子中部横切面观：外形轮廓呈肾形。外种皮由1列表皮细胞组成。表皮细胞稍延长，长短不一，呈栅状排列；种皮中部及内种皮颓废状，界限不明显，仅腹部角隅处可见10余列薄壁细胞，其间可见维管束；胚乳组织发达，薄壁细胞较大，胞腔充满脂肪油。

■ **萌发特性** 有休眠。1 mg/L脱落酸（ABA）处理24 h，低温层积处理可解除休眠。在滤纸床上，25℃条件下，清水浸种24 h，是最适宜的萌发条件。

■ **贮 藏** 在湿度适当的低温条件下贮存。不同保存条件，发芽率不同，晾干储藏不出苗。

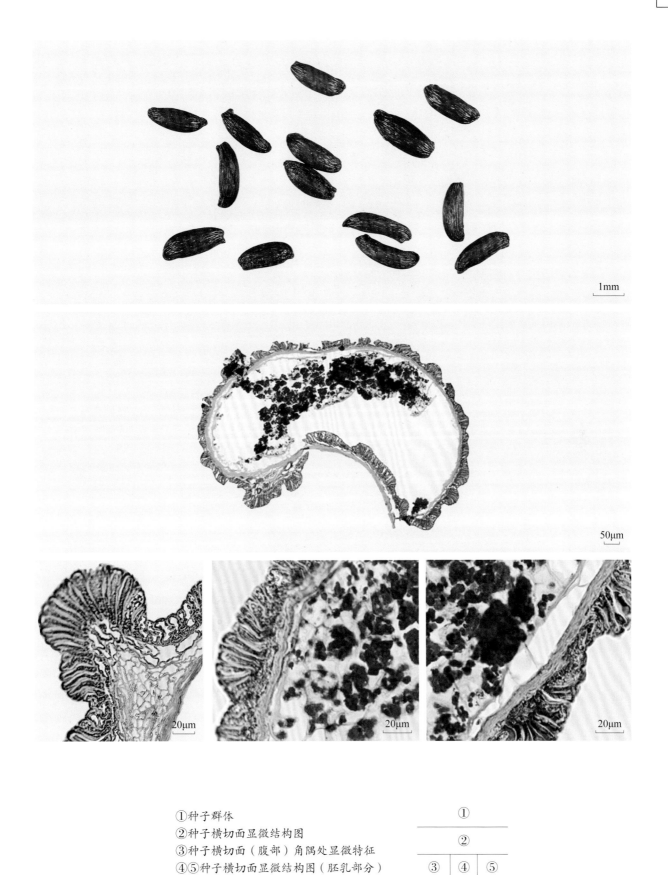

1mm

50μm

20μm 20μm 20μm

①种子群体
②种子横切面显微结构图
③种子横切面（腹部）角隅处显微特征
④⑤种子横切面显微结构图（胚乳部分）

	①	
	②	
③	④	⑤

小檗科 | Berberidaceae

42 桃儿七 多年生草本 | 别名：鸡素苔、铜筷子、小叶莲、鬼打死
Sinopodophyllum hexandrum (Royle) Ying

■ **药用价值** 以干燥成熟果实入药，药材名小叶莲。具有调经活血之功效。用于血瘀经闭，难产，死胎，胎盘不下。

■ **分　　布** 分布于云南、四川、西藏、甘肃、青海和陕西等地。

■ **采　　集** 花期5~6月，果期7~10月。浆果红色时及时采摘，去除果皮和果肉，阴干，精选去杂，干燥处贮藏。

■ **形态特征** 浆果卵形、椭球形或近球形，红色，长3~7 cm，宽2~4 cm。顶端稍尖，基端具黄色果梗，内含种子多粒。种子近卵形，稍扁；表面密布相互交错的线棱，基部有一喙状突起；棕色至褐色，具紫红色或红褐色斑块；长5.06~6.39 mm，宽3.09~4.16，厚1.94~3.22 mm，千粒重为29.70 g。种脐椭圆形，长0.30~0.70 mm，宽0.30~0.50 mm；黄棕色；位于基端喙旁。种皮紫红色或红褐色；胶质，厚0.08 mm；紧贴胚乳，难以分离。胚乳丰富，充满大部分种子；白色；胶质，稍含油脂；包被着胚，与胚之间存在小胚腔。胚为乳

白色；长条形或匙形；蜡质，稍含油脂；长 1.60~2.35 mm，宽 0.53~0.94 mm，厚 0.30 mm；直生于种子基端。子叶 2 枚；长椭圆形或倒卵形；长 1.10 mm，宽 0.57~0.60 mm，每枚厚 0.13~0.17 mm；并合。胚根扁圆锥形，尖端黄色；长 0.95~1.04 mm，宽 0.57~0.60 mm，厚 0.30~0.34 mm，朝向种脐。

■ 微观特征　果皮表皮细胞淡黄色，多角形，直径 10~40 μm。果皮下皮细胞淡黄棕色，呈类多角形，直径 20~70 μm。导管主要为螺纹导管。种皮表皮细胞橙红色至深红色，断面呈长方形或类方形，壁厚，常与种皮薄壁细胞相连。胚乳细胞类多角形，胞腔内含糊粉粒及脂肪油滴。

■ 萌发特性　具生理休眠。在 20℃、12 h/12 h 光照条件下，含 200mg/L 赤霉素（GA₃）的 1% 琼脂培养基上，萌发率可达 100%；在 25℃/15℃ 或 20℃、12 h/12 h 光照条件下，1% 琼脂培养基上，萌发率也可达 100%。

■ 贮　　藏　正常型。干燥至相对湿度 15% 后，于 -20℃ 条件下贮藏，种子寿命可达 6 年以上。

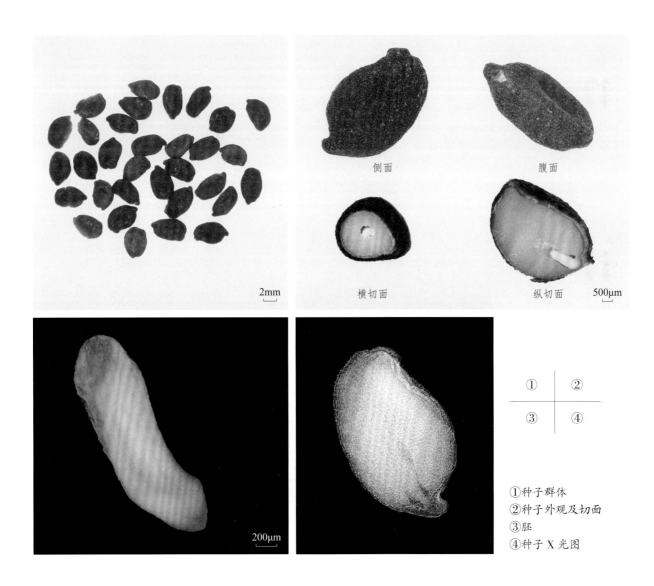

①种子群体
②种子外观及切面
③胚
④种子 X 光图

■ 防己科 | Menispermaceae

㊸ 青 藤
木质大藤本 | 别名：风龙
Sinomenium acutum (Thunb.) Rehd. et Wils.

■ **药用价值** 以干燥藤茎入药，药材名青风藤。具有祛风湿、通经络、利小便之功效。用于风湿痹痛，关节肿胀，麻痹瘙痒。

■ **分　布** 分布于长江流域及其以南各省区，北至陕西南部，南至广东和广西二省区北部，以及云南东南部。

■ **采　集** 花期夏季，果期8~11月。核果呈黑紫色时及时采摘，去除果皮，阴干，精选去杂，干燥处贮藏。

■ **形态特征** 核果圆球形，直径5~6 mm；黑紫色，表面被白霜。外果皮革质，中果皮肉质多浆，内含果核。果核马蹄形，外缘具齿状棱；两侧面距边缘0.85 mm处各有1条半圆形、高0.65 mm的齿状棱；浅黄棕色；长4.46~6.46 mm，宽3.61~5.62 mm，厚1.75~2.16 mm，千粒重为16.5 g。果核上的果疤为黄棕色或棕色；椭圆形，多皱折，长0.40~0.70 mm；位于基端平截处。果核壳（内果皮）浅黄棕色；骨质，厚0.15~0.25 mm；与种皮贴合，可分离。成熟时不开裂，内含种子1粒。种子弯月形，稍扁；子叶端稍圆，胚根端稍尖；外缘棱状，两侧面各有一条与边缘平行隆起的脊，脊的外缘无横肋；浅黄棕色；长4.71~4.91 mm；宽2.09~2.32 mm；厚1.25 mm。种脐棕褐色；弯月形；位于种子基端中央，种柄常留存。种皮浅黄棕色；膜质，薄；紧贴胚乳，难以分离。胚乳丰富；乳白色；肉质或蜡质，富含油脂；包被着胚。胚圆柱状，稍扁，弯成半圆形；

乳白色；肉质，富含油脂；长 6.14~9.35 mm，宽 0.50~1.15 mm，厚 0.50~0.61 mm。子叶 2 枚，并合。胚根弯圆锥形。

■ **萌发特性**　在 25℃ /15℃、12 h/12 h 光照条件下，1% 琼脂培养基上，萌发率仅为 25%。

■ **贮　　藏**　正常型。

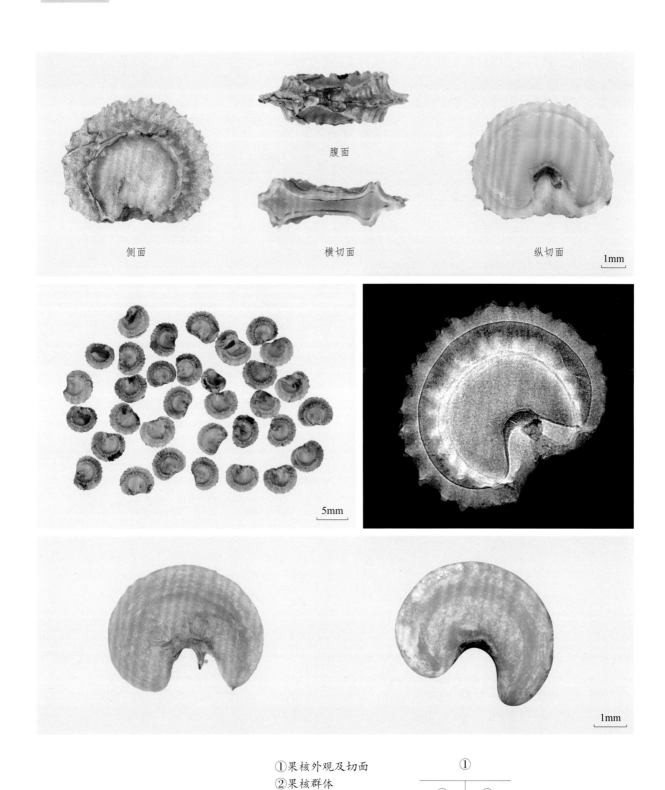

①果核外观及切面
②果核群体
③果核 X 光图
④种子外观及纵切面

	①	
②		③
	④	

㊹ 蝙蝠葛

草质、落叶藤本 | 别名：山豆根、黄条香、山豆秧根、尼恩巴
Menispermum dauricum DC.

■ 药用价值 以干燥根茎入药，药材名北豆根。具有清热解毒、祛风止痛之功效。用于咽喉肿痛，热毒泻痢，风湿痹痛。

■ 分　　布 分布于我国东北部、北部、东部及湖北等地。

■ 采　　集 花期 6~7 月，果期 8~9 月。核果呈黑色或黑褐色时及时采摘，去除果皮，阴干，精选去杂，干燥处贮藏。

■ 形态特征 核果扁球形，直径 8~10 mm；黑色或黑褐色，有光泽；外果皮革质，中果皮肉质多浆，内含 1 个果核。果核马蹄形，上部稍厚，下部扁；外缘具脊状棱，两侧面距边缘 1.65 mm 处有半圆形、齿轮状、高 1 mm 的脊；灰黄色或棕褐色；宽约 10 mm，高约 8 mm，厚 2.54~3.06 mm，千粒重为 60.80~74.06 g。果核上的果疤为黄棕色或褐色；唇形，多皱；长 2.75 mm，宽 3.00 mm；位于基端凹缺处。果核壳（内果皮）灰黄色或棕褐色；骨质，厚 0.45 mm；与种皮贴合，可分离。成熟时不开裂，内含种子 1 枚。种子弯月形，稍扁；子叶端稍圆，胚根端稍尖；外缘脊状，两侧面各有 1 条与边缘平行隆起的脊，脊两边无横肋；灰黄色至浅棕色；长 8.45~9.87 mm；宽 7.33~8.83 mm；厚 1.50 mm。种脐浅棕色至褐色；弯月形；位于种子内缘中段凹进处，种柄常留存。种皮灰黄色至浅棕色；膜质，薄；紧贴胚乳，难以分离。胚乳丰富；乳白色；蜡质，含油脂；包被着胚。胚圆柱状，稍扁，弯成半圆形；乳白色；蜡质，富含油脂；长 12.30~15.71 mm，宽 0.55~1.13 mm，厚 0.75 mm。子叶 2 枚，并合。胚根弯圆锥形。

■ 萌发特性 具生理休眠。在 15℃、12 h/12 h 光照条件下，含 200 mg/L 赤霉素（GA₃）的 1% 琼脂培养基上，萌发率可达 100%。

■ 贮　　藏 正常型。干燥至相对湿度 15% 后，于 -20℃ 条件下贮藏，种子寿命可达 4 年以上。

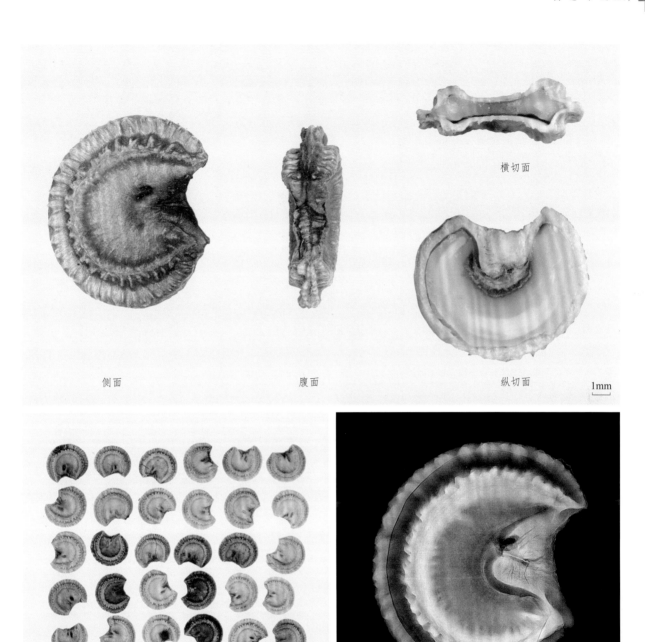

侧面　　　　　　　　　腹面　　　　　　　　纵切面

横切面

1mm

1cm

①果核外观及切面
②果核群体
③果核 X 光图

	①	
②		③

45 粉防己

草质藤本
Stephania tetrandra S. Moore

药用价值 以干燥根入药，药材名防己。具有祛风止痛、利水消肿之功效。用于风湿痹痛，水肿脚气，小便不利，湿疹疮毒。

分　布 分布于浙江、安徽、福建、台湾、湖南、江西、广西、广东和海南等地。

采　集 花期6~9月，果期7~10月。核果红色时及时采摘，去除果皮，阴干，精选去杂，干燥处贮藏。

形态特征 核果球形，红色，表面被白粉。外果皮革质，中果皮肉质多浆，内含果核1粒。果核马蹄形，上部稍厚，下部扁；外缘边棱脊状，两侧面距边缘0.50 mm处具半圆形、齿轮状、高1.00 mm的脊；褐色；长3.54~4.02 mm，宽3.75~4.82 mm，厚1.65~2.15 mm，千粒重为11.11 g。果核上的果疤为黄棕色或褐色；长方形或椭圆形，裂缝状；长0.50 mm，宽0.25 mm；位于基端平截处。果核壳（内果皮）褐色；壳质，厚0.13 mm；与种皮贴合，可分离。成熟时不开裂，内含种子1枚。种子弯月形，稍扁；子叶端稍圆，胚根端稍尖；外缘边棱脊状，两侧面各有1条与边棱平行隆起的齿轮状脊，脊外缘小横肋15条；乳白色，略带浅黄棕色；长12.8 mm；宽1.98 mm；厚1.50 mm。种脐棕褐色或褐色；弯月形；位于种子内缘中段，种柄常留存。种皮灰黄色至浅棕色；膜质，薄；紧贴胚乳，难以分离。胚乳丰富；乳白色；肉质或蜡质，富含油脂；包被着胚。胚圆柱状，稍扁，弯成半圆形；乳白色；肉质，含油脂；长11.20 mm，宽0.47~0.55 mm，厚0.47~0.50 mm。子叶2枚，并合。胚根弯圆锥形。

萌发特性 在20℃、12 h/12 h光照条件下，含200mg/L赤霉素（GA_3）的1%琼脂培养基上，萌发率仅为30%。

贮　藏 正常型。常温下种子寿命为1~2年。

5mm

| 侧面 | 腹面 | 横切面 | 纵切面 |

500μm

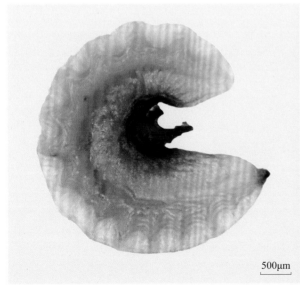

500μm

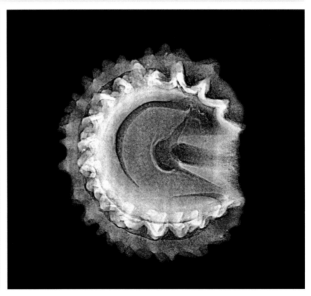

①果核群体
②果核外观及切面
③种子侧面
④果核 X 光图

	①	
	②	
③		④

木兰科 | Magnoliaceae

④⑥ 厚朴
落叶乔木
Magnolia officinalis Rehd. et Wils.

■ **药用价值** 以干燥干皮、根皮及枝皮入药,药材名厚朴。具有燥湿消痰、下气除满之功效。用于湿滞伤中,脘痞吐泻,食积气滞,腹胀便秘,痰饮喘咳。以干燥花蕾入药,药材名厚朴花。具有芳香化湿、理气宽中之功效。用于脾胃湿阻气滞,胸脘痞闷胀满,纳谷不香。

■ **分　　布** 分布于陕西、甘肃、湖北、湖南、四川、贵州等地。

■ **采　　集** 花期4~5月,果期10月。果实成熟、自然开裂而露出红色种子时采集,晾干,脱粒,搓去红色外皮(蜡质假种皮),与湿河沙混合贮藏。

■ **形态特征** 聚合果长圆状卵圆形,长9~15 cm,直径4~6 cm,顶端截形,基部近圆形,心皮排列紧密,木质,先端具长3~4 mm的喙(外弯尖头),内含种子1~2枚。种子扁卵圆形、类三角形或三角状倒卵形,长0.9~1.1 cm,宽0.6~0.9 cm,表面棕褐色至黑色,腹部有浅沟,背部具纵皱纹。气微,味微涩。种子由种皮、胚乳和胚构成,胚乳白色至淡黄色。

■ **微观特征** 种皮为10余列厚壁细胞,细胞内含多数块状或颗粒状物;种皮外表层与内表层各有1列角质细胞,外表层细胞镶嵌状排列,内表层细胞长条形网状排列;外胚乳细胞1列,不规则多角形,壁较厚;内胚乳细胞稍大,壁较薄,内含油滴。

■ **萌发特性** 萌发适宜温度为20~30℃,适宜土壤含水量为20%~25%,发芽率一般为60%~80%。

■ **贮　　藏** 正常型。适宜条件下可贮藏1~2年。

①种子外观及切面
②果实外观
③种皮横切详面
④胚乳横切面详图
⑤种皮外表层细胞
⑥种皮细胞外表面观
⑦种皮内表面观

①	
②	③
④	⑤
⑥	⑦

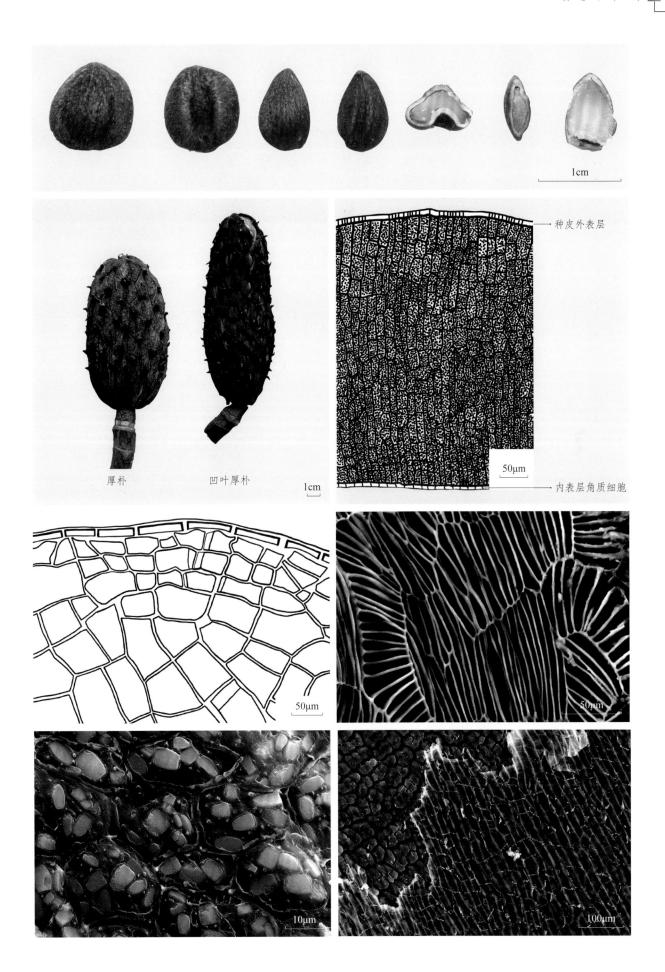

厚朴　　　　凹叶厚朴

1cm

种皮外表层

50μm

内表层角质细胞

㊼ 八角茴香

常绿乔木 | 别名：大茴香、大料、唛角
Illicium verum Hook. f.

药用价值 以干燥成熟果实入药，药材名八角茴香。具有温阳散寒、理气止痛之功效。用于寒疝腹痛，肾虚腰痛，胃寒呕吐，脘腹冷痛。

分　布 分布于广西、广东、云南、贵州等地，野生或栽培，栽培品种甚多。

采　集 花期3~5月、8~10月，春果3~4月、秋果9~10月。果实老熟由黄绿色变为黄褐色且尚未裂时采集，室内摊开自然晾干，常翻动，待果实自然开裂后，种子自行脱出，精选去杂。

形态特征 果实常由8个，少数6~13个。蓇葖荚集成聚合果，放射状排列，聚合果径3.0~4.5 cm，有一钩状稍弯曲的果柄，长2.5~4 cm，连接于果实基部中央，常脱落；蓇葖果呈小艇形，长1.0~2.0 cm，高0.5~1.0 cm，宽0.3~0.5 cm，先端钝或钝尖，呈鸟喙状，上缘常开裂；外表面褐色、红褐色或黑褐色，有不规则皱纹，内表面淡棕色，平滑而有光泽，内含种子1枚。种子倒卵球形、宽椭圆形或椭球形（扁卵形），长0.6~1.0 cm，宽0.4~0.7 cm，厚0.2~0.4 cm，种子表面褐色、红棕色或黄棕色，光亮，平滑无棱，尖端有小种脐，旁边有明显珠孔，另一端有合点，种脐与合点间有淡褐色种脊。种皮质脆易碎，角质化；种仁包有一层银灰色膜质，胚乳白色饱满，富含油质，胚细小白色。千粒重约为0.15 g。

微观特征 种皮石细胞黄色，表面类多角形，壁厚，波状弯曲，胞腔分枝状，内含棕黑色物；断面长方形，壁不均匀增厚。胚乳细胞多角形，含脂肪油滴和糊粉粒。

萌发特性 无休眠。新鲜种子在15~30℃、黑暗或光照条件下均可萌发。对光不敏感，发芽适温为20~25℃，新鲜种子发芽率为65%，发芽不整齐。

贮　藏 正常型。由于种皮较薄，种仁含油率高，通风干燥条件下油分容易挥发，导致种子发芽力降低，甚至失活。宜随采随播，或在室温下进行沙藏或黄泥土拌种后土藏，保持湿润，可短期贮藏约半年，至翌年春天播种。

| 侧面 | 腹面 | 背面 | 横切面 | 纵切面 |

①果实群体
②种子群体
③种子外观及切面

①	②
③	

48 五味子

落叶木质藤本 | 别名：山花椒、血藤、五梅子、北五味子
Schisandra chinensis (Turcz.) Baill.

■ **药用价值** 以干燥成熟果实入药，药材名五味子。具有收敛固涩、益气生津、补肾宁心之功效。用于久嗽虚喘，梦遗滑精，遗尿尿频，久泻不止，自汗盗汗，津伤口渴，内热消渴，心悸失眠。

■ **分　布** 分布于黑龙江、吉林、辽宁、内蒙古、河北、山西、宁夏、甘肃和山东等地。

■ **采　集** 花期 5~7 月，果期 7~10 月。小浆果呈紫红色或黑红色时及时采摘，去除果皮和果肉，阴干，精选去杂，干燥处贮藏。

■ **形态特征** 小浆果球形，直径 5~10 mm；新鲜时红色，干后为紫红色至棕黑色，表面凹凸不平，微有光泽；果肉气微，味酸；内含种子 1~2 枚。小浆果排列于下垂肉质果托上，形成疏散或紧密的长穗状聚合果。种子肾形，稍扁；表面光滑且有光泽；橘黄色；长 3.63~54.92 mm，宽 3.01~4.49 mm，厚 2.18~2.93 mm，千粒重为 10.8~16.99 g。种脐 "U" 字形，长 1.06~1.84 mm，宽 0.60~1.02 mm；紫红色或黄褐色；位于腹面中央凹陷处。外种皮橘黄色；脆壳质，厚 0.15 mm；与内种皮分离。内种皮黄色；膜质泡沫状，厚 0.10 mm；内部充满油脂；紧贴胚乳，难以分离。胚乳丰富；白色；肉质，富含油脂；几乎充满整粒种子；包被着胚。胚稍分化，处于心形胚阶段；倒卵形；乳白色；肉质，富含油脂；长 0.29~0.35 mm，宽 0.20~0.29 mm，厚 0.20 mm；位于种子基端。

■ **微观特征** 外果皮为 1 列方形或长方形细胞，壁稍厚，外被角质层，散有油细胞；中果皮薄壁细胞 10 余列，含淀粉粒，散有小型外韧型维管束；内果皮为 1 列小方形薄壁细胞。种皮最外层为 1 列径向延长的石细胞，壁厚，纹孔和孔沟细密；其下为数列类圆形、三角形或多角形石细胞，纹孔较大；石细胞层下为数列薄壁细胞，种脊部位有维管束；油细胞层为 1 列长方形细胞，含棕黄色油滴，再下为 3~5 列小细胞；种皮内表皮为 1 列小细胞，壁稍厚；胚乳细胞含脂肪油滴及糊粉粒。

■ **萌发特性** 具形态生理休眠。以赤霉素（GA₃）0.1 mg/L、蔗糖 20 g/L、琼脂 5.5 g/L 为基本培养基，萌发率可达 66.67%。田间发芽适温为 10~20℃。

■ **贮　藏** 正常型。不耐长期贮藏，常温下种子寿命为 7 个月。

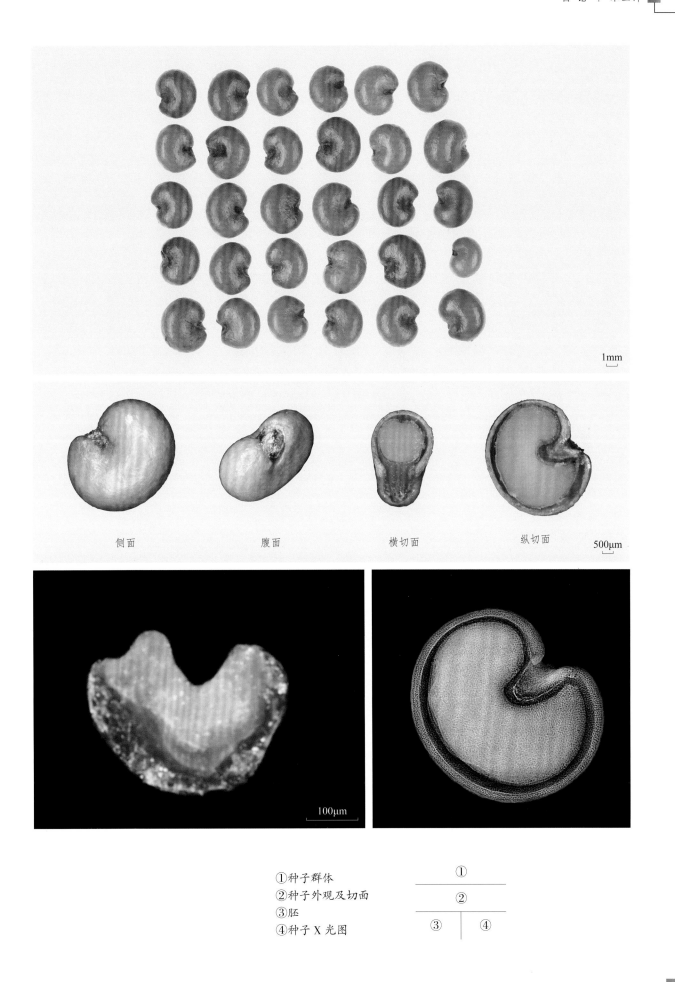

1mm

侧面　　　　　腹面　　　　　横切面　　　　　纵切面　　500μm

100μm

①种子群体
②种子外观及切面
③胚
④种子 X 光图

	①	
	②	
③		④

㊾ 华中五味子

落叶木质藤本 | 别名：南五味子、西五味子、山五味子
Schisandra sphenanthera Rehd. et Wils.

药用价值 以干燥成熟果实入药，药材名南五味子。具有收敛固涩、益气生津、补肾宁心之功效。
用于久嗽虚喘，梦遗滑精，遗尿尿频，久泻不止，自汗盗汗，津伤口渴，内热消渴，
心悸失眠。

分　　布 分布于山西、陕西、甘肃、山东、江苏、安徽、浙江、江西、福建、河南、湖北、湖南、
四川、贵州及云南东北部。

采　　集 花期4~7月，果期7~9月。果实成熟时采摘，去掉果肉，洗出种子，晒干。

形态特征 浆果不规则球形，直径4.0~6.6 mm，具短柄，果皮肉质，较薄，枣红色或暗红色，
常含种子2枚。种子长圆体形或肾形，棕黄色，种脐斜"V"字形，长约为种子宽的
1/3；种皮光滑或仅背面微皱。胚乳淡黄色，含油分，胚细小。

微观特征 由外往内依次是外果皮、中果皮、内果皮、种皮和胚乳。种皮最外层为1列径向延长
的石细胞，外壁和径向壁三面增厚，细胞腔细长三角形，纹孔及孔沟细密。内层为数
列类圆形、三角形或多角形的石细胞，纹孔较大而疏。在一端有种脊维管束。种皮表
面具瘤状突起。

萌发特性 有休眠。室温下，浸泡种子3 d，取3倍的洁净湿沙，加入种子，混匀，埋藏于干燥向阳处，
沙藏3~4个月即可解除休眠。

贮　　藏 正常型。干燥通风处贮藏。

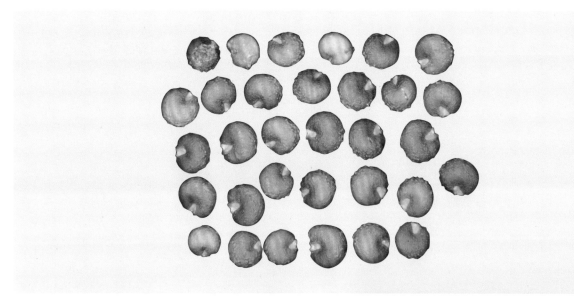

2mm

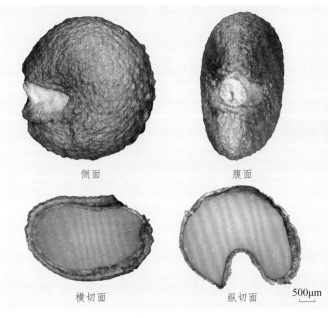

侧面　　　　　腹面

横切面　　　　纵切面　　　　500μm

①种子群体　　　　　　　　　　①
②种子外观及切面　　　　　─────────
③种子 X 光图　　　　　　　　②　│　③

樟 科 | Lauraceae

50 乌药 常绿灌木或小乔木 | 别名：鳑毗树、铜钱树、天台乌药、斑皮柴、白背树
Lindera aggregata (Sims) Kosterm.

■ **药用价值** 以干燥块根入药，药材名乌药。具有行气止痛、温肾散寒之功效。用于寒凝气滞，胸腹胀痛，气逆喘急，膀胱虚冷，遗尿尿频，疝气疼痛，经寒腹痛。

■ **分　布** 分布于浙江、江西、福建、安徽、湖南、广东、广西、台湾等地。

■ **采　集** 花期 3~4 月，果期 5~11 月。核果呈黑色时及时采摘，去除果皮，阴干，精选去杂，干燥处贮藏。

■ **形态特征** 浆果状核果球形或椭球形；初时绿色，后变红色，熟时呈紫黑色，光亮；长 6.04~7.56 mm，宽 5.37~6.92 mm；着生于膨大呈浅杯状的果托上。外果皮革质，中果皮肉质，内含果核 1 个。果核圆球形或椭球形；黄褐色或褐色；长 5.08~6.46 mm，宽 4.35~5.85 mm，千粒重为 37.52~94.99 g。果核上的果疤为圆形，直径 0.67~1.03 mm，凸；黄褐色或褐色，位于果核基端。果核壳（内果皮）为黄褐色或褐色；壳质，脆，厚 0.15 mm；紧贴种皮，难以分离；内含种子 1 枚。种子圆球形；棕色；长 4.44~6.02 mm，宽 3.99~5.57 mm。种脐点状；褐色；位于基端。种皮黄褐色；胶质；与胚分离，紧贴内果皮，难以分离。胚乳无。胚圆球形；黄色；肉质，富含油脂；长 4.44~6.02 mm，宽 3.99~5.57 mm，厚 4.32~4.60 mm；充满整粒种子。子叶 2 枚；圆形或椭圆形，平凸；长 5.70~5.71 mm，宽 4.30~5.03 mm，每枚厚 1.91~2.80 mm；并合。胚芽黄色；舌状；肉质，富含油脂；长 0.50~0.71 mm，宽 0.46~0.55 mm，厚 0.28 mm。胚根三角形；平凸；长 0.75~0.85 mm，宽 0.71~0.76 mm，厚 0.35 mm；朝向种脐。

■ **萌发特性** 无休眠。

■ **贮　藏** 顽拗型。不耐干藏。

侧面　　　　　腹面　　　　　横切面　　　　　纵切面

1mm

1mm

200μm

1cm

①果核外观及剖面
②胚
③胚芽和胚根
④果实群体
⑤果核 X 光图

①	
②	③
④	⑤

罂粟科 | Papaveraceae

51 地丁草 二年生灰绿色草本 | 别名：紫堇、彭氏紫堇、布氏地丁、苦地丁
Corydalis bungeana Turcz.

药用价值 以干燥全草入药，药材名苦地丁。具有清热解毒、散结消肿之功效。用于时疫感冒，咽喉肿痛，疔疮肿痛，痈疽发背，疖腮丹毒。

分　　布 分布于吉林、辽宁、河北、山东、河南、山西、陕西、甘肃、宁夏、内蒙古、湖南和江苏等地。

采　　集 果期5~6月。蒴果呈黄色或黄褐色时及时采摘，阴干，脱粒，精选去杂，干燥处贮藏。

形态特征 蒴果长椭圆形，稍扁，荚果状；长1.5~2 cm，宽4~5 mm，内含种子2列、多枚。种子双凸镜状，边缘具4~5列同心圆状的小凹点；脐边具黄棕色、长1.5~2.00 mm、宽0.53 mm、片状的种阜；黑色，光亮；长1.83~2.21 mm，宽1.72~2.11 mm，厚1.10~1.41 mm，千粒重为1.72 g。种脐黄棕色；椭圆形；长0.32 mm，宽0.61 mm；位于种子基端。外种皮外面黑色，内面棕色或棕褐色；壳质，厚0.15 mm；与内种皮分离；内种皮白色；膜质，具细网纹；紧贴胚乳，难以分离。胚乳丰富；乳黄色；肉质，富含油脂；几乎充满整粒种子；包被着胚。胚椭球形，未分化；乳黄色；肉质，富含油脂；朝向种脐。

萌发特性 在20℃、12 h/12 h光照条件下，含200 mg/L赤霉素（GA₃）的1%琼脂培养基上，萌发率仅为13.3%。

贮　　藏 正常型。

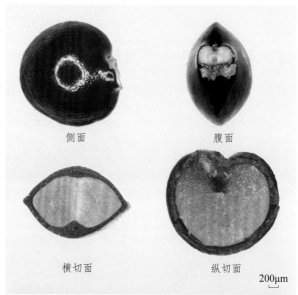

側面 腹面

横切面 纵切面

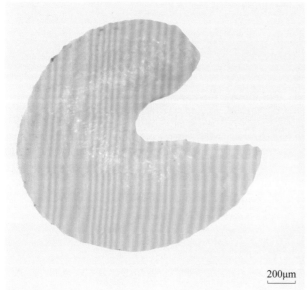

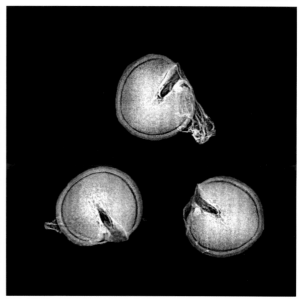

①种子群体
②种子外观及切面
③种子（去外种皮）
④种子X光图

①	②
③	④

■ 山柑科 | Capparaceae

52 白花菜 一年生草本 | 别名：羊角菜、臭花菜、猪屎草、五梅草
Cleome gynandra L.

■ **药用价值** 以干燥种子入药，药材名白花菜子。具有祛风散寒、活血止痛之功效，用于风湿疼痛，腰痛，跌打损伤，痔疮等。

■ **分　布** 分布于河北、河南、安徽、江苏、广西、台湾、云南、贵州、广东、海南等地。

■ **采　集** 花、果期 7~10 月。秋季果实黄白略干、种子黑褐色时分批采收，晒干果实，打下种子，精选去杂，干燥处贮藏。

■ **形态特征** 蒴果圆柱形，斜举，长 3~8 cm，中部直径 3~4 mm，先端有宿存柱头，内含种子多数。种子扁圆形，较小，长、宽 1~1.4 mm，厚约 0.8 mm，边缘有一深沟。表面棕色或棕黑色，粗糙不平，于扩大镜下观察，表面有突起的细密网纹，网孔方形或多角形，排列较规则或呈同心环状。

■ **微观特征** 生物显微镜下对白花菜种子形态观察，发现白花菜种子边缘部分凹陷至中部，边缘呈锯齿状；同样在生物显微镜下对白花菜子的石蜡横切片观察，结果显示：白花菜种子结构分为种皮、胚和胚乳三部分，其中深沟内陷程度达种子中部。在种皮中，最外层表皮细胞壁厚，呈乳头状突起或数个乳突连接成腺毛状，内含棕色色素，四周呈轮齿状；表皮下为一层色素层，细胞呈长条形，切向延长，略呈规则波状；色素层下方为 1 列石细胞，长条形，栅栏状径向排列，种子内表皮为 1~2 列石细胞，切向延长排列，长 60~80 μm，直径 12~16 μm；纵切面中白花菜种子的胚由薄壁组织组成，呈 "U" 字形弯曲，胚根深棕色，子叶与胚根等长，染色后观察呈淡蓝色；胚乳也由薄壁细胞组成，包于胚外，淡蓝色，油脂含量较为丰富。

扫描电镜观察结果：种子表面呈条形网状纹饰，网纹凸出成脊，具有多条类似平行的峰岭状弯曲条带。脊之间凹陷成网纹，网纹宽度较宽，排列致密；继续放大则可发现种子表面由许多不规则块状物组成，块状物高度各有不同，同时含有较多非腺毛。

■ **萌发特性** 有休眠特点（种子后熟作用）。新鲜种子在 5~35℃、黑暗或光照条件下不萌发或萌发率很低（最高达 6%）。采收一段时间后的种子经过短时间低温处理后，在室温下萌发可部分解除休眠，5℃处理 1d 萌发率为 47% 左右，但随低温处理时间的延长，萌发率降低。0.02% 赤霉素（GA$_3$）和 0.2% 硝酸钾能显著促进种子的萌发，萌发率可达50% 以上。新鲜种子在 15℃条件下放置达 5 个月，会大大促进种子的萌发（70%），在 40℃条件下种子预热 1~5 d 是打破种子休眠的最有效方法。

■ **贮　藏** 正常型。室温下可贮藏 3 年以上。

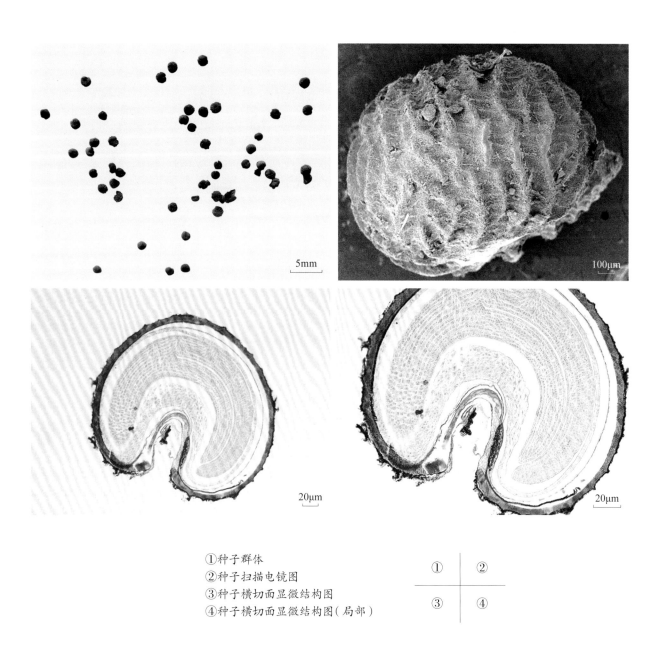

①种子群体
②种子扫描电镜图
③种子横切面显微结构图
④种子横切面显微结构图（局部）

①	②
③	④

十字花科 | Cruciferae

53 芥　一年生草本 | 别名：芥菜
Brassica juncea (L.) Czern. et Coss.

■ 药用价值　以干燥成熟种子入药，药材名芥子。具有温肺豁痰利气、散结通络止痛之功效。用于寒痰咳嗽，胸胁胀痛，痰滞经络，关节麻木，疼痛，痰湿流注，阴疽肿毒。

■ 分　　布　全国各地均有栽培。

■ 采　　集　花期3~5月，果期5~6月。长角果黄色时及时采摘，阴干，脱粒，精选去杂，干燥处贮藏。

■ 形态特征　长角果线形，长3~5.5 cm，宽2~3.5 mm；果瓣具1条突出中脉，顶端喙长6~12 mm，基部果梗长5~15 mm；内含种子多粒。种子圆球形；黄褐色、棕褐色或褐色；表面密布蜂巢状复网纹和蜡质；长1.23~1.69 mm，宽0.93~1.44 mm，千粒重为1.66 g。种脐线形，黄白色或黄棕色，位于基端，平。种皮黄褐色、棕褐色或褐色；壳状胶质，厚0.03~0.04 mm；紧贴着胚，难以分离。胚乳胶质；白色、透明；薄片状，仅位于子叶折叠的空隙处。胚圆球形；黄色；蜡质，含油脂，研碎后加水浸湿，会产生辛烈的特异臭气。子叶 2 枚；异形，外层子叶厚，平凸状；内层子叶薄，扁平；两枚子叶均为眼镜形，并合在一起，然后从中部纵向对折，将胚根包裹其中；长 1.20~1.66 mm，宽 1.80~2.82 mm。下胚轴和胚根呈圆锥状。长 1.44~1.6 mm，宽 0.51 mm，厚 0.49~0.51 mm；朝向基端。

■ **微观特征**　种皮表皮细胞切向延长，下皮为 1 列菲薄的细胞。

■ **萌发特性**　具生理休眠。

■ **贮　　藏**　正常型。

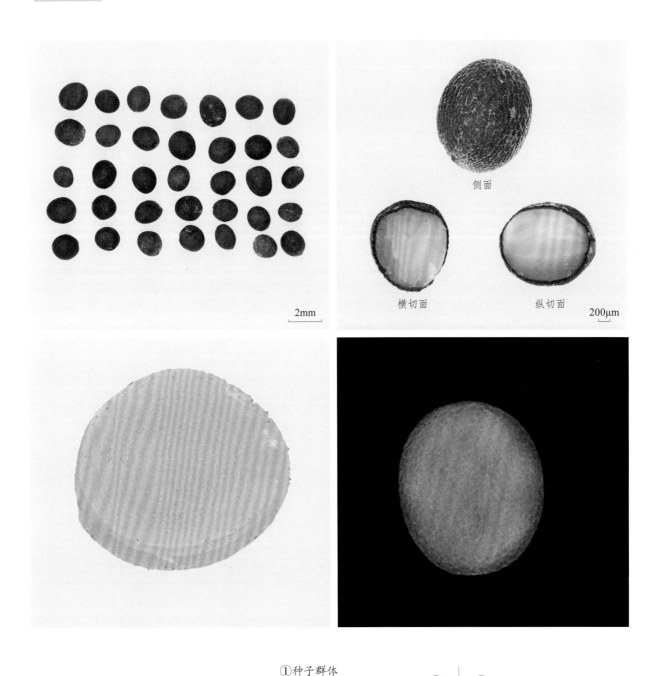

2mm

侧面

横切面　　　纵切面　　　200μm

①种子群体
②种子外观及切面
③胚
④种子 X 光图

①	②
③	④

54 萝卜

一年生草本 | 别名：莱菔子

Raphanus sativus L.

药用价值 以干燥成熟种子入药，药材名莱菔子。具有消食除胀、降气化痰之功效。用于饮食停滞，脘腹胀痛，大便秘结，积滞泻痢，痰壅喘咳。

分　布 全国各地普遍栽培。

采　集 花期4~5，果期5~6月。果实成熟时采割植株，晒干，搓出种子，除去杂质，再晒干。

形态特征 长角果呈圆柱形，长3~6 cm，宽10~12 mm，在相当种子间处缢缩，并形成海绵质横隔；顶端喙长1~1.5 cm；果梗长1~1.5 cm。种子呈卵圆形或椭圆形，长3.0~3.8 mm，宽1.8~2.9 mm，厚1.7~2.3 mm。一侧有数条纵沟，种子表面有由明显凸起条纹构成的致密网状纹理，种脐点状，褐色，略微外突。千粒重约为10.0 g。

微观特征 种子栅状细胞成片，淡黄色、橙黄色、黄棕色或红棕色。横断面观细胞1列，高度不一，一般长（径向）10~37 μm，宽（切向）7~12 μm，外壁及侧壁近上部薄，侧壁大部及内壁增厚，侧壁中部尤厚；表面观呈类多角形或长多角形，直径12 μm，壁厚2~4 μm，胞间层极细。栅状细胞与种皮大型下皮细胞重叠，表面观可见类多角形或长角形暗影，其直径34~128 μm。种皮下皮细胞无色或淡棕色，大型横断面观呈扁长圆形，外壁及侧壁皱缩，细胞界限不清楚，其下与栅状细胞相接。内胚乳细胞横断面观呈扁长方形，表面观多角形，直径15~25 μm，含糊粉粒及脂肪油滴。子叶细胞无色或淡灰色，含糊粉粒及脂肪油滴。

■ **萌发特性**　新鲜种子在 5~30℃条件下，以双层滤纸做介质均可萌发，并且不受光照的影响。发芽 3 d，萌发率可达到 97% 以上。

■ **贮　藏**　正常型。室温下置通风干燥处贮藏，注意防蛀。

| 侧面 | 腹面 | 横切面 | 纵切面 |

1mm

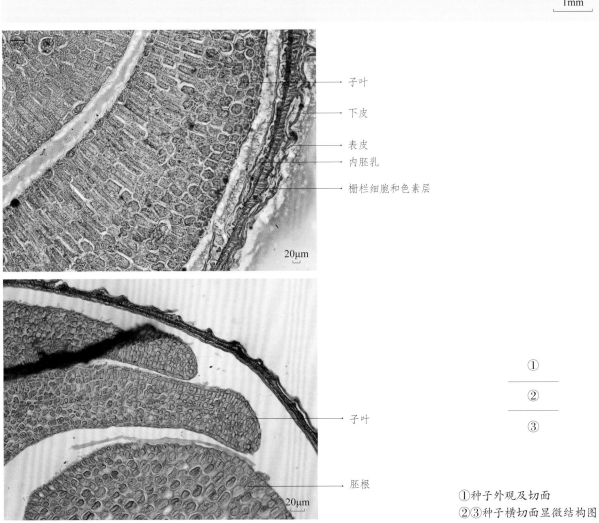

子叶
下皮
表皮
内胚乳
栅栏细胞和色素层

20μm

子叶

胚根

20μm

①

②

③

①种子外观及切面
②③种子横切面显微结构图

55 独行菜

一年或二年生草本 | 别名：腺独行菜、腺茎独行菜

Lepidium apetalum Willd.

药用价值 以干燥成熟种子入药，药材名葶苈子。具有泻肺平喘、行水消肿之功效。用于痰涎壅肺，喘咳痰多，胸胁胀满，不得平卧，胸腹水肿，小便不利。

分　　布 分布于我国东北、华北、西北、西南及江苏、浙江和安徽等地。

采　　集 花、果期 5~7 月。短角果黄色时及时采摘，阴干，脱粒，精选去杂，干燥处贮藏。

形态特征 短角果近圆形或宽椭圆形，扁平；黄棕色；长 2~3 mm，宽约 2 mm；顶端微缺，上部有短翅，隔膜宽不到 1 mm；果梗弧形，长约 3 mm。种子倒卵形，稍扁，一侧直，一侧圆拱，基端凹；表面密布细颗粒状突起，背腹面中央各具一条长为种子 1/2~2/3 的纵沟；黄棕色或棕色；长 1.18~1.56 mm，宽 0.57~0.88 mm，厚 0.28~0.45 mm，千粒重为 0.22 g。种脐白色；位于基端凹缺处。种皮黄棕色或棕色；胶质；厚 0.02 mm；紧贴着胚，可分离。胚乳无。胚倒卵形；黄色；蜡质，富含油脂，味微辛辣；长 2.25~3.08 mm，宽 0.27~0.42 mm，厚 0.40 mm。子叶 2 枚；窄椭圆形，顶端略尖；长 0.90~1.19 mm，宽 0.23~0.35 mm，每枚厚 0.20 mm；并合。下胚轴和胚根长圆柱形，平凸；黄色；长 1.07~1.35 mm，宽 0.25~0.29 mm，厚 0.30 mm；与子叶背倚，朝向种脐。

微观特征 种皮外表皮细胞断面略呈类长方形，纤维素柱较长，长 24~34 μm，种皮内表皮细胞呈长方多角形或类方形。

萌发特性 具生理休眠。在 20℃ 或 25℃/15℃、12 h/12 h 光照条件下，1% 琼脂培养基上，萌发率可达 100%；在 15℃ 或 20℃、12 h/12 h 光照条件下，含 200 mg/L 赤霉素（GA₃）的 1% 琼脂培养基上，萌发率也可达 100%。

贮　　藏 正常型。干燥至相对湿度 15% 后，于 −20℃ 条件下贮藏，种子寿命可达 6 年以上。

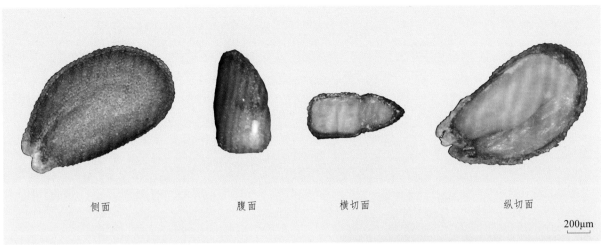

侧面　　　　　　腹面　　　　　　横切面　　　　　　纵切面

200μm

1mm

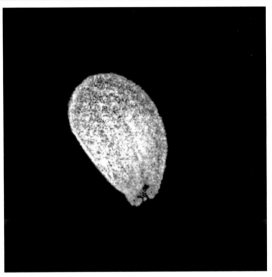

①种子外观及切面
②种子群体
③种子 X 光图

①
② | ③

56 菘蓝
二年生草本 | 别名：板蓝根
Isatis indigotica Fort.

药用价值　以干燥叶入药，药材名大青叶。具有清热解毒、凉血消斑之功效。用于温病高热，神昏，发斑发疹，痄腮，喉痹，丹毒，痈肿。以干燥根入药，药材名板蓝根。具有清热解毒、凉血利咽之功效。用于温疫时毒，发热咽痛，温毒发斑，痄腮，烂喉丹痧，大头瘟疫，丹毒，痈肿。

分　　布　全国各地均有栽培。

采　　集　花期 4~5 月，果期 5~6 月。果实呈黑紫色时采集，晾干，精选去杂，干燥处贮藏。

形态特征　短角果近长圆形，扁平，无毛，边缘有翅，长 13~18.5 mm，宽 3.5~5 mm，厚 1.2~1.6 mm，表面紫褐色或黄褐色。先端微凹或平截，基部渐窄，具残存的果柄或果柄痕。两侧各具一中肋，中部隆起，内含种子 1~2 枚。果实千粒重约为 10.2 g。种子长圆形，长 3~3.8 mm，宽 1.0~1.5 mm，表面平滑无光泽，黄色至黄褐色。基部具 1 个白色小尖突状种柄，两侧面各具 1 条较明显的纵沟。胚根圆柱状，无胚乳，胚弯曲，黄色，含油分；子叶 2 枚，背倚于胚根。千粒重约为 3.2 g。

微观特征　果实横切面：外果皮细胞长方形，外被角质层；中果皮外层为数列含色素的长方形细胞；中果皮内层为大量的厚壁细胞，细胞壁孔纹增厚，孔较大；内果皮为 1 列排列紧密的近方形的厚壁细胞。种子横切面：种皮表皮为呈列排布的扁长的色素细胞。数列棕色薄壁细胞，细胞壁弯曲。1 列油管细胞。胚乳细胞方形。胚内维管束明显。

萌发特性　种子在 10~35℃条件下均能正常萌发，其中适宜发芽温度为 15~25℃，发芽率可达 80% 以上。在光照和黑暗条件下，发芽率差异不显著。

贮　　藏　正常型。室温下可贮藏 1 年。种子不能贮藏在低温库里，否则易低温春化造成种子当年开花。

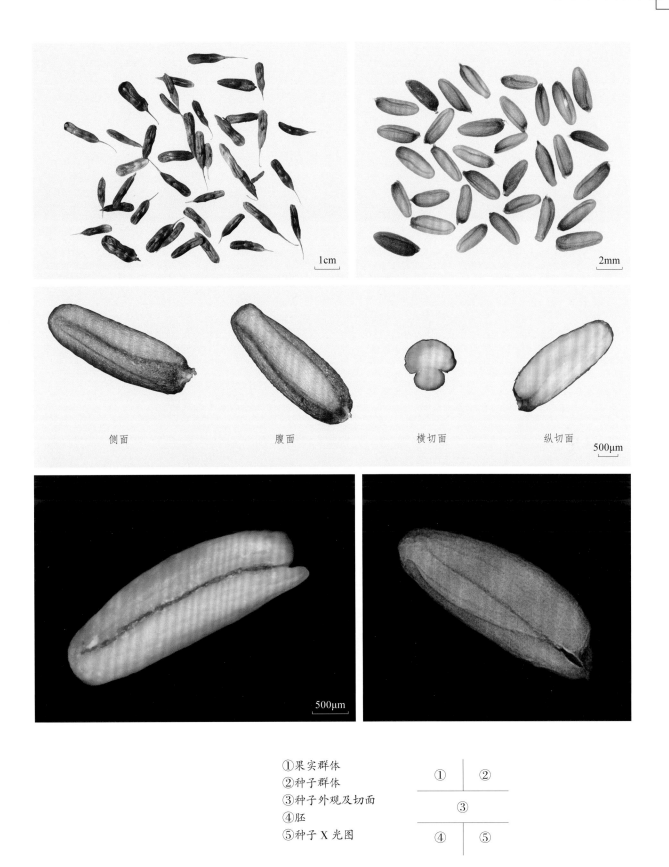

侧面　　　　　腹面　　　　　横切面　　　　　纵切面

①果实群体
②种子群体
③种子外观及切面
④胚
⑤种子 X 光图

①	②
③	
④	⑤

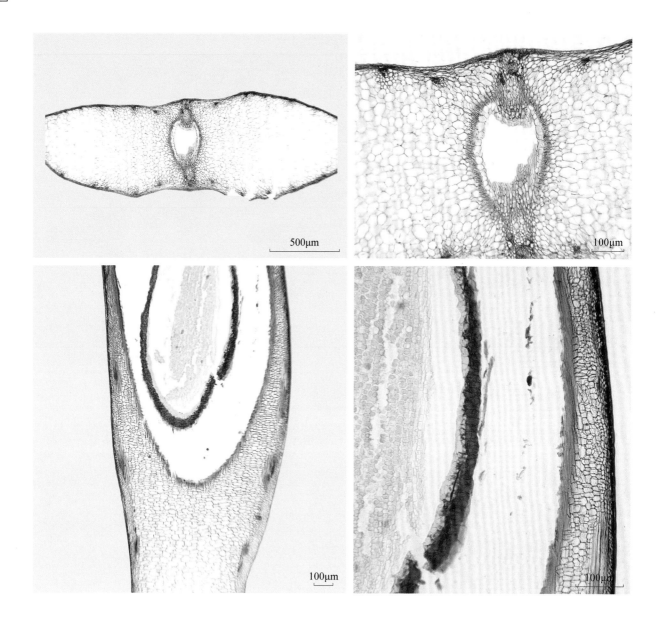

①种子横切面显微结构图
②种子横切面显微结构图（局部）
③种子纵切面显微结构图
④种子纵切面显微结构图（局部）

①	②
③	④

57 播娘蒿

一年生草本 | 别名：大蒜芥、米米蒿、麦蒿
Descurainia sophia (L.) Webb ex Prantl.

■ **药用价值** 以干燥成熟种子入药，药材名葶苈子。具有泻肺平喘、行水消肿之功效。用于痰涎壅肺，喘咳痰多，胸胁胀满，不得平卧，胸腹水肿，小便不利等。

■ **分　布** 除华南外，其他各地均有分布。

■ **采　集** 花期 5~8 月，果期 8~9 月。果实成熟时采收植株，晒干，打下种子，簸去杂质，晒干。

■ **形态特征** 长角果圆筒状，长 2.5~3 cm，宽约 1 mm，无毛，稍内曲。种子每室 1 行、小、多数。种子长 0.8~1.1 mm，直径 0.3~0.7 mm，较小；呈长圆形，略扁，一端钝圆，另端微凹或较平截，具 2 条纵沟，其中 1 条较明显；表面棕色，微有光泽；种皮薄，可见子叶背倚胚根的形态，表面具细密网纹，网眼近方形，沿种子长轴横向排列；种脐呈圆形、淡黄色，位于凹入端或平截处。

■ **微观特征** 种皮表皮为 1 列黏液细胞，断面观类方形。吸水后形成 1 层透明状的黏液层，内壁增厚向外延伸成纤维素柱；纤维素柱长 8~18μm，顶端钝圆，偏斜或平截，周围可见黏液质纹理。种皮内表皮细胞为黄色，表面观呈长方多角形，直径 5~42 μm，壁厚 5~8 μm。内胚乳细胞呈长方形，含糊粉粒。

■ **萌发特性** 有休眠。用 30% 过氧化氢浸种 30 min，可破除休眠。

■ **贮　藏** 正常型。纸袋中保存。

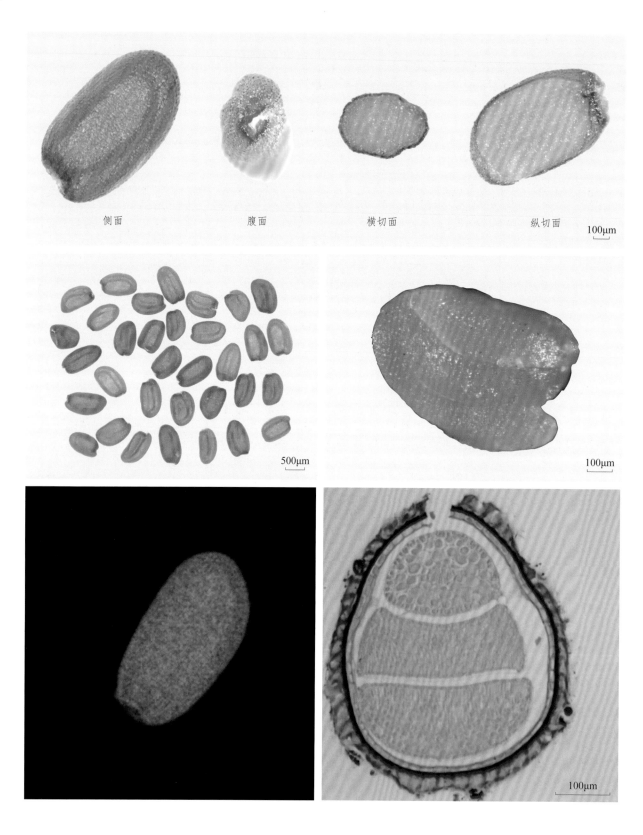

侧面　　　　　　腹面　　　　　　横切面　　　　　　纵切面　　　　100μm

500μm

100μm

100μm

①种子外观及切面
②种子群体
③胚
④种子X光图
⑤种子横切面显微结构图

	①	
②		③
④		⑤

虎耳草科 Saxifragaceae

58 虎耳草 多年生草本 | 别名：金丝荷叶、金线吊芙蓉、老虎耳、石荷叶
Saxifraga stolonifera Meerb.

药用价值 以干燥全草入药，药材名虎耳草。具有祛风清热、凉血解毒之功效。用于风热咳嗽，肺痈，吐血，风火牙痛，风疹瘙痒，痈肿丹毒，痔疮肿痛，毒虫咬伤，外伤出血等。

分　布 分布于河北、陕西、甘肃东南部、江苏、安徽、浙江、江西、福建、台湾、河南、湖北、湖南、广东、广西、四川东部、贵州、云南东部和西南部。

采　集 花期6~7月。果期7~11月。果实成熟时采集果序，阴干，脱粒，去杂，装细纺布袋于干燥处贮藏。

形态特征 种子卵形或长卵状椭圆形，长0.45~0.78 mm，宽0.29~0.53 mm；种皮褐色，外侧具瘤突，内具丰富胚乳，胚未分化，透明胶质团块状，呈卵形，长约0.20 mm，宽约0.11 mm。千粒重为0.014 g。

萌发特性 无休眠。18~25℃下发芽率为72.9%。

贮　藏 种子装细纺布袋，于室内通风干燥处贮藏。

100μm

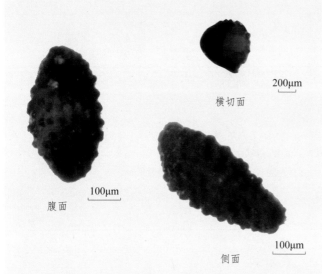

腹面   横切面   200μm

100μm

侧面   100μm

50μm

①种子群体   ①
②种子外观及切面   ② ③
③胚

杜仲科 | Eucommiaceae

59 杜 仲 落叶乔木 | 别名：丝棉皮、扯丝皮、思仲
Eucommia ulmoides Oliv.

■ 药用价值 以干燥树皮入药，药材名杜仲。具有补肝肾、强筋骨、安胎之功效。用于肝肾不足，腰膝酸痛，筋骨无力，头晕目眩，妊娠漏血，胎动不安。以干燥叶入药，药材名杜仲叶。具有补肝肾、强筋骨之功效。用于肝肾不足，头晕目眩，腰膝酸痛，筋骨痿软。

■ 分 布 分布于陕西、甘肃、河南、湖北、四川、云南、贵州、湖南及浙江等地，现各地广泛栽种。

■ 采 集 花期4~5月，果期8~11月。翅果褐色时及时采摘，阴干，脱粒，精选去杂，干燥处贮藏。

■ 形态特征 翅果长椭圆形，扁平；表面具不均匀黑点和脉纹，四周具宽3.5~4.9 mm的周翅，顶端2裂，呈"V"字形缺口；基部楔形，下连长5.5 mm的果柄，两者相连处具关节；黄棕色至褐色；长3.088~3.778 cm，宽0.961~1.279 cm，厚1.71~2.09 mm，千粒重为72.24~73 g。果皮黄褐色至褐色；纸质，厚0.10 mm，撕裂后有白色胶丝；与种皮分离，内含种子1粒。种子条状长椭圆形，扁平；表面皱缩不平，一侧具棱；黄棕色至棕褐色；长11.51~15.18 mm，宽2.86~3.50 mm，厚1.14 mm。种脐小，圆形；褐色；位于基端。种皮黄棕色至棕褐色；膜质；紧贴胚乳，难以分离。胚乳含量中等；黄棕色；蜡质，稍含油脂；包被着胚。胚条状长椭圆形，扁平，具叶脉；乳白色；蜡质，富含油脂；长11.50~14.09 mm，宽2.27~2.46 mm，厚0.55 mm；平躺于种子中央。子叶2枚；长椭圆形，扁平；长7.88~9.73 mm，宽2.27~2.46 mm，每枚厚0.25 mm；并合。胚根扁圆锥形；长3.62~4.27 mm，宽1.23~1.29 mm，厚0.55 mm；朝向种脐。

■ **萌发特性**　　具混合休眠。早春先冷层积 30~40 d，发芽率可达 90% 左右；在 25℃条件下，用 200 mg/L 和 400 mg/L 赤霉素（GA₃）处理 10 min 后，发芽率可提高至 91%~92.5%。

■ **贮　　藏**　　正常型。干燥至相对湿度 15% 后，于 –20℃条件下贮藏，种子寿命可达 8 年以上；常温下为 1 年。

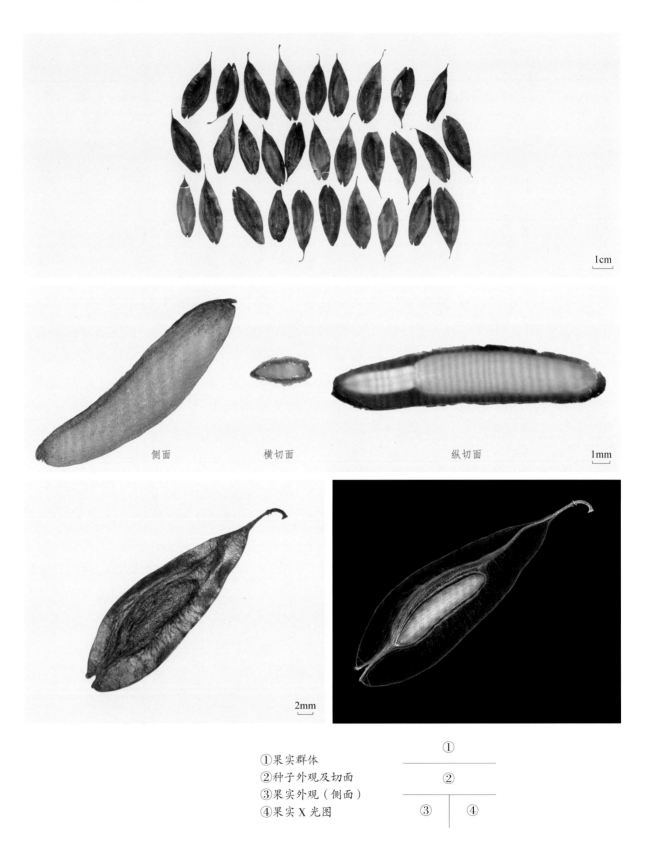

①果实群体
②种子外观及切面
③果实外观（侧面）
④果实 X 光图

①
②
③　　④

蔷薇科 | Rosaceae

⑥⓪ 厚叶梅 小乔木，稀灌木 | 别名：野梅
Armeniaca mume Sieb. var. *pallescens* (Franch.) Yü et Lu

■ 药用价值 以干燥近成熟果实入药，药材名乌梅。具有敛肺、涩肠、生津、安蛔之功效。用于肺虚久咳，久泻久痢，虚热消渴，蛔厥呕吐腹痛。

■ 分　布 我国各地均有栽培，但以长江流域以南各地最多。

■ 采　集 花期冬、春二季，果期 5~8 月。核果呈黄色或黄白色时及时采摘，去除果皮，阴干，精选去杂，干燥处贮藏。

■ 形态特征 核果球形或扁球形，直径为 1.5~3 cm；表面皱缩不平，被柔毛，基部有圆形果梗痕；乌黑色或棕黑色；果肉极酸。果核椭圆形，双凸；表面具不规则凹穴，两侧面各有 1 条纵沟，顶端具小凸尖，基部斜截；黄棕色；长 14.19~17.83 mm，宽 10.62~13.17 mm，厚 8.51~10.38 mm，千粒重为 773.76 g。果核上的果疤为圆形，直径为 1.41~1.68 mm；棕色；凸；位于果核基端。果核壳（内果皮）黄棕色；骨质，厚 1~1.2 mm；与种皮分离；内含种子 1 枚。种子宽倒卵形或宽椭圆形，稍扁，基端较尖；表面密布颗粒状疣点，且皱缩成不规则浅沟；棕色；长 8.58~11.13 mm，宽 6.68~8.15 mm，厚 6.70 mm。种脐近圆形或椭圆形，长 1.05 mm；棕色；位于基端。种皮棕色；膜状胶质，厚 0.08 mm；与胚和胚乳贴合，难分离。胚乳极少；乳白色；胶质，含油脂，半透明；仅位于基端，包被着胚根尖。胚宽倒卵形，双凸；白色；蜡质，含油脂，长 8.50~11.05 mm，宽 6.60~8.07 mm，厚 6.50 mm；几乎充满整粒种子。子叶 2 枚；宽倒卵形，平凸；长 9.60 mm，宽 7.55 mm，每枚厚 3.25 mm；并合。胚芽三棱锥形；白色；蜡质，含油脂，长 0.60 mm，宽 0.35 mm，厚 0.35 mm。胚根舌状；长 1.15 mm，宽 1.35 mm，厚 0.60 mm，朝向种脐。

■ 微观特征 果皮表皮细胞淡黄棕色，呈类多角形，壁稍厚，非腺毛或毛茸脱落后的痕迹多见。非腺毛单细胞，稍弯曲或作钩状，胞腔多含黄棕色物。内果皮石细胞极多，单个散在或数个成群，几乎无色或淡绿黄色，类多角形、类圆形或长圆形，直径 10~72 μm，壁厚，孔沟细密，常内含红棕色物。种皮石细胞棕黄色或棕红色，侧面呈贝壳形、盔帽形或类长方形，底部较宽，外壁呈半月形或圆拱形，层纹细密。

■ 贮　藏 正常型。

1cm

侧面　　　　腹面

2mm

侧面　　　　腹面

横切面　　　　纵切面

1mm

①果核群体
②果核外观
③种子外观及切面
④果核 X 光图

①	②
③	④

61 山楂 落叶乔木 | 别名：山里红果、映山红果、酸梅子、山梨
Crataegus pinnatifida Bge.

■ 药用价值 以干燥成熟果实入药，药材名山楂。具有消食健胃、行气散瘀、化浊降脂之功效。用于肉食积滞，胃脘胀满，泻痢腹痛，瘀血经闭，产后瘀阻，心腹刺痛，胸痹心痛，疝气疼痛，高脂血症。

■ 分　布 分布于东北、华北及江苏、陕西等地。

■ 采　集 花期5~6月，果期9~10月。秋季果实成熟时采收，采后应立即脱去果肉，用石碾子碾压，果肉碾碎后用水清洗，取出种子，晒干。

■ 形态特征 种子三棱状扁圆形或卵形，长 8.8~11.5 mm，宽 5.9~7.4 mm，黄棕色至红褐色。先端有明显的种脐，稍凹陷，另一端有微凸起的合点，由种脐到合点有 1 条细纵棱。质坚硬，不易碎。千粒重约为 158 g。

■ 微观特征 横切面种皮表皮细胞长条形，褐色，壁厚，细胞腔位于中央。数列含色素的薄壁细胞。种皮内表皮细胞长方形，径向壁增厚，胚乳厚。

■ 萌发特性 具有明显的休眠特性。种子萌发前需先进行破壳，而后低温沙藏处理 3 个月以上，即可播种。

■ 贮　藏 种子易受潮霉变，贮藏期间应注意合适的温湿条件。

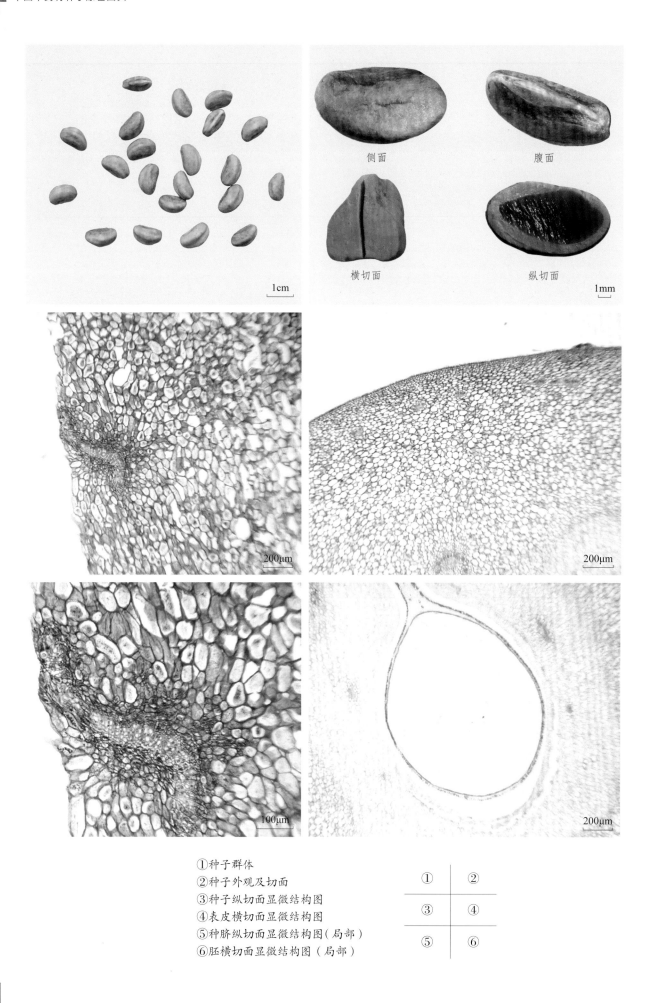

侧面　　　　　腹面

横切面　　　　纵切面

1cm

1mm

200μm

200μm

100μm

200μm

①种子群体
②种子外观及切面
③种子纵切面显微结构图
④表皮横切面显微结构图
⑤种脐纵切面显微结构图（局部）
⑥胚横切面显微结构图（局部）

①	②
③	④
⑤	⑥

62 贴梗海棠

落叶灌木 | 别名：皱皮木瓜、铁脚梨、贴梗木瓜
Chaenomeles speciosa (Sweet) Nakai

药用价值 以干燥近成熟果实入药，药材名木瓜。具有舒筋活络、和胃化湿之功效。用于湿痹拘挛，腰膝关节酸重疼痛，暑湿吐泻，转筋挛痛，脚气水肿等。

分 布 分布于陕西、甘肃、四川、贵州、云南、广东等地。

采 集 花期 3~5 月，果期 9~10 月。果实成熟时采收，剖开果实，取出种子，晒干后保存。

形态特征 梨果球形或卵球形，外皮光滑，直径 4~6 cm，黄色或带黄绿色，有稀疏不明显的斑点，味芳香；萼片脱落，果梗短或近于无梗。种子多数。种子瓣状近三角形，扁，长 8.5~12.2 mm，宽 4.2~7.0 mm，厚 1.6~3.3 mm；表面黄棕色至红褐色，多褶皱，边缘向内稍卷曲，中央向内下陷，呈浅窝状，褐红色。种脐位于基部尖端。

微观特征 表面有细密的纵向纹理。横切面种皮表皮为长方形薄壁细胞；内层细胞网状、红棕色。内侧为 1 列椭圆形细胞。

萌发特性 有休眠。温水浸种 2 d 后，温暖处催芽 24 h，有利于萌发。

贮 藏 正常型。干燥处贮藏。

种子群体

1cm

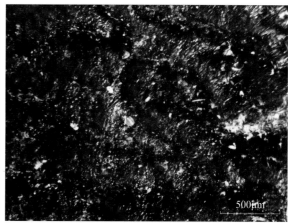

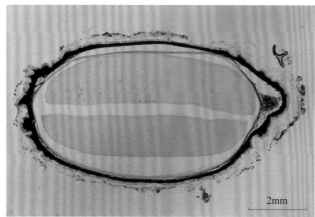

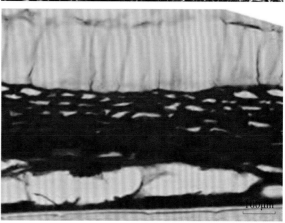

①种子外观
②种皮表面
③种子横切面详图
④种皮显微结构图

①	②
③	④

㉓ 金樱子

常绿攀缘灌木 | 别名：糖罐子、刺梨子
Rosa laevigata Michx.

■ 药用价值 以干燥成熟果实入药，药材名金樱子。具有固精缩尿，固崩止带，涩肠止泻。用于遗精滑精，遗尿尿频，崩漏带下，久泻久痢。

■ 分　布 分布于陕西、安徽、江西、江苏、浙江、湖北、湖南、广东、广西、台湾、福建、四川、云南、贵州等地。

■ 采　集 花期4~5月，果熟期9~10月。蔷薇果红色变软时采集，剥出瘦果，沙藏于室外。

■ 形态特征 蔷薇果长倒卵形，红黄色或红棕色，上端宿存花萼如盘状，下端渐尖，密被刺毛。内有多数淡黄色或黄褐色坚硬瘦果，椭圆形或三角状卵形，长 5.3~6.0 mm，宽 3.8~4.0 mm，顶端顿圆，基部果脐略尖，果皮骨质，坚硬，内含 1 枚种子。种子卵形，长 4.0~4.4 mm，直径 2.2~2.7 mm，表面黄褐色，顶端钝圆，有深褐色圆形合点，基部种脐尖。表面有网状细纹，种皮薄膜质，胚乳及胚白色，含油。千粒重为 16.9 g。

■ 萌发特性 种子需要经过低温湿润条件以完成胚后熟。秋季播种，5℃以下低温 130 d，发芽率 95%；早春播种，5℃以下低温 60 d，发芽率仅 5%。

■ 贮　藏 低温胚后熟，适宜低温沙藏或随采随种。

2mm

瘦果群体

⑥④ 西伯利亚杏 | 落叶乔木 | 别名：山杏
Prunus sibirica L.

■ 药用价值 以干燥成熟种子入药，药材名苦杏仁。具有降气止咳平喘、润肠通便之功效。用于咳嗽气喘，胸满痰多，肠燥便秘等。

■ 分　布 分布于内蒙古东部及吉林、辽宁、河北、山西、陕西等地。

■ 采　集 花期 3~4 月，果期 6~7 月。7 月果实成熟后或者延迟到秋季采收，采收后除去果肉，击破果核，取出种子，晒干即得。

■ 形态特征 种子呈扁心形，顶端尖，基部钝圆而厚，左右略不对称，长 1.2~1.7 cm，宽 1~1.3 cm，厚 4~6 mm。表面棕色至暗棕色，具细微的颗粒状突起。尖端的一侧有深色线形种脐，基部有 1 个椭圆形合点，自合点处分散出多条深棕色凹下的维管束脉纹，形成纵向不规则凹纹，布满种皮，种皮薄。子叶肥厚，白色。

■ 微观特征 种子中部横切面：外表皮细胞 1 列，散有长圆形、卵圆形，偶有贝壳形及顶端平截而呈梯形的黄色石细胞，上半部凸出于表面，下半部埋于薄壁组织中，石细胞高 38~95 μm，宽 30~57 μm。埋在薄壁组织部分壁较薄，纹孔及沟纹多，凸出部分壁较厚（6~8 μm），纹孔少或无。下方为细胞皱缩的营养层，有细小维管束。内表皮细胞 1 列，内含黄色物质。外胚乳为数列颓废的薄壁组织。内胚乳为 1 列长方形细胞，内含糊粉粒及脂肪油。

■ 萌发特性 新鲜种子用 18~22℃的温水浸泡 24 h，砸破种核并剥去种衣，用质量浓度 80 mg/L 的赤霉素（GA₃）溶液浸泡 10~15 s，而后迅速用蒸馏水冲洗 1~2 次。将处理过后的种子放置到盛有含水量为 60%~70% 的沙土的方形塑料盒中。种子最适宜的萌发温度为 20~30℃。

■ 贮　藏 正常型。放入干燥、通风、阴凉库内可贮藏 3 年以上。

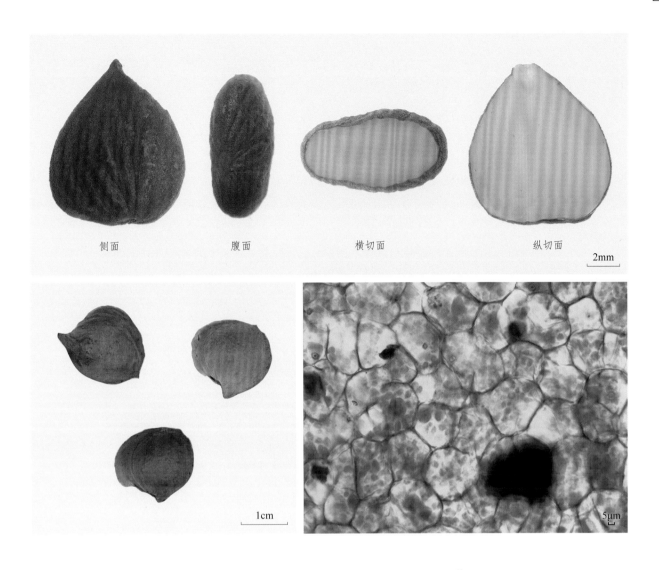

侧面　　　　　腹面　　　　　　横切面　　　　　　纵切面

2mm

1cm

5μm

①种子外观及剖面　　　　　　　①
②果核外观　　　　　　　━━━━━━━━
③胚乳细胞　　　　　　　　②　│　③

■ 豆 科 | Leguminosae

65 儿茶

乔木 | 别名：乌爹泥、孩儿茶
Acacia catechu (L. f.) Willd.

■ **药用价值** 以去皮枝、干的干燥煎膏入药，药材名儿茶。具有活血止痛、止血生肌、收湿敛疮、清肺化痰之功效。用于跌打伤痛，外伤出血，吐血衄血，疮疡不敛，湿疹、湿疮，肺热咳嗽。

■ **分　布** 分布于广东、云南、浙江、广西、台湾等地，印度、缅甸、非洲亦有分布。

■ **采　集** 花期5~6月，果期翌年1~3月。荚果开始变褐色、呈干枯状时及时采收，晾干，脱粒，精选去杂，干燥处贮藏。

■ **形态特征** 荚果扁而薄，连果梗长 6~12 cm，宽 1~2 cm，内有种子 7~8 枚。种子褐绿色，卵圆形，极扁，长 0.9~1.0 cm，宽 0.7~0.9 cm，厚 0.14~0.18 cm。千粒重为 70~80 g。

■ **微观特征** 种皮表皮细胞由1列排列整齐的栅状细胞排列而成，壁多木化增厚；下皮细胞数层，含黄棕色物质；内种皮细胞1列，壁略增厚，胞腔内含色素块；胚细胞类圆形或略长，贮大量脂肪油和糊粉粒。

■ **萌发特性** 发芽适宜温度为 20~35℃，发芽率可达 96%~100%。

■ **贮　藏** 用布袋贮藏，挂于通风干燥处。种子当年采收，应当年播种。翌年播种发芽率会显著降低。

①果实群体
②种子群体
③种子外观及切面
④表皮细胞（栅状细胞）
⑤糊粉粒
⑥大型油室
⑦种子纵切面显微结构图

①	②
③	
④	⑤
⑥	⑦

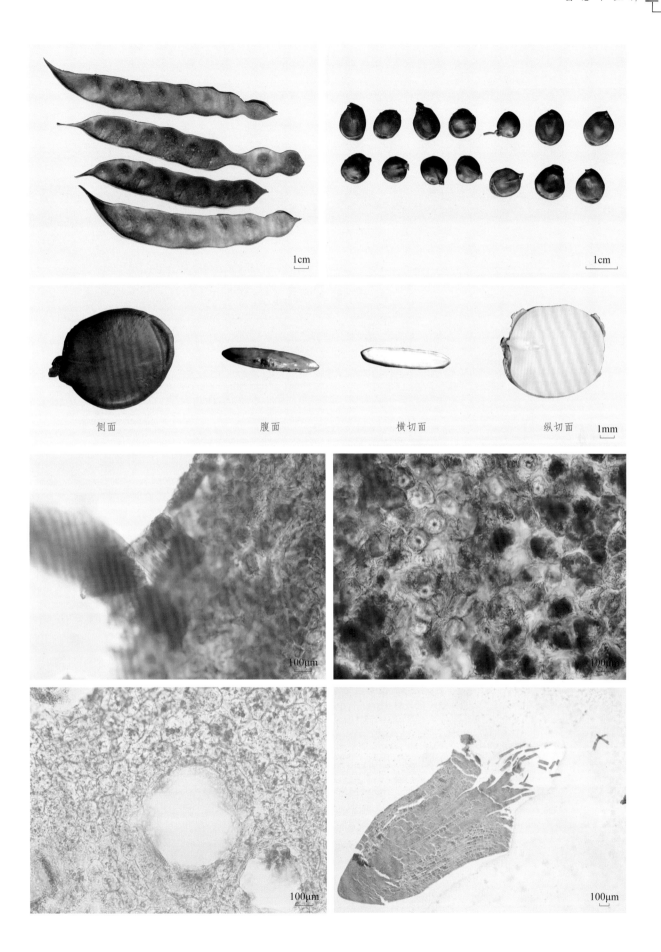

侧面　　　　　　　腹面　　　　　　　横切面　　　　　　纵切面

66 皂荚

落叶乔木或小乔木 | 别名：皂角、皂荚树、猪牙皂、牙皂、刀皂
Gleditsia sinensis Lam.

■ 药用价值 以干燥成熟果实入药，药材名大皂角。具有祛痰开窍、散结消肿之功效，用于中风口噤，昏迷不醒，癫痫痰盛，关窍不通，喉痹痰阻，顽痰喘咳，咳痰不爽，大便燥结；外治痈肿。以干燥不育果实入药，药材名猪牙皂。具有祛痰开窍、散结消肿之功效，用于中风口噤，昏迷不醒，癫痫痰盛，关窍不通，喉痹痰阻，顽痰喘咳，咳痰不爽，大便燥结；外治痈肿。以干燥棘刺入药，药材名皂角刺。具有消肿托毒、排脓、杀虫之功效，用于痈疽初起或脓成不溃；外治疥癣麻风。

■ 分　布 分布于河北、山东、河南、山西、陕西、甘肃、江苏、安徽、浙江、江西、湖南、湖北、福建、广东、广西、四川、贵州、云南等地。

■ 采　集 花期5~6月，果期9~12月。果实呈褐色至黑褐色时及时采集，去荚脱粒，晾干，干燥处贮藏。

■ 形态特征 荚果扁长，剑鞘状，有的略弯曲；褐色至黑褐色，略有光泽，外被白粉；长12~40 cm，宽2~5 cm，厚0.2~1.5 cm；成熟后不裂或迟裂，内含种子多枚。种子卵形、椭圆形或圆形，双凸或平凸；表面光滑，有光泽，具细小横裂纹，一侧具明显褐色种脊；棕色至棕褐色；长9.77~13.78 mm，宽7.72~9.81 mm，厚4.50~7.98 mm，千粒重为341.48~507.59 g。种脐圆形，直径为0.20 mm；白色或黄白色，凸；位于近基端。外种皮和内种皮均为棕色；革质，厚0.60 mm；紧贴胚乳，难以分离。胚乳含量中等；角质，透明；包被着胚。胚椭圆形；黄色；蜡质；长11.04~12.76 mm，宽6.97~8.57 mm，厚2.50~2.71 mm。子叶2枚；椭圆形，具叶脉；长8.32~11.64 mm，宽6.97~8.57 mm，每枚厚1.18~1.20 mm；并合；半包着胚根。胚芽椭圆形，扁平；黄色；具叶状脉；长1.60 mm，宽1.50 mm，厚0.50 mm。胚根椭球形；长2.82~3.37 mm，宽1.79~2.60 mm，厚2.80 mm；朝向种脐。

■ **微观特征**　种子横切面：外种皮表层是 1 层不透水的角质层，其下紧挨着 1 列长条状的栅状细胞，其内具一明线。内种皮细胞呈类多角形，细胞壁增厚，胞腔内含黄色分泌物，有的孔沟明显。胚乳细胞长条形或多角形，淡黄色，排列稀疏，内含淡黄色物质。子叶细胞呈类方形或类多角形，壁薄无色，内含脂肪油滴和糊粉粒，可见少数草酸钙小方晶。

■ **萌发特性**　具物理休眠。种子在 10~35℃条件下均能萌发，其中以 20~35℃的发芽率较高，黑暗条件下发芽率高于光照条件。根据产区种植经验，种子若经硫酸处理、机械损伤种皮，或用湿沙层积处理后，发芽率可显著提高。

■ **贮　藏**　在通风干燥条件下，贮藏 5 年以上。

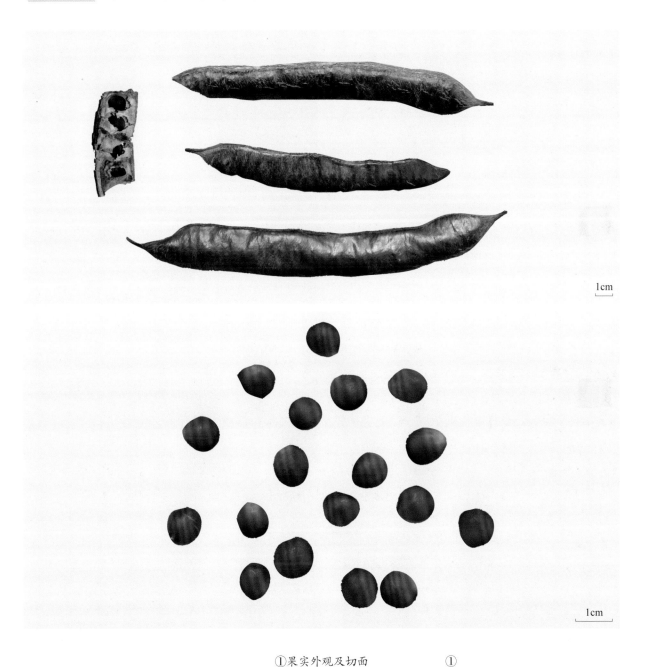

1cm

1cm

①果实外观及切面　　　　①————————
②种子群体　　　　　　　②————————

侧面　　　　　腹面　　　　　横切面　　　　　纵切面　　　1mm

1mm

100μm　　　　　100μm

①种子外观及切面
②胚
③种子 X 光图
④种子横切面显微结构图
⑤种子横切面显微结构图(局部)

	①	
②	③	
④	⑤	

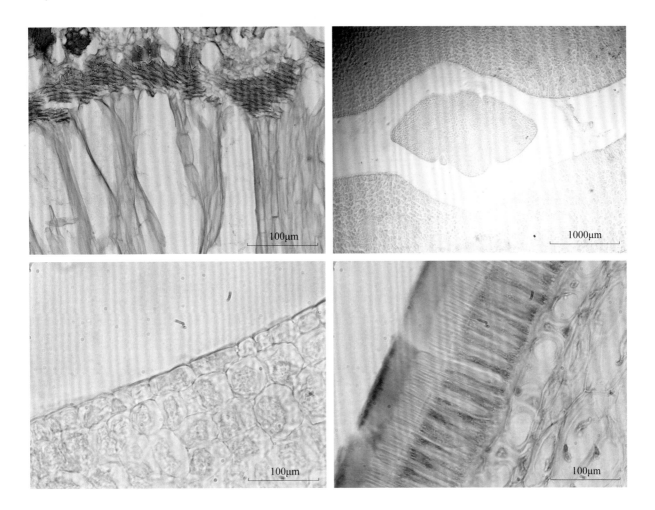

①种皮横切面显微结构图
②子叶纵切面显微结构图
③胚乳纵切面显微结构图
④种皮纵切面显微结构图

①	②
③	④

67 望江南 直立、少分枝的亚灌木或灌木 | 别名：石碱花、野扁豆、狗屎豆
Cassia occidentalis L.

■ **药用价值** 以干燥种子入药，药材名望江南。具有清肝明目、健胃润肠之功效。用于肝热目赤，慢性便秘，伤食胃痛。

■ **分 布** 分布于我国东南部、南部及西南部各省区。

■ **采 集** 花期7~8月，果期9~10月。荚果大部分呈黄褐色、种子呈暗绿色时，摘取荚果或将地上部分割下，置于苇席上晒干，轻轻打出种子，簸去杂质，放干燥阴凉处保存，防受潮发霉或遭虫蛀。

■ **形态特征** 荚果扁平，长条形，有横隔膜，淡棕色，被稀毛。种子倒卵形，略扁，长4.2~5.1 mm，宽3.0~3.9 mm，厚1.7~2.2 mm，表面暗绿色，顶端钝，下端尖突状；两侧中央各有1个椭圆形浅平凹窝，四周常覆有白色条纹状或网状裂开的薄膜；腹侧下端有1个椭圆形凹窝状种脐；种脊隆线形，暗灰色，合点位于种子顶端，种仁表面红棕色。

■ **萌发特性** 种子容易萌发，发芽适温为25~30℃。生产上选择在3~4月播种，条播，行距60 cm，覆土3 cm左右，保持土壤湿润，10~20 d出苗。

■ **贮 藏** 种子耐贮藏，贮藏40个月后，发芽率高达92.7%。

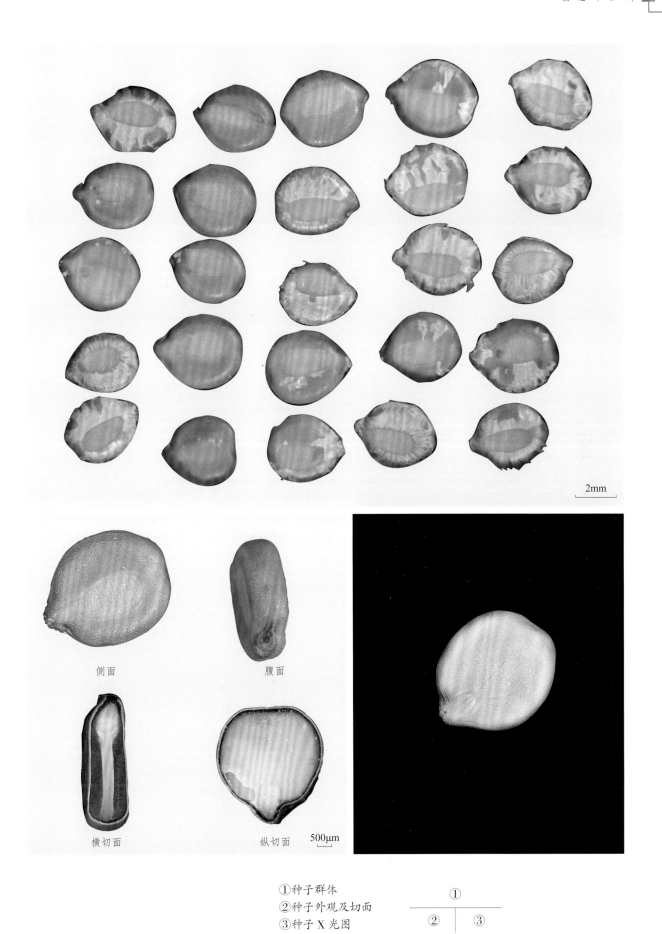

2mm

侧面　　　　　　　腹面

横切面　　　　　　纵切面　　500μm

①种子群体
②种子外观及切面
③种子 X 光图

①
② ③

68 决明

Cassia obtusifolia L.

一年生亚灌木状草本 | 别名：钝叶决明、假花生、草决明、马蹄决明

药用价值 以干燥成熟种子入药，药材名决明子。具有清热明目、润肠通便之功效。用于目赤涩痛，羞明多泪，头痛眩晕，目暗不明，大便秘结。

分　布 分布于我国长江以南各地。

采　集 花期8~9月，果期9~11月。秋末果实成熟、变黄褐色时采收，将全株割下晒干，打下种子，去除杂质。

形态特征 荚果近四棱形，两端渐尖；长15 cm，宽3~4 mm。果皮膜质，与种子分离；内含种子20~30枚。种子近四棱柱状菱形，顶端斜截或圆钝，下端斜尖；黄棕色、灰棕色、棕色或棕褐色，光亮；表面具有疏密不均的不规则细线纹和1层蜡质，棕色的背缝线和腹缝线各位于相对的1条棱上，两侧面各具1条比种皮颜色稍浅、微凹、直或稍弯的长椭圆形条纹；长3.39~4.68 mm，宽1.67~2.61 mm，千粒重为15.69~30.7g。种脐圆形，褐色，位于腹缝线近基端凹陷处。种皮黄棕色、灰棕色、棕色或棕褐色；胶质，厚0.09~0.13 mm；紧贴胚乳，难以分离。胚乳含量中等；乳白色，半透明；胶质；包被着胚以及子叶空隙处。胚直生；橙黄色；蜡质，气微，味微苦。子叶2枚；薄片状，厚0.18 mm；合并；弯曲折叠，横截面呈"S"字形，下部包裹着胚根。胚根短圆锥状；长1.78~1.93 mm，宽0.96~1.04 mm，厚0.87~0.88 mm；朝向基端。

微观特征 种皮栅状细胞无色或淡黄色，外被角质层。侧面观细胞1列，呈长方形，壁较厚，明带2条；表面观呈类多角形，壁稍皱缩，种皮支持细胞表面观呈类圆形，可见2个同心圆圈；侧面观呈哑铃状或葫芦状。角质层碎片厚11~19 μm。草酸钙簇晶众多，多存在于薄壁细胞中，直径8~21 μm。

萌发特性 具物理休眠。在实验室内，播种前或播种7 d后切破种皮，然后在20℃或25℃、12 h/12 h光照条件下，1%琼脂培养基上，萌发率均可达100%。田间发芽适温为25℃。

贮　藏 正常型。干燥至相对湿度15%后，于-20℃条件下贮藏，种子寿命可达8年以上。

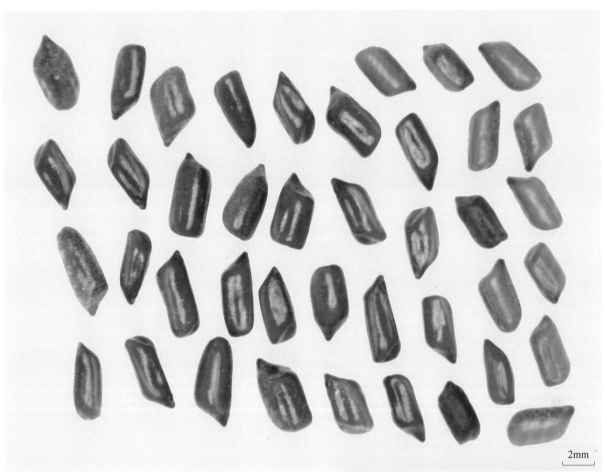

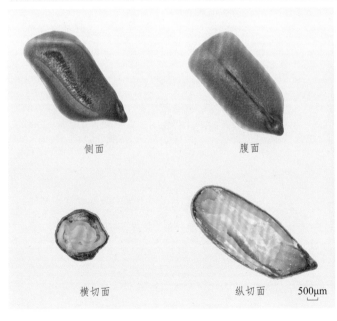

侧面　　　　　　　腹面

横切面　　　　　　纵切面　　500μm

①种子群体
②种子外观及切面
③种子 X 光图

①
②　　③

⑥⑨ 越南槐 | 多年生小灌木 | 别名：广豆根、山豆根
Sophora tonkinensis Gagnep.

药用价值 以干燥根和根茎入药，药材名山豆根。具有清热解毒、消肿利咽之功效。用于火毒蕴结，乳蛾喉痹，咽喉肿痛，齿龈肿痛，口舌生疮。

分　布 分布于广西、广东、四川、湖南、江西、浙江，亦分布于日本。

采　集 花期5~6月，果期7~8月。荚果一般5月中旬出现到9月底成熟，需要130~150 d。当荚果果皮从黄绿色转为紫黑色时，荚果会自然裂开，种子弹出。因此当荚果生长150 d左右，种子饱满，果皮呈黄绿色时采收。

形态特征 果序长5~8 cm。荚果椭圆形，长2~5 cm，密被长柔毛，于种子间缢缩成念珠状。种子3~5枚。种子略呈椭圆形，长1.2~1.7 cm，宽1.1 cm，表面黑色，平滑有光泽，有时皱缩。一端圆钝，另一端略尖，背腹面有1条突起的棱线，棱线对侧有1条线形凹纹，种脐位于线形凹纹的一端，呈突起的点状，白色。子叶2枚，并列。质坚硬，不易破碎，种皮薄而脆，破开后胚乳呈淡黄色。千粒重约为171 g。

微观特征 栅状组织位于表皮下方，由1列栅状细胞组成，长方形，壁多木化增厚，微褶皱；种皮支持细胞位于栅状细胞下方，无色，呈哑铃状或葫芦状，顶面观类圆形，可见环形增厚壁；胚乳细胞内多含油滴或糊粉粒；淀粉粒较小，多为单粒，类圆形或卵圆形；油滴较多，圆形或类圆形。

萌发特性 无休眠。新鲜种子在10~35℃、黑暗或光照条件下均能萌发，不受光照的影响。在10℃条件下萌发，其萌发率可达20%以上。

贮　藏 正常型。置5℃冰箱中可贮藏9个月。

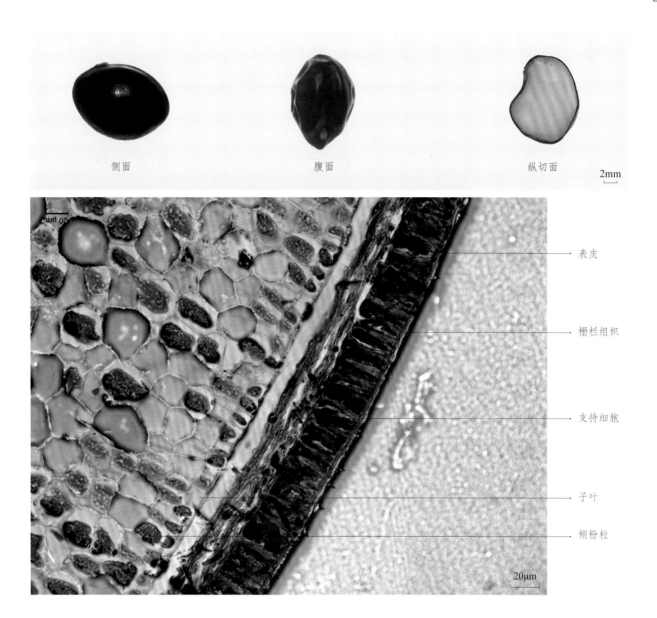

侧面　　　　　　　　　腹面　　　　　　　　　纵切面

2mm

表皮

栅栏组织

支持细胞

子叶

糊粉粒

20μm

①种子外观及切面
②种子横切面显微结构图

①

②

70 苦参 多年生亚灌木 | 别名：野槐、好汉枝、苦骨、地槐、山槐子
Sophora flavescens Ait.

药用价值 以干燥根入药，药材名苦参。具有清热燥湿、杀虫、利尿之功效。用于热痢，便血，黄疸尿闭，赤白带下，阴肿阴痒，湿疹，湿疮，皮肤瘙痒，疥癣麻风；外治滴虫阴道炎。

分　　布 全国各地均有分布。

采　　集 花期7~8月，果期7~10月。果荚变为褐色时采集，晒干，脱粒，除杂，置干燥通风处保存。

形态特征 荚果条形，先端具长喙，成熟时不开裂，长5~12 cm。种子间微缢缩，呈不明显的串珠状，疏生短柔毛。种子1~5枚。种子长卵形，顶端钝圆，腹面稍压扁，长4.8~6.0 mm，径3.6~4.7 mm，表面深红褐色至紫褐色，平滑，稍有光泽，背面中央有一纵棱线，腹面可见1个暗褐色线状种脊，种脐位于腹面斜截处，长椭圆形，大而明显，中央明显凹陷，脐缘轮状突起。种子较大，横切面近圆形，种皮革质，表面颗粒样。胚略弯，胚根短小，子叶黄白色，2枚，肥厚，种子无胚乳。千粒重约为48.7 g。

萌发特性 具生理休眠。用50℃温水浸种，在10~35℃，光照和黑暗条件下均可萌发，但是萌发率较低。用98%浓硫酸处理40min，可有效使种子迅速整齐发芽，且发芽率可达86%左右。

贮　　藏 正常型。室温下通风干燥储藏。

①种子群体
②种子外观及切面
③胚
④种子X光
⑤种子扫描电镜图

①	
②	③
④	⑤

背面　　　　　　　腹面

横切面　　　　　　纵切面　500μm

500μm

500μm

71 相思子 多年生草质藤本 | 别名：相思豆、红豆、相思藤、猴子眼、鸡母珠
Abrus precatorius L.

■ **药用价值** 以干燥种子入药，药材名相思子。有大毒。具有清热解毒、祛痰、杀虫之功效。用于痈疮，腮腺炎，疥癣，风湿骨痛。以干燥根入药，药材名相思子根。具有清热解毒、利尿之功效。用于咽喉肿痛。

■ **分　布** 分布于广东、广西、云南、台湾等地。

■ **采　集** 花期3~6月，果期9~10月。果实成熟、自然开裂时采集，将果序采下，摊放于太阳下晒干或晾干，脱粒，精选去杂，干燥处贮藏。

■ **形态特征** 荚果黄绿色，长圆形，扁平或稍膨胀，长2.7~4.5 cm，宽1.1~1.5 cm，果瓣革质，表面密被白色短绒毛，顶端有一弯曲而尖的喙，喙长约2 mm。果实成熟时果皮显褐色，腹面开裂，内有种子2~6枚，在果荚内面有1层白色薄膜。种子椭圆形，少数近球形，表面光滑有光泽，长5~7 mm，宽4~5 mm，厚4~5 mm。表面红色，在种脐周围及一端显黑色，占种皮表面的1/4~1/3。种脐位于腹面的一端，椭圆形凹陷，白色，当中密被灰白色短柔毛，种脊位于种脐一端，呈微凸的直线状。种皮坚硬，不易破碎，内有2枚子叶和胚根，均为淡黄色，无胚乳。千粒重约为100.8 g。

■ **微观特征** 由外向内，依次为外种皮、内种皮、子叶细胞。种子表皮外层为1列被角质层的栅栏细胞，长136~220 μm，宽12~18 μm，壁厚，排列紧密，非木化，胞腔内侧明显，向外渐呈条缝状；表皮下层为1列径向延长的支持细胞，长130~160 μm，宽5~12 μm，两端略膨大，边缘不规则缢缩，具细胞间隙；栅栏下层内方为数列种皮薄壁细胞，常颓废。内种皮由1列壁稍厚、呈类方形的细胞组成。子叶表面细胞由1列较小的薄壁细胞组成。子叶细胞类方形至长方形，内含大量糊粉粒团块及油滴。

■ **萌发特性** 种子硬实，温汤浸种、机械划伤、浓硫酸腐蚀均可破除种皮障碍，提高萌发率。在15~35℃、黑暗或光照条件下均可萌发，以25~30℃为宜，萌发率约为50%。在25~30℃条件下，吸胀的种子2 d露白，10 d可长成幼苗。

■ **贮　藏** 室温下贮藏2年，萌发率仍达25%。种子在4℃铝箔袋包装条件下贮藏，3年后检验萌发率仍在35%左右。

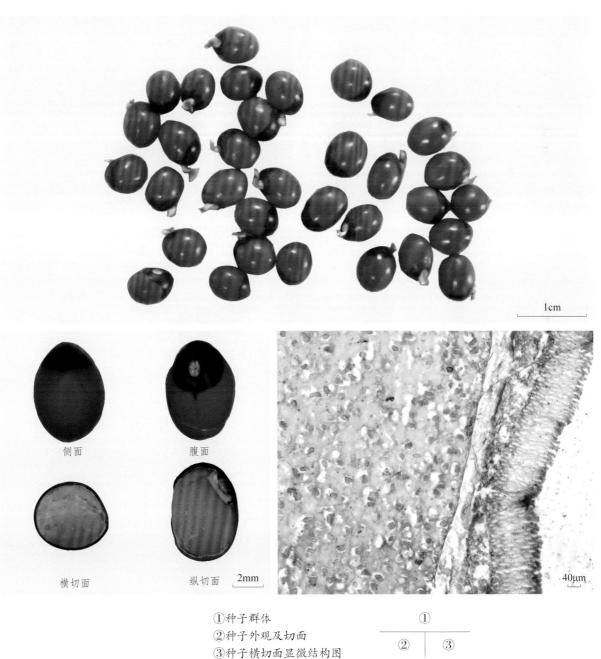

侧面　　腹面

横切面　　纵切面　　2mm

1cm

40μm

①种子群体
②种子外观及切面
③种子横切面显微结构图

①
② ③

72 刀豆

缠绕草本 | 别名：挟剑豆
Canavalia gladiata (Jacq.) DC.

■ **药用价值** 以干燥成熟种子入药，药材名刀豆。具有温中、下气、止呃之功效。用于虚寒呃逆，呕吐。

■ **分　布** 分布于北京、河南、山东、安徽、江苏、广东、海南、广西、四川、云南、湖南、江西、湖北、浙江、陕西等地。

■ **采　集** 花期7~9月，果期10月。果实成熟时采收荚果，晾干，脱粒，精选去杂，干燥处贮藏。

■ **形态特征** 荚果带状，略弯曲，长20~35 cm，宽4~6 cm，熟时灰褐色，腹缝线不开裂。种子多数。种子椭圆形或长椭圆形，红色。种脐位于基部一侧，长为种子周长的3/4，黑褐色。千粒重约为2.57 kg。

■ **微观特征** 表皮为1列栅状细胞，种脐处2列，外被角质层，光辉带明显。支持细胞2~6列，呈哑铃状。营养层由10余列切向延长的薄壁细胞组成，内侧细胞呈颓废状；有维管束，种皮下方为数列多角形胚乳细胞。子叶细胞含众多淀粉粒。管胞岛椭圆形，壁网状增厚，具缘纹孔少见。周围有4~5层薄壁细胞，其两侧为星状组织，细胞呈星芒状，有大型的细胞间隙。

■ **萌发特性** 无休眠。种子宜在50~60℃热水中浸种24 h，15~30℃下萌发率均较高，萌发率均为90%以上。

■ **贮　藏** 正常型。室温下可贮藏3年以上。

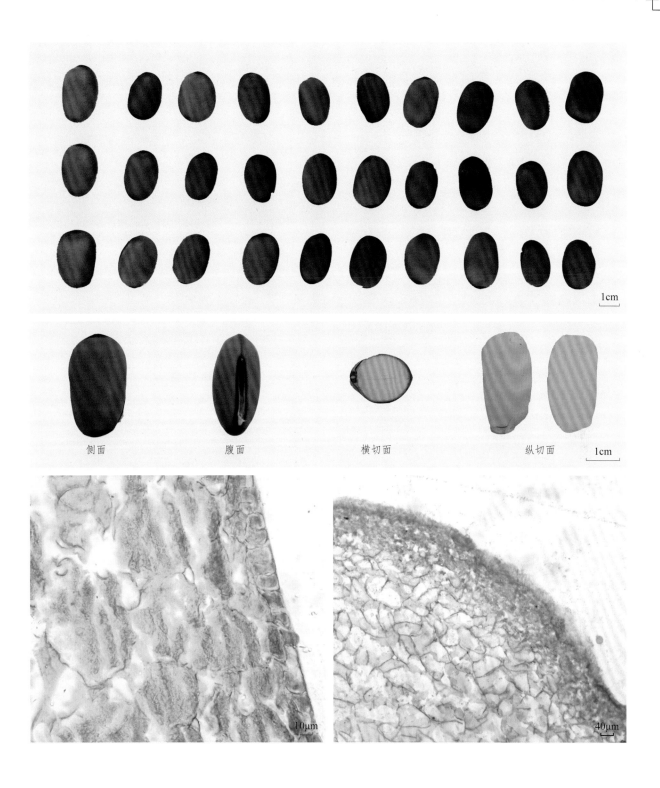

侧面　　　　　　腹面　　　　　　横切面　　　　　　纵切面

① 种子群体
② 种子外观及切面
③ 种子横切面显微结构图
④ 种皮横切面显微结构图

①	
②	
③	④

73 大豆

一年生草本 | 别名：菽、黄豆
Glycine max (L.) Merr.

■ **药用价值** 以干燥成熟种子入药，药材名黑豆。具有益精明目、养血祛风、利水、解毒之功效。
用于阴虚烦渴，头晕目昏，体虚多汗，肾虚腰痛，水肿尿少，痹痛拘挛，手足麻木，
药食中毒。以成熟种子经发芽干燥的炮制加工品入药，药材名大豆黄卷。具有解表祛暑、
清热利湿之功效。用于暑湿感冒，湿温初起，发热汗少，胸闷脘痞，肢体酸重，小便
不利。以成熟种子的发酵加工品入药，药材名淡豆豉。具有解表、除烦、宣发郁热之
功效。用于感冒，寒热头痛，烦躁胸闷，虚烦不眠。

■ **分　　布** 全国各地均有栽培，以东北最为著名，亦广泛栽培于世界各地。

■ **采　　集** 花期 6~7 月，果期 7~9 月。果实成熟后收割，晾晒，脱粒，精选去杂，干燥处贮藏。

■ **形态特征** 荚果肥大，长圆形，稍弯，下垂，黄绿色，长 4~7.5 cm，宽 8~15 mm，密被褐黄色长毛。
种子 2~5 枚。种子椭圆形、近球形、卵圆形至长圆形，长 8~9 mm，宽 5~8 mm，种皮光滑，
黄色，种脐明显，椭圆形。子叶 2 枚，无胚乳。千粒重约为 211 g。

■ **微观特征** 种子的种皮从外向内有 5 层形状不同的细胞组织结构，最外层由 1 层排列整齐的长条
形细胞组成，形似栅栏细胞，外壁很厚，为角质层，有蜡质光泽。第二层为圆柱状细
胞组织，由两头较宽而中间较窄的细胞组成，细胞间有空隙。第三层类似海绵状组织，
由 6~8 层薄壁细胞组成，细胞间隙较大。海绵状组织内部为糊粉层，由类似长方形细
胞组成，细胞壁厚。最内面一层由大豆种子胚乳退化而养分转化到子叶部分后形成的
压缩细胞，紧附在糊粉层细胞内面。大豆吸水时，圆柱状细胞和海绵状组织膨胀明显，
海绵状组织剧烈膨胀。

■ **萌发特性** 无休眠。一般发芽最低温为 8℃，适宜温度为 20~25℃，最高温度为 35℃，黑暗或光
照条件下均可萌发。但品种不同，对温度的要求也不同。部分大豆存在"硬实"现象，
即因种皮不透水，致种子浸泡后无法吸水。通过机械震荡、机械划伤破除种皮即可萌发，
萌发率可达 100%。

■ **贮　　藏** 正常型。室温下可贮藏 3 年以上。

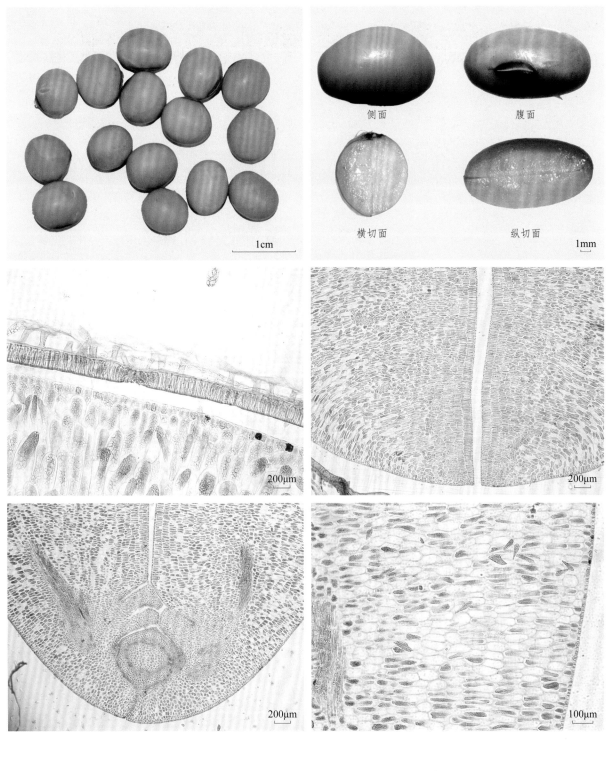

①种子群体

②种子外观及切面

③种皮横切面显微结构图

④种子横切面显微结构图（局部）

⑤种阜显微结构图

⑥子叶细胞（示糊粉粒、油滴）

①	②
③	④
⑤	⑥

侧面　　腹面

横切面　　纵切面

74 扁豆 一年生缠绕草质藤本 | 别名：藕豆、白藕豆、南扁豆
Dolichos lablab L.

■ **药用价值** 以干燥成熟种子入药，药材名白扁豆。具有健脾化湿、和中消暑之功效。用于脾胃虚弱，食欲不振，大便溏泻，白带过多，暑湿吐泻，胸闷腹胀等。

■ **分　布** 全国各地均有栽培。

■ **采　集** 花期 7~8 月，果期 9~10 月。果实由绿色变成白色或黄白色且种子与果皮已经分离时采收，人工或机械脱粒，去除果皮，晒干。

■ **形态特征** 荚果扁状，有时呈半月形。种子 5 枚。种子扁椭圆形，长 9.4~17.3 mm，宽 6.3~11.4 mm，厚 4.5~6.2 mm；黄白色；种子表面光滑，但光泽度小。解剖镜下可见种子一侧中下部微凹，种脐位于凹槽内。

■ **微观特征** 横切面：种皮表皮为 1 列栅状细胞，种脐处 2 列，光辉带明显，外有薄的角质层。薄壁组织细胞约 10 列，细胞大，形状不规则，外缘内侧散在维管束，内缘处细胞颓废状。

■ **萌发特性** 有休眠。最适宜的萌发温度为 25~30℃，低于 15℃萌发缓慢。

■ **贮　藏** 正常型。自然条件下贮藏，寿命为 3 年，种子装入布袋中，于阴凉、通风、干燥处保存。

侧面　　　　　腹面

①种子外观
②种仁外观及纵切面
③种脐
④种子横切面显微结构图
⑤支持细胞
⑥种子表皮显微结构图

①	②
③	④
⑤	⑥

75 赤豆 一年生直立或缠绕草本 | 别名：红豆、红小豆
Vigna angularis Ohwi et Ohashi

■ **药用价值** 以干燥成熟种子入药，药材名赤小豆。具有利水消肿、解毒排脓之功效。用于水肿胀满，脚气浮肿，黄疸尿赤，风湿热痹，痈肿疮毒，肠痈腹痛。

■ **分　布** 我国南北各地均有栽培。

■ **采　集** 花期夏季，果期9~10月。秋季果实成熟而未开裂时拔取全株，晒干，打下种子，除去杂质，再晒干。

■ **形态特征** 荚果圆柱状，长5~8 cm，宽5~6 mm，平展或下弯，无毛；种子6~10枚。种子通常暗红色或其他颜色，长圆形，长5~6 mm，宽4~5 mm，两头截平或近浑圆，种脐不突起。子叶2枚，肥厚，黄白色，胚折刀形，无胚乳。千粒重约为227.2 g。

■ **微观特征** 子叶细胞偶见细小草酸钙方晶，不含簇晶。

■ **萌发特性** 在10~35℃条件下均可萌发，适宜发芽温度为25~30℃，黑暗或光照条件下均萌发。

■ **贮　藏** 正常型。室温下可贮藏2年。

1cm

种子群体

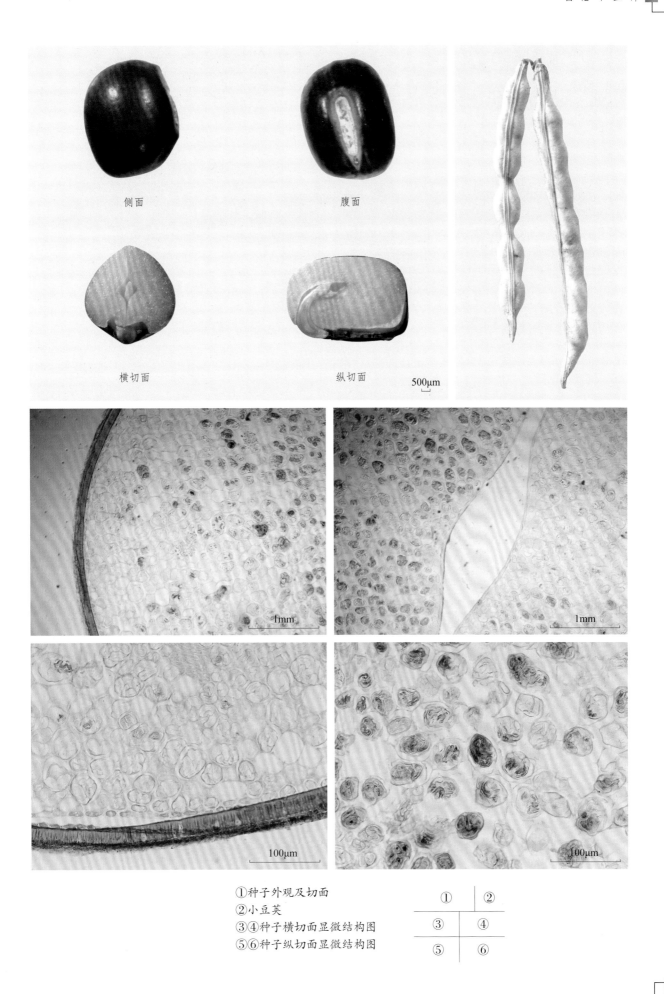

侧面　　　　　　　　腹面

横切面　　　　　　　纵切面　　　500μm

1mm

1mm

100μm

100μm

①种子外观及切面
②小豆荚
③④种子横切面显微结构图
⑤⑥种子纵切面显微结构图

①	②
③	④
⑤	⑥

76 赤小豆

一年生草本 | 别名：米豆、饭豆
Vigna umbellata Ohwi et Ohashi

药用价值 以干燥成熟种子入药，药材名赤小豆。具有利水消肿、解毒排脓之功效。用于水肿胀满，脚气浮肿，黄疸尿赤，风湿热痹，痈肿疮毒，肠痈腹痛。

分　布 原产于我国，全国各地均有栽培。

采　集 花期7~8月，果期9~10月。果实成熟而未开裂时拔取全株，晒干，打下种子，精选去杂，干燥贮藏。

形态特征 荚果线状圆柱形，长6~10 cm，宽约5 mm，下垂，无毛。种子6~10枚。种子长圆形而稍扁，通常紫红色，有时为褐色、黑色或草黄色，长5~6 mm，直径3~4 mm，种脐白色，中央凹陷成纵沟。子叶2枚，乳白色，胚折刀形，无胚乳。千粒重为223.7 g。

萌发特性 有物理休眠。因种皮不透水，故种子浸泡后无法吸水。通过机械震荡、机械划伤破除种皮即可萌发，萌发率可达100%。

贮　藏 正常型。可干燥脱水，室温下储藏1~2年。

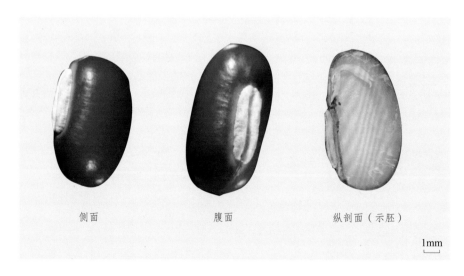

侧面　　　　腹面　　　　纵剖面（示胚）

1mm

种子外观及切面

(77) 补骨脂

一年生草本 | 别名：破故纸

Psoralea corylifolia L.

药用价值 以干燥成熟果实入药，药材名补骨脂。具有温肾助阳、纳气平喘、温脾止泻、外治消风祛斑之功效。用于肾阳不足，阳痿遗精，遗尿尿频，腰膝冷痛，肾虚作喘，五更泄泻；外治白癜风，斑秃。

分　　布 分布于云南（西双版纳）、四川金沙江河谷等地，河北、山西、甘肃、安徽、江西、河南、广东、广西、贵州等地有栽培。

采　　集 花期7~8月，果期9~10月。秋季果实成熟时采收果序，晒干，搓出果实，除去杂质，干燥处贮藏。

形态特征 果实扁圆状肾形，一端略尖，少有宿萼；长4~5.5 mm，宽2~4 mm，厚约1 mm。表面黑棕色或棕褐色，具微细网纹，在放大镜下可见点状凹凸纹理。质较硬脆，剖开后可见果皮与外种皮紧密贴生，种子凹侧的上端略下处可见点状种脐，另一端有合点，种脊不明显。外种皮较硬，内种皮膜质，灰白色；子叶2枚，肥厚，淡黄色至淡黄棕色，陈旧者色深，其内外表面常可见白色物质，于放大镜下观察为细小针晶；胚很小。宿萼基部连合，上端5裂，灰黄色，具毛茸，并密布褐色腺点。气芳香特异，味苦、微辛。千粒重约为14.66 g。

微观特征 果皮波状起伏，细胞壁皱缩，细胞界限不清楚，凹陷处表皮下可见扁圆形内生腺体。种皮表皮为1层栅栏细胞，其下为1层哑铃状支持细胞，向内有数列薄壁细胞。

萌发特性 发芽适温15~20℃，对光不敏感。新鲜种子发芽率约为40%，发芽不整齐。ABT生根粉与赤霉素混合液浸种对种子萌发有明显的促进作用。

贮　　藏 正常型。4~10℃下可保存3年以上。

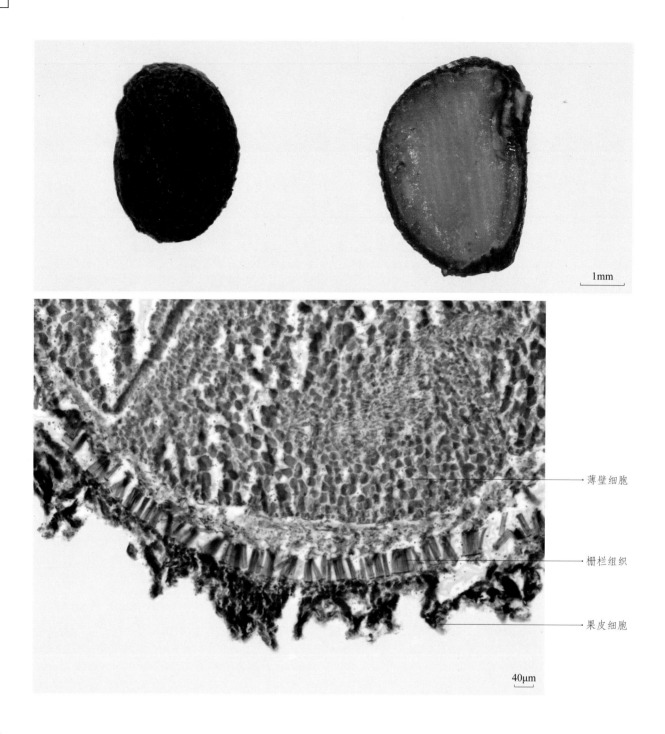

薄壁细胞

栅栏组织

果皮细胞

1mm

40μm

①种子外观及纵切面　　　　　　①
②种子横切面显微结构图　　　　────
　　　　　　　　　　　　　　　②

78 扁茎黄芪

多年生草本 | 别名：沙苑子、蔓黄耆、沙苑蒺藜
Astragalus complanatus R. Br.

药用价值 以干燥成熟种子入药，药材名沙苑子。具有补肾助阳、固精缩尿、养肝明目之功效。用于肾虚腰痛，遗精早泄，遗尿尿频，白浊带下，眩晕，目暗昏花。

分 布 分布于内蒙古、河北、山西、陕西等地。

采 集 花期7~9月，果期8~10月。荚果呈黄褐色、尚未开裂时采割植株，晒干，打下种子，除去杂质，晒干，干燥处贮藏。

形态特征 荚果狭长圆形，长约35 mm，宽5~7 mm，两端尖，背腹压扁，微被褐色短粗伏毛，有网纹，果颈不露出宿萼外。种子略呈肾形而稍扁，长2~2.5 mm，宽1.5~2 mm，厚约1 mm；表面光滑，褐绿色或灰褐色，边缘一侧微凹处具圆形种脐。质坚硬，不易破碎。子叶2枚，淡黄色，胚根弯曲，长约1 mm。气微，味淡，嚼之有豆腥味。千粒重约为2.3 g。

微观特征 种皮栅状细胞断面观1列，外被角质层；近外侧1/5~1/8处有一条光辉带；表面观呈多角形，壁极厚，胞腔小，孔沟细密。种皮支持细胞侧面观呈短哑铃形；表面观呈3个类圆形或椭圆形的同心环。子叶细胞含脂肪油。

萌发特性 无休眠。新鲜种子在15~35℃、黑暗或光照条件下均易萌发。

贮 藏 正常型。室温下可贮藏1年。

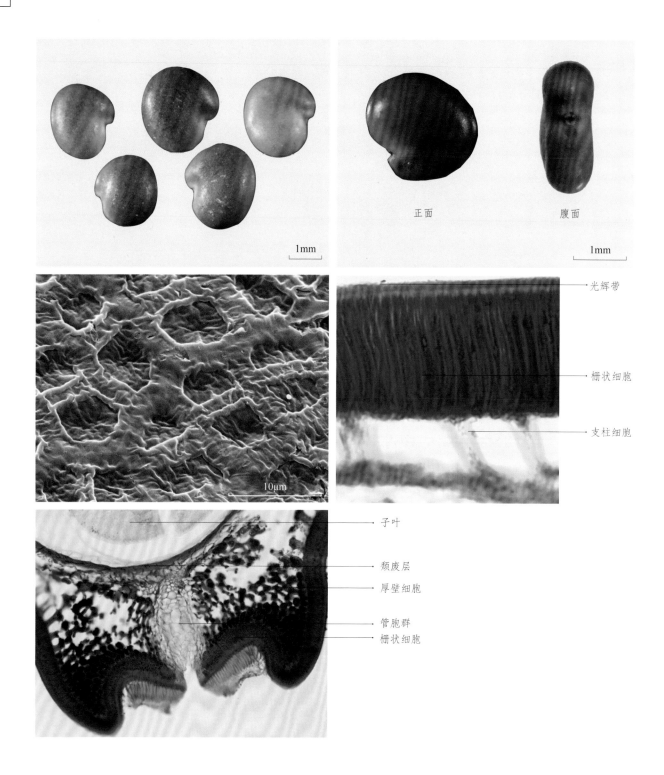

正面　　　　　　　腹面

1mm

1mm

光辉带

栅状细胞

支柱细胞

子叶

颓废层

厚壁细胞

管胞群

栅状细胞

10μm

①种子群体
②种子外观
③种皮表面纹饰
④种皮纵切面显微结构图
⑤种脐纵切面显微结构图

①	②
③	④
⑤	

各论 | 豆科

⑦⑨ 膜荚黄芪

多年生草本 | 别名：黄芪、东北黄芪
Astragalus membranaceus (Fisch.) Bge.

药用价值 以干燥根入药，药材名黄芪。具有补气升阳、固表止汗、利水消肿、生津养血、行滞通痹、托毒排脓、敛疮生肌之功效。用于气虚乏力，食少便溏，中气下陷，久泻脱肛，便血崩漏，表虚自汗，气虚水肿，内热消渴，血虚萎黄，半身不遂，痹痛麻木，痈疽难溃，久溃不敛。

分　布 分布于我国东北、华北及西北等地，全国各地多有栽培。

采　集 花期6~8月，果期7~9月。果实成熟时及时采摘，阴干，脱粒，精选去杂，干燥处贮藏。

形态特征 荚果半长椭圆形，肿胀；两端渐尖，顶端具刺尖，果颈伸出萼外；两面被黑色细短柔毛；长 20~30 mm，宽 8~12 mm。果皮薄膜质；内含种子3~8枚。种子肾形，扁平；黑褐色，表面具一薄层蜡；长 3.47~4.42 mm，宽 2.89~3.48 mm，厚 0.8~0.9 mm；千粒重约为 8.21 g。种脐圆形；黄白色；位于种子一侧的中下部凹陷处。种皮棕褐色；胶质；紧贴胚乳，难以分离。胚乳少量；白色，半透明；胶质，厚 0.05~0.09 mm；包被着胚。胚黄绿色或黄色，蜡质；长 3.47~4.33 mm，宽 2.72~3.36 mm。子叶2枚，倒卵形，平凸；长 3.20~4.37 mm，宽 1.81~2.53 mm；并合。胚根圆锥状；黄色；长 2.21~2.86 mm，宽 0.66~0.93 mm；位于子叶一侧，与子叶缘倚，朝向种脐。

萌发特性 具物理休眠。田间发芽适温为 15~30℃。

贮　藏 正常型。常温下种子寿命为 1~2 年。

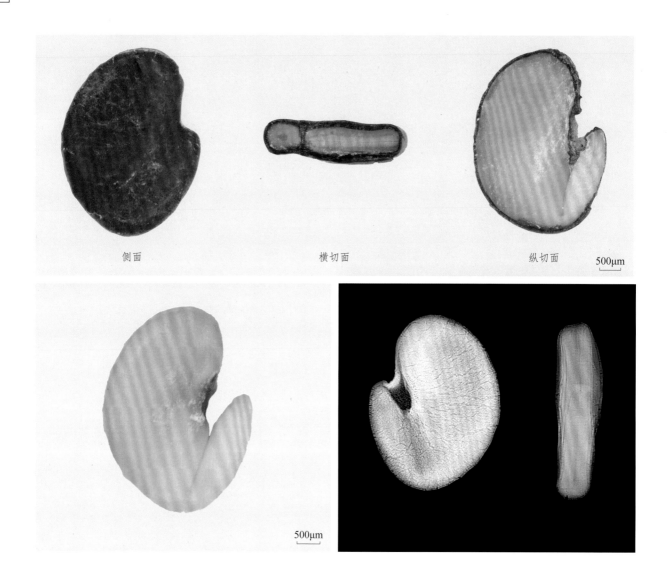

侧面　　　　　　　　横切面　　　　　　　　纵切面　　500μm

500μm

①种子外观及切面　　　　　　　①
②胚
③种子 X 光图　　　　　　　②　　③

⑧⓪ 蒙古黄芪 多年生草本 | 别名：黄耆、戴糁
Astragalus membranaceus (Fisch.) Bge. var. *mongholicus* (Bge.) Hsiao

药用价值 以干燥根入药，药材名黄芪。具有补气升阳、固表止汗、利水消肿、生津养血、行滞通痹、排脓托毒、敛疮生肌之功效。用于气虚乏力，食少便溏，中气下陷，久泻脱肛，便血崩漏，表虚自汗，气虚水肿，内热消渴，血虚萎黄，半身不遂，痹痛麻木，痈疽难溃，久溃不敛等。

分　布 分布于我国华北、西北与东北地区。

采　集 花期6~7月，果期7~9月。荚果下垂且变黄色、种皮变为半透明、种子变褐色时采收。采收时将成熟的穗状荚果摘下，干燥后筛除荚皮，精选去杂，干燥处贮藏。

形态特征 荚果半长卵圆形，顶端有短尖喙；表面无毛，有显著网纹；长 2.0~3.0 cm，宽 0.5~1.5 cm。果皮薄，膜质；内含种子 8~10 枚。种子肾形，稍扁；棕色、棕褐色或灰褐色；表面密布不规则黑色斑点和一薄层蜡；长 2.4~4.39 mm，宽 2.48~3.19 mm，厚 1.2~1.7 mm，千粒重为 6.0~9.2 g。种脐圆形，灰白色或灰黄色，位于种子一侧的中下部凹陷处。种皮棕色、棕褐色或灰褐色；薄，胶质；厚 0.06~0.10 mm；紧贴着胚乳，难以分离。胚乳少量；白色，半透明；胶质，厚 0.04 mm，包被着胚。胚黄绿色或黄色；蜡质；长 3.01~4.20 mm，宽 2.27~3.02 mm。子叶 2 枚；黄绿色或黄色；倒卵形，平凸；长 3.01~4.20 mm，宽 1.66~2.35 mm；并合。胚根圆锥状；黄色；长 1.79~2.77 mm，宽 0.59~0.90 mm；位于子叶一侧，与子叶缘倚，朝向种脐。

微观特征 外种皮为 1 列栅栏细胞，排列紧密。种皮下为 1 列薄壁细胞，细胞椭圆形。内种皮为 1~3 列厚壁细胞。胚乳细胞含糊粉粒。

萌发特性 具物理休眠，机械破损种皮可解除物理休眠。种子吸胀条件下，20~25℃时发芽率最高。田间发芽适温为 15℃。

贮　藏 正常型。室温下种子寿命为 2 年以上。

①种子群体
②种子外观及切面
③胚
④种子 X 光图
⑤种子横切面显微结构图
⑥种子纵切面显微结构图

①	②
③	④
⑤	⑥

81 甘 草

多年生草本 | 别名：甜根子、甜草、国老、乌拉尔甘草、甘草苗头、甜草苗
Glycyrrhiza uralensis Fisch.

■ **药用价值** 以干燥根和根茎入药，药材名甘草。具有补脾益气、清热解毒、祛痰止咳、缓急止痛、调和诸药之功效。用于脾胃虚弱，倦怠乏力，心悸气短，咳嗽痰多，脘腹、四肢挛急疼痛，痈肿疮毒，缓解药物毒性、烈性。

■ **分　　布** 分布于东北、华北、西北及山东等地。

■ **采　　集** 花期 6~8 月，果期 7~10 月。当荚果黄褐色、尚未开裂时采割植株，晒干，打下种子，除去杂质，晒干，干燥处贮藏。

■ **形态特征** 荚果扁平，弯曲呈镰刀状或呈环状，密集成球，密生绒毛状、腺瘤状、刺状腺毛和刺毛。种子 3~11 枚，宽椭圆形或肾形，略扁，长 2.7~4.3 mm，宽 2.6~3.7 mm，厚 1.8~2.3 mm，表面暗绿色、棕绿色、棕色或棕褐色，光滑，有光泽；腹侧具一圆形凹窝状种脐，上连一棕色种脊。胚乳少，呈薄膜状，包围于胚外方，胚弯曲，黄色，含油分；子叶 2 枚，肥大，椭圆状肾形或圆肾形，基部心形。千粒重约为 7.0 g。

■ **微观特征** 种子表面有 1 层硬质角质层。表皮为 1 列细长的栅状厚壁细胞，光辉带明显，含有红棕色物。支持细胞 1 列，哑铃形，含有红棕色物。数列形状不规则的色素细胞，一端可见种脊维管束。含红色色素的长方形细胞，部分含大块的晶体。胚乳角质，细胞腔内含红棕色物，亦可见大块晶体。

■ **萌发特性** 具物理休眠。通过高温浸种、机械摩擦、化学腐蚀等方法可以增加种皮的透性，促进萌发。种子适宜萌发温度为 15~30℃。

■ **贮　　藏** 正常型。耐贮藏，在室温条件下可贮藏 2 年。

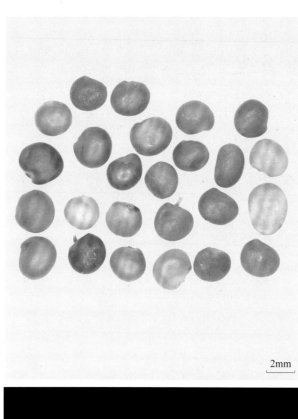

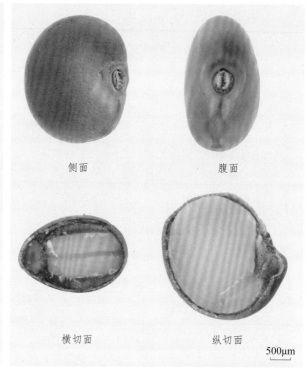

侧面　　　　　　　腹面

横切面　　　　　　纵切面

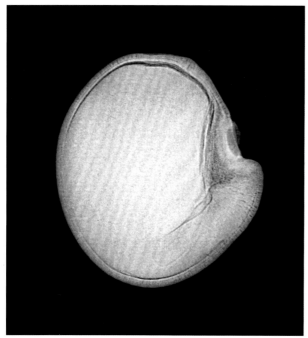

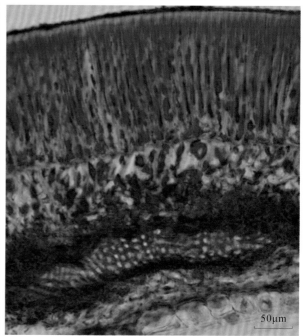

①种子群体
②种子外观及切面
③种子 X 光图
④种皮横切面显微结构图

①	②
③	④

⑧ 胡芦巴

一年生草本 | 别名：香草、香豆、芸香
Trigonella foenum-graecum L.

药用价值 以干燥成熟种子入药，药材名胡芦巴。具有温肾助阳、祛寒止痛之功效。用于肾阳不足，下元虚冷，小腹冷痛，寒疝腹痛，寒湿脚气。

分　布 我国南北各地均有栽培，其中西南、西北各地呈半野生状态。

采　集 花期4~6月，果期7~8月。秋季种子成熟后采收全草，打下种子，除净杂质，晒干，干燥处贮藏。

形态特征 荚果圆筒状，长7~12 cm，径4~5 mm，直或稍弯曲，无毛或微被柔毛，先端具细长喙，喙长约2 cm（包括子房上部不育部分），背缝增厚，表面有明显的纵长网纹，有种子10~20枚。种子矩圆形或斜方形，两端平截或斜截，长3~5 mm，宽2~3 mm，表面黄棕色或黄绿色，平滑，两侧面各具1条斜沟，相交于腹侧微凹处，腹侧微凹处具1个白色点状种脐。质坚硬，不易破碎。种皮薄，内含少量胚乳，胚乳呈半透明状，具黏性，子叶2枚，淡黄色，胚根弯曲，粗而长。千粒重约为12.6 g。

微观特征 种皮最外为1列栅状细胞，外覆有角质层，栅状细胞顶端尖，壁厚，弱木化，层纹明显，其外侧有光辉带，胞腔内常有棕色内含物。向内为1列支柱细胞，梯形，上窄下宽，上部有大型胞间隙，外平周壁加厚，侧壁有放射状条形增厚。向内有3~4列薄壁细胞。胚乳的最外侧为1列类方形的糊粉层细胞。内有棕色物，内侧胚乳细胞较大，类圆形，可见薄的初生壁，次生壁含黏液质，极厚。子叶表皮细胞稍小，栅栏细胞数列，胚细胞中均含有脂肪油滴及糊粉粒。

萌发特性 种子易萌发，发芽温度15~20℃，温度过高，萌发率降低。

贮　藏 正常型。在室温条件下可贮藏2年。

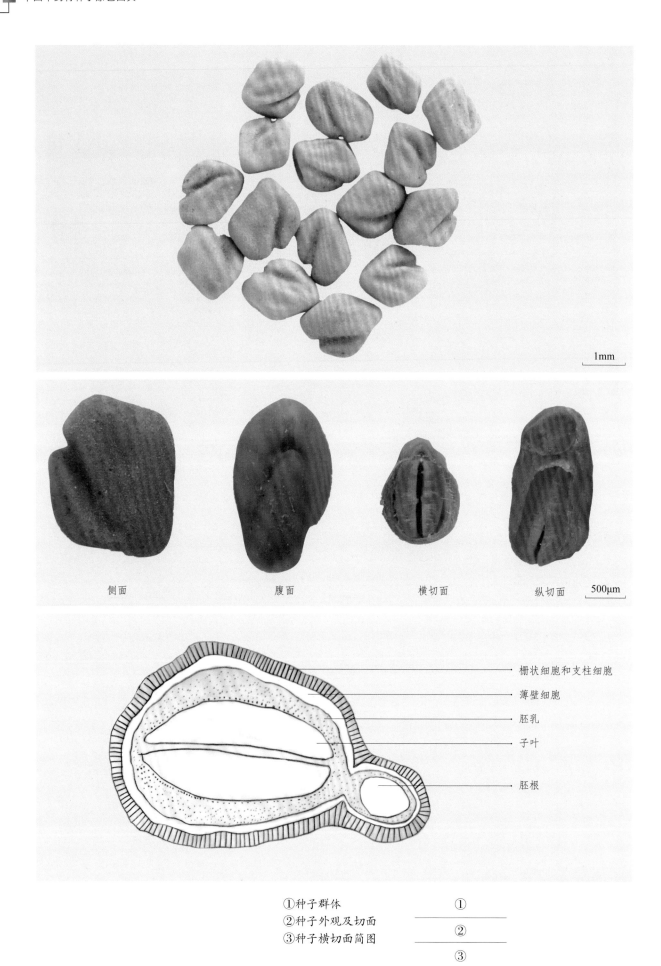

1mm

侧面　　　　　　　腹面　　　　　　　横切面　　　　　纵切面　　500μm

栅状细胞和支柱细胞

薄壁细胞

胚乳

子叶

胚根

①种子群体　　　　　　　　　　①
②种子外观及切面　　　　　　　②
③种子横切面简图　　　　　　　③

■ 亚麻科 | Linaceae

(83) 亚 麻 一年生草本 | 别名：鸦麻、壁虱胡麻、山西胡麻
Linum usitatissimum L.

■ 药用价值 以干燥成熟种子入药，药材名亚麻子。具有润燥通便、养血祛风之功效。用于肠燥便秘，皮肤干燥，瘙痒，脱发。

■ 分 布 全国各地均有栽培，以北方和西南地区较为普遍。

■ 采 集 花期 5~6 月，果期 6~7 月。蒴果呈淡褐色且未开裂时摘取，晒干，搓出种子，簸净杂质，放干燥阴凉处保存。

■ 形态特征 蒴果为球形，扁，直径 5.7~6.5 mm，有 10 条纵棱，成熟时为黄褐色，纵棱开裂成10 室，每室含有种子 1 枚。种子倒卵形，扁，长 3.9~5.5 mm，宽 2.0~2.5 mm，厚 1.0~1.2 mm，棕色，平滑，有光泽；顶端钝圆，下端尖，歪向腹侧，种脐位于腹侧下端微凹处，种脊线形，浅棕色。胚乳少数，白色，胚直生，淡黄色，含油分，胚根圆锥状，子叶 2 枚，椭圆形，基部心形。

■ 微观特征 种皮表皮细胞较大，类长方形，壁含黏液质，遇水膨胀、显层纹，外面有角质层。下皮为 1~5 列薄壁细胞，壁稍厚。纤维层为 1 列排列紧密的纤维细胞，略径向延长，壁厚，木化，胞腔较窄，层纹隐约可见。颓废层细胞不明显。色素层为 1 层扁平薄壁细胞，内含棕红色物质。胚乳及子叶细胞多角形，内含脂肪油及糊粉粒。

■ 萌发特性 种子易萌发，对温度要求不严，在 15~30℃ 条件下均可萌发。生产上春播，南方 3 月中旬播种，4 月上旬出苗。

■ 贮 藏 正常型。耐贮藏，室温干燥贮藏。处理过的种子，含水量较低时，贮藏期限可达 3.5年；含水量 10% 以上，贮藏期限 1.5 年；含水量 13%，贮藏期限 3 个月左右。

侧面　　　　　　　　　　　腹面

横切面　　　　　　　纵切面　　500μm

①种子群体
②种外观及切面
③种子 X 光图

①		
②		③

蒺藜科 | Zygophyllaceae

84 蒺藜 一年生草本 | 别名：白蒺藜、地芰、蒺藜狗子
Tribulus terrestris L.

药用价值 以干燥成熟果实入药，药材名蒺藜。具有平肝解郁、活血祛风、明目、止痒之功效。用于头痛眩晕、胸胁胀痛、乳闭乳痈、目赤翳障、风疹瘙痒等。

分　布 全国各地均有分布。

采　集 花期5~8月，果期6~9月。采集成熟果实，晒干。

形态特征 果实有5个分果瓣，硬，无毛或被毛；常裂为单一的分果瓣，分果瓣背部黄绿色，隆起，有纵棱和多数小刺，并有对称的长刺和短刺各1对，其余部位常有小瘤体。多为3室，可见2室，每室种子1枚。种子卵状三角形或卵形，较扁，表面淡黄色或黄白色。合点端近楔形，种脐端较尖。种脊线形，稍隆起，连接种子种脐与合点，并延伸至合点，分叉成根状。种皮薄膜质，无胚乳，胚直生，子叶2枚。千粒重为19.4~32.0 g。

微观特征 外果皮由1列扁平细胞构成。中果皮由数列薄壁细胞构成，散有小维管束，刺的部位纤维多成束，壁厚。内果皮纤维木化。靠近内果皮的1~2列细胞含草酸钙方晶。

萌发特性 蒺藜集合繁殖体在母株附近扩散，具有间歇性萌发特性，同一集合繁殖体内当季只萌发1枚种子，剩下未萌发的种子分散在年内或年间萌发。

贮　藏 正常型。干燥保存。

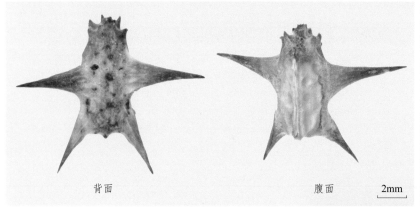

背面　　　　　　　　　　　腹面　　2mm

500μm

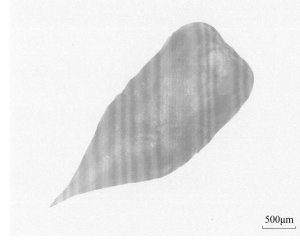

500μm

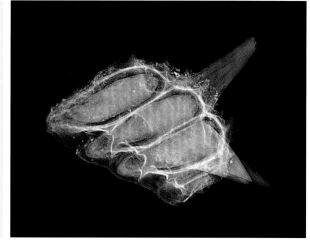

①分果瓣群体
②分果瓣外观
③种子外观(侧面)
④胚
⑤分果瓣 X 光图

①
② ③
④ ⑤

芸香科 ｜ Rutaceae

85 黄檗 落叶乔木 ｜ 别名：檗木、黄檗木、元柏、关黄柏、黄柏
Phellodendron amurense Rupr.

■ 药用价值 以干燥树皮入药，药材名关黄柏。具有清热燥湿、泻火除蒸、解毒疗疮之功效。用于湿热泻痢，黄疸尿赤，带下阴痒，热淋涩痛，脚气痿躄，骨蒸劳热，盗汗，遗精，疮疡肿毒，湿疹湿疮。

■ 分　布 主产于东北和华北各省，河南、安徽、宁夏亦有分布，内蒙古有少量栽种。

■ 采　集 花期5~6月，果期9~10月。核果黑色时及时采摘，去除果皮，阴干，精选去杂，干燥处贮藏。

■ 形态特征 核果近球形，直径9.7~11.6 mm；未成熟时为绿色，成熟后为黑色，有光泽，表面散生褐色腺点；新鲜时平滑，干后皱缩，呈5~8（~10）条浅纵沟；基部具长2.8 mm、宽2.1 mm的黄褐色、短圆柱状果梗。外果皮薄，黑色，革质。中果皮胶质，棕褐色，布满油囊，有油脂气。内果皮胶质，半透明，厚0.13 mm；黄棕色；内含种子通常5枚。种子为双凸状倒卵形，顶端钝圆，基端短喙状，一侧圆拱，一侧平直；表面具不规则浅棱状网纹；棕褐色或褐色；长4.97~6.40 mm，宽3.20~3.57 mm，厚1.67~2.36 mm，千粒重为10.02~17.99 g。外种皮外面为棕褐色或褐色，内面为黄棕色；壳质，硬而脆，厚0.22 mm；与内种皮分离或稍贴合。内种皮浅黄棕色；膜质；紧贴胚乳，难以分离。胚乳含量中等，厚0.65 mm；乳白色；蜡质，含油脂；包被着胚。胚倒卵形，扁平，白色；肉质，含油脂；长4.21~4.85 mm，宽2.81~3.02 mm，厚0.65 mm；平躺于种子中央。子叶2枚；倒卵形，扁平；长3.52~3.86 mm，宽2.86~3.05 mm，每枚厚0.33 mm；并合。下胚轴和胚根椭球形；长1.14~1.34 mm，宽1.00~1.05 mm，厚0.72 mm；朝向种脐。

■ **萌发特性** 具生理休眠。在实验室内，20℃、12 h/12 h 光照条件下，含 200 mg/L 赤霉素（GA₃）的 1% 琼脂培养基上，萌发率为 57.8%；在 20℃、12 h/12 h 光照条件下，含 200 mg/L 赤霉素（GA₃）的 1% 琼脂培养基上，42 d 剥掉种子外的结构，萌发率为 75%。田间发芽适温为 15~25℃。

■ **贮　藏** 正常型。常温下种子寿命为 2 年。

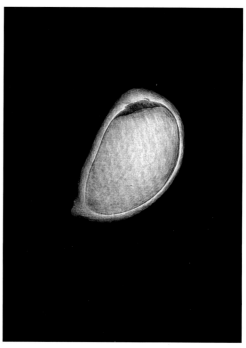

侧面　　腹面

横切面　　纵切面　　500μm

①种子外观及切面　　①　②
②种子 X 光图

86 黄皮树

落叶乔木 | 别名：黄柏、小黄连树
Phellodendron chinense Schneid.

■ 药用价值 以干燥树皮入药，药材名黄柏。具有清热燥湿、泻火除蒸、解毒疗疮之功效。用于湿热泻痢、黄疸尿赤、带下阴痒、热淋涩痛、脚气痿躄、骨蒸劳热、盗汗、遗精、疮疡肿毒、湿疹湿疮。

■ 分　　布 分布于湖北、湖南、四川、贵州等地。

■ 采　　集 花期5~6月，果期9~11月。果实成熟时采集，捣碎果实，清水漂洗去除果皮果肉，阴干，精选去杂，种子于低温干燥处贮藏。

■ 形态特征 浆果状核果，椭圆形或近圆球形，横径 7.6~11.2 mm，纵径 8.6~11.9 mm；成熟时蓝黑色至黑色，外果皮薄，散生腺点，具油样光泽；中果皮肉质，有多数油囊；内果皮厚膜质，半透明，浅黄色，包裹于种子外。果实晾干后，果皮严重皱缩，呈黑色。子房5室，中轴胎座、倒生胚珠。种子倒卵形、长卵形，卵形，稍扁，长 4.3~6.2 mm，宽 2.2~3.9 mm，厚 1.6~2.9 mm；外种皮棕褐色或红褐色，多数具有黑斑或红斑，具明显不规则网纹或条纹，质地硬而脆；内侧面银灰色，表面光滑；内种皮菲薄，膜质透明，浅黄色。下端有 1 个钩状小喙，先端为种孔，沿种子腹面中央部位有 1 个稍隆起的纵向痕迹，为种脊。种子由种皮、胚和胚乳构成，胚乳包裹于胚外侧，白色或半透明，胚直生，子叶 2 枚，椭圆形。

■ 微观特征 外种皮具明显不规则网纹或条纹，内侧面银灰色，去除外种皮，种子基部有 1 个呈长条形的合点紧附于内种皮上，由 10 层左右的木质化细胞构成。内种皮菲薄，由 1 层小方形的薄壁细胞组成，这层薄区下方是胚乳组织，最外层细胞较小，为 1~3 层横向延长的薄壁细胞，往内细胞较大，呈多角形，内含有大量的油滴、糊粉粒和拟晶体。胚乳包裹着胚，胚顶端为球形，已分化出珠孔塞，由 2~8 层木质化细胞组成，部分向种子内部凹陷，与胚乳外层细胞相连，外观呈盖状，连接成线形，弯曲覆盖在胚乳表面；内层由 8~11 层横向分布的方形薄壁细胞构成，胚体长棒状，由纵向分布的数层长方形薄壁细胞构成，这些细胞体积小，排列整齐，细胞壁薄，细胞质浓厚，核相对较大。下端连接 2 枚子叶，已分化出维管组织，横切面有维管束 6~7 个，子叶细胞含有大量的糊粉粒、拟晶体和较多的油滴；子叶最外侧为 1 层体积较小的薄壁细胞，细胞呈方形，往内为较大的、呈多角形至类圆形的薄壁细胞构成；在子叶内侧，可见长条形，排列整齐的栅栏状薄壁细胞。

■**萌发特性** 存在机械休眠。用浓硫酸处理种子 20 min 可打破休眠，再于 30℃ 恒温条件下培养，萌发率可达 80% 以上。

■**贮　藏** 低温贮藏，萌发能力可保持 1 年以上。

1cm

1cm

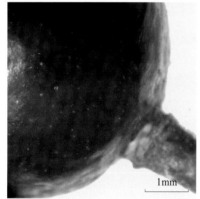
1mm

横切面　　　　纵切面
5mm

①	②
③	④
	⑤

①果实群体
②果实群体（晾干）
③外果皮表面
④果实切面
⑤种子群体

5mm

正面   腹面   背面

顶面   种皮内面   纵切面

胚

1mm

胚乳

子叶

合点

1mm

珠孔塞

子叶   种胚

1mm

①种子外观及切面
②种胚纵切面
③子叶与种胚

①

② | ③

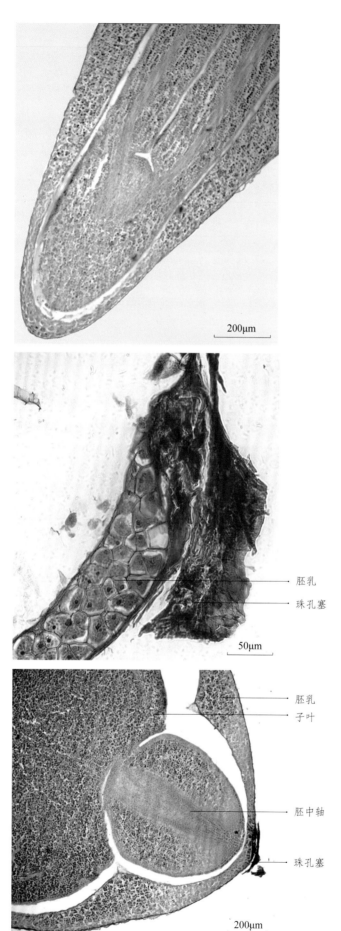

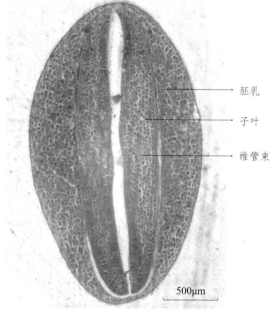

胚乳

珠孔塞

胚乳

子叶

维管束

胚乳

子叶

胚中轴

珠孔塞

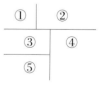

①	②
③	④
⑤	

①种胚纵切面显微结构图（切向）
②种胚纵切面显微结构图（径向）
③珠孔塞区
④种胚横切面显微结构图
⑤种胚（胚中轴区）

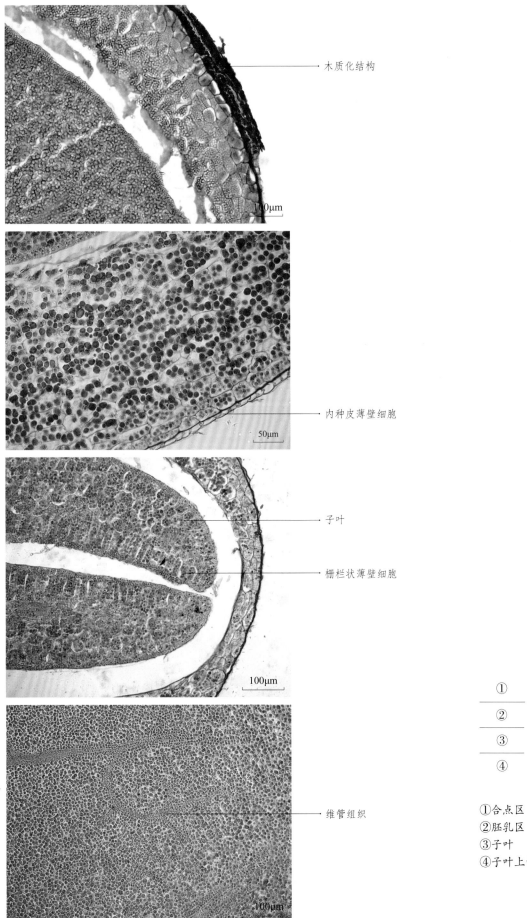

木质化结构

内种皮薄壁细胞

子叶

栅栏状薄壁细胞

维管组织

① _____

② _____

③ _____

④ _____

①合点区
②胚乳区
③子叶
④子叶上的维管组织

87 九里香 常绿小乔木或灌木 | 别名：石桂树
Murraya exotica L.

药用价值 以干燥叶和带叶嫩枝入药，药材名九里香。具有行气止痛、活血散瘀之功效。用于胃痛，风湿痹痛；外治牙痛，跌扑肿痛，虫蛇咬伤。

分 布 分布于台湾、福建、广东、海南、广西5个省份的南部。

采 集 花期4~8月，也有秋后开花，果期9~12月。采集成熟红色果实，将其剥去皮肉，冲洗干净，晾干，脱粒，精选去杂，干燥处贮藏。

形态特征 浆果阔卵形或椭圆形，顶部短尖，略歪斜，有时圆球形，长8~12 mm，宽6~10 mm，熟时橙黄至朱红色，果肉薄，剖开后，内果皮膜质，常内有种子1~2枚。种子半球形，白色或黄白色，有短的粗绒毛，长7~10 mm，宽5~8 mm，顶端尖，基部圆形。种脐位于种子基部，呈棕黄色小突起，并被有白色短绒毛。种子无胚乳，子叶浅绿色，种皮膜质，并被有白色棉毛。

微观特征 子叶细胞圆形，细胞富含淀粉粒，子叶外缘分布有较多大型油室，中央有维管束。胚细胞相对小，长圆形或圆形。

萌发特性 种子在25℃和30℃光照条件下萌发率高，新鲜种子发芽率高达95%以上。

贮 藏 种子不耐贮藏。采用干沙贮藏3个月后出苗率降至17.7%，但采用湿沙贮藏3个月仍可以保持较高生活力。

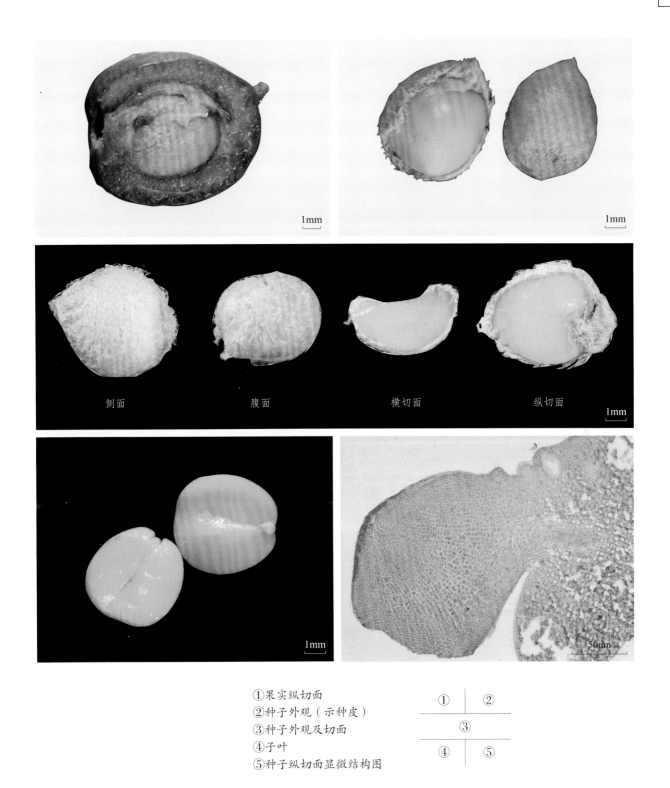

①果实纵切面
②种子外观（示种皮）
③种子外观及切面
④子叶
⑤种子纵切面显微结构图

	①	②
	③	
	④	⑤

▪ 棟 科 | Meliaceae

⑧⑧ 川 棟
乔木 | 别名：金铃子、川楝实
Melia toosendan Sieb. et Zucc.

▪ 药用价值 以干燥果实入药，药材名川楝子。具有疏肝泄热、行气止痛、杀虫之功效。用于肝郁化火，胸胁、脘腹胀痛，疝气疼痛，虫积腹痛等。以干燥树皮和根皮入药，药材名苦楝皮。具有杀虫、疗癣之功效。用于蛔虫病，蛲虫病，虫积腹痛；外治疥癣瘙痒。

▪ 分 布 分布于甘肃、湖北、四川、贵州、云南等地，其他省区广泛栽培。

▪ 采 集 花期 3~4 月，果期 9~11 月。冬季果实成熟时采收，除去杂质，干燥。

▪ 形态特征 干燥果实呈球形或椭圆形，长径 1.7~3 cm，短径 1.7~2.3 cm。表面黄色或黄棕色，微具光泽，具深棕色或黄棕色圆点，微有凹陷或皱缩。一端凹陷，有果柄脱落痕迹，另一端较平，有一棕色点状蒂痕，果皮革质，与果肉间常有空隙。果肉厚，浅黄色，质松软。果核球形或卵圆形，两端平截，土黄色，表面具 6~8 条纵棱，内分 6~8 室，含黑紫色扁梭形种子 6~8 枚。种仁乳白色，有油性。千粒重约为 51.9 g。

▪ 微观特征 种皮由外向内依次是外表皮、下皮、薄壁细胞层、色素层、内表皮和胚乳。

▪ 萌发特性 种子采用 60~70℃温水浸种催芽，发芽率可达 83.6%。

▪ 贮 藏 正常型。室温下可贮藏 3 年以上。

①果实群体
②种子群体
③种子外观及切面
④种子纵切面显微结构图
⑤种仁纵切面显微结构图

①	②
③	
④	⑤

正面   腹面   横切面   纵切面

种皮

胚乳

外表皮

下皮

薄壁细胞层

内表皮

胚乳

500μm

200μm

89 **楝** 落叶乔木 | 别名：苦楝、楝树、紫花树、森树
Melia azedarach L.

药用价值 以干燥成熟果实入药，药材名苦楝子。具有疏肝泄热、行气止痛、杀虫之功效。用于脘腹、胁肋疼痛，疝痛，虫积腹痛，头癣，冻疮。以干燥树皮和根皮入药，药材名为苦楝皮。具有杀虫、疗癣之功效。用于蛔虫病、蛲虫病，虫积腹痛；外治疥癣瘙痒。

分　布 分布于北至河北，南至广西、云南，西至四川等地，各省广泛栽培。

采　集 花期4~5月，果期10~12月。果实成熟时采收，用水浸泡，洗去果肉，晾干保存。

形态特征 核果长圆形至球形，长1~2 cm，宽1~1.5 cm，外表面棕黄色至灰棕色，微有光泽，干皱，有多数棕色小点。一端有果柄残痕，另一端有圆形凹点。果肉较松软，淡黄色，遇水浸润显黏性。果核球形，坚硬木质，紫褐色，长6~10 mm，宽5~8 mm，有5~6条黑色棱线，有4~5室，每室含种子一枚。种子长椭圆形或梭形，长4~8 mm，宽2~3 mm，黑色，基部有1个凹陷种脐。有稀薄的胚乳，黄白色，胚在胚乳中间，子叶2枚，长椭圆形，胚根短小，其特异，味酸而苦。千粒重为25~35 g。

微观特征 种皮表皮层由厚壁细胞紧密排列而成，其下为石细胞层并含大量色素物质；内种皮为1列壁较厚的石细胞构成，胞腔较小；子叶细胞表层长圆形，内层圆形，富含淀粉粒，子叶中央有维管束。胚细胞相对小，长圆形、圆形，亦富含淀粉粒。

萌发特性 适宜在25℃恒温光照条件下培养，发芽率为50%~80%。

贮　藏 正常型。在室温条件下贮藏10个月，仍能保持较高的发芽率。

①果实群体
②种子群体
③内果皮
④种皮纵切面显微结构图

①

②

③ ④

大戟科 | Euphorbiaceae

90 巴豆 灌木或小乔木 | 别名：巴菽、刚子、老阳子、巴霜刚子、巴仁
Croton tiglium Linnaeus

■ 药用价值 以干燥成熟果实入药，药材名巴豆。外用具有蚀疮之功效。用于恶疮疥癣，疣痣。

■ 分　布 分布于浙江、福建、江西、湖南、广东、海南、广西、贵州、四川和云南等地。

■ 采　集 花期 4~6 月，果期 8~11 月。蒴果呈灰黄色或稍深时及时采摘，阴干，脱粒，精选去杂，干燥处贮藏。

■ 形态特征 蒴果卵形或椭球形，一般具 3 条棱；表面被疏生短星状毛或近无毛，有纵线 6 条，顶端平截，基部有果梗痕；灰黄色或稍深；长 1.8~2.2 cm，宽 1.4~2 cm；内分 3 室，每室含种子 1 枚。种子三棱状椭球形；背面圆拱，中央有 1 条纵棱；腹部稍平，中央有一宽腹缝线；顶端合点呈小突尖状；黄棕色、灰棕色至黑褐色，具不规则黄棕色或灰棕色斑块，光滑且光亮；长 1.074~1.373 cm，宽 0.893~1.189 cm，厚 7.42~9.93 mm，千粒重为 336.05 g。种脐近圆形；直径 1.85~3.12 mm；黄褐色；位于基端。外种皮外表面黄棕色、灰棕色至黑褐色，内面灰白色；壳质，厚 0.30 mm，脆；与内种皮分离。内种皮黄白色；膜质；紧贴胚乳，难以分离。胚乳中等；黄色；蜡质，含油脂；气微，味辛辣；包被着胚。胚匙形；黄色；蜡质，稍含油脂；长 7.66~10.34 mm，宽 4.94~7.71 mm，厚 3.60 mm；平躺于种子中央。子叶 2 枚；宽椭圆形，顶部略平截，薄片状，具明显叶脉；长 6.64~9.13 mm，宽 4.94~7.71 mm，每枚厚 0.20 mm；两子叶边缘并合，中部分离。胚根短圆柱状；长 1.28~2.45 mm，宽 0.79~1.32 mm，厚 1.10 mm；朝向种脐。

■ 微观特征 外果皮为表皮细胞 1 列，外被多细胞星状毛。中果皮外侧为 10 余列薄壁细胞，散有石细胞、草酸钙方晶或簇晶；中部具有由约 4 列纤维状石细胞组成的环带；内侧为数

列薄壁细胞。内果皮为 3~5 列纤维状厚壁细胞。种皮表皮细胞由 1 列径向延长的长方形细胞组成，其下为 1 列厚壁型栅状细胞，胞腔线形，外端略膨大。

■ **萌发特性**　具物理休眠。

■ **贮　　藏**　正常型。

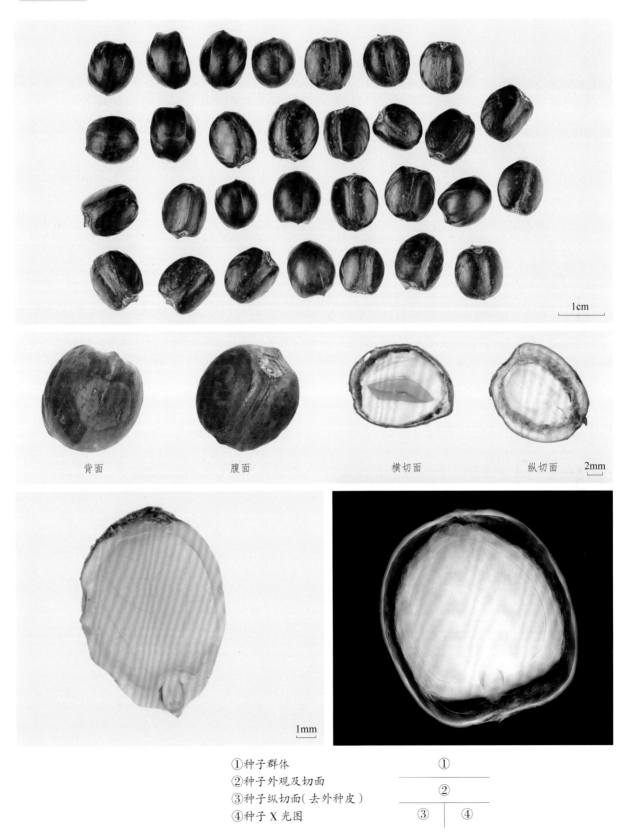

①种子群体
②种子外观及切面
③种子纵切面（去外种皮）
④种子X光图

①
②
③　④

⑨ 飞扬草

一年生草本 | 别名：乳籽草、大奶浆草、节节草、奶汁草、飞相草
Euphorbia hirta L.

药用价值 以干燥全草入药，药材名飞扬草。具有清热解毒、利湿止痒、通乳之功效。用于肺痈，乳痈，疔疮肿毒，牙疳，痢疾，泄泻，热淋，血尿，湿疹，脚癣，皮肤瘙痒，产后少乳。

分　布 分布于江西、湖南、福建、台湾、广东、广西、海南、四川、贵州和云南等地。

采　集 花、果期6~12月。蒴果黄色时及时采摘，阴干，脱粒，精选去杂，干燥处贮藏。

形态特征 蒴果三棱状阔卵形，表面被短柔毛；淡黄色；长1~1.5 mm，宽1~1.5 mm；成熟时分裂为3个2裂的分果爿，每果爿含种子1枚。种子四棱状倒卵形；四棱间具不规则短横棱，其中一纵棱上具稍凹的褐色腹缝线；棕色；长0.67~0.85 mm，宽0.35~0.48 mm，千粒重为0.07~0.08 g。种脐白色，圆形，位于腹面近基端凹陷处。种皮棕色；胶质，厚0.02 mm；紧贴胚乳。胚乳丰富；白色；肉质，富含油脂；包被着胚。胚匙形；白色；肉质，富含油脂；长0.44~0.45 mm，宽0.21~0.23 mm，厚0.23 mm；直生于种子中间。子叶2枚；半圆形，扁，稍分离。胚根短圆柱形，顶端尖，朝向种脐。

萌发特性 具生理休眠或无休眠。在20℃、12 h/12 h光照条件下，1%琼脂培养基上，萌发率可达100%。

贮　藏 正常型。干燥至相对湿度15%后，于–20℃条件下贮藏，种子寿命可达5年以上。

92 续随子

二年生草本 | 别名：千两金、菩萨豆、联步、一把伞

Euphorbia lathyris L.

■ **药用价值** 以干燥成熟种子入药，药材名千金子。具有泻下逐水、破血消癥、外用疗癣蚀疣之功效。
用于二便不通，水肿，痰饮，积滞胀满，血瘀经闭；外治顽癣，赘疣。

■ **分　布** 分布于黑龙江、吉林、辽宁、河北、山西、江苏、浙江、福建、台湾、河南、湖南、广西、
四川、贵州、云南等地。

■ **采　集** 花期4~7月，果期7~9月。夏、秋二季果实成熟时采收，晒干，脱粒，精选去杂，干
燥处贮藏。

■ **形态特征** 蒴果三棱状球形，光滑无毛，长与直径各约1 cm，花柱早落，成熟时不开裂。种子椭
圆形或倒卵形，长约0.5 cm，径约0.4 cm。表面灰棕色或灰褐色，具不规则网状皱纹，
网孔凹陷处灰黑色，形成细斑点。一侧有纵沟状种脊，顶端为突起的合点，下端为线
形种脐，基部有类白色突起的种阜或具脱落后的疤痕。种皮薄脆，种仁白色或黄白色。
种子由种皮、胚和胚乳构成，种皮内油脂化程度较高，胚乳丰富，白色。

■ **微观特征** 种皮表皮细胞波齿状，外壁较厚，细胞内含棕色物质；下方为由1~3列薄壁细胞组成
的下皮；内表皮为1列类方形栅状细胞，其侧壁内方及内壁明显增厚。内种皮栅状细
胞1列，棕色，细长柱状，壁厚，木化，有时可见壁孔。外胚乳为数列类方形薄壁细胞；
内胚乳细胞类圆形；子叶细胞方形或长方形，均含糊粉粒。

■ **萌发特性** 有休眠。新鲜种子在低于5℃的条件下不萌发；35℃且水分充足条件下，萌发率可达
99%。种子光敏感率极高，光照是其萌发的必要条件，黑暗环境下，萌发率低于1%。
湿沙层积可解除休眠，常温层积80 d，萌发率高达99.5%。另外剥去颖壳，在赤霉素(GA₃)
中浸泡，发芽率可达80%。

■ **贮　藏** 正常型。室温下可贮藏3年。

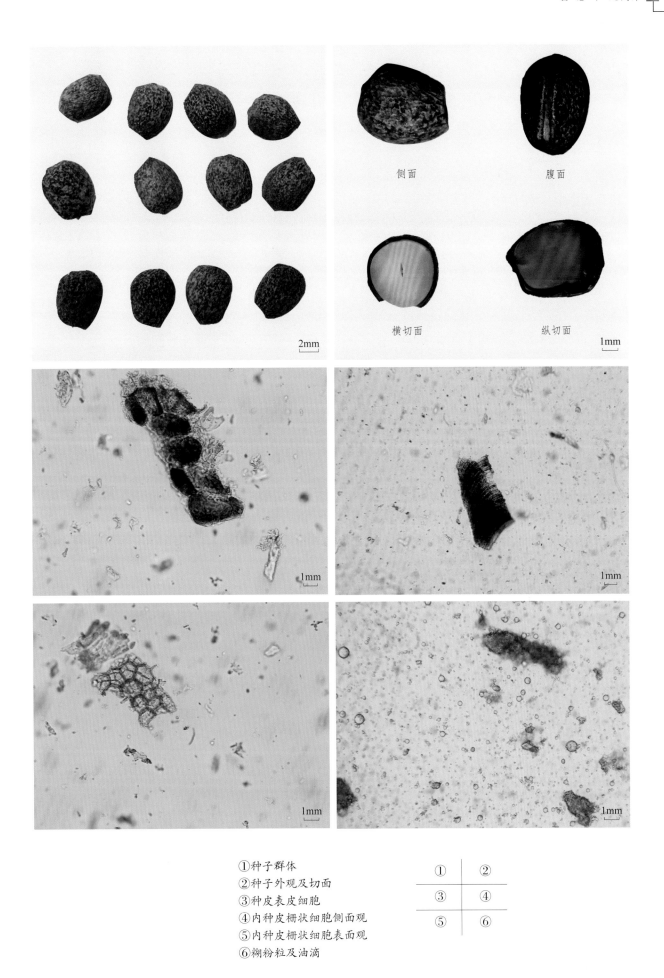

侧面　　　　　腹面

横切面　　　　纵切面

①种子群体
②种子外观及切面
③种皮表皮细胞
④内种皮栅状细胞侧面观
⑤内种皮栅状细胞表面观
⑥糊粉粒及油滴

①	②
③	④
⑤	⑥

漆树科 | Anacardiaceae

93 **漆 树** 落叶乔木 | 别名：干漆、大木漆、小木漆、山漆、植苴
Toxicodendron verniciﬂuum (Stokes) F. A. Barkl.

药用价值 以树脂经加工后的干燥品入药，药材名干漆。具有破瘀通经、消积杀虫之功效。用于瘀血经闭，癥瘕积聚，虫积腹痛。

分　　布 除黑龙江、吉林、内蒙古和新疆以外，其他各地均有分布。

采　　集 花期 5~6 月，果期 7~11 月。核果黄色时及时采摘，去除果皮，阴干，精选去杂，干燥处贮藏。

形态特征 核果圆球形或椭球形，稍扁；表面具纵向脉纹，顶端具小突尖，基部平截；长 5~6 mm，宽 7~8 mm。外果皮黄色或黄褐色，有光泽；中果皮蜡质，具树脂道，内含果核 1 枚。果核卵形或矩圆形，上部稍扁，下部略圆拱；表面光滑；黄色或浅黄棕色；长 4.86~5.40 mm，宽 3.97~4.52 mm，厚 2.49~2.89 mm，千粒重为 29.40 g；果核壳（内果皮）黄色或黄褐色，角质，厚 0.35 mm，与种皮分离；内含种子 1 枚。种子卵形或肾形，稍扁；表面皱缩，凹凸不平；灰黄色；长 4.08~4.13 mm，宽 3.26~3.53 mm，厚 1.25 mm。种脐黄棕色；近圆形或宽椭圆形，直径为 0.40 mm；位于种子一侧的近基端。种皮灰黄色；膜质；紧贴胚乳，可分离。胚乳较少，背面薄，腹面稍厚；乳白色；蜡质，含油脂；包被着胚。胚矩圆形；黄色；蜡质，含油脂；长 3.92~4.13 mm，宽 2.68~3.53 mm，厚 1.10 mm。子叶 2 枚；宽椭圆形，稍扁；长 3.60~4.01 mm，宽 3.26~3.53 mm，每枚厚 0.55 mm；并合。胚根圆柱形，顶端尖；长 2.02~2.76 mm，宽 0.51~0.73 mm，厚 0.70 mm，朝向种脐。

萌发特性 具物理休眠。在 20℃、12 h/12 h 光照条件下，1% 琼脂培养基上，播种 7 d 后剥去内果皮，萌发率为 68%；在 25℃ /10℃、12 h/12 h 光照条件下，1% 琼脂培养基上，萌发率为 65.2%。

贮　藏 正常型。干燥至相对湿度 15% 后，于 –20℃ 条件下贮藏，种子寿命可达 4 年以上。

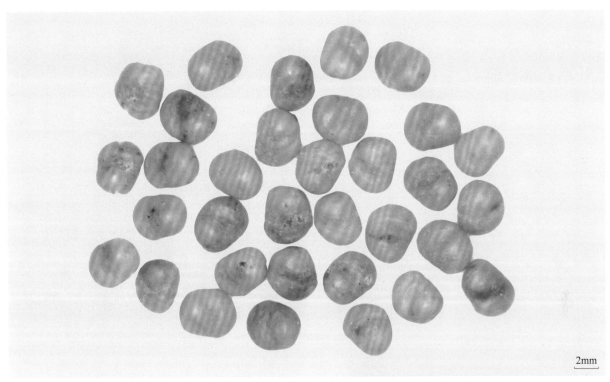

侧面　　　　腹面

横切面　　　　纵切面

1mm

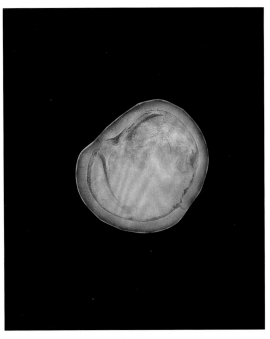

①果核群体
②果核外观及切面
③果核 X 光图

凤仙花科 | Balsaminaceae

94 凤仙花

一年生草本 | 别名：指甲花
Impatiens balsamina L.

药用价值 以干燥成熟种子入药，药材名急性子。具有破血、软坚、散积之功效。用于癥瘕痞块，经闭，噎膈。

分　布 全国各地均有栽培。主产于江苏、浙江、河北、安徽、山东。

采　集 花期6月初至9月，果期6月中旬至10月。夏、秋二季果实由青变黄时采收，晒干，除去果皮和杂质，干燥处贮藏。

形态特征 蒴果椭圆形，密被粗毛。种子圆形或卵圆形，略扁，直径1.9~3.8 mm，厚1.7~2.3 mm，表面棕褐色或棕色，无光泽，无毛。种子基部具1个小突起状种脐，种皮薄而坚硬，种皮表面在解剖镜下可见多数颗粒状小突起及少数纵行黄色短小线纹（破损后露出簇生针状毛）。胚直生，白色，半透明，含油分；胚根小而甚短缩，子叶2枚，肥大，圆形或卵圆形。千粒重为6.1 g。

微观特征 色素层细胞含棕红色物质，外侧近下皮层分布有大型薄壁细胞，内含草酸钙针晶束。内种皮1列细胞，壁稍增厚。子叶薄壁细胞含淀粉粒及糊粉粒。

萌发特性 无休眠。对环境条件要求不严，易于萌发。

贮　藏 一般贮藏条件下，贮藏期限为5年。

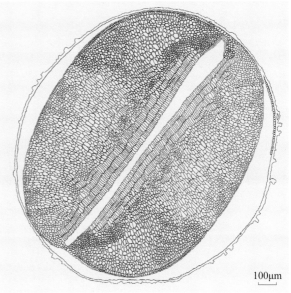

①种子外观
②种子纵切面简图

① | ②

鼠李科 | Rhamnaceae

95 酸 枣 落叶小乔木，稀灌木 | 别名：山枣、野枣、硬枣
Ziziphus jujuba Mill. var. *spinosa* (Bunge) Hu ex H. F. Chou

■ **药用价值** 以干燥成熟种子入药，药材名酸枣仁。具有养心补肝、宁心安神、敛汗、生津之功效，用于虚烦不眠，惊悸多梦，体虚多汗，津伤口渴。

■ **分 布** 分布于河北、山西、陕西、甘肃、辽宁、山东等地。

■ **采 集** 花期5~7月，果期8~10月。秋末冬初采收成熟果实，除去果肉和核壳，收集种子，阴干，精选去杂，干燥处贮藏。

■ **形态特征** 核果矩圆形或椭球形；红棕色；长 2~3.5 cm，宽 1.5~2 cm；基部具长 2~5 mm 的果梗。外果皮薄，革质；中果皮厚，肉质，味酸甜；内果皮骨质；厚 1.25~1.65 mm。果核卵球形或椭球形，顶端和基部尖或钝，表面具不规则脑纹样瘤状突起；黄棕色至褐色；长 6.63~13.05 mm，宽 5.40~9.83 mm；内分 2 室，含种子 1~2 枚。种子宽椭圆形，双凸或平凸，基部稍钝；表面光滑有光泽或密布蜂窝状凹窝，腹面中央有一不明显纵凹槽；红棕色或棕褐色；长 4.18~7.58 mm，宽 3.22~6.65 mm，厚 2.55~3 mm。种脐白色；短线状，长约 0.40 mm，宽约 0.15 mm；位于基端凹陷处。外种皮红褐色；角质，厚约 0.10 mm；内种皮黄棕色或黄褐色，海绵状。胚乳含量中等；乳白色；蜡质，稍含油脂；包

被着胚。胚宽倒卵形，稍扁，黄色；蜡质，稍含油脂；长 6.80 mm，宽 5.20 mm，厚 1.10 mm，平躺于种子中央；气微，味淡。子叶 2 枚；宽倒卵形，扁平；长 6.80 mm，宽 5.20 mm，每枚厚 0.55 mm；并合；胚根短圆锥形；长 0.50 mm，宽 0.45 mm，厚 0.35 mm，朝向种脐。

■ 微观特征　横切面：外种皮栅栏状细胞红棕色，表面呈多角形，直径约 15 μm，壁厚，木化，胞腔小；侧面呈长条形，外壁增厚，侧壁上、中部甚厚，下部渐薄；底面具类多角形或圆多角形。内种皮细胞呈长方形或类方形，垂周壁连珠状增厚，木化。胚乳细胞类多角形，含大量糊粉粒及脂肪油。子叶表皮细胞含细小草酸钙簇晶和方晶，薄壁细胞均充满糊粉粒及脂肪油。

■ 萌发特性　种子在光照和黑暗条件下均能萌发。在 20~35℃ 条件下均能正常萌发，其中发芽适温为 25℃ 左右，发芽率达 60% 以上。先用 98% 硫酸带壳浸泡 30 min，再用清水浸泡 24 h，60℃ 温水浸泡 48 h，然后低温层积 30 d，再培养于 25℃，可使种子的发芽率达到 95%。

■ 贮　藏　正常型。常温下贮藏不应超过 1 年。

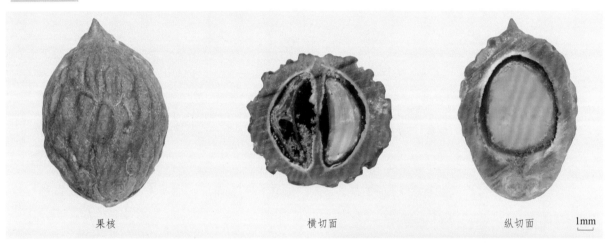

果核　　　　　　　　　横切面　　　　　　　　　纵切面　　　1mm

1cm

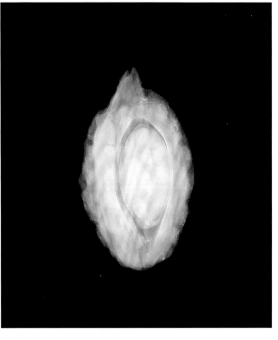

①果核外观及切面　　　　　　　①
②果核群体
③果核 X 光图　　　　　　　　②　│　③

侧面　　　　　腹面　　　　　横切面　　　　　纵切面

①种子群体
②种子外观及剖面
③种子横切面显微结构图
④种子横切面显微结构图(局部)

①
②
③　④

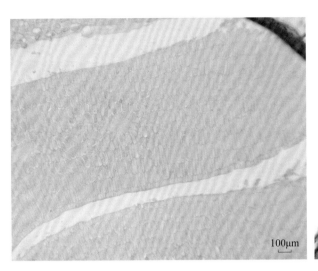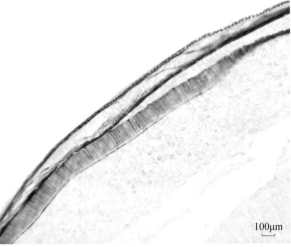

①种子纵切面显微结构图
②种子纵切面显微结构图(局部)

① | ②

锦葵科 | Malvaceae

96 冬葵 二年生草本 | 别名：野葵、冤葵、棋盘菜、冬苋菜
Malva verticillata L.

■ **药用价值** 以干燥成熟果实入药，药材名冬葵果。具有清热利尿、消肿之功效。用于尿闭，水肿，口渴，尿路感染。

■ **分　布** 全国各地均有分布。

■ **采　集** 北方地区春播，花期6~9月，果期9~10月；南方地区秋播或冬播，花期3~4月，果期5~6月。当分果彼此分离并与中轴脱离时，种子成熟，分批采集，晾干，脱粒，精选去杂，干燥处贮藏。

■ **形态特征** 蒴果呈扁球状盘形，直径4~7 mm，外被膜质宿萼。宿萼钟状，黄绿色或黄棕色，有的微带紫色，先端5齿裂，裂片内卷，其外有条状披针形的小苞片3枚。果梗细短。果实由分果瓣10~12枚组成，在圆锥形中轴周围排成1轮，分果类扁圆形，直径1.4~2.5 mm，表面黄白色或黄棕色，具隆起的环向细脉纹。种子肾形，棕黄色或黑褐色。气微，味涩。通常说的种子为分果，千粒重约为2.32 g。除去分果皮后，种子呈棕褐色，有稀薄胚乳，胚淡黄色，被胚乳包围，子叶2枚，心形，从两侧折叠。

■ **微观特征** 由外向内依次是分果外果皮、中果皮纤维束、内果皮、种皮表皮细胞、栅状细胞、色素层、胚乳细胞、子叶表皮细胞和薄壁细胞。分果外果皮为1层长方形表皮细胞，壁稍厚，外被角质层。中果皮由2~3层类圆形薄壁细胞和1层含草酸钙棱晶的细胞组成，薄壁组织中有大型黏液细胞散在。含晶细胞类圆形，壁厚且木化。中果皮与内果皮间有10余束纤维束，呈环状排列。内果皮为1列径向延长的石细胞，呈栅栏状，侧壁及内壁甚厚，木化。种皮表皮细胞较大，1列，扁长方形；栅状细胞1列，长柱形，壁极厚，

中间可见胞腔，内含细小球状结晶。色素层 1~2 列细胞，类多角形或类长方形，胞腔内含黄棕色或红棕色物质。胚乳细胞呈多角形或类方形，直径 11~35 μm，壁略呈念珠状增厚。子叶表皮细胞类长方形，薄壁细胞呈类多角形或椭圆形，含拟晶体。

萌发特性 种子（分果）无休眠，萌发迅速，萌发率高达 96%。在 5~35℃条件下均可萌发，以 25~30℃为宜，其发芽迅速且整齐，3 d 可以长成完整幼苗，7 d 可结束发芽。低温和高温抑制发芽，5℃萌发时间长且幼苗不正常，35℃萌发率低且幼苗不正常。

贮 藏 种子较耐贮藏，在 4℃条件下铝箔袋包装贮藏，6 年后检验，萌发率仍为 80% 左右。

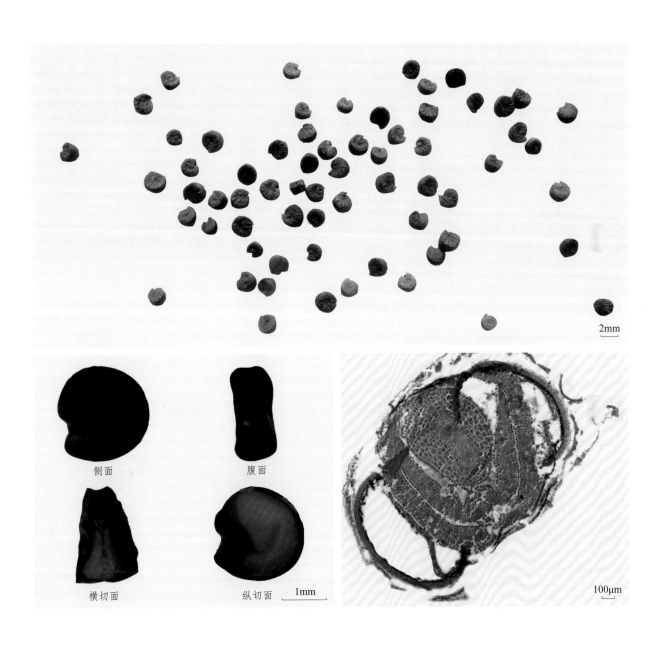

2mm

侧面　　腹面

横切面　　纵切面　　1mm

100μm

①分果群体
②种子外观及切面
③分果横切面显微结构图

①
②｜③

97 **苘 麻** 一年生亚灌木状草本 | 别名：白麻
Abutilon theophrasti Medic.

药用价值 以干燥成熟种子入药，药材名苘麻子。具有清热解毒、利湿、退翳之功效。用于赤白痢疾，淋证涩痛，痈肿疮毒，目生翳膜。

分　布 除青藏高原外，其他各地均有分布。

采　集 花期7~8月，果期9~11月。秋季采收成熟果实，晒干，打下种子，除去杂质。

形态特征 蒴果半球形，直径约2 cm，长约1.2 cm，分果爿15~20个，被粗毛，顶端具长芒2枚。种子三角状扁肾形，一端较尖，长3.4~4 mm，宽约3 mm。表面暗褐色，散有稀疏短毛，边缘凹陷处具淡棕色的种脐。种皮坚硬，剥落后可见胚根圆柱形，子叶折叠，呈"W"字形，胚乳与子叶交错。气微，味淡。千粒重约为10.13 g。

微观特征 种子表皮细胞1列，扁长方形，有的分化成单细胞非腺毛，壁稍厚，微木化。下皮细胞1列，略径向延长，类长方形。栅状细胞长柱形，长75~88 μm，近外端处可见光辉带，壁极厚，下部壁木化，上部壁非木化。色素层细胞4~5列，扁长圆形，内含黄棕色或红棕色物。胚乳与子叶细胞含脂肪油与糊粉粒。

萌发特性 无休眠。种子在10~35℃条件下均可萌发，在25℃或30℃条件下萌发，发芽率为100%。

贮　藏 正常型。室温下可贮藏3年以上。

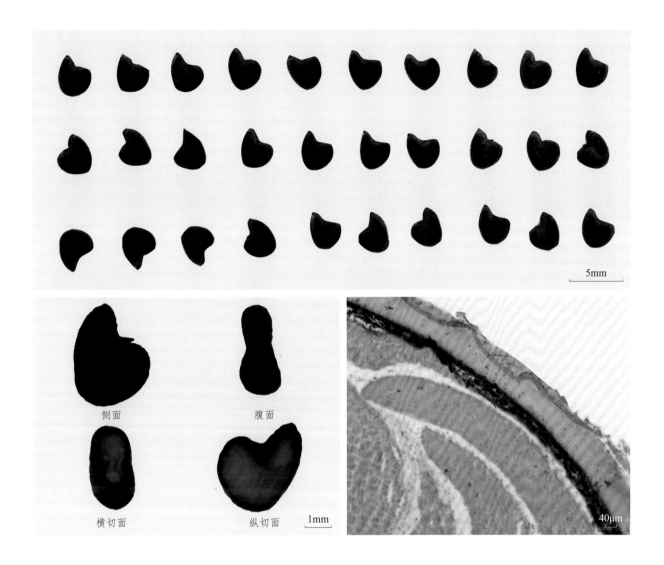

5mm

側面　　　　腹面

横切面　　　　纵切面

1mm

40μm

①种子群体
②种子外观及切面
③种子横切面显微结构图

	①	
②		③

98 黄蜀葵

一年生草本 | 别名：黄葵、秋葵、黄芙蓉
Abelmoschus manihot (L.) Medic.

■ 药用价值 以干燥花冠入药，药材名黄蜀葵花。具有清热利湿、消肿解毒之功效。用于湿热壅遏，淋浊水肿；外治痈疽肿毒，水火烫伤。

■ 分 布 分布于河北、山东、河南、陕西、湖北、湖南、四川、贵州、云南、广西、广东和福建等地，江苏泰州、无锡、镇江、兴化、宜兴等地亦有栽培。

■ 采 集 花期7~10月，果期8~11月。10月下旬开始摘下缝线发白、顶部微张开的果实，晾晒，打下种子，晒干，干燥处贮藏。

■ 形态特征 蒴果长卵状椭圆形，长4~5 cm，直径2.5~3 cm。熟时表面黑色，分布有稀疏硬毛，顶端沿背缝线开裂。种子多数。种子肾形，直径3.45~3.86 mm，褐色，表面无光泽，具有纹理，表皮外被有排成条纹状的短柔毛，长短不一。柔毛以种脐为中心，呈弧形条状排列。种脐位于基部一侧，略凹陷，棕褐色。

■ 微观特征 种子表面为网状纹饰，多为长方形、五边形或不规则多边形，大小不一，网脊粗细不一，多数脊顶比较粗糙。

■ 萌发特性 11月收的种子，翌年2月发芽率可达90%~99%，存放1年后发芽率84%~90%，存放2年发芽率降至50%左右。种子宜在25℃条件下，用30~35℃温水浸种24 h至露白，晾干后播种。

■ 贮 藏 正常型。常温保存，通风避光，4~10℃凉库保存2年。

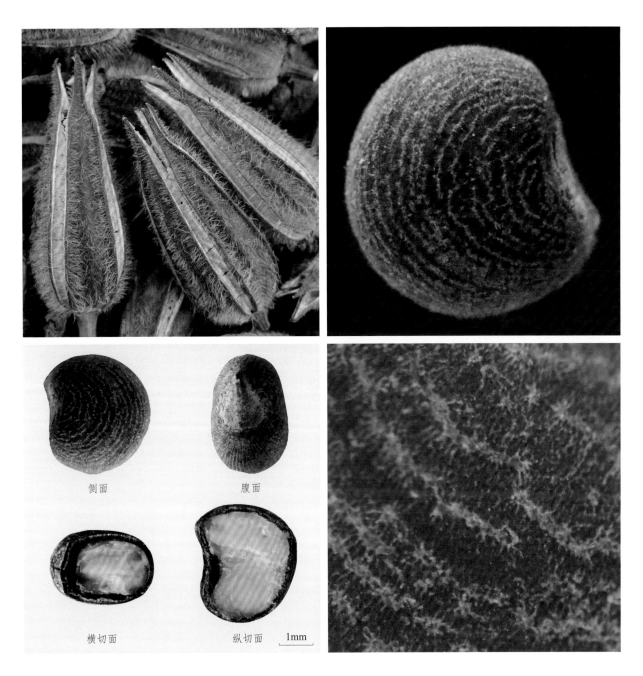

侧面　　　　　腹面

横切面　　　　纵切面　　1mm

①果实外观
②种子外观
③种子外观及切面
④种子表面纹饰

①	②
③	④

■ 藤黄科 | Guttiferae

99 贯叶连翘　多年生草本 ｜ 别名：小金丝桃、小叶金丝桃、夜关门、铁帚把
Hypericum perforatum Linnaeus

■ 药用价值　以干燥地上部分入药，药材名贯叶连翘。具有疏肝解郁、清热利湿、消肿通乳之功效。用于肝气郁结，情志不畅，心胸郁闷，关节肿痛，乳痈，乳少。

■ 分　　布　分布于河北、山西、陕西、甘肃、新疆、山东、江苏、江西、河南、湖北、湖南、四川和贵州等地。

■ 采　　集　花期 7~8 月，果期 9~10 月。蒴果呈黄褐色或褐色时及时采摘，阴干，脱粒，精选去杂，干燥处贮藏。

■ 形态特征　蒴果长圆状卵球形，长约 5 mm，宽约 3 mm；黄褐色；具背生腺条及侧生黄褐色囊状腺体，花柱和花萼宿存；成熟后室间开裂，内含种子多枚。种子短圆柱形，两端稍尖；表面具蜂窝状细网纹；黑褐色，有金属光泽；长 0.86~1.11 mm，宽 0.37~0.48 mm，千粒重为 0.09~0.11 g。种脐黑褐色；圆形，凸；直径为 0.15 mm；位于基端。种皮黑褐色；胶质，厚 0.05 mm；与胚贴合，可分离。胚乳几乎无，薄膜状。胚圆柱形；乳白色；肉质，含油脂；长 0.74~0.93 mm，宽 0.28~0.38 mm；充满整粒种子。子叶 2 枚；椭圆形，平凸；长 0.48 mm，宽 0.32 mm，每枚厚 0.20 mm；并合。胚根短圆柱形；长 0.41 mm，直径 0.32 mm；朝向种脐。

■ 萌发特性　具生理休眠。在 20℃、12 h/12 h 光照条件下，含 200 mg/L 赤霉素（GA₃）的 1% 琼脂培养基上，萌发率为 96%；在 30℃/10℃、12 h/12 h 光照条件下，1% 琼脂培养基上，萌发率为 97.7%；在 25℃/10℃、12 h/12 h 光照条件下，1% 琼脂培养基上，萌发率为 95.7%。

■ 贮　　藏　正常型。干燥至相对湿度 15% 后，于 –20℃ 条件下贮藏，种子寿命可达 6 年以上。

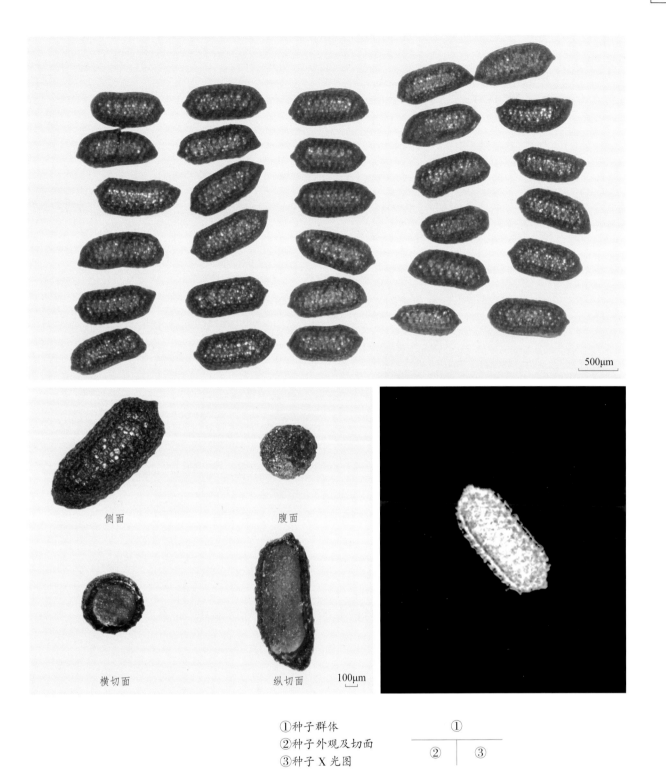

① 种子群体
② 种子外观及切面
③ 种子 X 光图

	①	
	②	③

旌节花科 | Stachyuraceae

100 中国旌节花 落叶灌木 | 别名：水凉子、萝卜药、旌节花
Stachyurus chinensis Franch.

■ **药用价值** 以干燥茎髓入药，药材名小通草。具有清热、利尿、下乳之功效。用于小便不利，淋证，乳汁不下。

■ **分　布** 分布于河南、陕西、西藏、浙江、安徽、江西、湖南、湖北、四川、贵州、福建、广东、广西和云南等地。

■ **采　集** 花期 3~4 月，果期 5~7 月。浆果成熟时及时采摘，去除果皮和果肉，阴干，精选去杂，干燥处贮藏。

■ **形态特征** 浆果圆球形，未成熟时绿色，成熟后黑褐色；直径 6~7 cm；表面无毛，近无梗，基部具花被残留物。外果皮革质，内含种子多枚。种子倒卵形或倒卵状三角形，表面光滑且光亮；黄棕色；长 1.72~2.47 mm，宽 1.16~2.13 mm，厚 1.1~1.51 mm，千粒重为 2.78 g；包于柔软的假种皮内。种脐小，不明显；位于基端。种皮黄棕色；骨质，厚 0.2 mm；紧贴胚乳。胚乳含量中等，厚 0.15 mm；白色；肉质，富含油脂；包被着胚。胚乳白色；肉质，富含油脂；长 1.35 mm，宽 0.86 mm，厚 0.27 mm；平躺于种子中央。子叶 2 枚；近圆形或椭圆形，扁平；长 0.91 mm，宽 0.86 mm，每枚厚 0.14 mm；并合。胚根扁圆锥形；长 0.44 mm，宽 0.30 mm，厚 0.27 mm；朝向种脐。

■ **萌发特性** 在 25℃/15℃、12 h/12 h 光照条件下，1% 琼脂培养基上，萌发率为 42.8%。

■ **贮　藏** 正常型。寿命较短。

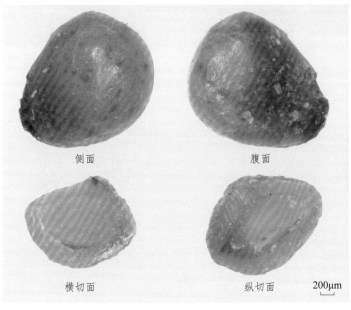

侧面　　　　　　　　　腹面

横切面　　　　　　　　纵切面　　200μm

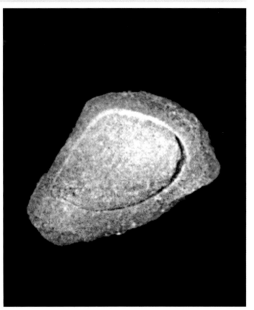

①种子群体
②种子外观及切面
③种子 X 光图

①	
②	③

101 喜马山旌节花

落叶灌木或小乔木 | 别名：西域旌节花、通条树、空藤杆
Stachyurus himalaicus Hook. f. et Thoms.

■ 药用价值 以干燥茎髓入药，药材名小通草。具有清热、利尿、下乳之功效。用于小便不利，淋证，乳汁不下。

■ 分　布 分布于陕西、浙江、湖南、湖北、四川、贵州、台湾、广东、广西、云南、西藏等地。

■ 采　集 花期 3~4 月，果期 5~8 月。浆果呈黑褐色时及时采摘，去除果皮和果肉，阴干，精选去杂，干燥处贮藏。

■ 形态特征 浆果圆球形，顶端具宿存花柱；黑褐色；直径 7~8 cm；外果皮革质；内含种子多枚。种子倒卵形或倒卵状三角形，表面光滑且光亮；黄棕色；长 1.51~2.01 mm，宽 1.09~1.64 mm，厚 0.84~1.16 mm，千粒重为 1.06 g；包于柔软的假种皮内。种脐小，不明显；位于基端。种皮黄棕色，骨质，厚 0.25 mm，紧贴胚乳。胚乳含量中等，厚 0.1 mm；白色；肉质，富含油脂；包被着胚。胚白色；肉质，富含油脂；长 1.02~1.12 mm，宽 0.64~0.80 mm，厚 0.25 mm；平躺于种子中央。子叶 2 枚；圆形或卵形，扁平；长 0.74~0.80 mm，宽 0.64~0.80 mm，每枚厚 0.13 mm；并合。胚根扁圆锥形，短；长 0.23~0.37 mm，宽 0.23~0.26 mm，厚 0.20 mm；朝向种脐。

■ 贮　藏 正常型，寿命较短。干燥至相对湿度 15% 后，于 −20℃ 条件下贮藏，种子寿命可达 3.5 年。

1mm

侧面　　　　　　　腹面

横切面　　　　　　纵切面　　200μm

①种子群体
②种子外观及切面
③种子 X 光图

①
②　③

■ 胡颓子科 | Elaeagnaceae

102 **沙棘** 落叶灌木或乔木 | 别名：醋柳、黑刺、酸刺
Hippophae rhamnoides L.

药用价值 以干燥成熟果实入药，药材名沙棘。具有健胃消食、止咳化痰、活血散瘀之功效，用于脾虚食少，食积腹痛，咳嗽痰多，胸痹心痛，瘀血经闭，跌扑瘀肿等。

分　布 分布于河北、河南、内蒙古、山西、陕西、甘肃、新疆、青海、四川、云南、西藏等地。

采　集 花期4~5月，果期9~10月。秋、冬二季果实成熟或冻硬时采收，晾干，脱粒，精选去杂，干燥处贮藏。

形态特征 种子斜卵形，长约4 mm，宽约2 mm；表面褐色，有光泽，中间有一纵沟，种脐端有2个不对称的突起；种皮较硬，种仁乳白色，有油性。

微观特征 种皮细胞类长条形，壁较厚，紧密排列，呈栅栏状。子叶内含脂肪滴油。

萌发特性 温度对种子的萌发影响较大，30℃恒温或20~30℃变温条件为种子的适宜萌发温度，低温将使种子萌发率降低。

贮　藏 越冬贮藏。放置于0~5℃、干燥、通风的仓库里，可贮藏2~3年。

侧面　　　　　　腹面　　　　　　横切面　　　　　　纵切面

1mm

1mm

10μm

①种子外观及切面
②种子群体
③种子横切面显微结构图

① ②
③

■ 使君子科 | Combretaceae

103 使君子 攀缘状灌木 | 别名：留求子、史君子、四君子
Quisqualis indica L.

■ 药用价值 以干燥成熟果实入药，药材名使君子。具有杀虫消积之功效。用于蛔虫病，蛲虫病，虫积腹痛，小儿疳积。

■ 分　布 分布于长江中下游以南地区。

■ 采　集 花期 6~9 月，果期 9~10 月。秋季果皮变紫黑色时采收，除去杂质，干燥。置通风干燥处贮藏。

■ 形态特征 坚果，果皮革质，呈青黑色或栗色，卵形，短尖，具明显的锐棱角 5 条，长 30.2~37.4 mm，直径 16.0~20.1 mm。百粒重 141.5~157.5 g。含种子 1 枚。种子呈圆柱状纺锤形，长 14.8~22.8 mm，直径 7.4~11.7 mm，种皮褐色，有绒毛，褶皱，易脱落；子叶 2 枚，呈乳白色。饱满种子的百粒重 65.69~80.73 g。

■ 微观特征 种皮细胞较大，胚细胞向内径向排列，内含较多的油滴及糊粉粒。

■ 萌发特性 无休眠。新鲜种子在 20~35℃，黑暗或光照条件下均可萌发。发芽适宜温度 35℃，除去果壳取出种子，播于蛭石发芽床上，发芽 9 d，萌发率可达 77%。

■ 贮　藏 正常型。室温下可贮藏 1 年以上。

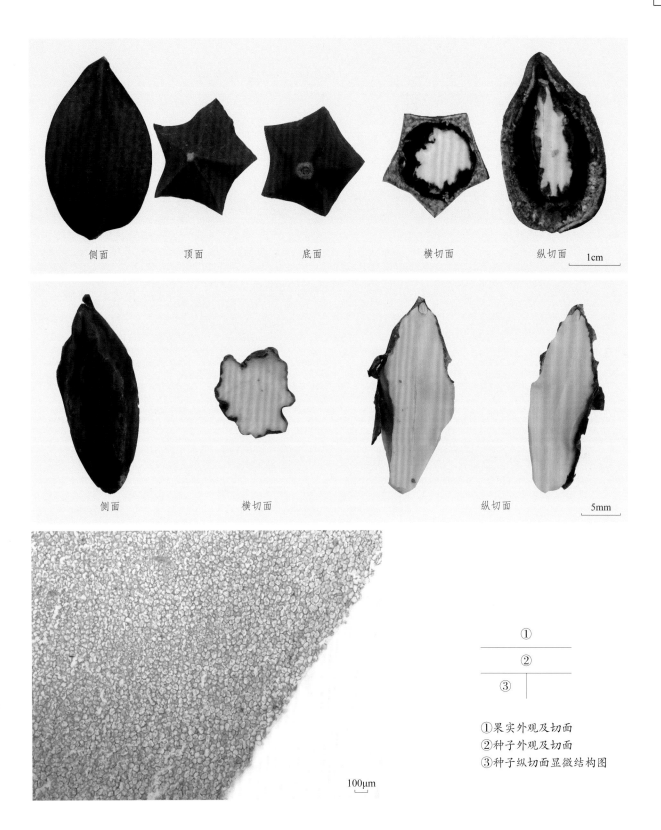

侧面   顶面   底面   横切面   纵切面   1cm

侧面   横切面   纵切面   5mm

100μm

①
②
③

①果实外观及切面
②种子外观及切面
③种子纵切面显微结构图

五加科 | Araliaceae

104 刺五加　灌木 ｜ 别名：刺拐棒、坎拐棒子、一百针、老虎潦
Acanthopanax senticosus (Rupr. et Maxim.) Harms

■ **药用价值**　以干燥根和根茎或茎入药，药材名刺五加。具有益气健脾、补肾安神之功效。用于脾肺气虚，体虚乏力，食欲不振，肺肾两虚，久咳虚喘，肾虚腰膝酸痛，心脾不足，失眠多梦。

■ **分　　布**　分布于黑龙江、吉林、辽宁、河北和山西等地。

■ **采　　集**　花期7月，果期9~10月。果实呈黑色变软时采集，放置数日使充分后熟，浸水揉洗去果肉，取沉底种子洗净晾干，随即播种或沙藏，也可干藏。

■ **形态特征**　浆果球形或卵形，长约8 mm，宽4.5~5.5 mm，具5条棱，表面黑色。种子半卵形，扁，表面棕色，有1个纵行暗棕色种脊，基部有1个尖突状种柄。种皮菲薄，贴生于种仁。胚乳丰富，胚细小，埋生于种仁基部。

萌发特性　新鲜种子置于 15~25℃变温箱中 82 d 后，置室温 6.8~10.5℃下，127 d 后，发芽率为 37%。种子在变温箱条件下比黑暗恒温条件发芽好。

贮　藏　在室温条件下，置牛皮纸袋或纸袋贮藏，可贮藏 1 年以上，发芽率为 4%，刺五加以随采随播为好。

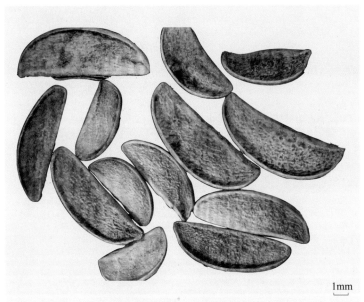

①种子群体
②种子纵切面　　①　│　②

⑩ 人参　多年生草本 ｜ 别名：园参、林下山参、籽海、棒槌
Panax ginseng C. A. Mey.

药用价值 以干燥根和根茎入药，药材名人参。具有大补元气、复脉固脱、补脾益肺、生津养血、安神益智之功效。用于体虚欲脱，肢冷脉微，脾虚食少，肺虚喘咳，津伤口渴，内热消渴，气血亏虚，久病虚羸，惊悸失眠，阳痿宫冷。

分　布 野生人参主要分布于东北三省长白山区及大、小兴安岭一带，常生于深山阴湿林下，目前已十分稀少；园参主产于吉林、辽宁、黑龙江，以吉林产者为地道药材，习称"吉人参"。

采　集 花期6~7月，果期7~8月。果实成熟时呈鲜红色，果肉变软，采回后及时搓掉果皮、果肉，用水漂除果肉及不成熟的浮子。将种子洗至洁白干净为止。

形态特征 核果状浆果，扁球形，多数集成头状，成熟时呈鲜红色，2室，每室内含种子2枚。种子宽椭圆形，略扁，长4.8~7.2 mm，宽3.9~5.0 mm，厚2.1~3.4 mm。表面黄白色或浅棕色，粗糙。背侧呈弓状隆起，两侧面较平，腹侧平直或稍内凹，基部有1个小尖突，上具1个小点状吸水孔，吸水孔上方有1条脉，由种子腹侧经顶端，再经背侧达基部，脉至种子上端后开始分为数枝，凡脉经过处，种子均向内微凹而呈浅沟状。

萌发特性 胚后熟休眠。胚发育早期需要20℃土温30~40 d，以后下降至12~15℃，50~60 d种皮开裂，形态后熟，之后还需放在0~5℃土温下经3~4个月完成生理后熟，来年春天整齐发芽。

贮　藏 种子应晒干装入口袋或木箱中，放阴凉通风处保存。水子（新采的种子、处理过的种子及裂口种子）在包装运输过程中要特别注意保持湿度和通风，拌沙或草炭装入木箱后运输，可保持湿度且通风。短途携带用麻袋、布袋包装即可。如用塑料袋盛装，遇上夏季高温易霉烂。种子在室内贮藏1年，生活力下降5%~7%，贮藏1.5年下降14%，贮藏23个月下降95%，贮藏3年完全丧失生活力。隔年后发芽率为48%，3年后发芽率为零。

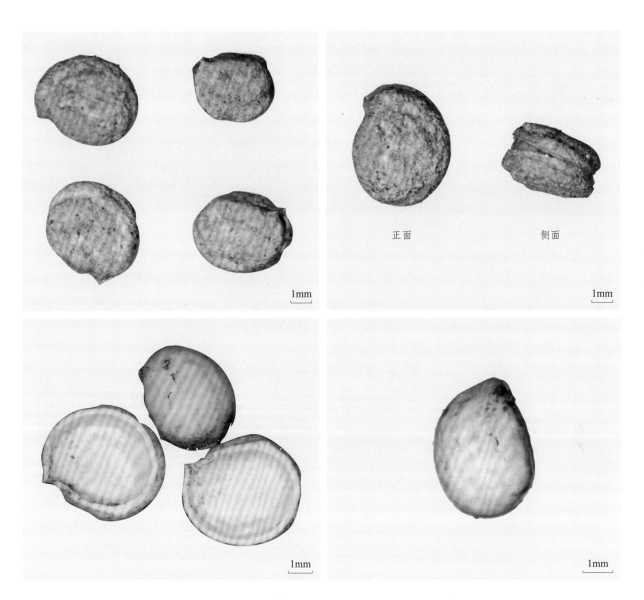

正面 　　　　　 侧面

1mm

1mm

1mm

1mm

①种子群体
②种子外观
③种皮及种仁
④种仁外观

①	②
③	④

106 三七 多年生草本 | 别名：金不换、田七、参三七
Panax notoginseng (Burk.) F. H. Chen

■ **药用价值** 以干燥根和根茎入药，药材名三七。具有止血化瘀、消肿止痛之功效。用于咯血，吐血，衄血，便血，崩漏，外伤出血，胸腹刺痛，跌扑肿痛。

■ **分　布** 主要分布于云南，广西、广东亦有少量栽培，此外，四川、西藏、湖南等地也有分布。

■ **采　集** 花期6~7月，果期10~12月。果实鲜红时采收。

■ **形态特征** 浆果状核果，肾形或球状肾形，极少数三桠形，成熟后呈鲜红色，直径7~9 mm，子房分成2室，每室内有1枚悬垂的种子，极少数的有1或3枚种子。种子侧扁或三角状卵形，黄白色，直径5~7 mm，表面粗糙。种子平直的一面有种脊，靠基部有1个圆形吸水孔。胚乳丰富，白色，胚细小。千粒重为95~108 g。

■ **微观特征** 外种皮表皮为数列厚壁细胞，壁上有孔纹。内种皮为1列红棕色细胞。胚乳细胞内含草酸钙小簇晶。

■ **萌发特性** 有形态休眠，休眠期为45~60 d。冷层积（4~10℃）或暖层积（15~20℃）可解除休眠，萌发率可达90%以上。萌发温度为5~25℃，最适萌发温度为10~15℃。

■ **贮　藏** 顽拗型，室温下不耐贮藏。在4℃、相对湿度100%条件下控湿贮藏，可贮藏120 d；然后转移至4℃层积，可再保存60 d。

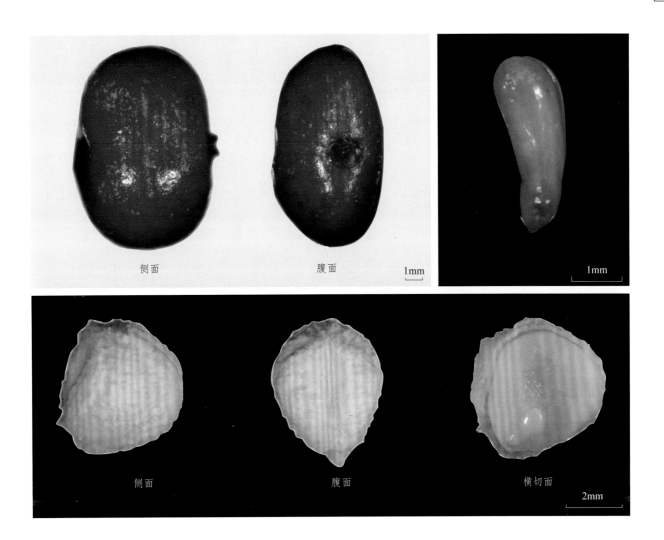

侧面　　　　　　　腹面　　　　　1mm

1mm

侧面　　　　　　　腹面　　　　　　横切面

2mm

①果实外观
②胚
③种子外观及切面

①	②
③

107 西洋参

多年生草本 | 别名：花旗参
Panax quinquefolium L.

■ 药用价值 以干燥根入药，药材名西洋参。具有补气养阴、清热生津之功效。用于气虚阴亏，虚热烦倦，咳喘痰血，内热消渴，口燥咽干。

■ 分　　布 原产于美国、加拿大，现我国北京、吉林、辽宁、黑龙江、陕西、山东、江西等地有栽培。

■ 采　　集 花期 5~6 月，果期 6~9 月。果实呈鲜红色、果肉变软时采收，且应分批采集。采回后放入筛网中，搓去果肉，洗去病粒和不成熟的籽粒，然后沙藏或阴干贮藏。

■ 形态特征 红色浆果，果核宽椭圆形或宽倒卵形，略扁，长 5.2~7.2 mm，宽 4.3~5.3 mm，厚 2.4~3.3 mm。表面黄白色或淡棕黄色，粗糙；背侧呈弓形隆起；两侧面较平；腹侧平直，或稍内凹，基部有小尖突，上具一点状吸水孔，吸水孔上方有一脉（常脱落或部分脱落），由果核腹侧经顶端，再经背侧达基部，凡脉经过处，果核均向内微凹而呈浅沟状。果核壁木质，厚约 0.35 mm，内表面平滑，有光泽；含种子 1 枚。种子椭圆形或倒卵形，扁。表面淡棕色；腹侧具有一黄色或棕黄色线性种脊，至顶端常分为 2（1~3）枝，至基部相连于一小尖突状种柄。种皮菲薄，贴生于胚乳。胚乳有油性。胚细小，埋生于种仁的基部。千粒重为 35~40 g。

■ 微观特征 果实外果皮细胞壁稍厚，外被角质层，内含草酸钙簇晶。中果皮薄壁组织中散有小型外韧型维管束及树脂道，偶见小方晶。内果皮为数列狭长的厚壁细胞，排列紧密，层层交错。种皮为 1 列薄壁细胞，外层稍厚；胚乳细胞含脂肪油及糊粉粒。

■ 萌发特性 种子用蒸馏水室温浸泡 48 h，发芽床为 3 层滤纸，15 cm 培养皿。发芽温度 2℃，光照条件下，发芽率为 92%。西洋参种子为种胚发育不完全类型，种胚发育可分为形态后熟和生理后熟。形态后熟期，从幼小的胚原基至具有胚根、胚轴、子叶的完整胚体，需要较为明显的变温环境，要求湿润沙藏土壤含水量 10%~15%。按其对温度的要求，以种子开始裂口为标志，分为前后两期，前期要求 18~20℃，80 d，后期在 18~8℃的降温环境，40 d。生理后熟期，从完整胚体形成至具备萌发能力，在 0~5℃低温 80 d。

■ 贮　　藏 西洋参种子采收后，于室外窖藏或室内干藏至第 2 年夏季沙藏，第 3 年春出苗率均可达 80% 以上。

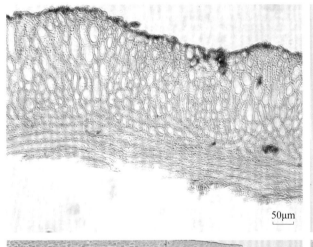

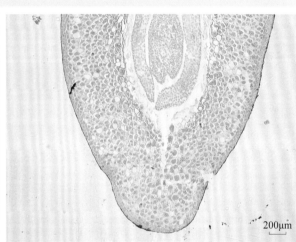

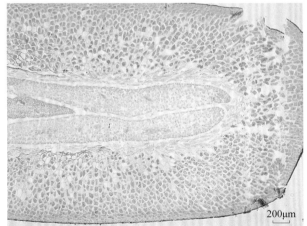

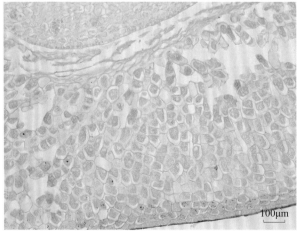

①种子群体
②内果皮（果核）显微结构图
③胚乳横切面显微结构图（局部）
④胚乳纵切面显微结构图（局部）
⑤胚乳细胞（示脂肪油、糊粉粒）

	①	
②		③
④		⑤

伞形科 | Umbelliferae

108 明党参　多年生草本 ｜ 别名：百丈光、土人参、粉沙参、山萝卜
Changium smyrnioides Wolff

■ 药用价值　以干燥根入药，药材名明党参。具有润肺化痰、养阴和胃、平肝、解毒之功效。用于肺热咳嗽，呕吐反胃，食少口干，目赤眩晕，疔毒疮疡。

■ 分　布　分布于江苏、浙江、安徽等地。

■ 采　集　花期4~5月，果期5~6月。5~6月采收成熟果实，晒干，打下果实，除去杂质，干燥处贮藏。

■ 形态特征　双悬果呈卵状长椭圆形至近球形，分生果长3.5~4.5 mm，宽1.7~2.2 mm，厚1.3~1.6 mm。表面棕褐色至棕黑色。顶端残留突起的花柱基，基部有果柄痕。成熟后多彼此分离成双悬果瓣（分生果），悬果瓣呈卵状长圆形或卵形，背部向外隆起，有凹凸不平断续状隆起棱线10~12条，合生面内凹，呈弯月形沟，中央有一黄褐色纵沟纹，及一与果实顶端相连的黄褐色线状悬果柄。分生果横剖面近半圆形或肾状圆形，腹面中部向内微凹，背面微隆起。

■ 微观特征　分生果横切面果棱间有 3~4 个较大的油管，合生面油管数为 4~6 个，油管切向直径 50~105 μm，以小型者为常见，有的皱缩成条形。外果皮由 1 层较厚的切向延长的表皮细胞组成，外被厚的角质层；中果皮为 7~8 列细胞，有油管和维管束的分布，靠近表皮的几层细胞为厚壁组织；果实幼小时，内果皮细胞较大，随着胚、胚乳的发育逐渐被挤毁破坏而与种皮连在一起，密不可分；果实成熟后内胚乳发达，呈马蹄形或"C"字形，含大量脂肪油和淀粉，外胚乳退化或颓废。

■ 萌发特性　在自然温度条件下种子要到冬季才能萌发。种子有生理后熟特性，一般要在 10℃ 左右的条件下，经过 30 d 左右，胚才能完成后熟过程。自然环境下种子从母体下落后都不能立即萌发，而是需要至少 4 个月的休眠，萌发过程可持续 2 个月以上。影响明党参萌发的主要因素是温度，种子的最佳层积温度为 5℃，最佳预处理方法为 5℃ 层积 45 d 左右。最佳发芽基质为纸床，发芽适宜温度为 10~15℃。如超过 20℃，种子将进入二度休眠。

■ 贮　藏　正常型。种子寿命为 1 年。一般湿沙贮藏或干沙贮藏，如有低温冷藏条件则更好。

| 侧面 | 背面 | 腹面 | 横切面 | 纵切面 |

1mm

①果实群体
②果实外观及切面

　①

　②

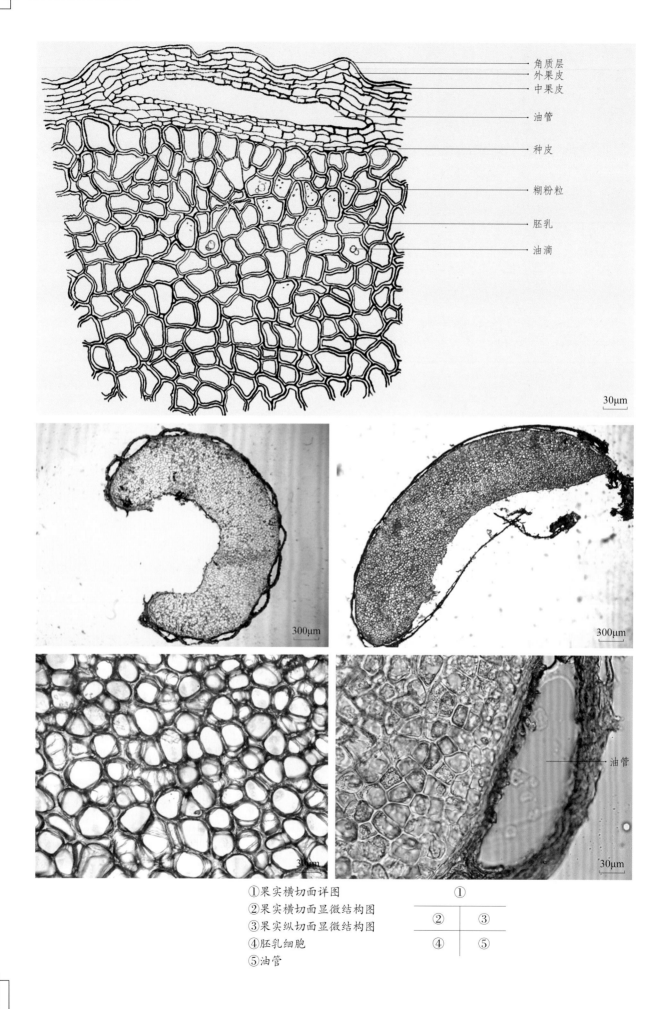

角质层
外果皮
中果皮

油管

种皮

糊粉粒

胚乳

油滴

30μm

300μm

300μm

30μm

油管

30μm

①果实横切面详图
②果实横切面显微结构图
③果实纵切面显微结构图
④胚乳细胞
⑤油管

①	
②	③
④	⑤

109 宽叶羌活

多年生草本 | 别名：大头羌、福氏羌活、岷羌活
Notopterygium franchetii H. de Boiss.

■ **药用价值**　以干燥根茎和根入药，药材名羌活。具有解表散寒、祛风除湿、止痛之功效。用于风寒感冒，头痛项强，风湿痹痛，肩背酸痛等。

■ **分　布**　分布于山西、陕西、湖北、四川、内蒙古、甘肃、青海等地。

■ **采　集**　花期 7 月，果期 8~9 月。采集成熟种子，晒干。

■ **形态特征**　双悬果扁椭圆形，土黄色，长 4.4 mm，宽 2.7~4.5 mm，厚 1.5~2.7 mm，果实较宽且大小较均匀。分果为腹面凹陷的船形，背面拱起明显，有 5 条（偶有 3 或 4 条）纵棱，延伸成薄膜状的翅。纵棱较宽，宽 1.11~1.38 mm。顶端略尖，有突起的花柱基，圆锥状。内含种子 1 枚。果实表面嚼烂状、排列较乱，网格大小各异。

■ **微观特征**　果皮由外果皮、中果皮、内果皮组成。外果皮细胞为 1 列切向延长的扁平细胞，外被角质层。中果皮由 4~6 层薄壁细胞组成，细胞形状不规则，棱槽内各有 1 个大维管束及 2 个大的油管，偶见 3 个，合生面有大型种脊维管束及 4 个油管。内果皮为 2~3 列扁平的薄壁细胞，排列紧密。种皮为 1 层薄壁细胞，近方形，细胞壁增厚，含油状物。胚乳细胞内含草酸钙簇晶，偶见菱形晶体。

■ **萌发特性**　有休眠。15~25℃层积 3 个月后，转入 2~5℃层积 3 个月，可缩短解除休眠的时间。

■ **贮　藏**　正常型。室内干藏。

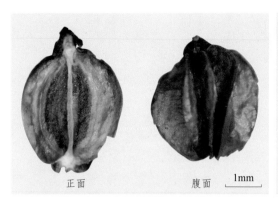

正面　　　　　腹面　└─┘1mm　　　　　横切面　　　　　纵切面　└─┘1mm

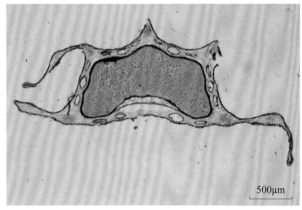
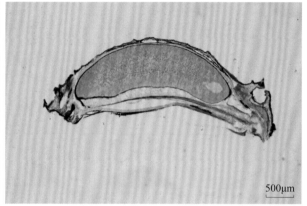

500μm　　　　　　　　　　　　500μm

①果实外观

②分果切面

③分果横切面显微结构图

④分果纵切面显微结构图

①	②
③	④

⑩ 羌 活

多年生草本 ｜ 别名：竹节羌活、蚕羌、羌青、护羌使者、胡王使者、羌滑
Notopterygium incisum Ting ex H. T. Chang

■ **药用价值** 以干燥根茎和根入药，药材名羌活。具有解表散寒、祛风除湿、止痛之功效。用于风寒感冒，头痛项强，风湿痹痛，肩背酸痛等。

■ **分 布** 分布于陕西、四川、甘肃、青海、西藏等地。

■ **采 集** 花期 7 月，果期 8~9 月。采集成熟种子，晒干。

■ **形态特征** 双悬果扁椭圆形，棕黄色或棕褐色，分果为腹面凹陷的船形，背面拱起明显，有 5 条（偶有 3 或 4 条）纵棱，延伸成薄膜状的翅。顶端略尖，有突起的花柱基，圆锥状。内含种子 1 枚。果实表面有网格样纹理。

■ **微观特征** 果皮由外果皮、中果皮、内果皮组成。外果皮细胞为 1 列切向延长的扁平细胞，外被角质层。中果皮由 4~6 层薄壁细胞组成，细胞形状不规则，棱槽内各有 3 个油管，合生面有 6 个油管。内果皮为 2~3 列扁平的薄壁细胞，排列紧密。种子横切面呈月牙形，胚乳白色，细小。

■ **萌发特性** 有休眠。先高温 15~25℃层积 3 个月，再转入低温 2~5℃层积 3 个月，可缩短解除休眠时间。

■ **贮 藏** 正常型。室内干藏。

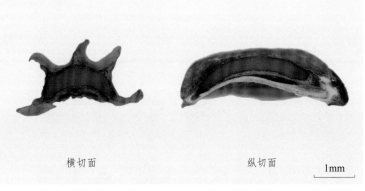

| 正面 | 腹面 | 横切面 | 纵切面 |

1mm

1mm

①果实外观
②分果切面

① ｜ ②

⑴⑴⑴ 狭叶柴胡
多年生草本 | 别名：红柴胡、南柴胡
Bupleurum scorzonerifolium Wild.

药用价值 以干燥根入药，药材名柴胡。具有疏散退热、疏肝解郁、升举阳气之功效。用于感冒发热，寒热往来，胸胁胀痛，月经不调，子宫脱垂，脱肛。

分　布 分布于黑龙江、吉林、辽宁、河北、山东、山西、陕西、江苏、安徽、广西及内蒙古、甘肃等地。

采　集 花期7~8月，果期8~9月。采集成熟种子，晒干，脱粒，贮藏。

形态特征 双悬果矩圆形，暗褐色，两侧压扁，顶端花萼及花柱宿存，基端圆钝。分果瓣形似香蕉，弓形，背面拱凸，具5条纵棱，背棱明显，略粗，呈棒状，腹面平或凹，中央具一白色纵槽；长2.6~4.3 mm，宽0.8~1.2 mm，厚0.8~1.2 mm。

微观特征 果实横切面呈近五边形，果棱5个。外果皮为1列切向延长的扁平细胞，细胞外壁增厚，外被角质层。中果皮由3~8层薄壁细胞组成，细胞形状不规则；5条果棱的棱脊处各具1个外韧型维管束，维管束两侧有木质化的网纹细胞，外侧有1~2个伴生油管；每个棱槽内有油管5~6个，合生面有4~6个，总油管数24~30个，油管近圆形，油管腔大。内果皮为1列扁平的薄壁细胞，排列紧密。种皮为1层扁长的薄壁细胞，在合生面层数增多，并可见种脊维管束。胚乳发达，胚乳细胞内含脂肪油滴。

萌发特性 有休眠。1%高锰酸钾处理，可提高种子发芽率。

贮　藏 正常型。于室温条件下贮藏在透气良好的布袋或纸袋中或4℃冷藏。

合生面　　　横切面　　　纵切面

200μm

分果外观及切面

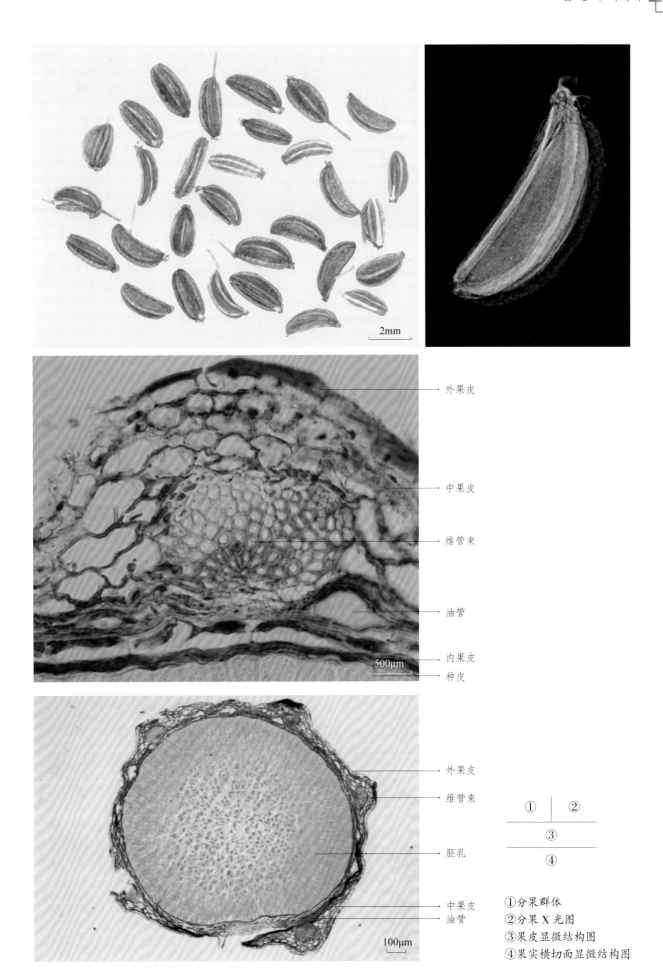

外果皮

中果皮

维管束

油管

内果皮
种皮

外果皮

维管束

胚乳

中果皮
油管

①分果群体
②分果 X 光图
③果皮显微结构图
④果实横切面显微结构图

112 柴 胡

多年生草本 | 别名：竹叶柴胡、硬苗柴胡、韭叶柴胡
Bupleurum chinense DC.

药用价值 以干燥根入药，药材名柴胡。具有疏散退热、疏肝解郁、升举阳气之功效。用于感冒发热，寒热往来，胸胁胀痛，月经不调，子宫脱垂，脱肛。

分　布 分布于东北、华北、西北、华东和华中等地。

采　集 花期7~9月，果期9~11月。双悬果呈棕褐色或褐色时及时采摘，阴干，脱粒，精选去杂，干燥处贮藏。

形态特征 双悬果长卵状四面体，棕色或褐色，表面粗糙。成熟后两心皮从合生面分离，形成两个分果。每个分果椭球形；背面隆起，具5条颜色稍浅的线状纵棱和4个棱槽，每棱槽内有油管3或4个；合生面平或稍内凹，中央具1心皮柄沟痕，两侧各有油管2个；背腹面油管均褐色，凸出，与果实等长。顶端稍缢缩，具半伞状花柱基，并可见宿存柱头和萼片。分裂后的心皮柄从果实基端直达顶端，顶部不分叉，连于花柱基底部。果实小，长1.75~3.60 mm，宽0.89~1.25 mm，重8.87×10^{-4} g。果疤位于基端，棕色，圆形。果皮薄，纸质，与种皮贴生；内含种子1枚。种子椭球形，腹面稍平；棕红色；表面较平；长1.89~2.35 mm，宽0.78~1.00 mm。种皮棕色；薄，膜质；具不明显网纹；紧贴胚乳，难以分离。胚乳丰富，几乎充满种子，白色，半透明，胶质，包被着胚。胚位于顶端，窄椭圆形，乳白色，蜡质，长0.31~0.58 mm，宽0.10~0.15 mm，厚0.13 mm。子叶2枚，卵形，平凸，不等长，长0.16~0.23 mm，宽0.14 mm，每枚厚0.04~0.07 mm；并合或稍分离。胚根圆锥形长0.22~0.39 mm，宽0.13~0.14 mm，厚0.11~0.15 mm，朝向顶端。

萌发特性 具形态生理休眠。在实验室内，15℃、12 h/12 h光照条件下，1%琼脂培养基上，萌发率可达100%；5℃低温层积28 d，然后在15℃、12 h/12 h光照条件下，1%琼脂培养基上，萌发率也可达100%。田间发芽适温为15℃。

贮　藏 正常型。干燥至含水量为15%后，于–20℃条件下贮藏，种子寿命可达8年以上；而常温下则为1年。

背面　　　　　　　　合生面　　　　　　　横切面　　　　　　　纵切面

①分果群体
②分果外观及切面
③胚
④分果 X 光图

	①	
	②	
③		④

⑬ 茴 香

多年生草本 | 别名：小茴香、野茴香、土茴香
Foeniculum vulgare Mill.

药用价值 以干燥成熟果实入药，药材名小茴香。具有散寒止痛、理气和胃之功效。用于寒疝腹痛，睾丸偏坠，痛经，少腹冷痛，脘腹胀痛，食少吐泻。

分　　布 原产于地中海地区，全国各地均有栽培。

采　　集 花期 5~6 月，果期 7~9 月。秋季果实初熟时采割植株，晒干，打下果实，除去杂质，干燥处贮藏。

形态特征 双悬果呈圆柱形，有的稍弯曲，长 4~8 mm，直径 1.5~2.5 mm。表面黄绿色或淡黄色，两端略尖，顶端残留有黄棕色突起的花柱基，基部有时有细小的果梗。分果呈长椭圆形，背面有纵棱 5 条，接合面平坦而较宽。横切面略呈五边形，背面的四边约等长。有特异香气，味微甜、辛。千粒重约为 0.26 g。

微观特征 外果皮为 1 列扁平细胞，外被角质层。中果皮纵棱处有维管束，其周围有多数木化网纹细胞；背面纵棱间各有椭圆形棕色大油管 1 个，合生面有油管 2 个，共 6 个。内果皮为 1 列扁平薄壁细胞，细胞长短不一。种皮细胞扁长，含棕色物。胚乳细胞多角形，含多数糊粉粒，每个糊粉粒中含有细小草酸钙簇晶。

萌发特性 有休眠。在 5~30℃、黑暗或光照条件下，新鲜种子均不萌发。变温可快速解除休眠，发芽 7d，萌发率可达 98%。

贮　　藏 正常型。在室温条件下可贮藏 3 年以上。

①分果群体
②分果外观及切面
③分果 X 光图
④果皮表面纹饰
⑤分果横切面显微结构图
⑥维管束细胞

①	
②	
③	④
⑤	⑥

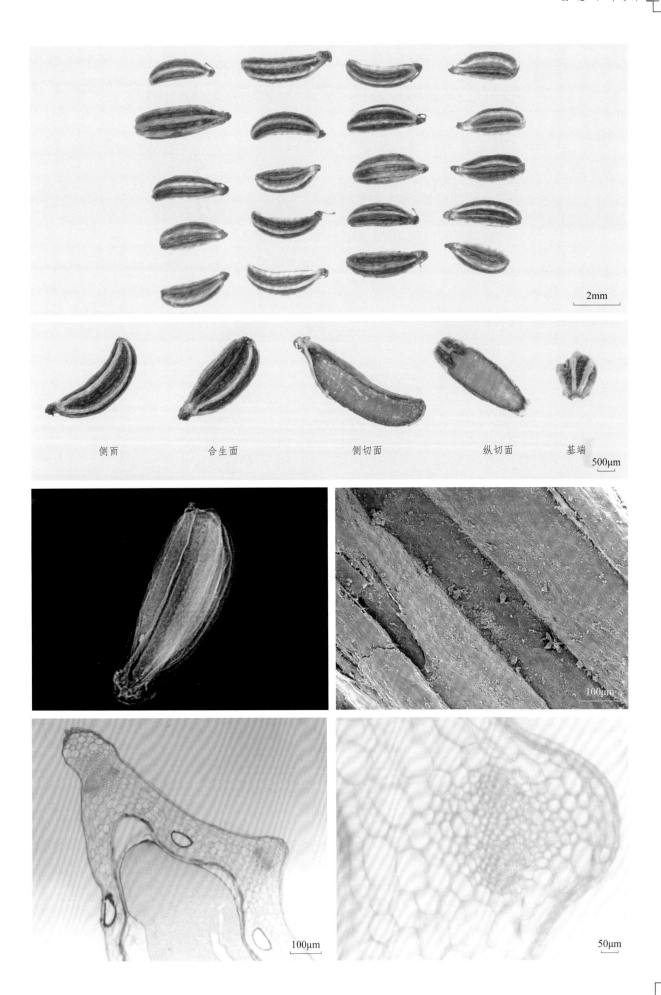

侧面　　　　　合生面　　　　　侧切面　　　　　纵切面　　　　基端

114 蛇 床

一年生草本 | 别名：野胡萝卜、野茴香
Cnidium monnieri (L.) Cuss.

■ **药用价值** 以干燥成熟果实入药，药材名蛇床子。具有燥湿祛风、杀虫止痒、温肾壮阳之功效。用于阴痒带下，湿疹瘙痒，湿痹腰痛，肾虚阳痿，宫冷不孕。

■ **分　布** 分布于我国华东、中南、西南、西北、华北、东北等地。

■ **采　集** 花期4~7月，果期6~10月。果实表面呈灰黄色时割下全株，晒干，打下果实，除去杂质，再晒至全干。

■ **形态特征** 双悬果椭圆形，由2个分果合成，长2~4 mm，直径约2 mm，灰黄色，顶端有2枚向外弯曲的宿存花柱基。分果背面略隆起，有突起的纵棱5条，接合面平坦，有2条棕色略突起的纵线，其中有一条浅色的线状物。果皮松脆。种子横切面略呈肾形，胚乳含油分，胚细小，埋生于种仁基部。

■ **萌发特性** 新鲜种子在15~23℃、黑暗条件下不萌发，光照条件下萌发良好。以较低变温可快速萌发，发芽3 d，萌发率可达55.3%。

■ **贮　藏** 置于牛皮纸袋贮藏，室温下可贮藏1年；置于纸袋贮藏，室温下可贮藏2年以上。

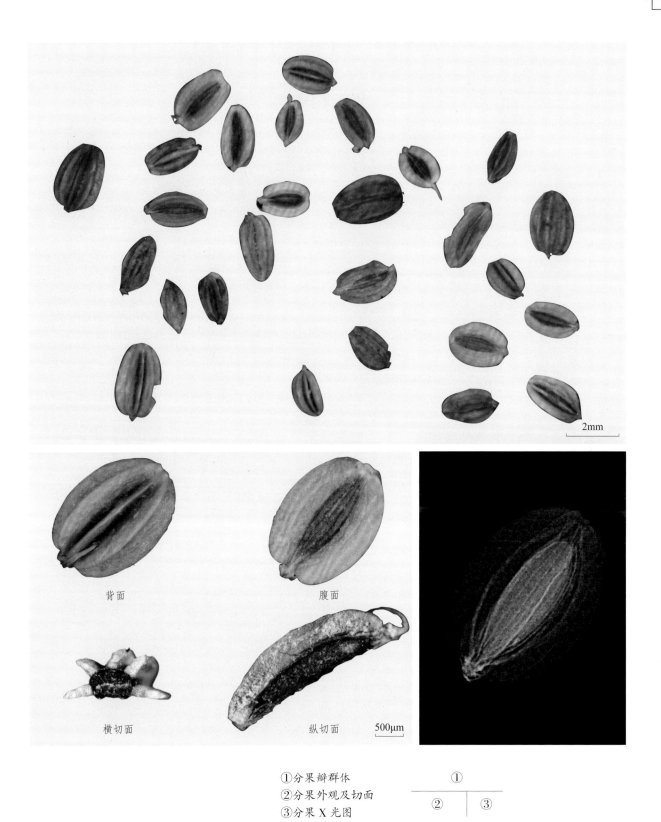

①分果瓣群体
②分果外观及切面
③分果 X 光图

115 白芷

多年生高大草本 | 别名：兴安白芷、大活、香大活、走马芹

Angelica dahurica (Fisch. ex Hoffm.) Benth. et Hook. f.

药用价值 以干燥根入药，药材名白芷。具有解表散寒、祛风止痛、宣通鼻窍、燥湿止带、消肿排脓之功效。用于感冒头痛，眉棱骨痛，鼻塞流涕，鼻衄，鼻渊，牙痛，带下，疮疡肿痛。

分　布 分布于我国东北及华北地区。

采　集 花期7~8月，果期8~9月。种子变成黄绿色时，依成熟度分批采集，剪下种穗，扎成小捆，挂于阴凉通风处，阴干，干燥后轻轻搓下种子，去除杂质，干燥通风处贮藏。

形态特征 双悬果长圆形至卵圆形，长约8 mm，宽约6 mm，厚约0.95 mm。分果具5条棱，背棱延伸成翅状，宽1~2 mm。黄棕色，无毛。种子1枚。胚细小，直生，胚乳丰富。千粒重约为3.2 g。

微观特征 果皮外层为1层薄壁细胞，内层为2~3层薄壁细胞。棱槽中有油管1个，合生面油管2个。种皮为1层细胞。

萌发特性 有休眠。用150 mg/L赤霉素（GA$_3$）浸种处理6 h后，在pH 7.0~8.0条件下，每天光照12 h，有利于发芽。

贮　藏 正常型。不耐久藏，隔年陈种易丧失发芽力。置布袋中，干燥通风处贮藏。

5mm

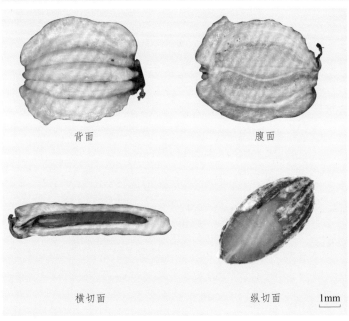

背面　　　　　　　腹面

横切面　　　　纵切面　　1mm

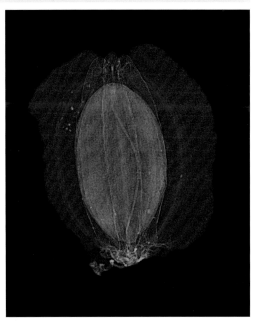

①分果群体
②分果外观及切面
③分果 X 光图

①	
②	③

116 杭白芷

多年生高大草本 | 别名：白芷、泽芬、苻蓠、晼、白茝、香白芷

Angelica dahurica (Fisch. ex Hoffm.) Benth.et Hook. f. ex Franch. et Sav. var. *formosana* (Boiss.) Shan et Yuan

药用价值 以干燥根入药，药材名白芷。具有解表散寒、祛风止痛、宣通鼻窍、燥湿止带、消肿排脓之功效。用于风寒感冒，眉棱骨痛，鼻塞流涕，鼻衄，鼻渊，牙痛，带下，疮疡肿痛。

分　布 主产于四川、浙江，四川、浙江、湖南、湖北、江西、江苏、安徽及南方一些地区亦有栽培。

采　集 花期7~8月，果期8~9月。果实外皮呈绿色时采集，选取侧枝上的果实，依成熟度分批采收，扎成小捆，挂于阴凉通风处干燥。

形态特征 双悬果长圆形至卵圆形，长约8 mm，宽约6 mm，厚约0.95 mm。分果具5条棱，背棱延伸成翅状，宽1~2 mm。黄白色至浅棕色，背面和接合面颜色差异较小，无毛。种子1枚。胚细小，直生，胚乳丰富。千粒重约为4.6 g。

微观特征 果皮外层为1层薄壁细胞，内层为2~3层薄壁细胞。种皮为1层细胞。

萌发特性 有休眠。种子在恒温下发芽率低，在变温下发芽较好，15℃（16 h）/ 25℃（8 h）变温，黑暗条件下萌发。

贮　藏 正常型。隔年陈种发芽率不高。置布袋中，干燥通风处贮藏。

①分果群体
②分果外观及切面
③分果胚部纵剖面
④胚
⑤分果 X 光图

背面　　　　腹面　　　　横切面　　1mm

5mm

100μm

100μm

117 **当 归** *多年生草本* | 别名：秦归、岷归、云归
Angelica sinensis (Oliv.) Diels

■ **药用价值** 以干燥根入药，药材名当归。具有补血活血、调经止痛、润肠通便之功效。用于血虚萎黄，眩晕心悸，月经不调，经闭痛经，虚寒腹痛，风湿痹痛，跌扑损伤，痈疽疮疡，肠燥便秘。

■ **分　布** 分布于甘肃、云南、四川、陕西、湖北等地。

■ **采　集** 花期 6~7 月，果期 7~9 月。双悬果呈灰黄色或淡棕色时及时采摘，阴干，脱粒，精选去杂，干燥处贮藏。

■ **形态特征** 双悬果宽椭圆形，扁平，灰黄色或浅黄棕色，长 4~6.5 mm，宽 3.0~5.2 mm；成熟后从合生面分离，形成由宽 0.05 mm、顶端二歧分叉的黄白色长心皮柄连接的 2 个分果。分果宽椭圆形，扁平；长 4~6.5 mm，宽 3.0~5.2 mm，厚 0.41~1.5 mm；千粒重为 0.61~1.02 g；顶端具三角锥状花柱基；背面平或稍拱，具 3 条纵棱和 4 条棱槽，每条棱槽内具油管 1 条，两侧边棱延展成宽 0.55~1.12 mm 的翅状；合生面灰黄色或浅黄棕色，平或稍凹，中央具 1 条纵沟，两侧各具 1 条棕色或棕褐色、长为果实 3/4 的弧形油管。果疤呈黄棕色，位于分果基端的凹陷处。果皮海绵状纸质，紧贴种皮，难以分离，内含种子 1 枚。种子椭圆形，平凸状；背面具 3 条纵棱和 4 条棱槽，每条棱槽内具油管 1 个；腹面平或稍凹，边缘各具 1 条棱槽，每条棱槽内具油管 1 个。种子棕褐色；长 1.80~2.90 mm，宽 0.72~1.18 mm，厚 0.41~0.64 mm。种脐小，不明显，位于种子基端。种皮黄棕色；膜状胶质；紧贴胚乳，难以分离。胚乳丰富；白色；胶质，含油脂；几

平充满整粒种子；包被着胚。胚窄椭圆形，稍扁；乳白色或乳黄色；蜡质，含油脂；长 0.43~0.52 mm，宽 0.10~0.14 mm，厚 0.10 mm；位于基端。子叶 2 枚；卵形，平凸；长 0.25~0.30 mm，宽 0.10 mm，每枚厚 0.05~0.08 mm；分离。胚根圆锥形，稍扁；长 0.14~0.22 mm，宽 0.13~0.14 mm，厚 0.10 mm；朝向顶端。

■ 萌发特性　具形态休眠。将种子接种于 1% 琼脂培养基上，放于 20℃ /10℃、12 h/12 h 光照条件下培养，萌发率为 88%；在含 200mg/L 赤霉素（GA₃）的 1% 琼脂培养基上，15℃、12 h/12 h 光照条件下培养，萌发率为 72%。

■ 贮　藏　正常型。干燥至相对湿度 15% 后，于 –20℃条件下贮藏，种子寿命可达 4 年以上。

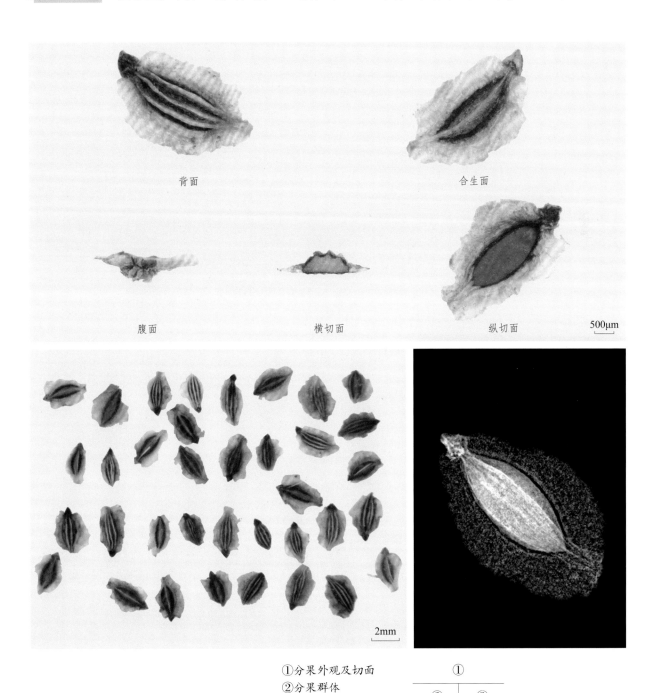

背面　　　　　　　　　　　　　　合生面

腹面　　　　　横切面　　　　　纵切面　　　　　500μm

2mm

①分果外观及切面
②分果群体
③分果 X 光图

①	
②	③

⑪⑧ 重齿毛当归

多年生草本 ｜ 别名：长生草、香独活、毛独活
Angelica pubescens Maxim. f. *biserrata* Shan et Yuan

■ 药用价值 以干燥根入药，药材名独活。具有祛风除湿、通痹止痛之功效。用于风寒湿痹，腰膝疼痛，少阴伏风头痛，风寒挟湿头痛。

■ 分　布 分布于湖北、四川、江西等地。

■ 采　集 花期 7~9 月，果期 9~11 月。双悬果呈浅黄色时及时采摘，阴干，脱粒，精选去杂，于干燥处贮藏。

■ 形态特征 双悬果宽椭圆形，扁平；灰黄色或浅黄棕色；成熟后两心皮从合生面分离成两分果，由宽 0.10 mm、顶端二歧分叉的黄白色长心皮柄连接。分果宽椭圆形，扁平；两侧边棱延展成宽 0.95~2.46 mm 的宽翅，顶端具三角锥状花柱基；长 3.84~7.02 mm，宽 3.62~6.16 mm，厚 0.38~0.70 mm，千粒重为 2.01~3.20 g。分果合生面灰黄色或浅黄棕色，平坦或稍内凹；中央具 1 纵沟，两侧各具 1 条弧形、长为果实 3/4、棕色或棕褐色的油管。分果背面稍拱；具 3 纵棱和 4 棱槽，每棱槽内具油管 1。果疤灰黄色或黄棕色；不明显；位于基端凹陷处。果皮灰黄色或浅黄棕色；海绵状纸质；紧贴种皮，难分离；内含种子 1 粒。种子椭圆形，扁平；背面稍拱，具 3 条纵棱和 4 个棱槽，每个棱槽内具油管 1 个；腹面平坦或稍内凹，边缘各具 1 个棱槽，棱槽内有油管 1 个。种子棕色；长 2.79~4.45 mm，宽 1.63~2.20 mm，厚 0.43 mm。种脐小，不明显，位于基端。种皮棕色，膜状胶质，紧贴胚乳，难以分离。胚乳丰富；白色；胶质，含油脂；几乎充满整粒种子，包被着胚。窄椭圆形，稍扁；乳黄色；蜡质；含油脂，长 0.75 mm，宽 0.20 mm，厚 0.12 mm；胚位于基端。子叶 2 枚，椭圆形，平凸，长 0.41 mm，宽 0.20 mm，每枚厚 0.06 mm；并合。胚根长圆锥形，稍扁；长 0.34 mm，宽 0.15 mm，厚 0.12 mm，朝向顶端。

■ 萌发特性 具形态休眠。在实验室内，25℃ /10℃、12 h/12 h 光照条件下，1% 琼脂培养基上，萌发率仅为 20%。田间发芽适温为 20~25℃。

■ 贮　藏 正常型。常温下种子寿命约为 1 年。

①分果群体
②分果外观及切面
③种子纵切面
④胚
⑤分果 X 光图

①	
②	③
④	⑤

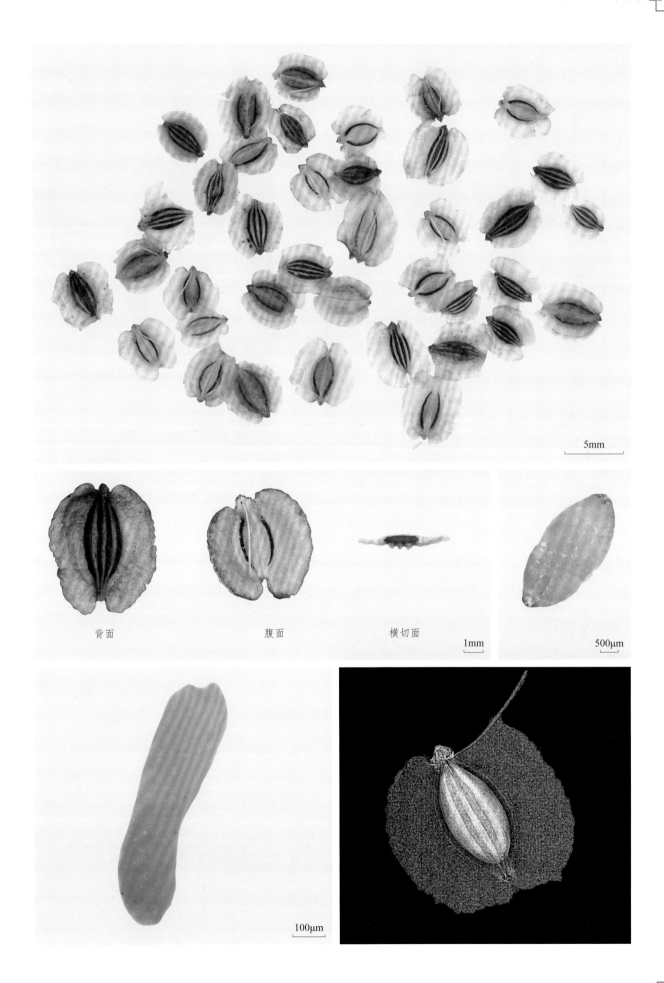

背面　　　　　　　腹面　　　　　　　横切面　　　1mm　　　　　　500μm

100μm

119 珊瑚菜

多年生草本 ｜ 别名：辽沙参、海沙参、莱阳参

Glehnia littoralis Fr. Schmidt ex Miq.

■ **药用价值** 以干燥根入药，药材名北沙参。具有养阴清肺、益胃生津之功效。用于肺热燥咳，劳嗽痰血，胃阴不足，热病津伤，咽干口渴。

■ **分　布** 分布于辽宁、河北、山东、江苏、浙江、福建、台湾、广东等地。

■ **采　集** 花期5~7月，果期6~8月。待果实呈黄褐色时，连果梗一并采收，放通风处晾干脱粒，贮存备用。

■ **形态特征** 双悬果圆球形或椭圆形，长7.0~12.6 mm，宽6.1~10.1 mm，厚4.6~13.0 mm，密被长柔毛及绒毛，果棱有木栓质翅。解剖镜下可见分果背面隆起，腹面较平，横切面半圆形，胚细小，乳白色，埋生于种仁基部。千粒重为22.38~24.09 g。

■ **微观特征** 分果横切面扁椭圆形，有5个棱角。分生面平坦；油管较多，且呈环状分布。外果皮细胞长方形，外壁形成尖突，并可见毛状附属物。中果皮厚，部分细胞壁网状或孔纹增厚；近内侧有1圈大小不一的维管束散在，内侧紧贴1圈油管。内果皮细胞方形或长方形。种皮细胞不明显，接合面种皮内有种脊维管束。胚乳细胞含大量糊粉粒。纵切面可见完整的油管。胚乳细胞内含大量草酸钙小簇晶。

■ **萌发特性** 深度休眠类型，败育率较高，胚及胚乳发育完整的种子只占60%或更低，萌发率很低，仅为12%左右。采收后，种胚需经过一段时间发育，进一步后熟。再经过3个月以上的低温层积处理，打破种子的生理休眠。

■ **贮　藏** 具有休眠特性，贮藏期间应注意温湿条件。

①果实群体
②种子群体
③种子外观及切面

①
②
③

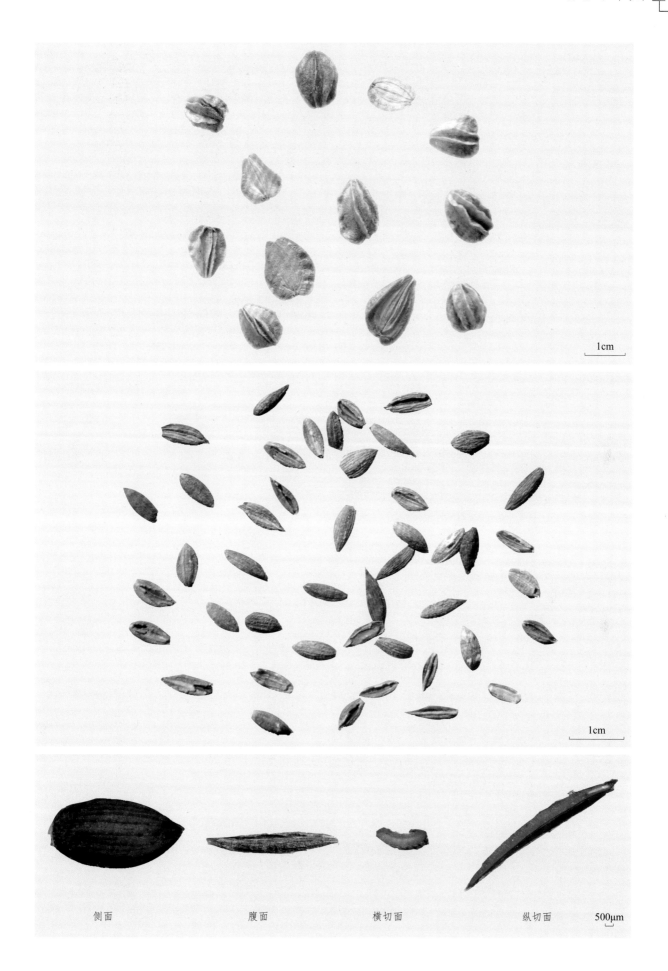

1cm

1cm

侧面   腹面   横切面   纵切面   500μm

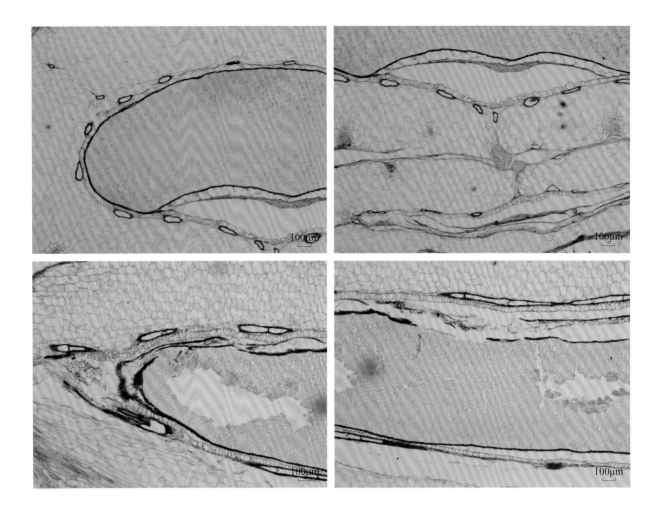

①种子横切面显微结构图
②种子横切面显微结构图(局部)
③种子纵切面显微结构图
④种子纵切面显微结构图(局部)

①	②
③	④

120 白花前胡

多年生草本 | 别名：前胡、山独活

Peucedanum praeruptorum Dunn

药用价值 以干燥根入药，药材名前胡。具有降气化痰、散风清热之功效。用于痰热喘满，咯痰黄稠，风热咳嗽痰多等。

分　布 分布于甘肃、河南、贵州、广西、四川、湖北、湖南、江西、安徽、江苏、浙江、福建（武夷山）等地。

采　集 花期 8~9 月，果期 10~11 月。果实成熟时采集，晾干，精选去杂，干燥处贮藏。

形态特征 双悬果呈椭圆形或略长的椭圆形，长 2.1~5.7 mm，宽 1.1~4.0 mm，左右基本对称；表面黄褐色或灰褐色，有光泽，久置颜色变深，呈黑褐色；顶端有两个凸起的花柱基，基部有圆形果梗或果梗脱落的圆形凹窝。分果背面有 5 条凸起的纵向棱线，接合面的两条棱线较薄而宽，颜色较浅，呈翅状，背部的 3 条棱线较窄；分果腹面中央有两个新月形的灰黑色斑块，斑块内隐约有多条纵向纹理。果皮紧，不易脱落。有特异香气。千粒重为 1.4~2.7 g。

微观特征 果实表面具单毛状体细胞，外果皮为 1 列扁平细胞，中果皮纵棱处有维管束，棱槽内油管 3~5 个，合生面油管 6~10 个。内果皮为 1 列扁平薄壁细胞，细胞长短不一。种皮细胞扁长，含棕色物。胚乳细胞多角形，含多数糊粉粒。

萌发特性 有休眠。新鲜种子在 15~25℃条件下，浸种 18 h，萌发率为 50% 左右。

贮　藏 5~10℃的低温阴凉干燥处可贮藏 2 年，常温保存越夏全部失活。

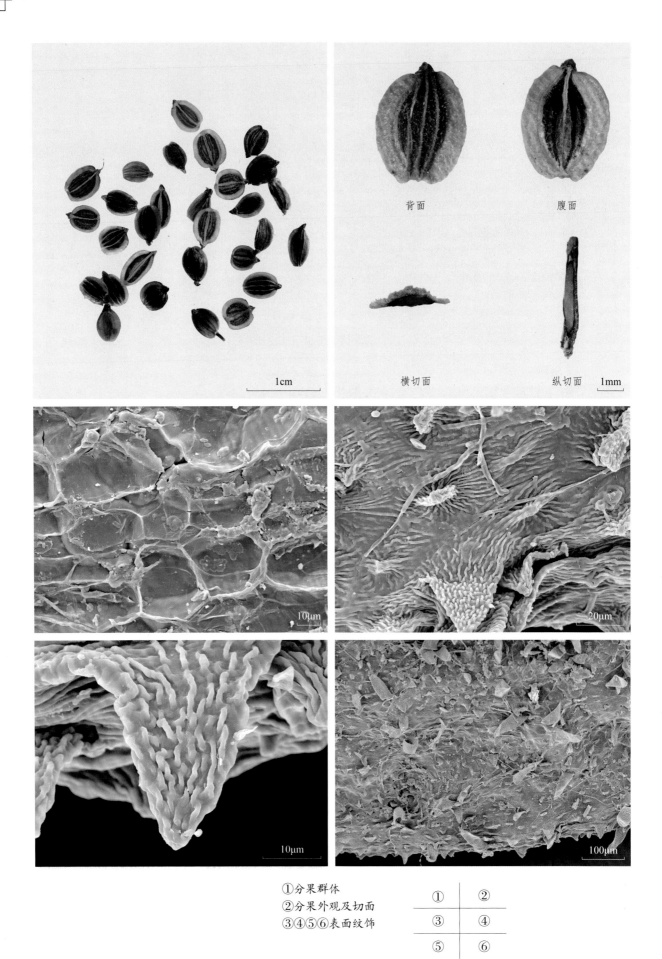

背面　　　　　腹面

横切面　　　　纵切面

1cm

1mm

10μm　　　　20μm

10μm　　　　100μm

①分果群体
②分果外观及切面
③④⑤⑥表面纹饰

①	②
③	④
⑤	⑥

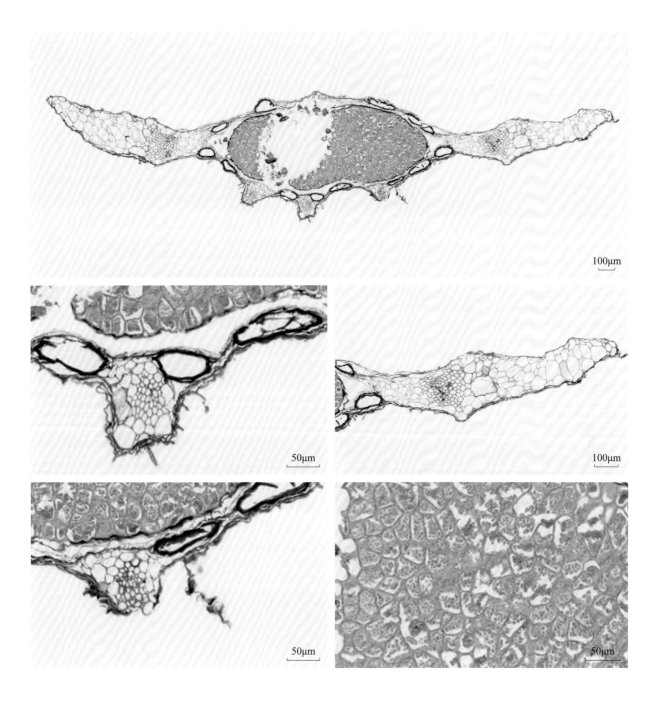

①分果横切面显微结构图
②毛状体
③侧脊
④果皮、维管束、油管
⑤胚乳

	①	
②		③
④		⑤

121 防风

多年生草本 | 别名：关防风、山芹菜、白毛草

Saposhnikovia divaricata (Turcz.) Schischk.

药用价值 以干燥根入药，药材名防风。具有祛风解表、胜湿止痛、止痉之功效。用于感冒头痛，风湿痹痛，风疹瘙痒，破伤风。

分　布 分布于东北、华北及陕西、甘肃、宁夏、山东等地。

采　集 花期 8~9 月，果期 9~10 月。果实成熟时采收。

形态特征 双悬果狭圆形或椭圆形，长 4.2~5.7 mm，宽 2.0~3.4 mm，厚 0.7~1.2 mm。表面灰棕色，幼时有疣状突起，成熟时渐平滑；分果顶端有圆锥形花柱基，有时可见宿存花柱，萼齿三角形，3~5 枚，基部可见残存或全部的分果柄。背面粗糙，稍隆起，有 5 条背棱。腹面微凹。内含种子 1 枚。千粒重为 4.1~4.3 g。

微观特征 分果横切面外果皮细胞不规则圆形，外切壁增厚并有刺样突起。中果皮背面 5 个棱内各有一初生维管束，外侧具 1 个粗油管。背面棱槽内各有 1 个椭圆形油管，合生面有 2 个油管。内果皮细胞扁长方形。合生面中央种皮处有种脊维管束。

萌发特性 具形态休眠。种子在 5~30 ℃、12 h 光照、12 h 黑暗的条件下，可以萌发；在 10~25 ℃、12 h 光照、12 h 黑暗的条件下，萌发率可高达 65% 以上。用 45 ℃温水浸种 24 h，可将发芽率提高至 70%。

贮　藏 正常型。室温下干藏。

背面　　　　　腹面

横切面　　　　纵切面

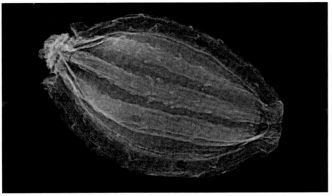

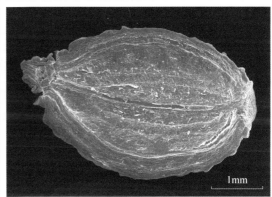

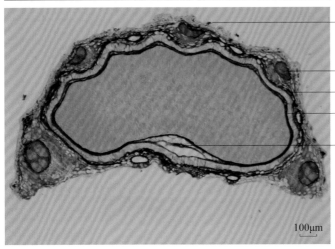

外果皮

油管

中果皮

内果皮

种脊维管束

①分果群体
②分果外观及切面
③分果 X 光图
④分果扫描电镜图
⑤分果横切面显微结构图

①	②
③	④
⑤	

山茱萸科 | Cornaceae

⑫ 青荚叶

落叶灌木 | 别名：大叶通草、叶上珠
Helwingia japonica (Thunb.) Dietr.

■ **药用价值** 以干燥茎髓入药，药材名小通草。具有清热、利尿、下乳之功效。用于小便不利，淋证，乳汁不下。

■ **分　布** 广泛分布于我国黄河流域以南各省区。

■ **采　集** 花期4~5月，果期7~9月。核果黑色时及时采摘，去除果皮和果肉，阴干，精选去杂，干燥处贮藏。

■ **形态特征** 浆果状核果幼时绿色，成熟后黑色，内含果核3~5枚。果核肾形，双凸；表面具蜂窝状、穴状纹饰，背腹面各具一纵棱；浅棕色；长6.32~8.84 mm，宽2.13~3.21 mm，厚1.75~2.32 mm，千粒重为16.62 g。果核上的果疤为浅棕色或褐色，位于腹面近基端凹陷处。果核壳（内果皮）浅棕色，骨质，厚0.16 mm；与种皮相分离；成熟时不开裂，内含种子1粒。种子肾形，双凸或平凸；表面凹凸不平，具不明显细网纹，背面从种脐到顶端有一黑褐色纵棱；黄棕色或棕色；长4.72~6.49 mm，宽1.65~2.62 mm，厚1.52 mm。种脐圆形，黄褐色，位于种子基端。种皮黄棕色或棕色；薄胶质；紧贴胚乳，难以分离。胚乳丰富；乳白色；蜡质或肉质，富含油脂；几乎充满整粒种子；包被着胚。胚极小，未分化，圆球形或卵圆形；乳黄色；蜡质，富含油脂；长0.20~0.25 mm，宽0.20~0.25 mm，厚0.16 mm；位于种子基端。

■ **萌发特性** 无休眠。最适萌发温度为25℃。

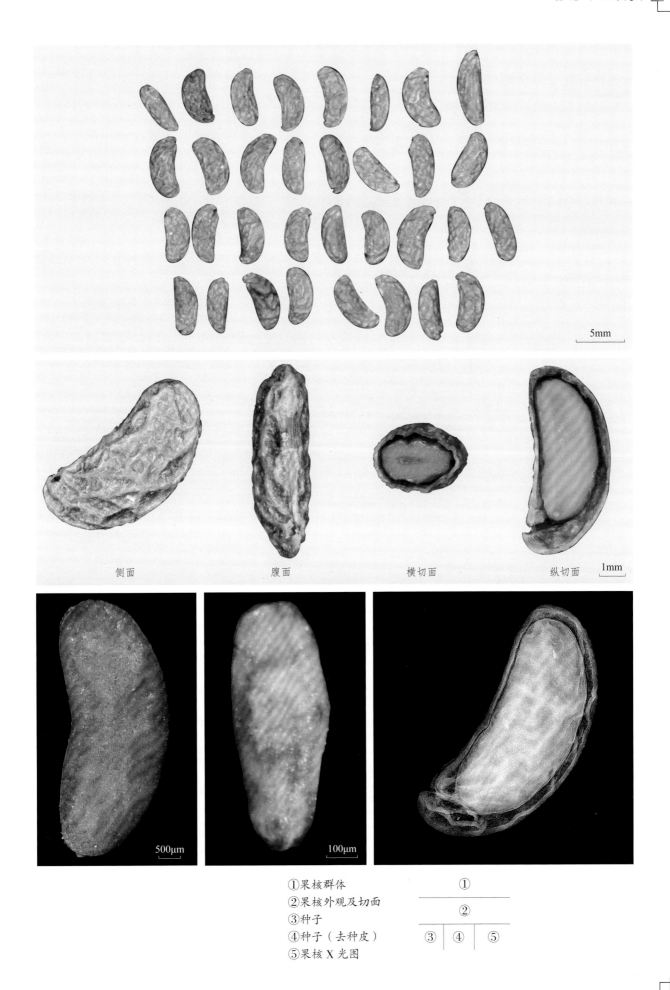

5mm

侧面　　　　腹面　　　　横切面　　　　纵切面　1mm

500μm　　　　100μm

①果核群体
②果核外观及切面
③种子
④种子（去种皮）
⑤果核 X 光图

①
②
③　④　⑤

木犀科 | Oleaceae

123 连翘 落叶灌木 | 别名：旱莲子、连壳、青翘
Forsythia suspensa (Thunb.) Vahl

■ 药用价值 以干燥果实入药，药材名连翘。具有清热解毒、消肿散结、疏散风热之功效。用于痈疽，瘰疬，乳痈，丹毒，风热感冒，温病初起，温热入营，高热烦渴，神昏发斑，热淋涩痛。

■ 分　布 除华南地区外，其他各地均有栽培。

■ 采　集 花期 3~5 月，果期 7~9 月。果实成熟时采集，取出种子，晒干。

■ 形态特征 蒴果木质，褐色，卵球形、卵状椭圆形或长椭圆形，长 1.2~2.5 cm，宽 0.6~1.2 cm，先端喙状渐尖，表面有不规则的纵皱纹和疏生皮孔，两面各有 1 条明显的纵沟。顶端锐尖，基部有小果梗。种子多数。种子长条形或半月形，背面凸起，外延成翅，表面黄褐色或红褐色，平滑。长 6.4~7.5 mm，宽 1.6~2.2 mm，厚约 1.2 mm。千粒重约为 5.1 g。

■ 微观特征 外果皮为 1 列扁平细胞，外壁及侧壁增厚，被角质层。中果皮由数 10 列薄壁细胞构成，薄壁组织中散有维管束，内果皮为数列厚壁组织，主要为纤维及石细胞，最内层为 1 列细小扁平的薄壁细胞。

■ 萌发特性 种子萌发最适温度为 20~25℃；低于 5℃，发芽率极低；高于 40℃，种子易霉变。育种前用水浸泡种子，有利于种子萌发。

■ 贮　藏 正常型。用透气良好的布袋或纸袋贮藏。

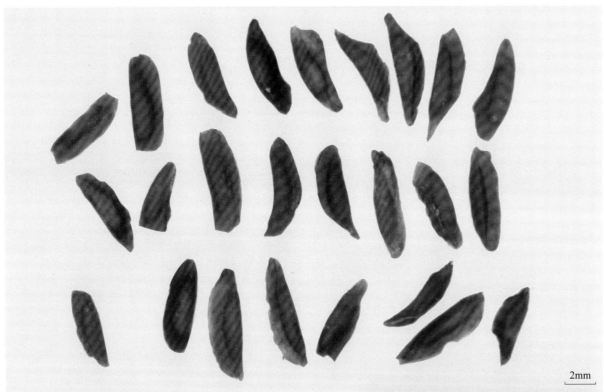

2mm

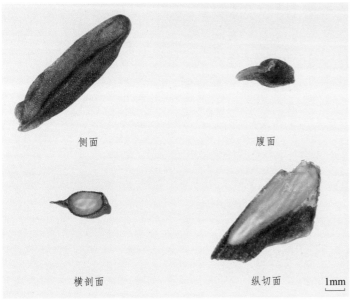

侧面　　　　　　　　　腹面

横剖面　　　　　　　纵切面　　　1mm

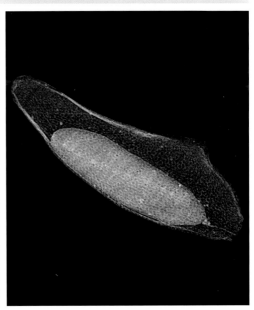

①种子群体
②种子外观及切面
③种子 X 光图

①	
②	③

马钱科 | Loganiaceae

124 马钱 乔木 | 别名：番木鳖、苦实
Strychnos nux-vomica L.

药用价值 以干燥成熟种子入药，药材名马钱子。有大毒。具有通络止痛、散结消肿之功效。用于风湿顽痹，麻木瘫痪，骨折肿痛，跌扑损伤，痈疽疮毒，咽喉肿痛，小儿麻痹后遗症，类风湿性关节痛等。

分　布 我国台湾、福建、广东、海南、广西及云南南部等地有栽培。

采　集 花期春、夏两季，果期8月至翌年1月。冬季采收成熟果实，取出种子，洗净附着的果肉，晒干。

形态特征 种子呈纽扣状圆板形，常一面隆起，一面稍凹下，直径1.5~3 cm，厚0.3~0.6 cm。表面密被灰棕或灰绿色绢状茸毛，自中间向四周呈辐射状排列，有丝样光泽。边缘稍隆起，较厚，有突起的珠孔，底面中心有突起的圆点状种脐。质坚硬，平行剖面可见淡黄白色胚乳，角质状，子叶心形，叶脉5~7条。

微观特征 种子横切面种皮表皮细胞分化成单细胞毛，向一侧斜伸，长500~1100 μm，宽25 μm以上，基部膨大似石细胞，直径约75 μm，壁极厚，多碎断，强木化，毛的体部肋状木化增厚，胞腔断面观类圆形，内胚乳细胞壁厚约25 μm，胞间连丝隐约可见，细胞内含脂肪油及糊粉粒。

萌发特性 新鲜成熟饱满种子发芽率高达86.7%。

贮　藏 种子易丧失活性，湿沙贮藏不超过半年。

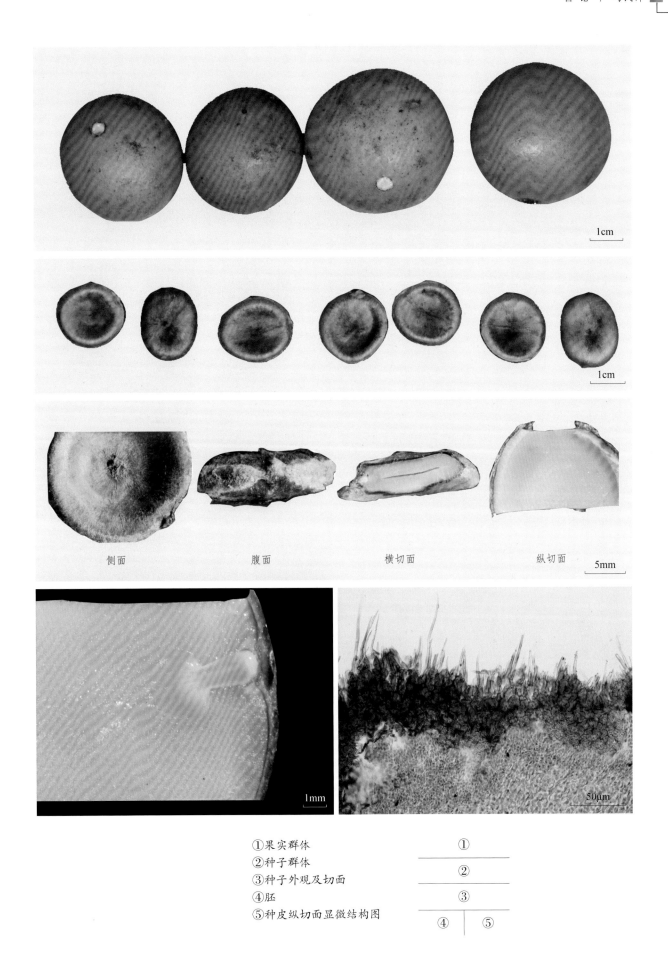

侧面　　　　　　腹面　　　　　　横切面　　　　　　纵切面

①果实群体
②种子群体
③种子外观及切面
④胚
⑤种皮纵切面显微结构图

	①	
	②	
	③	
④		⑤

龙胆科 | Gentianaceae

125 坚龙胆 多年生草本 | 别名：滇龙胆、小苦草、云龙胆、川龙胆、青鱼胆
Gentiana rigescens Franch.

■ 药用价值 以干燥根和根茎入药，药材名龙胆。具有清热燥湿、泻肝胆火之功效。用于湿热黄疸，阴肿阴痒，带下，湿疹瘙痒，肝火目赤，耳鸣耳聋，胁痛口苦，强中，惊风抽搐。

■ 分　布 分布于云南、四川、贵州等地。

■ 采　集 花期8~10月，果期9~12月。10月后割取果枝，放在塑料或光滑的瓷盘内，置于通风阴凉处，经10~15 d，当花被和果实完全干燥时，果实裂开，用手轻轻揉搓、抖出种子，再用40目和30目分样筛除去花被、果皮和杂质，沙藏备用。

■ 形态特征 种子卵形、细小，呈长圆形，长0.51~0.64 mm，宽0.35~0.40 mm，灰褐色，表面有蜂窝状网隙。种皮外侧呈蜂巢状，厚约75um，外膜质透明状，内侧黄褐色，内胚乳浅黄色，胚不明显。千粒重约为0.011 g。

■ 萌发特性 置于两层湿润滤纸的培养皿内培养，15~25℃室温发芽。

■ 贮　藏 将种子拌30目细河沙，按1：200倍混合贮藏，以供来年春播用；或当花被和果实完全干燥时，将带花被的果实揉搓成细末装入布袋，在室温下通风处保存。

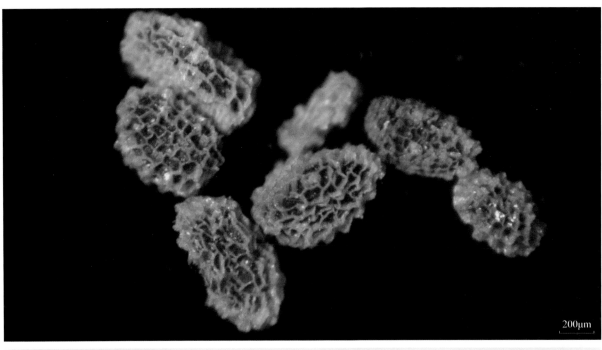

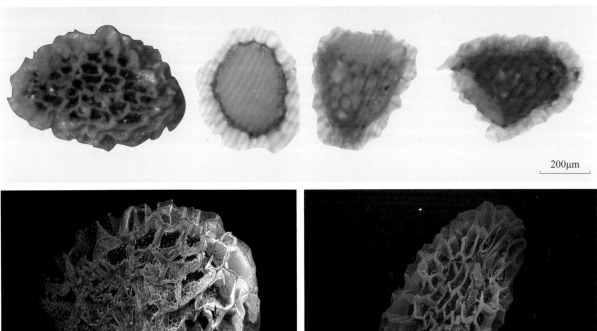

①种子群体
②种子外观及横切面
③④种子扫描电镜图

①

②

③ ④

126 龙 胆 多年生草本 | 别名：龙胆草、胆草、草龙胆、山龙胆
Gentiana scabra Bge.

■ **药用价值** 以干燥根和根茎入药，药材名龙胆。具有清热燥湿、泻肝胆火之功效。用于湿热黄疸，阴肿阴痒，带下，湿疹瘙痒，肝火目赤，耳鸣耳聋，胁痛口苦，强中，惊风抽搐。

■ **分　布** 分布于东北、江苏、浙江、中南等地。

■ **采　集** 花、果期5~11月。采集成熟果实，成熟时蒴果开裂，应在刚开裂或将开裂时及时采收，种子在蒴果中阴干保存。

■ **形态特征** 蒴果内藏，宽椭圆形，两端钝。种子浅黄褐色，有光泽，长卵形，长1.8~2.5 mm，表面具增粗的网纹，两端具宽翅。胚条状，位于胚乳中心，与长轴平行。

■ **微观特征** 种皮表面具条形网纹，大小较均匀。

■ **萌发特性** 有休眠。发育完好，采收后即播的种子发芽率高达70%~85%。如在春季播种，种子有明显休眠习性，需经低温沙藏打破休眠才能萌发，沙藏时间约2周，如未经低温处理，也可用赤霉素处理，其浓度为100 mg/kg以上即可；种子发芽温度以15~20℃较适宜，发芽率高，但从发芽势来看，25~30℃发芽快而整齐，但发芽率较低，尤其30℃，且高温对龙胆幼苗生长不利，故龙胆播种以15~20℃为宜。100~200 mg/L赤霉素（GA₃）处理能显著提高种子发芽率；较高浓度的硝酸钾和较低浓度的氯化钙能促进种子萌发。

■ **贮　藏** 种子不耐贮藏，在0~2℃条件下湿润沙藏为好，也可在采收后脱粒，用500 mg/kg赤霉素浸1 d后阴干保存。

1mm

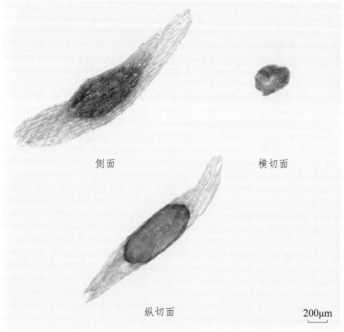

侧面　　　　　　横切面

纵切面　　　　　200μm

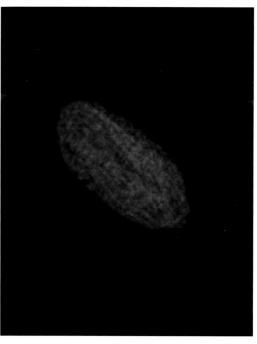

①种子群体
②种子外观及切面
③种子 X 光图

①
② ｜ ③

127 三花龙胆

多年生草本 ｜ 别名：龙胆草
Gentiana triflora Pall.

■ **药用价值** 以干燥根和根茎入药，药材名龙胆。具有清热燥湿、泻肝胆火之功效。用于湿热黄疸，阴肿阴痒，带下，湿疹瘙痒，肝火目赤，耳鸣耳聋，肋痛口苦，强中，惊风抽搐。

■ **分　布** 分布于内蒙古、黑龙江、辽宁、吉林、河北等地。

■ **采　集** 花期8~9月，果期9~10月。10月果实成熟开裂，应在蒴果刚开裂或将开裂时及时采收，种子在蒴果中阴干保存。

■ **形态特征** 蒴果内藏，宽椭圆形，两端钝，果实长1.5~1.8 cm，柄长至1 cm。种子褐色，有光泽，披针形，长1.6~2.5 mm，宽0.4~0.5 mm，翅略宽于种子。种仁椭圆形，位于种子中央。胚条状，位于胚乳中心，与长轴平行。

■ **微观特征** 表面具增粗的网脉。

■ **萌发特性** 有休眠。休眠期长，自然发芽率低。发育完好，采后即播的种子发芽率高达70%~85%。如在春季播种，种子有明显休眠习性，需经低温沙藏打破休眠才能萌发，沙藏时间3~4周；如未经低温处理，也可用赤霉素处理，其浓度需为300 mg/kg以上；种子发芽温度以15~20℃较为适宜。

■ **贮　藏** 种子不耐贮藏，在0~2℃条件下湿润沙藏为好，也可在采收后脱粒，用500 mg/kg赤霉素浸1 d后，阴干保存。

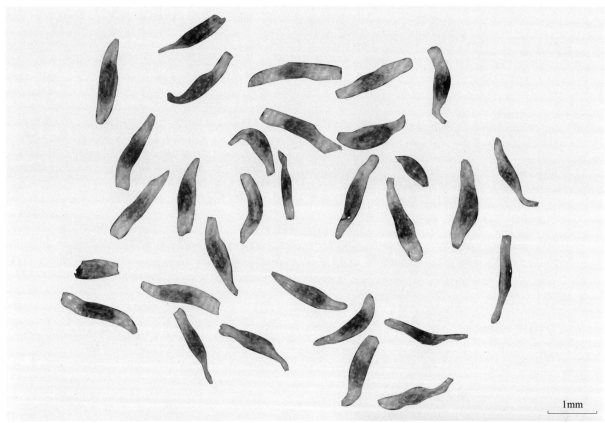

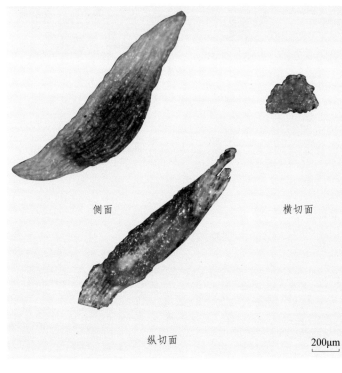

侧面

横切面

纵切面

200μm

1mm

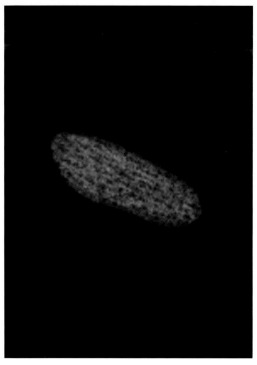

①种子群体
②种子外观及切面
③种子 X 光图

①

② | ③

128 条叶龙胆

多年生草本 | 别名：东北龙胆、龙胆草
Gentiana manshurica Kitag.

药用价值 以干燥根和根茎入药，药材名龙胆。具有清热燥湿、泻肝胆火之功效。用于湿热黄疸，阴肿阴痒，带下，湿疹瘙痒，肝火目赤，耳鸣耳聋，肋痛口苦，强中，惊风抽搐。

分　布 分布于内蒙古、黑龙江、吉林、辽宁、河南、湖北、湖南、江西、安徽、江苏、浙江、广东、广西等地。

采　集 花、果期8~11月。10月果实成熟开裂，应在蒴果刚开裂或将开裂时及时采收，种子在蒴果中阴干保存。

形态特征 蒴果内藏，宽椭圆形，两端钝，果实柄长至2 cm。种子为黄褐色，狭披针形，长1.9~2.1 mm，宽约0.4 mm，翅与种子宽度略相等。种仁椭圆形，位于种子中央。胚条状，位于胚乳中心，与长轴平行。

萌发特性 发育完好，采后即播的种子发芽率高达70%~85%。如在春季播种，种子有明显休眠习性，需经低温沙藏打破休眠才能萌发，沙藏时间约2周；如未经低温处理，也可用赤霉素处理，其浓度约100 mg/kg以上即可；种子发芽温度以15~20℃较为适宜。

贮　藏 种子不耐贮藏，在0~2℃条件下湿润沙藏为好，也可在采收后脱粒，用500 mg/kg赤霉素浸1 d后，阴干保存。

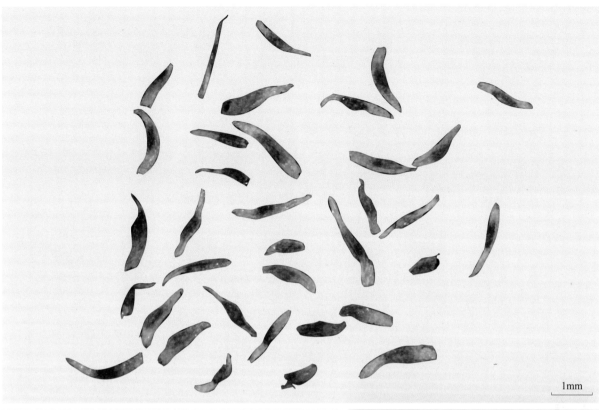

1mm

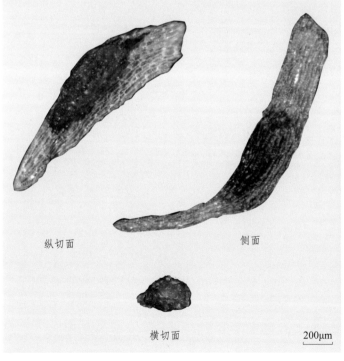

纵切面　　　　　　　侧面

横切面　　　　200μm

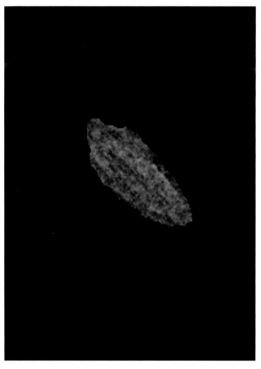

①种子群体
②种子外观及切面
③种子 X 光图

　　　　　　　①
　　　　②　｜　③

萝藦科 | Asclepiadaceae

129 西南杠柳 | 多年生木质藤本 | 别名：黑骨头、黑龙骨、滇杠柳、铁散沙
Periploca forrestii Schltr.

药用价值 以根或全株入药，药材名黑骨藤。具有祛风除湿、通筋活血、解毒之功效。用于风湿关节疼痛，跌打损伤，月经不调等。

分　布 分布于贵州松桃、安顺、兴义、毕节等地，此外，西藏、青海、四川、云南、广西等地也有分布。

采　集 花期2~5月，果期8~12月。果皮由绿色变黄色成熟时采集，在通风处阴干，脱粒，去种毛、杂质，装入布袋，干燥处贮藏。

形态特征 种子狭长椭圆形，扁平，有纵棱，背面隆起，腹面有凹槽，呈黑褐色，长12.63 mm，宽2.33 mm，厚1.10 mm。种皮黄褐色，纵皱，厚约0.06 mm；具油质胚乳，胚较大，长披针形，被胚乳包围，胚根与胚轴长4 mm，子叶2枚，长披针形，长8 mm，宽约1.2 mm，蜡质，黄白色。千粒重约为17.324 g。

萌发特性 发芽率64.5%；在20~25℃条件下，17 d后种子开始萌发，28 d后种子发芽率的数量不再增加。

贮　藏 将种子置透气布袋中，于通风干燥处贮藏，常温下寿命2~3年。

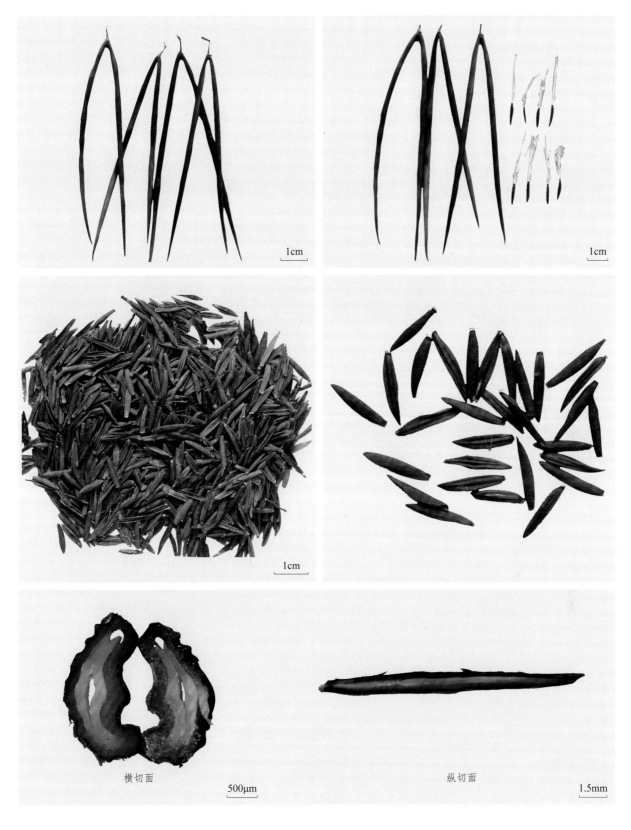

横切面　　500μm

纵切面　　1.5mm

①果实群体
②种子与果实
③④种子群体
⑤种子切面

①	②
③	④
⑤	

130 白薇 直立多年生草本 | 别名：薇草、老瓜瓢根、山烟根子、百荡草、白马薇
Cynanchum atratum Bge.

■ 药用价值 以干燥根和根茎入药，药材名白薇。具有清热凉血、利尿通淋、解毒疗疮之功效。用于温邪伤营发热，阴虚发热，骨蒸劳热，产后血虚发热，热淋，血淋，痈疽肿毒。

■ 分　布 分布于黑龙江、吉林、辽宁、山东、河北、河南、陕西、山西、四川、贵州、云南、广西、广东、湖南、湖北、福建、江西、江苏等地。

■ 采　集 花期 4~8 月，果期 6~8 月。蓇葖果呈黄褐色或褐色时及时采摘，阴干，脱粒，精选去杂，于干燥处贮藏。

■ 形态特征 蓇葖单生，长卵形，基部钝形，向顶部渐尖；黄褐色；长 9 cm，宽 5~10 mm。种子倒卵形，背面稍隆起，腹面平或微凹，腹面中下部有 1 条长约为种子的 2/3 的纵线棱；基端平截，着生长约 3.00 cm 的白色绢毛，易从基部整体脱落；棕褐色，表面具不规则黑色斑点；长 4.96~7.02 mm，宽 2.67~5.03 mm，厚 0.83~1.45 mm，千粒重为 9.62 g。种脐条状；位于腹面基端。种皮棕褐色；膜状胶质，厚 0.03 mm；紧贴胚乳，难以分离。胚乳含量中等；白色；角质；包被着胚。胚为乳白色或乳黄色；蜡质，富含油脂；长 4.25~6.65 mm，宽 2.56~4.59 mm，厚 0.63 mm；位于种子中央。子叶 2 枚；椭圆形，扁，表面凹凸不平；长 3.14~5.54 mm，宽 2.56~4.59 mm，每片厚 0.31 mm；并合。胚根扁圆锥形，中上部有 1 条长纵沟，沟长约为胚根的 1/2；长 1.11 mm，宽 0.82~0.91 mm，厚 0.31 mm；朝向种脐。

■ 萌发特性 在 25℃或 25℃/15℃，12 h/12 h 光照条件下，1% 琼脂培养基上，萌发率可达 100%。

■ 贮　藏 正常型。干燥至相对湿度 15% 后，于 –20℃条件下贮藏，种子寿命可达 7 年以上。

①种子群体　　　　　　　　　①
②种子外观及切面　　　——————
③胚　　　　　　　　　　②
④种子 X 光图　　　　③　|　④

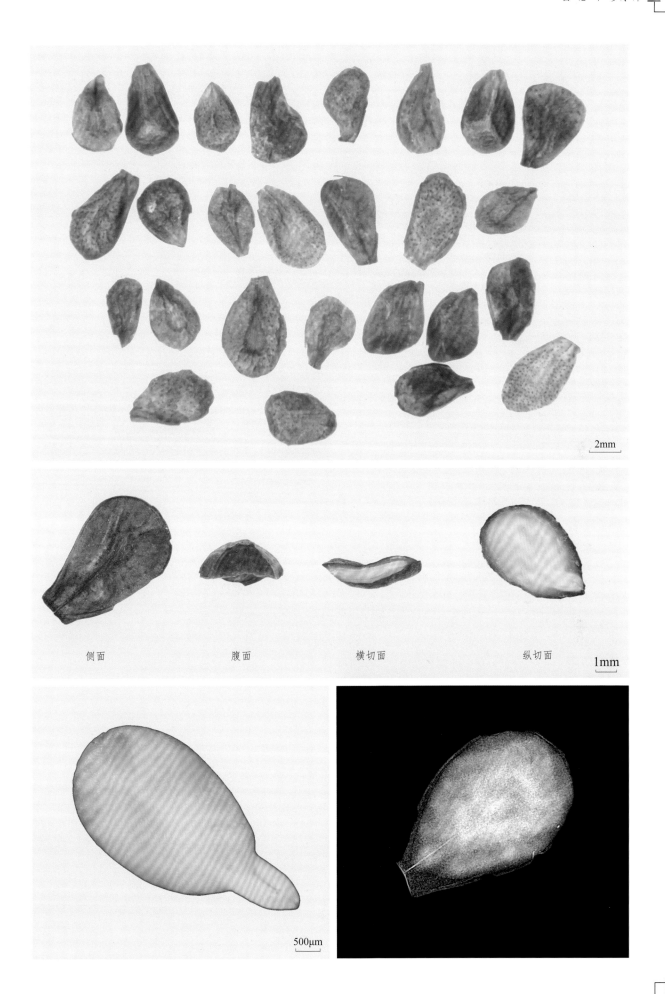

侧面　　　　　　　腹面　　　　　　　横切面　　　　　　　纵切面

2mm

1mm

500μm

旋花科 | Convolvulaceae

131 裂叶牵牛 一年生缠绕草本 | 别名：牵牛花、黑丑、白丑
Pharbitis nil (L.) Choisy

■ **药用价值** 以成熟种子入药，药材名牵牛子。具有泻水通便、消痰涤饮、杀虫攻积之功效。用于水肿胀满，二便不通，痰饮积聚，气逆喘咳，虫积腹痛。

■ **分　　布** 全国大部分地区均有分布。

■ **采　　集** 花期 6~9 月，果期 7~10 月。果实呈黄色时采集，晾干，精选去杂，于干燥处贮藏。

■ **形态特征** 蒴果近球形，无毛，直径 0.8~1.3 cm，3 瓣裂。种子似橘瓣状，略具 3 条棱，长 5~7 mm，宽 3~5 mm。表面灰黑色（黑丑）或淡黄白色（白丑），背面弓状隆起，两侧面稍平坦，略具皱纹，背面正中有 1 条浅纵沟，腹面棱线下端有一类圆形浅色种脐。质坚硬，横切面可见淡黄色或黄绿色皱缩折叠的子叶 2 枚。胚黄绿色，胚乳角质、半透明。水浸后种皮呈龟裂状，有明显黏液，气微，味辛、苦，有麻舌感。千粒重约为 59.71 g。

■ **微观特征** 表面被极短的糠皮状毛。种子横切面：表皮细胞 1 列，有的含棕色物，形状不规则，

壁波状。单细胞的非腺毛表皮下方为 1 列扁小的下皮细胞，黄棕色，稍弯曲。营养层由数列切向延长的细胞及颓废细胞组成，有细小维管束，薄壁细胞中含细小淀粉粒。内胚乳最外 1~2 列细胞类方形，壁稍厚，内侧细胞的细胞壁黏液化。淡黄色或黄绿色皱缩折叠的子叶 2 枚，子叶细胞内含有大的草酸钙簇晶，子叶上散布圆形分泌腔。栅状组织碎片和光辉带有时可见。

■ 萌发特性　种子在 15~35℃ 条件下可正常萌发，但随着温度下降，发芽率降低。在光照与黑暗条件下种子发芽差异不明显。正常情况下种子发芽率能达 75% 以上。

■ 贮　藏　正常型。室温下可贮藏 3 年以上。

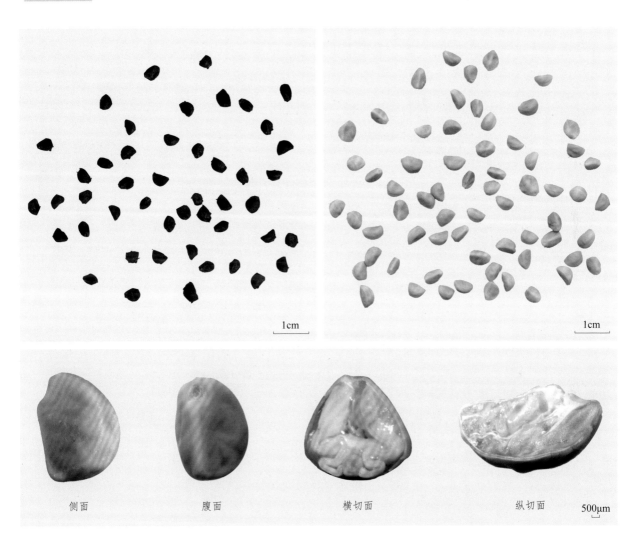

侧面　　腹面　　横切面　　纵切面

①②种子群体
③种子外观及切面

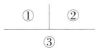

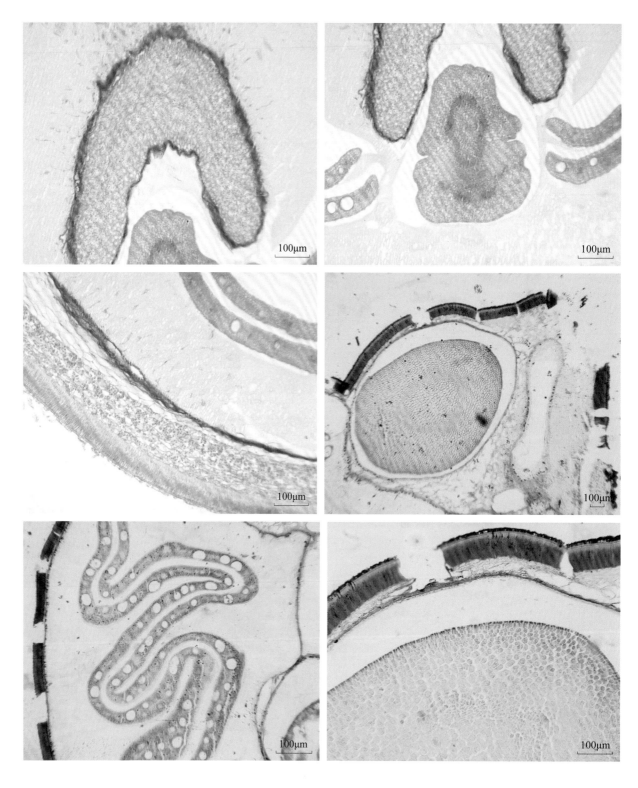

①②③种子横切面显微结构图
④胚纵切面显微结构图
⑤子叶纵切面显微结构图
⑥种子纵切面显微结构图(局部)

①	②
③	④
⑤	⑥

132 菟丝子
一年生寄生草本 | 别名：黄丝、豆寄生、龙须子、豆阎王、山麻子
Cuscuta chinensis Lam.

■ **药用价值** 以干燥成熟种子入药，药材名菟丝子。具有补益肝肾、固精缩尿、安胎、明目、止泻、外用消风祛斑之功效。用于肝肾不足，腰膝酸软，阳痿遗精，遗尿尿频，肾虚胎漏，胎动不安，目昏耳鸣，脾肾虚泻；外治白癜风。

■ **分　　布** 分布于黑龙江、吉林、辽宁、河北、山西、陕西、宁夏、甘肃、内蒙古、新疆、山东、江苏、安徽、河南、浙江、福建、四川和云南等地。

■ **采　　集** 花期 6~10 月，果期 7~11 月。蒴果呈黄棕色时及时采摘，阴干，脱粒，精选去杂，于干燥处贮藏。

■ **形态特征** 蒴果卵球形，直径为 2.5~4 mm，被宿存花冠包围。成熟时周裂，内分两室，每室含种子 2~49 枚。种子半球形；腹面中央或稍偏有一突起纵棱，长为种子的 2/3，将腹面分成两斜面；表面粗糙，颗粒状；黄色至棕色；长 1.13~1.39 mm，宽 0.84~1.28 mm，千粒重为 0.61~0.85 g。种脐黄色或棕色；椭圆形，长 0.13 mm，宽 0.08 mm；凸；位于腹面纵棱的近基端。种皮黄色至棕色；表层胶质，内层厚角质；厚 0.07 mm；紧贴胚乳，难以分离。胚乳少量；胶质，透明；包被着胚，并填充于子叶与子叶、子叶和胚根之间的空隙。胚橙黄色或黄绿色；折叠成螺旋状扁圆球形，宽 0.25 mm，厚 0.15 mm；胶质。子叶 2 枚；鳞片状，不明显，位于顶端，与胚芽生长在一起。下胚轴较长，长圆柱形，宽 0.18~0.24 mm；黄色或黄绿色；或环成 2.5 圈，位于种子中央，或下胚轴上段从螺旋中穿出，伸向胚根的反方向。胚根黄色；扁圆柱形，长 0.89 mm，宽 0.22 mm，环成 0.5

圈；围着内部的下胚轴和子叶；位于种子外缘，朝向种脐。

■ **萌发特性**　具物理休眠。播种前，切破种皮，或播种 7 d 后，切破种皮，在 20℃、12 h/12 h 光照条件下，1% 琼脂培养基上，萌发率均可达 98%~100%。

■ **贮　　藏**　正常型。干燥至相对湿度为 15% 后，于 –20℃条件下贮藏，种子寿命可达 6 年以上；常温下为 3 年以上。

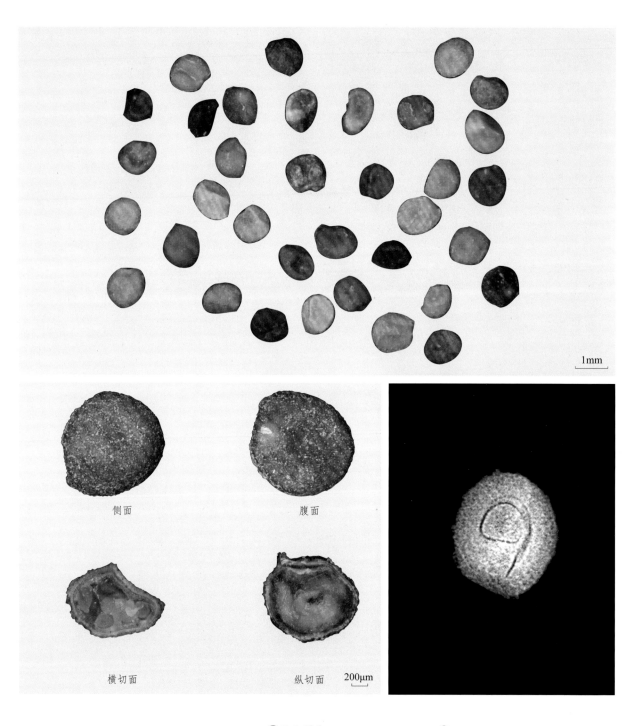

侧面　　　　　　　腹面

横切面　　　　　　纵切面　　　200μm

①种子群体
②种子外观及切面
③种子 X 光图

①
②　③

紫草科 | Boraginaceae

133 内蒙紫草 多年生草本 | 别名：紫草、内蒙古紫草、黄花软紫草
Arnebia guttata Bunge.

药用价值 以干燥根入药，药材名紫草。具有清热凉血、活血解毒、透疹消斑之功效。用于血热毒盛，斑疹紫黑，麻疹不透，疮疡，湿疹，水火烫伤。

分　布 分布于西藏、新疆、甘肃、宁夏、内蒙古和河北等地。

采　集 花、果期6~10月。小坚果呈黄褐色时及时采摘，阴干，脱粒，精选去杂，干燥处贮藏。

形态特征 小坚果三棱锥形，中部以下较圆拱，中部以上渐尖；表面具鱼鳞状负网纹和稀疏瘤状突起，背面中上部具一纵脊；灰白色、灰黄色或灰褐色；长 2.31~3.37 mm，宽 1.30~2.32 mm，厚 0.80~1.42 mm，千粒重为 1.72 g。果疤灰色、黄棕色或褐色；三角形，边缘呈波状弯曲；大，长 1.95 mm，宽 1.03 mm；位于基端。果皮外面呈灰白；内含种子 1 枚。

种子三角锥形，稍扁；中部以下较圆拱，中部以上渐尖；浅棕色；长 1.93~2.85 mm，宽 1.00~1.97 mm，厚 0.85 mm。种脐不明显；位于基端。种皮浅黄棕色；膜状胶质，透明，有脉纹；与胚贴合或不贴合，可分离。胚乳无。胚黄棕色；肉质，富含油脂；长 2~2.65 mm，宽 1.39~1.42 mm，厚 0.85 mm；充满整粒种子。子叶 2 枚；钝三角形；长 1.04~1.35 mm，宽 1.39~1.42 mm，每枚厚 0.41~0.42 mm；并合。下胚轴和胚根长圆锥形；长 1.00~1.30 mm，宽 0.40~0.58 mm，厚 0.35 mm；朝向顶端的合点。

萌发特性 在 25℃/10℃ 或 20℃、12 h/12 h 光照条件下，1% 琼脂培养基上，萌发率可达 100%。

贮　藏 正常型，但不耐长期贮藏。

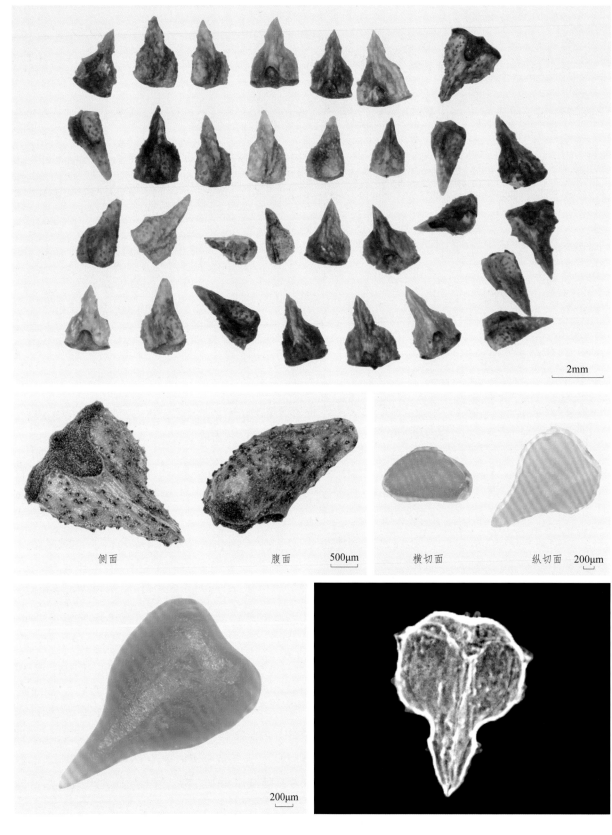

侧面　　　　　　　　腹面　　　500μm　　　　横切面　　　　纵切面　　200μm

200μm

① 果实群体
② 果实外观
③ 种子切面
④ 胚
⑤ 果实 X 光图

马鞭草科 | Verbenaceae

134 大叶紫珠 灌木，稀小乔木 | 别名：羊耳朵、止血草、赶风紫、贼子叶
Callicarpa macrophylla Vahl

■ 药用价值 以干燥叶或带叶嫩枝入药，药材名大叶紫珠。具有散瘀止血、消肿止痛之功效。用于衄血，咯血，吐血，便血，外伤出血，跌扑肿痛。

■ 分　布 分布于广东、广西、贵州和云南等地。

■ 采　集 花期 4~7 月，果期 7~12 月。核果呈紫色时及时采摘，去除果皮，阴干，精选去杂，干燥处贮藏。

■ 形态特征 核果肉质，圆球形，直径为 1.5 mm 左右；表面具腺点和微毛；顶端内凹，具残存花柱基；基端具草质四边形宿萼和小果柄；紫色；外果皮薄，中果皮肉质，内含 4 个分果核。分果核卵形，背面圆拱，腹面内凹；黄白色；长 1.75~2.10 mm，宽 0.93~1.57 mm，厚 0.52~0.70 mm，千粒重为 0.71~1.82 g。分果核的果疤为椭圆形，位于凹陷的腹面中央，稍凸。分果核的果皮黄白色，骨质，厚 0.10 mm，与种皮分离；成熟时不开裂，内含种子 1 枚。种子椭圆形，背面圆拱，腹面稍平；两侧各有一条黄棕色线状纵棱；黄白色；长 1.11~1.42 mm，宽 0.54~0.85 mm，厚 0.46 mm。种脐圆形，直径为 0.08 mm；黄褐色；位于腹面近基端。种皮黄白色；胶质，薄，透明；紧贴胚乳，难以分离。胚乳白色；肉质，富含油脂，半透明；包被着胚。胚长椭圆形；白色；肉质，富含油脂；长 0.63~1.15 mm，宽 0.42~0.47 mm，厚 0.25 mm；直生于种子中央。子叶 2 枚；椭圆形；长 0.64 mm，宽 0.45 mm，每枚厚 0.13 mm；并合。下胚轴和胚根扁圆柱形；长 0.51 mm，宽 0.32 mm，厚 0.25 mm。

■ 萌发特性 在 25℃ /15℃、12 h/12 h 光照条件下，1% 琼脂培养基上，21d 剥掉内果皮，萌发率为 95.2%。

■ 贮　藏 正常型。干燥至相对湿度 15% 后，于 –20℃ 条件下贮藏，种子寿命可达 5 年以上。

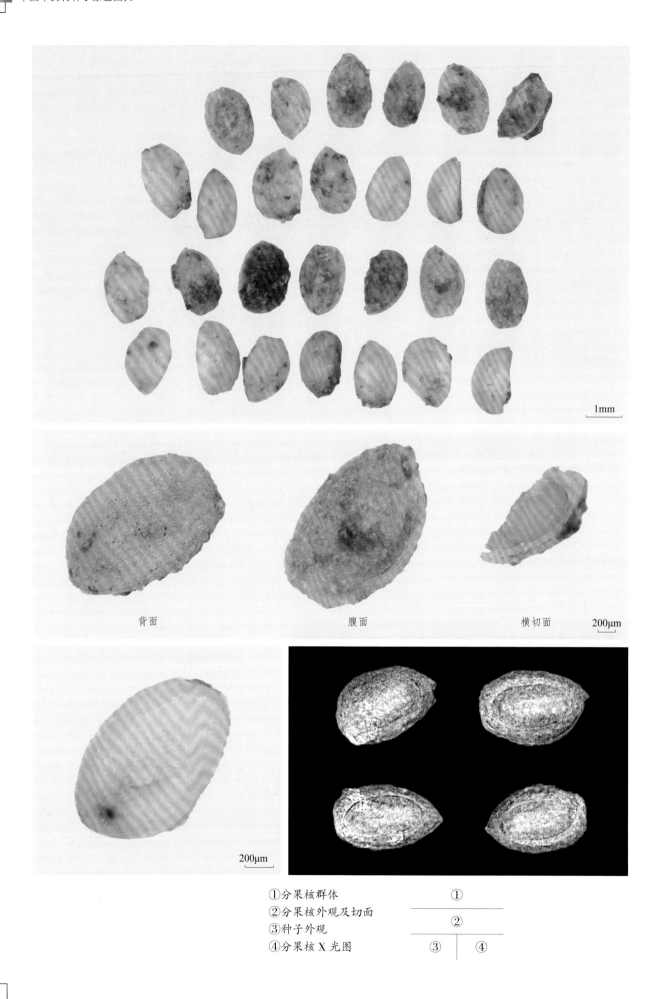

背面　　　　　　　　　　腹面　　　　　　　　横切面

①分果核群体
②分果核外观及切面
③种子外观
④分果核 X 光图

■ 唇形科 | Labiatae

⑬⑤ 筋骨草
多年生草本 | 别名：白毛夏枯草
Ajuga decumbens Thunb.

■ 药用价值 以干燥全草入药，药材名筋骨草。具有清热解毒、凉血消肿之功效。用于咽喉肿痛，肺热咯血，跌打肿痛。

■ 分 布 分布于河北、山东、河南、山西、陕西、甘肃、四川、浙江等地。

■ 采 集 花期 4~8 月，果期 7~9 月。果实成熟时采集，取出种子，晒干。

■ 形态特征 小坚果长圆状或卵状三棱形，背部具网状皱纹，腹部中间隆起，果脐大，几乎占整个腹面。种子长 2.1~2.2 mm，宽 1.2~1.3 mm，厚 1.0~1.1 mm；表面棕色或棕黑色。解剖镜下可见具网状不规则皱纹，腹部中间隆起，胚乳透明状，乳白色，胚轴圆柱状，子叶 2 枚。千粒重约为 1.22 g。

■ 萌发特性 有休眠。新鲜种子在 5~20 ℃、黑暗或光照条件下均不萌发，适宜发芽温度为 25~30℃，清水浸种 24~48 h 为宜，萌发率约为 65%。变温可快速解除休眠，发芽 7 d，萌发率可达 94%。

■ 贮 藏 正常型。室温下可贮藏 3 年以上。

侧面   腹面   横切面   纵切面

①种子群体
②种子外观及切面

①
②

136 黄 芩

多年生草本 | 别名：山茶根、黄芩茶、子芩
Scutellaria baicalensis Georgi

药用价值 以干燥根入药，药材名黄芩。具有清热燥湿、泻火解毒、止血、安胎之功效。用于湿温、暑湿，胸闷呕恶，湿热痞满，泻痢，黄疸，肺热咳嗽，热病烦渴，血热吐衄，胎动不安，痈肿疮毒。

分　布 分布于长江以北的大部分地区及西北、西南等地。

采　集 花期5~8月，果期7~9月。果实成熟时采收。

形态特征 小坚果三棱状卵球形，表面黑褐色，粗糙，具瘤。长1.6~2.6 mm，宽1.1~1.6 mm，厚0.8~1.3 mm；果实背面弓状隆起，两侧面各具1条纵沟，腹面卧生1个锥形隆起，腹棱处具白色点状的果脐；子叶2枚，肥厚，背倚于胚根。千粒重约为1.70 g。

微观特征 果皮表面密布瘤状突起，瘤状突起表面还具有乳头状的次级突起。外果皮由2~3列近方形的细胞组成。内果皮为1列方形细胞，含有红棕色色素，外壁厚，内侧具不连续的纺锤形空腔。种皮由1~2层长方形细胞构成，细胞外壁显著增厚；子叶由薄壁细胞组成，富含油滴，且可见短条状草酸钙晶体。

萌发特性 无休眠。新鲜种子在5~35℃、黑暗或光照条件下均可萌发，且萌发率达50%以上；在30℃、黑暗条件下萌发率最高，可达90%。

贮　藏 正常型。常温下可贮藏1年。

| 侧面 | 腹面 | 横切面 | 纵切面 | 200μm |

果实外观及切面

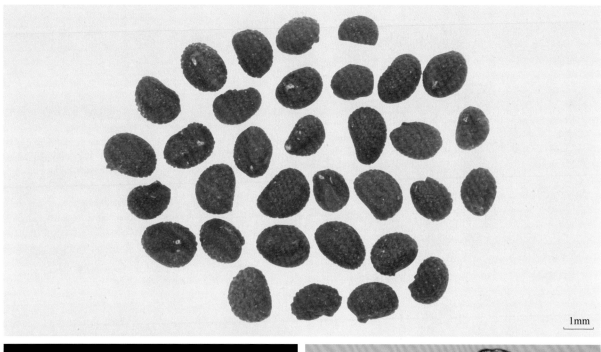

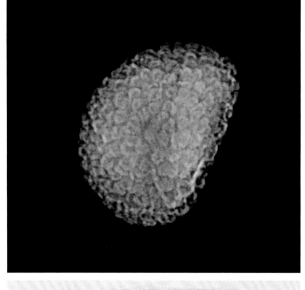

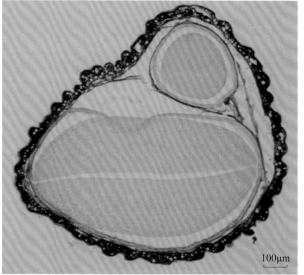

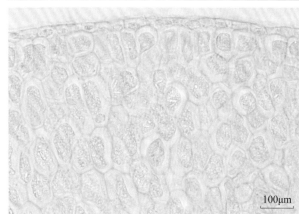

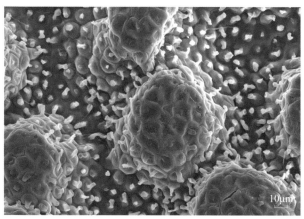

①果实群体
②果实 X 光图
③果实横切面显微结构图
④子叶细胞的短条状晶体（横切）
⑤表面纹饰

①

②　③

④　⑤

137 荆 芥

一年生草本 | 别名：香荆芥、线芥、四棱杆蒿、假苏
Schizonepeta tenuifolia Briq.

药用价值 以干燥地上部分入药，药材名荆芥。具有解表散风、透疹、消疮之功效。用于感冒，头痛，麻疹，风疹，疮疡初起。

分 布 分布于全国大部分地区。

采 集 花期 6~8 月，果期 7~9 月。果穗变黄后，剪下果穗晾晒，然后用碾子碾压或用木棍敲打，去掉果穗，净选种子。

形态特征 小坚果椭圆形，长 1.4~1.7 mm，宽 0.5~0.8 mm。表面棕色或棕黑色，肉眼观察略有光泽。果皮密布麻点且较平坦，腹部下部有棱且直达白色小圆点状果脐，果皮浸水后出现透明黏膜。内含 1 枚种子。种子呈椭圆形，表面白色或淡棕黄色，一端顶端略锐，一端顶端略钝，腹面具 1 个棕色线形种脊，合点位于种子中部上方，种脐位于种子近下端，种皮膜质。千粒重约为 0.28 g。

微观特征 种子最外层为外种皮的黏液层，向内依次为外种皮、色素层、内种皮、子叶。外种皮为 1 列矩形薄壁细胞。色素层深棕色，边缘界限明显。内种皮由 1 列石细胞组成。子叶 2 枚，对称排列，子叶细胞内含大量糊粉粒。

萌发特性 种子发芽温度为 10~35℃，且对光照无明显要求。种子的萌发最适宜温度为 20~25℃，发芽率达到 80% 以上。

贮 藏 种子易吸湿受潮，影响种子质量，应储存于干燥环境中。在室温条件下贮藏 1 年，种子活力明显降低。

①果穗
②种子群体
③种子外观及切面
④种子横切面显微结构图
⑤种子横切面显微结构图（局部）

①		②
	③	
④		⑤

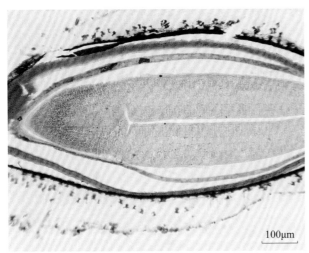

①种子纵切面显微结构图
②种子纵切面显微结构图（局部）

①　②

138 益母草 一年生或二年生草本 | 别名：益母蒿、坤草野麻
Leonurus japonicus Houtt.

药用价值 以干燥成熟果实入药，药材名茺蔚子。具有活血调经、清肝明目之功效。用于月经不调，经闭痛经，目赤翳障，头晕胀痛。以干燥地上部分入药，药材名益母草。具有活血调经、利尿消肿、清热解毒之功效。用于月经不调，痛经经闭，恶露不尽，水肿尿少，疮疡肿毒。

分　　布 分布于全国各地。

采　　集 花期6~9月，果期9~10月。秋季果实成熟时，采割地上部分，晒干，打下果实，除去杂质。

形态特征 小坚果长圆状三棱形，长2~3 mm，宽约1.5 mm，顶端平截而略宽大，基部楔形，淡褐色，光滑。种子扁长卵形，种皮薄，黄白色。无胚乳。胚直生，子叶类白色，富油性。千粒重约为0.6 g。

微观特征 果实表面有稀疏的非腺毛。外果皮为1列浅黄色径向延长的细胞。中果皮为2~3列类方形薄壁细胞，近内果皮的细胞中含草酸钙方晶。内果皮坚硬，为1列径向延长的石细胞，木化。种皮为1列切向延长的棕色色素细胞。胚乳和子叶细胞含糊粉粒及脂肪油滴。

萌发特性 易萌发。在15~30℃条件下均可萌发。

贮　　藏 正常型。在室温条件下可贮藏1~2年。

①果实群体
②果实外观及切面
③胚
④果实X光图
⑤表面纹饰
⑥果实横切面显微结构图

①	②
③	④
⑤	⑥

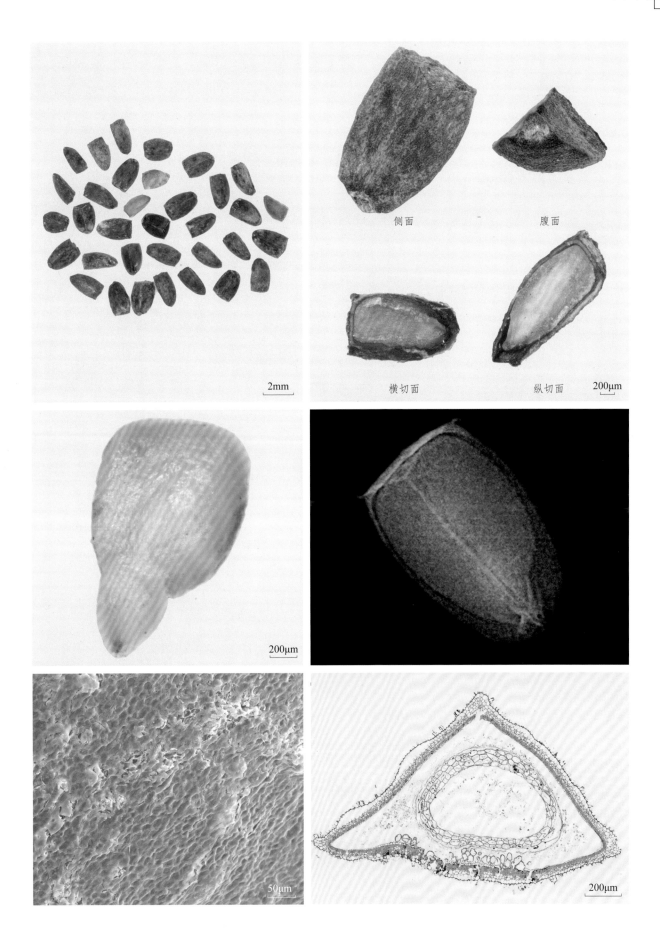

侧面　　　　　　　腹面

横切面　　　　　　纵切面

2mm

200μm

200μm

50μm

200μm

139 丹 参 多年生直立草本 | 别名：紫丹参、赤参、红丹参
Salvia miltiorrhiza Bge.

■ 药用价值 以干燥根和根茎入药，药材名丹参。具有活血祛瘀、通经止痛、清心除烦、凉血消痈之功效。用于胸痹心痛，脘腹胁痛，癥瘕积聚，热痹疼痛，心烦不眠，月经不调，痛经经闭，疮疡肿痛。

■ 分　布 分布于全国大部分地区，其中以陕西、四川、河南、山东、安徽等地的产量为多。

■ 采　集 花期4~8月，花后见果。种子成熟的顺序为自下而上，花序下部的种子先成熟，上部的种子后成熟。一般于果穗的2/3果壳变枯黄时，剪下、晾晒、脱粒，精选出色泽光亮、籽粒饱满的种子，风干备用。

■ 形态特征 小坚果三棱状长椭圆形，两头略有钝尖，长2.24~3.06 mm，宽1.08~1.80 mm，茶褐色或灰黑色，表面有不规则的圆形突起及灰白色蜡质斑。背面稍平，腹面隆起成脊，圆钝，果脐近圆形，位于腹面纵脊下方。千粒重约为1.9 g。种子扁椭圆形。种皮膜质，具一薄层胚乳。胚直生，乳白色，子叶2枚，肥厚。

■ 微观特征 果实横切面外果皮为1列黏液细胞，部分黏液细胞破裂释放出黏液质。中果皮由多层薄壁细胞组成，内含棕色色素。内果皮最外侧为1列大的薄壁细胞，内含草酸钙柱晶；中间为由石细胞组成的厚壁组织；最内侧为1列厚壁细胞。种皮膜质，为深红棕色的颓废色素细胞层。种皮内侧为胚乳细胞层，略薄。

■ 萌发特性 无休眠。种子在15~35℃条件下均萌发较好，最适萌发温度为20~30℃，萌发率可达90%以上。15℃/25℃、20℃/30℃的变化温度能有效促进种子萌发。

■ 贮　藏 正常型，不耐贮藏。室温存放超过6个月，发芽率一般会低于40%。4℃、5%含水量可贮藏1年以上。

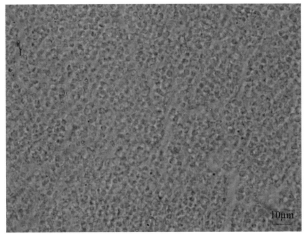

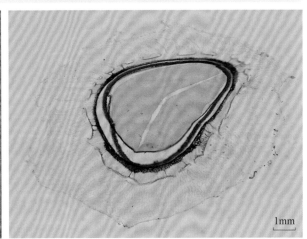

①果实群体
②子叶细胞
③果实横切面显微结构图

①	
②	③

140 紫苏 一年生草本 | 别名：赤苏、香苏、白苏
Perilla frutescens (L.) Britt.

■ **药用价值** 以干燥成熟果实入药，药材名紫苏子。具有降气化痰、止咳平喘、润肠通便之功效。用于痰壅气逆，咳嗽气喘，肠燥便秘。以干燥叶入药，药材名紫苏叶。具有解表散寒、行气和胃之功效。用于风寒感冒，咳嗽呕恶，妊娠呕吐，鱼蟹中毒。以干燥茎入药，药材名紫苏梗。具有理气宽中、止痛、安胎之功效。用于胸膈痞闷，胃脘疼痛，嗳气呕吐，胎动不安。

■ **分　布** 全国大部分地区均有栽培。

■ **采　集** 花期7~10月，果期8~11月。10月中下旬至11月初，当种子大部分成熟时，于早晨一次性收割，转运至场地晒干，脱粒，扬净，保存于阴凉干燥处。

■ **形态特征** 果实呈卵形或类球形，直径1.5~2.2 mm。表面灰褐色或深褐色，有凸起的网状花纹及圆形深色小点，基部稍尖，有灰白色点状果柄痕。果皮薄而脆，种皮膜质。子叶2枚，有油质，压碎有香气。味微辛，嚼之有浓香，并有油腻感。千粒重约为3.23 g。

■ **微观特征** 外果皮细胞黄棕色，断面观细胞扁平，外壁呈乳突状；表面观呈类圆形，壁稍弯曲，表面具角质细纹理。内果皮组织断面观主要为异型石细胞，呈不规则形；顶面观呈类多角形，细胞间界限不分明，胞腔星状。内胚乳细胞大小不一，含脂肪油滴；有的含细小草酸钙方晶。子叶细胞呈类长方形，充满脂肪油滴。

■ **萌发特性** 种子在 10~35℃条件下均可萌发，适宜温度为 20~25℃，发芽率可达 95% 以上。光照、黑暗对种子萌发影响不大。

■ **贮　藏** 在室温条件下贮藏 1 年后，种子活力明显降低。

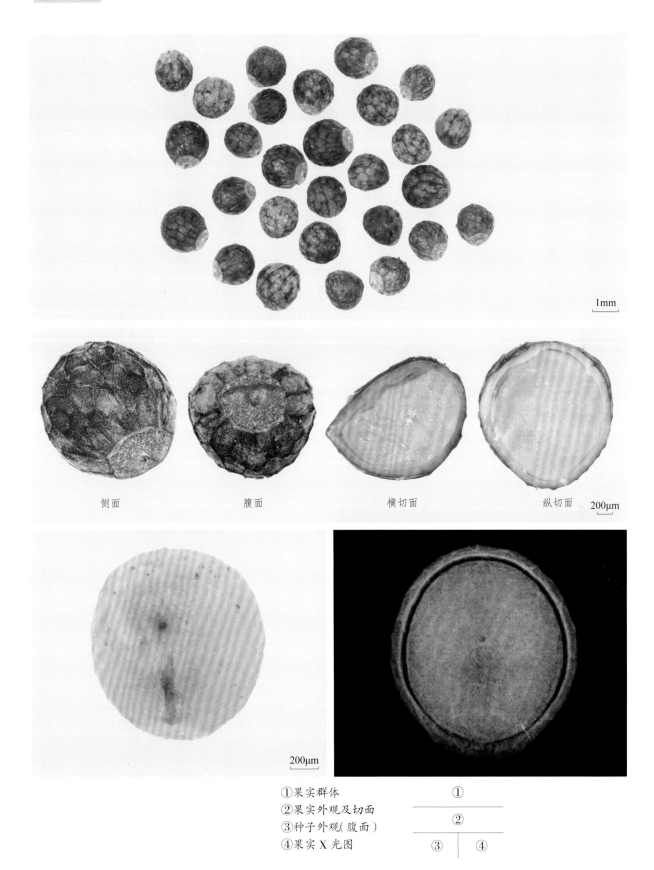

①果实群体
②果实外观及切面
③种子外观（腹面）
④果实 X 光图

①
②
③　④

侧面　　　腹面　　　横切面　　　纵切面

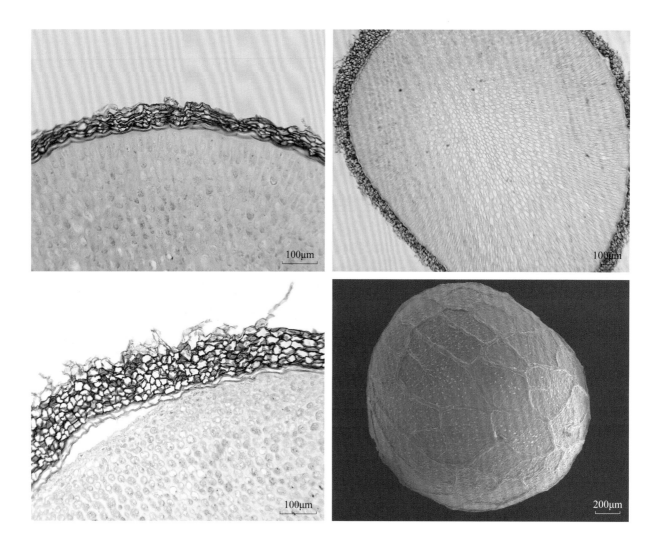

①果实横切面显微结构图
②③果实纵切面显微结构图
④果实扫描电镜图

①	②
③	④

■ 茄 科 | Solanaceae

(141) 宁夏枸杞 | 灌木或小乔木 | 别名：中宁枸杞、津枸杞
Lycium barbarum L.

■ 药用价值 以干燥根皮入药，药材名地骨皮。具有凉血除蒸、清肺降火之功效。用于阴虚潮热，骨蒸盗汗，肺热咳嗽，咯血，衄血，内热消渴。以干燥成熟果实入药，药材名枸杞子。具有滋补肝肾、益精明目之功效。用于虚劳精亏，腰膝酸痛，眩晕耳鸣，阳痿遗精，内热消渴，血虚萎黄，目昏不明。

■ 分　　布 原产于我国北部：河北、内蒙古、山西、陕西、甘肃、宁夏、青海、新疆，现我国中部和南部不少省区也已引种栽培，其中以宁夏及天津地区栽培较多、产量高。

■ 采　　集 花期5~9月，果期6~10月。浆果呈红色或橘红色时及时采摘，去除外果皮和果肉，阴干，精选去杂，干燥处贮藏。

■ 形态特征 浆果卵圆形、矩圆形、纺锤形或椭圆形；顶端具小突起状的花柱基，基部具白色凹点状果柄痕；橘红色、红色或暗红色；长 15~25 mm，直径 3~10 mm；外果皮薄，膜质，中果皮和内果皮肉质浆状；内含种子 20~50 枚。种子倒卵形、椭圆形、矩圆形或半圆形，扁，一面稍隆起，一面平或稍凹；表面密布颗粒状突起；浅黄棕色；长 1.22~2.50 mm，宽 0.96~1.66 mm，厚 0.20~0.70 mm，千粒重为 0.58~1 g。种脐浅黄棕色；圆形或椭圆形；深凹；位于一侧近基端凹陷处。外种皮浅黄棕色；胶质，厚 0.06 mm；与内种皮贴合，可分离；内种皮浅黄棕色；膜质；紧贴胚乳，难以分离。胚乳含量中等；白色；肉质或胶质，富含油脂；包被着胚。胚近环形；白色；肉质，含油脂；长 2.21~2.65 mm，宽 0.30 mm，厚 0.32~0.34 mm。子叶 2 枚；弧状长条形；长 1.27~1.29 mm，宽 0.30 mm，每枚厚 0.16~0.19 mm；合并。下胚轴和胚根圆弧状长圆柱形；长 0.92~1.38 mm，宽 0.25 mm，厚 0.33~0.34 mm；朝向种脐。

■ **萌发特性**　具生理休眠。在 25℃ /10℃、12 h/12 h 光照条件下，1% 琼脂培养基上，萌发率可达100%；在 20℃、12 h/12 h 光照条件下，含 200 mg/L 赤霉素（GA₃）的 1% 琼脂培养基上，萌发率也可达 100%

■ **贮　　藏**　正常型。4 年内的种子发芽率能保持在 85% 以上，4~10 年的种子发芽率大幅下降，超过 16 年的种子基本失去活力。

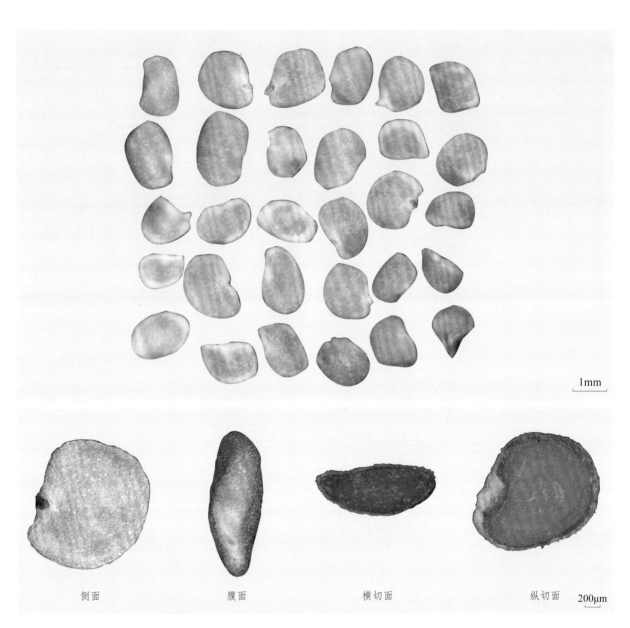

侧面　　　　　　腹面　　　　　　横切面　　　　　　纵切面　　　1mm

200μm

①种子群体
②种子外观及切面

①
──────────
②

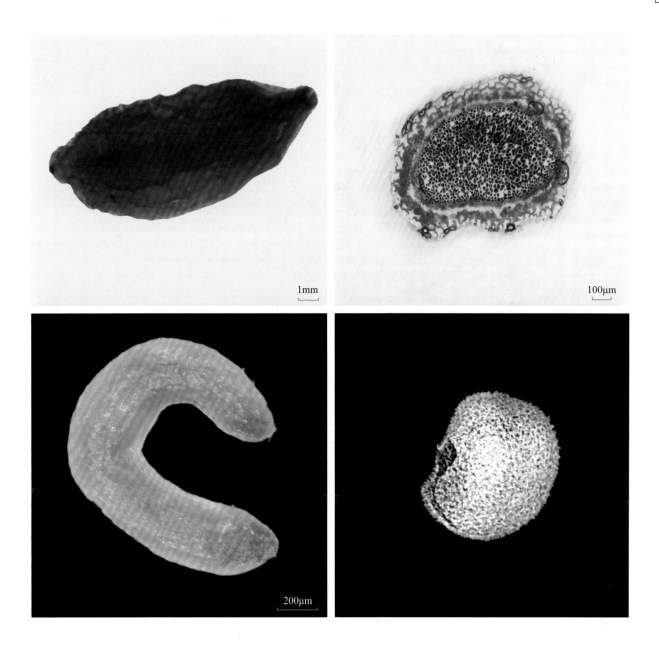

①果实外观
②种子横切面显微结构图
③胚
④种子 X 光图

①	②
③	④

142 **枸杞** 多分枝灌木 │ 别名：枸杞菜、红珠仔刺、牛吉力、狗牙子、狗牙根
Lycium chinense Mill.

药用价值 以干燥根皮入药，药材名地骨皮。具有凉血除蒸、清肺降火之功效。用于阴虚潮热，骨蒸盗汗，肺热咳嗽，咯血，衄血，内热消渴。

分　　布 分布于河北、山西、陕西、甘肃及东北、西南、华中、华南、华东各地。

采　　集 花期 5~9 月，果期 7~12 月。浆果红色或橘红色时及时采摘，去除果皮和果肉，阴干，精选去杂，干燥处贮藏。

形态特征 浆果卵圆形或椭圆形，长 1~2 cm，宽 5~8 mm；成熟时鲜红色或橘红色。种子椭圆形、近圆形或肾形，扁；表面具不明显网纹；浅黄棕色或黄棕色；长 1.80~2.94 mm，宽 1.30~2.64 mm，厚 0.46~0.95 mm，千粒重为 1~1.53 g。种脐黄棕色；卵形、椭圆形或三角形，长 0.40 mm；深凹，位于一侧近基端凹陷处。外种皮浅黄棕色或黄棕色；胶质，厚 0.10 mm；与内种皮贴合，可分离。内种皮浅黄棕色；膜质；紧贴胚乳，难以分离。胚乳含量中等；白色；近肉质，富含油脂；包被着胚。胚近环形；白色；肉质，富含油脂；长 4.55~4.75 mm，宽 0.50~0.51 mm，厚 0.51~0.52 mm。子叶 2 枚；白色或略带乳黄色；弧状长条形；长 2.55~2.69 mm，宽 0.50~0.51 mm，每枚厚 0.25 mm；合并，或顶端稍分离。下胚轴和胚根长圆柱形；长 2.00~2.06 mm，宽 0.40~0.51 mm，厚 0.45~0.51 mm；朝向种脐。

萌发特性 具生理休眠。在实验室内，25℃/10℃、12 h/12 h 光照条件下，1% 琼脂培养基上，萌发率可达 100%；在 20℃、12 h/12 h 光照条件下，含 200 mg/L 赤霉素（GA$_3$）的 1% 琼脂培养基上，萌发率也可达 100%。田间发芽适温为 15~30℃。

贮　　藏 正常型。干燥至相对湿度 15% 后，于 –20℃ 条件下贮藏，种子寿命可达 8 年以上。

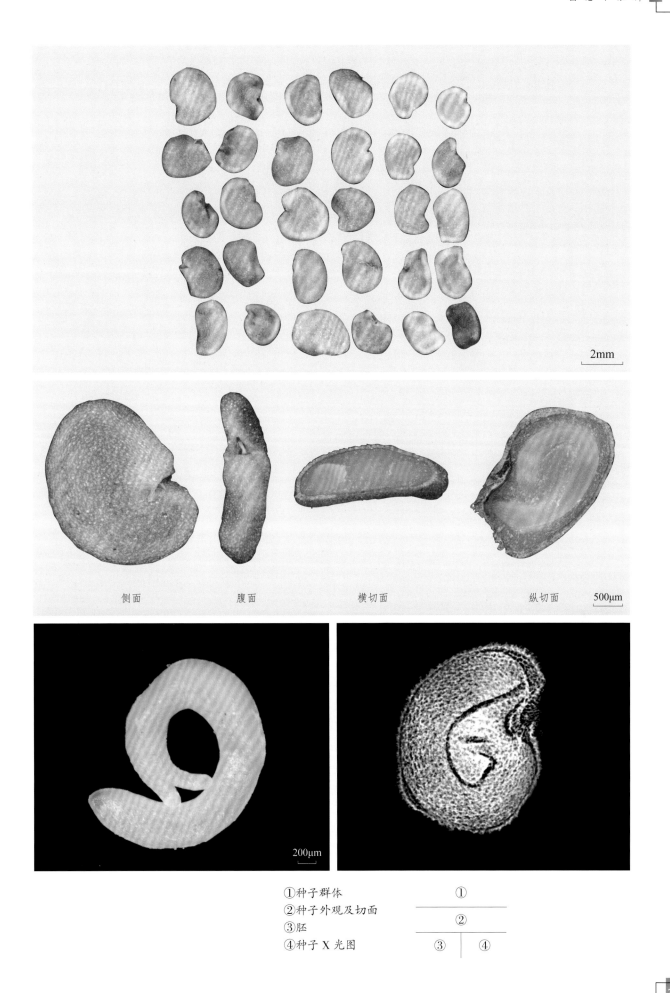

侧面　　　　　腹面　　　　　横切面　　　　　纵切面　　　500μm

200μm

①种子群体
②种子外观及切面
③胚
④种子 X 光图

①
②
③　④

143 莨菪 一年生或二年生草本 | 别名：莨菪子、山烟、狂草
Hyoscyamus niger L.

药用价值 以干燥成熟种子入药，药材名天仙子。具有解痉止痛，平喘，安神之功效。用于胃脘挛痛，喘咳，癫狂。

分　布 分布于东北、华北、西北及山东、安徽、河南、四川、西藏等地。

采　集 花期5月，果期6月。夏、秋二季果皮变黄色时采摘果实，曝晒，打下种子，筛去果皮、枝梗，晒干。

形态特征 蒴果包藏于宿存萼内，长卵圆状，成熟时盖裂，长约1.5 cm，直径约1.2 cm。种子小，扁肾形或扁卵形，表面黄棕色或灰黄色，有多数网状凹穴，略尖的一端有点状种脐。长1.3~1.5 mm，宽1.1~1.3 mm，厚0.5~0.7 mm。千粒重约为0.59 g。

微观特征 外种皮呈不规则波状突起，波峰顶端渐尖或钝圆，壁厚具明显的层纹。内种皮为1列扁平细胞，多皱缩。胚乳细胞含脂肪油滴及糊粉粒；胚弯曲，子叶细胞含脂肪油，胚根明显。

萌发特性 种子在25~35℃、12 h光照/12 h黑暗条件下可萌发。以35℃、12 h光照/12 h黑暗条件下萌发率最高，可达97.5%。

贮　藏 正常型。室温下通风干燥储藏。

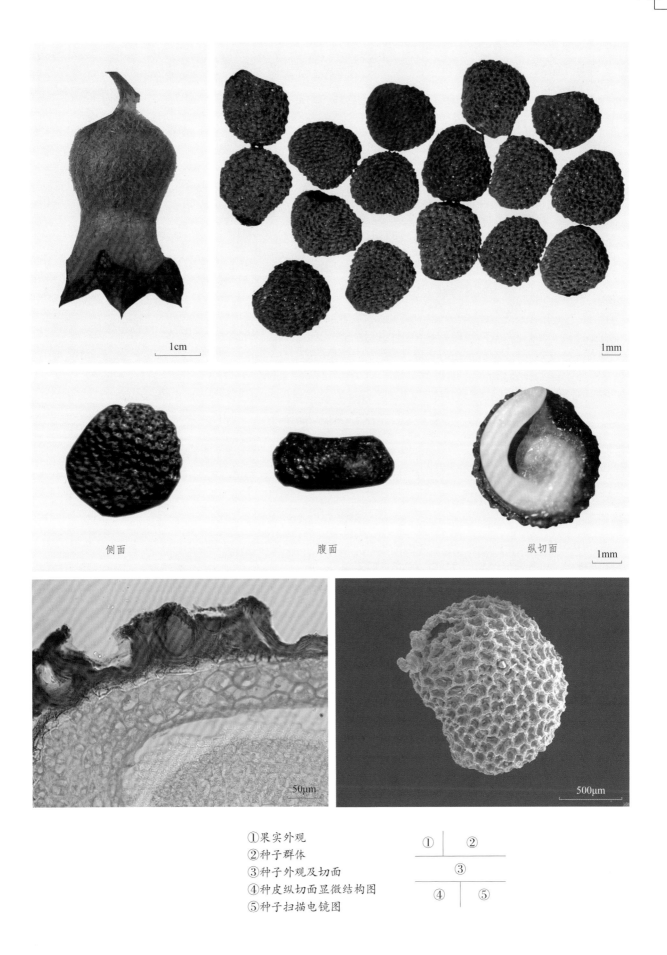

①果实外观
②种子群体
③种子外观及切面
④种皮纵切面显微结构图
⑤种子扫描电镜图

①	②
③	
④	⑤

侧面　　　　　腹面　　　　　纵切面

144 酸浆 多年生草本
Physalis alkekengi L. var. *franchetii* (Mast.) Makino

药用价值 以干燥宿萼或带果实的宿萼入药，药材名锦灯笼。具有清热解毒、利咽化痰、利尿通淋之功效。用于咽痛音哑，痰热咳嗽，小便不利，热淋涩痛；外治天疱疮，湿疹。

分　布 分布于甘肃、陕西、河南、湖北、四川、贵州和云南等地。

采　集 花期5~9月，果期6~10月。浆果成熟、宿萼呈橙红色时及时采摘，去除宿萼、果皮和果肉，阴干，精选去杂，干燥处贮藏。

形态特征 浆果球形，直径为10~25 mm；橙红色，柔软多汁，味甘、微酸；内含种子210~320枚；包于宿萼内。宿萼灯笼状，长30~45 mm，宽2.5~40 mm；橙红色或橙黄色；表面有5条明显纵棱，棱间有网状细网纹；顶端渐尖，微5裂，基部略平截，中心凹陷，有果梗。味苦。种子近圆状肾形，稍扁；黄色；表面具颗粒状网纹；长1.76~2.53 mm，宽1.51~2.20 mm，厚0.62~0.75 mm，千粒重为1.10~1.39 g。种脐黄色，圆形或窄楔形，位于种子一侧的中部凹陷处。种皮黄色，胶质，厚0.06~0.08 mm，紧贴胚乳。胚乳丰富；肉质，富含油脂，半透明；包被着胚。胚线型；白色，半透明；肉质；环形，长3.54~3.69 mm，宽0.33~0.36 mm；位于种子近边缘。子叶2枚；披针形；长1.16 mm，宽0.33 mm，每枚厚0.21 mm；并合。下胚轴和胚根长圆柱形；长2.39 mm，宽0.30~0.36 mm，厚0.35 mm。

微观特征 表皮毛众多。腺毛头部椭圆形，柄部含2~4个细胞，长95~170 μm。非腺毛含3~4个细胞，长130~170 μm，胞腔内含橙红色颗粒状物。宿萼内表皮细胞垂周壁波状弯曲；宿萼外表皮细胞垂周壁平整，气孔不定式。薄壁组织中含多量橙红色颗粒。

萌发特性 具生理休眠。在25℃/10℃或25℃/15℃、12 h/12 h光照条件下，1%琼脂培养基上，萌发率可达100%；在20℃、12 h/12 h光照条件下，含200 mg/L赤霉素（GA₃）的1%琼脂培养基上，萌发率也可达100%。

贮　藏 正常型。在室内条件下寿命为2~3年；干燥至相对湿度15%后，于-20℃条件下贮藏，种子寿命可达8年以上。

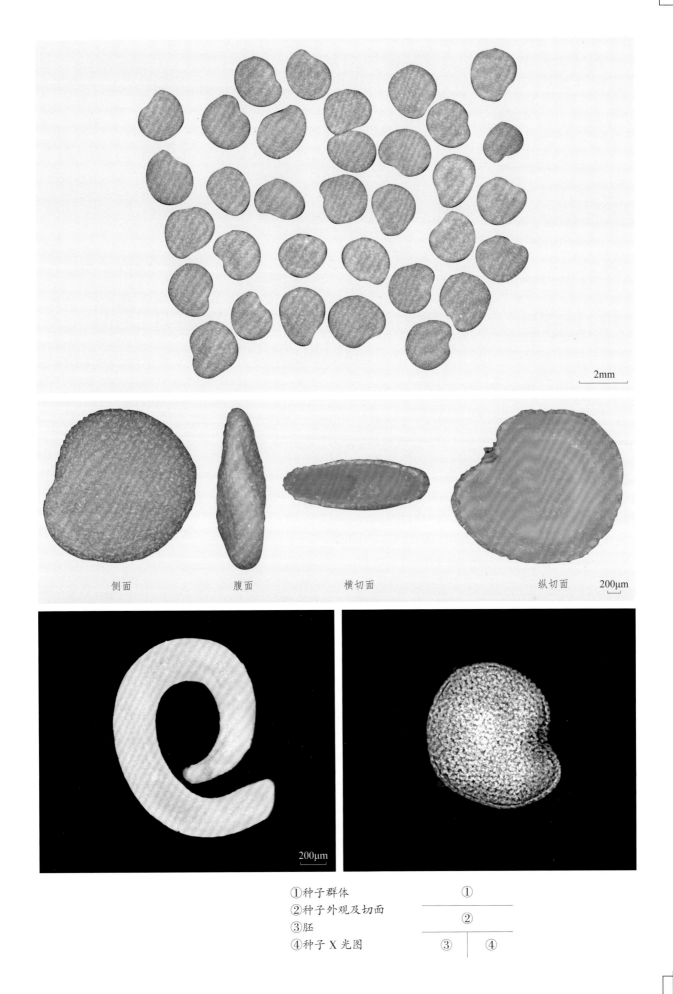

2mm

侧面　　　　　腹面　　　　　横切面　　　　　纵切面　　　200μm

200μm

①种子群体
②种子外观及切面
③胚
④种子 X 光图

	①	
	②	
③		④

145 白花曼陀罗

一年生草本 | 别名：曼陀罗、风茄花、闹羊花

Datura metel L.

■ 药用价值 以干燥花入药，药材名洋金花。具有平喘止咳、解痉定痛之功效。用于哮喘咳嗽，脘腹冷痛，风湿痹痛，小儿慢惊；外科麻醉。

■ 分　布 全国各地均有分布，以江苏、浙江、四川等地的产量为大。

■ 采　集 花、果期 3~12 月。蒴果果皮呈金黄色且稍有开裂时采摘，晒干，脱粒，精选去杂，干燥处贮藏。

■ 形态特征 蒴果近球状或扁球状，疏生粗短刺，直径约 3 cm，成熟后由绿色变为淡褐色，不规则4瓣裂。种子多数，肾形，稍扁，淡褐色，无光泽。长 3.6~4.3 mm，宽 2.9~3.6 mm，厚 1.8~2.7 mm。种皮稍皱，种脐具残存白色珠柄。千粒重约为 10.4g。

■ 微观特征 种子横切面：种皮外有蜡被，外表皮为 1 列椭圆形至长椭圆形石细胞，壁厚，层纹明显，胞腔狭窄有棕黑色色素填充；种皮栅栏组织 1 至数列，从背部向脐部逐渐径向加长；营养层细胞多列，皱缩；内种皮细胞 1 列，长方形，切向排列；胚乳细胞类多边形，内含大小不等的淡绿色油滴；子叶细胞类圆形至长圆形内含油滴及糊粉粒。

■ 萌发特性 种子在 10~35℃ 条件下均可萌发。光照对种子萌发影响不显著。

■ 贮　藏 正常型。室温下可贮藏 3 年以上。

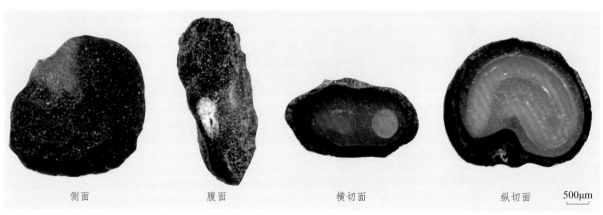

| 侧面 | 腹面 | 横切面 | 纵切面 |

500μm

种子外观及切面

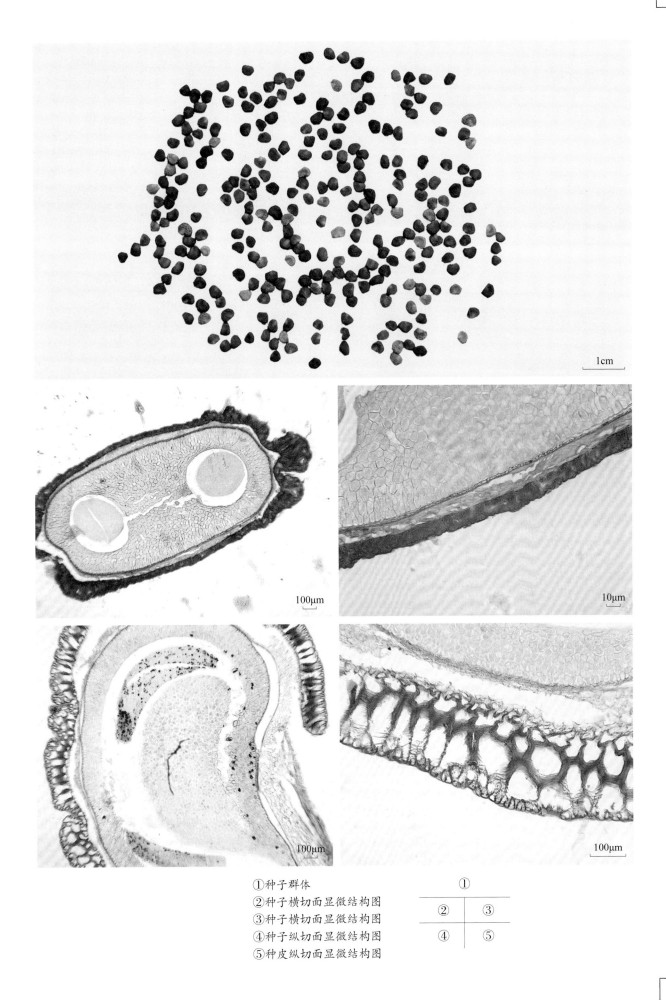

①种子群体
②种子横切面显微结构图
③种子横切面显微结构图
④种子纵切面显微结构图
⑤种皮纵切面显微结构图

①	
②	③
④	⑤

玄参科 | Scrophulariaceae

146 玄参 高大草本 | 别名：元参、浙玄参、水萝卜
Scrophularia ningpoensis Hemsl.

药用价值 以干燥根入药，药材名玄参。具有清热凉血、滋阴降火、解毒散结之功效。用于热入营血，温毒发斑，热病伤阴，舌绛烦渴，津伤便秘，骨蒸劳嗽，目赤，咽痛，白喉，瘰疬，痈肿疮毒。

分　布 分布于河北、河南、山西、陕西、湖北、安徽、江苏、浙江、福建、江西、湖南、广东、贵州、四川等地。

采　集 花期6~10月，果期9~11月。蒴果褐色时及时采摘，阴干，脱粒，精选去杂，干燥处贮藏。

形态特征 蒴果卵圆形，连同短喙长8~9 mm。种子短圆柱状卵形或椭圆形；表面具8条纵棱，棱间具横沟；黑褐色、褐色、浅黄褐色或乳白色；长0.74~1.29 mm，宽0.54~0.79 mm，千粒重为0.15 g。种脐点状，不明显；位于基端平截处。种皮黑褐色、褐色、浅黄褐色或乳白色；胶质；紧贴胚乳，难以分离。胚乳含量中等；白色；肉质，富含油脂；包被着胚。胚线型；倒卵状锥形，稍扁，顶端平截；白色；肉质，富含油脂；长0.70~0.82 mm，宽0.32~0.34 mm，厚0.20~0.25 mm；直生于种子的中间。子叶2枚；倒卵形，稍扁；长0.42 mm，宽0.32 mm，每枚厚0.10 mm，并合。胚根圆锥形；长0.40 mm，宽0.28 mm，厚0.20 mm；朝向种脐。

萌发特性 在20℃、12 h/12 h光照条件下，含200 mg/L赤霉素（GA$_3$）的1%琼脂培养基上，萌发率为98%；在20℃、12 h/12 h光照条件下，1%琼脂培养基上，萌发率为97.9%。

贮　藏 正常型。干燥至相对湿度15%后，于−20℃条件下贮藏，种子寿命可达9年以上。

侧面　　　　　　腹面　　　　　　横切面　　　　　　纵切面　　　200μm

100μm

①种子群体
②种子外观及切面
③胚
④种子 X 光图

①

②

③　　④

■ 紫葳科 | Bignoniaceae

147 美洲凌霄 藤本 | 别名：芰华、紫葳华、凌霄花
Campsis radicans (L.) Seem.

■ **药用价值** 以干燥花入药，药材名凌霄花。具有活血通经、凉血祛风之功效。用于月经不调，经闭癥瘕，产后乳肿，风疹发红，皮肤瘙痒，痤疮。

■ **分　布** 原产于美洲，长江流域一带栽培较多，以江苏连云港、溧水、句容，安徽宣城等地产量为多。

■ **采　集** 花期7~10月，果期8~11月。蒴果颜色加深、未开裂时采摘果实，摊开晾干，敲打脱粒，精选去杂，干燥处避光贮藏。

■ **形态特征** 蒴果细长，先端钝。具子房柄。长约10 cm，宽约1 cm。种子两端具大而薄的翅。翅顶端略圆，翅长5~110 mm，宽4~18 mm，淡棕色，透明，有光泽，具细纵脉。种子近矩圆形，顶端平，基端稍尖，扁而薄，微向腹面弯曲，长3~17 mm，宽4~19 mm，厚0.1~0.6 mm。表皮棕褐色，薄膜质，解剖镜下可见极细密的脉纹。种脐在基端，自种脐经过腹面中央有1条黑色线纹，少数种子背面也具同样1条线纹。

■ **微观特征** 种皮由外向内依次是角质层、外种皮细胞、内种皮细胞、胚根、胚轴和子叶。

■ **萌发特性** 有休眠。种子萌发需要15~30℃的变温，但发芽率低，一般低于30%。室外冬季较低的自然变温抑制种子发芽，在15~30℃的恒温条件下种子能够发芽，但萌发率较低，

发芽时间长。种子适宜的发芽温度是昼夜变温 15℃条件下 16 h 以及 30℃条件下 8 h，此时发芽率较高，可达 50% 左右。

■ 贮 藏　种子轻薄，不耐贮藏，隔年种子发芽率极低，不能播种。

1cm

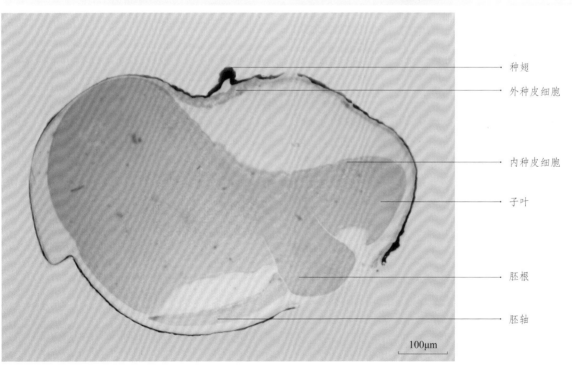

种翅

外种皮细胞

内种皮细胞

子叶

胚根

胚轴

100μm

①种子群体　　　　　　　　　　①
②种子横切面显微结构图　　　────
　　　　　　　　　　　　　　　②

列当科 | Orobanchaceae

148 管花肉苁蓉
多年生寄生草本 | 别名：淡大芸、大芸、田大芸、甜大芸
Cistanche tubulosa (Schenk) Wight

■ 药用价值 以干燥带鳞叶的肉质茎入药，药材名肉苁蓉。具有补肾阳、益精髓、润肠通便之功效。用于肾阳不足，精血亏虚，阳痿不孕，腰膝酸软，筋骨无力，肠燥便秘。

■ 分　布 分布于新疆。

■ 采　集 花期4~6月，果期6~8月。一般5月底至7月中旬，种苞由白色渐变为淡褐色至褐色，且基部有2~3个种苞自然开裂时及时采收，晾干，脱粒，精选去杂，置干燥通风处贮藏。

■ 形态特征 蒴果长圆形，长1~2 cm，直径0.7~1.5 cm，种子多数。种子呈长椭圆形或圆形，少数也有三棱形，直径0.5~1.0 mm。颜色可分为黑褐色、褐色或棕色。外种皮呈蜂窝状加厚，厚度0.1~0.2 mm，小蜂窝近似等边六边形或等边五边形。内种皮紧贴胚乳。种子由种皮、胚和胚乳构成，胚直生，胚乳比较大，白色。

■ 微观特征 种子由外向内依次为种皮层、胚乳层及胚。种皮由1列椭圆形网纹加厚的木质化细胞组成，其内切向壁和径向壁内侧网状加厚，外切向壁破裂。与胚乳相连的1层膜状物较肉苁蓉薄，胚乳细胞由3~5列细胞组成，呈近椭圆形，细胞质浓厚，细胞核大，靠近内层胚乳细胞含有大量的糊粉粒，胚位于种子较钝圆的一端，纵切面呈长椭圆形、长方形作径向排列。

■ 萌发特性 有休眠。将种子用1%次氯酸钠消毒1 min，用3~5 ml氟啶酮溶液处理后，放入35 mm培养皿中，在5~35℃光照或黑暗条件下培养，30 d内统计种子发芽率，胚根长度等于种子长度即认为种子发芽。光照条件下萌发率分别为0.00%、0.00%、5.75%、58.25%、48.5%、51.25%、0.00%；黑暗条件下萌发率分别为0.00%、0.00%、5.5%、44.0%、41.5%、38.5%、0.00%。

■ 贮　藏 在不高于25℃的室温条件下通风保存。

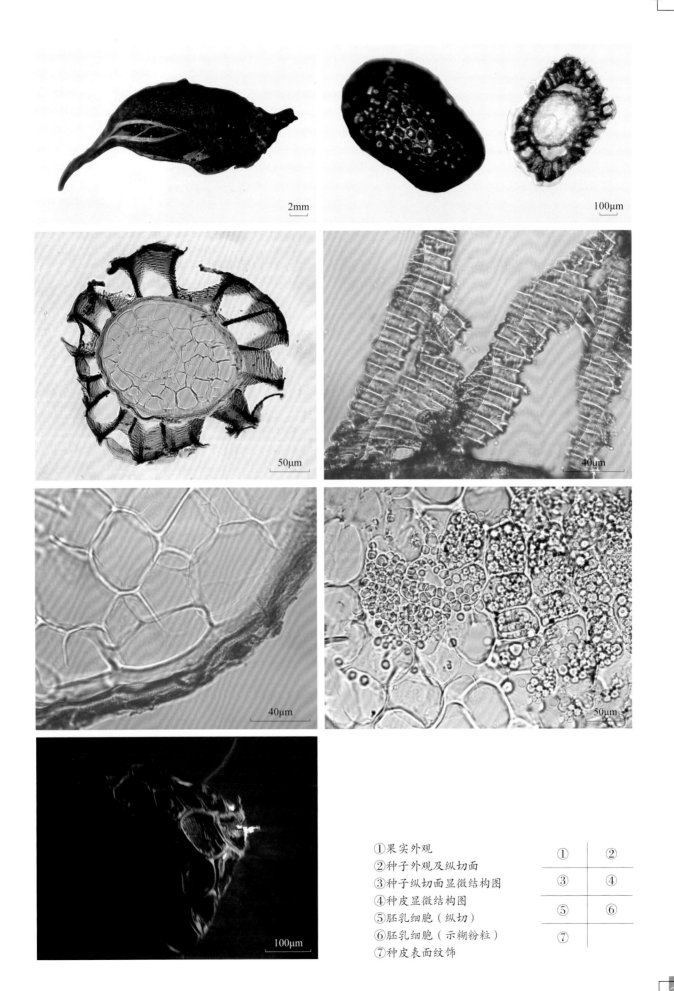

①果实外观
②种子外观及纵切面
③种子纵切面显微结构图
④种皮显微结构图
⑤胚乳细胞（纵切）
⑥胚乳细胞（示糊粉粒）
⑦种皮表面纹饰

①	②
③	④
⑤	⑥
⑦	

149 肉苁蓉

多年生高大寄生草本 | 别名：淡大芸、大芸、大云、淡大云、田大芸
Cistanche deserticola Y. C. Ma

药用价值 以干燥带鳞叶的肉质茎入药，药材名肉苁蓉。具有补肾阳、益精血、润肠通便之功效。用于肾阳不足，精血亏虚，阳痿不孕，腰膝酸软，筋骨无力，肠燥便秘。

分　布 分布于内蒙古、新疆、陕西、甘肃等地。

采　集 花期 5~6 月，果期 6~7 月。蒴果和种子颜色在发育过程中经历了白色、褐色和黑色的转变，当蒴果由褐色变为黑色时，即花后 30 d 左右为种子的适宜采收期。

形态特征 蒴果卵形，2 瓣裂，褐色，种子多数。种子细小，表面具典型的蜂窝状纹饰，颜色一般为黑色或褐色。种子长 0.95~1.36 mm，宽 0.63~0.86 mm；近球形，多为一端钝圆一端尖。种子由种皮、胚和胚乳构成，胚直生，胚乳比较大，白色。

微观特征 种子由外向内依次为种皮层、胚乳层及胚。种皮致密，由 1 列椭圆形网纹加厚的木质化细胞组成，其内切向壁和径向壁内侧网状加厚，外切向壁破裂。与胚乳相连的 1 层膜状物较厚，胚乳细胞由 3~5 层细胞组成，横切面：胚乳细胞呈近椭圆形作切向排列，靠近种皮的胚乳细胞的壁角质化，靠近内层胚乳细胞含有大量的糊粉粒，纵切面：胚乳细胞呈椭圆形作径向排列。胚位于种子较钝圆的一端，呈长椭圆形、长方形作径向排列。

萌发特性 有休眠。将种子用 70% 乙醇浸泡 2 min，用 3~5 ml 氟啶酮溶液处理后，放入 35 mm 培养皿中，在 5~35℃光照或黑暗条件下培养，30 d 内统计种子发芽率，胚根长度等于种子长度即认为种子发芽。光照条件下萌发率分别为 0.00%、0.00%、5.75%、65.75%、54.25%、61.5%、0.00%；黑暗条件下萌发率分别为 0.00%、0.00%、6.25%、39%、39.25%、42.25%、0.00%。

贮　藏 在不高于 25℃的室温条件下通风保存。

2mm

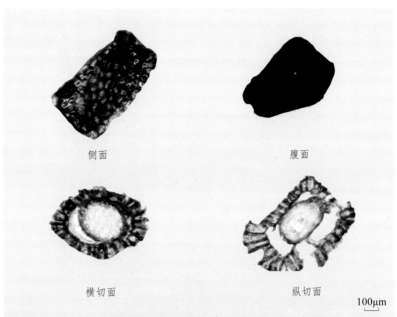

侧面　　　　　　　　　腹面

横切面　　　　　　　　纵切面

100μm

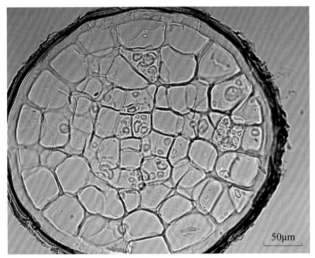

50μm

①果实外观
②种子外观及切面
③种子横切面显微结构图
④种子纵切面显微结构图

①	②
③	④

■ 爵床科 | Acanthaceae

⑮⓪ 穿心莲

一年生草本 | 别名：一见喜、橄榄莲、印度草
Andrographis paniculata (Burm. f.) Nees

■ **药用价值** 以干燥地上部分入药，药材名穿心莲。具有清热解毒、凉血、消肿之功效。用于感冒发热，咽喉肿痛，口舌生疮，顿咳劳嗽，泄泻痢疾，热淋涩痛，痈肿疮疡，蛇虫咬伤。

■ **分　　布** 分布于广东、广西等地，福建、海南、云南、江苏、陕西等地有栽培。

■ **采　　集** 花期7~10月，果期8~11月。穿心莲果期长，应分批采种。果荚紫褐色时，选清晨露水未干时采摘，种皮棕色时种子成熟度高，萌发率高。放置数日，果荚自行开裂，筛去果荚，放干燥处贮藏。

■ **形态特征** 蒴果椭圆形，成熟时紫褐色，长1~2 mm，宽0.3~0.5 mm，中央有一沟，室背开裂为2枚果瓣，疏生腺毛。种子12枚，着生于沟状体上，四方形，略扁，长约2 mm，宽约1.6 mm，厚0.8~1.2 mm，黄褐色至棕褐色，种皮坚硬，有皱纹。外观似一卷曲成"U"字形的虫子。种脐凹陷成小坑，位于"U"字形一端外侧。千粒重约为1.3 g。

■ **微观特征** 种皮表面不平，有弯曲的沟纹。种子表皮有1列类方形细胞，内有棕色物质。种皮厚，细胞壁角质，有层纹。

■ **萌发特性** 易萌发，萌发需要较高温度。萌发最适温度为30℃。

■ **贮　　藏** 正常型。室温下最多可贮藏4年。

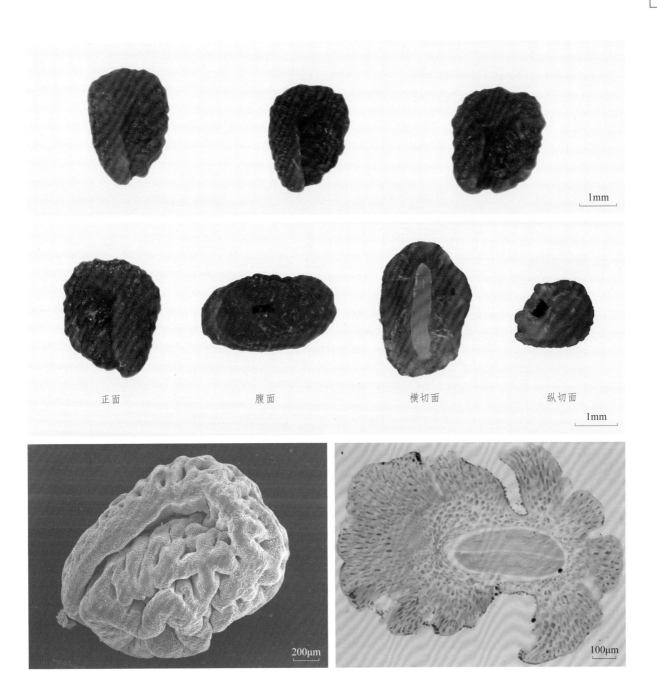

正面　　　　　　腹面　　　　　　横切面　　　　　　纵切面

①种子群体
②种子外观及切面
③种子扫描电镜图
④种子横切面显微结构图

车前科 | Plantaginaceae

151 平车前 一年生或二年生草本 | 别名：车前草、车茶草、蛤蟆叶
Plantago depressa Willd.

药用价值 以干燥成熟种子入药，药材名车前子。具有清热利尿通淋、渗湿止泻、明目祛痰之功效。用于热淋涩痛，水肿胀满，暑湿泄泻，目赤肿痛，痰热咳嗽等。以干燥全草入药，药材名车前草。具有清热利尿通淋、祛痰、凉血、解毒之功效。用于热淋涩痛，水肿尿少，暑湿泄泻，痰热咳嗽，吐血衄血，痈肿疮毒。

分　　布 分布于黑龙江、吉林、辽宁、内蒙古、河北、山西、陕西、宁夏、甘肃、青海、新疆、山东、江苏、河南、安徽、江西、湖北、四川、云南、西藏等地。

采　　集 花期5~7月，果期7~9月。果实成熟时采集果穗，晒干，搓出种子，除去杂质。

形态特征 蒴果呈椭圆形、不规则长圆形或三角状长圆形，略扁。表面黄棕色至黑褐色，有细皱纹，内含种子4~6枚。种子大部分为盾形，黑色，表面有不规则的纹饰，种脐明显，位于种子中心位置。

微观特征 种子外种皮由1列细胞构成，细胞壁黏液化。内种皮由1列类方形或类长方形细胞构成，细胞较小。胚乳细胞壁稍厚，充满糊粉粒。子叶2枚，细胞细小，内含糊粉粒。

萌发特性 无休眠。当年采收种子萌发率为97.5%，通过低温和赤霉素协同处理有利于种子萌发。

贮　　藏 正常型。室温下可贮藏3年以上。

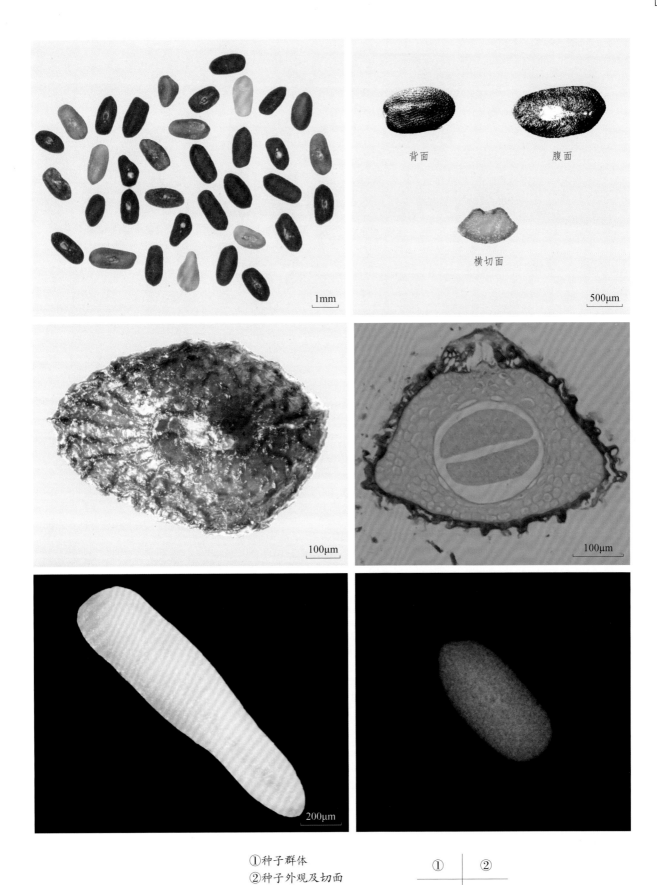

背面　　　　　腹面

横切面

①种子群体
②种子外观及切面
③种脐
④种子横切面显微结构图
⑤胚
⑥种子 X 光图

①	②
③	④
⑤	⑥

152 车 前

二年生或多年生草本
Plantago asiatica L.

别名：车轮草、车轱辘菜、猪耳草

药用价值 以干燥成熟种子入药，药材名车前子。具有清热利尿通淋、渗湿止泻、明目祛痰之功效。用于热淋涩痛，水肿胀满，暑湿泄泻，目赤肿痛，痰热咳嗽。以干燥全草入药，药材名车前草。具有清热利尿通淋，祛痰，凉血，解毒。用于热淋涩痛，水肿尿少，暑湿泄泻，痰热咳嗽，吐血衄血，痈肿疮毒。

分　布 分布于黑龙江、吉林、辽宁、内蒙古、河北、山西、陕西、甘肃、新疆、山东、江苏、安徽、浙江、江西、福建、台湾、河南、湖北、湖南、广东、广西、海南、四川、贵州、云南、西藏。

采　集 花期 4~8 月，果期 6~9 月。种子成熟时采收果穗，晒干，搓出种子，除去杂质，干燥处贮藏。

形态特征 蒴果膜质，纺锤状卵形、卵球形或圆锥状卵形，长 3~4.5 mm，于基部上方周裂。种子 5~6 枚，卵状椭圆形或椭圆形，具角，形状多样，长 1.5~2.7 mm，宽 0.8~1.2 mm，厚 0.7~0.9 mm，黑褐色至黑色，有光泽，背面微隆起，腹面稍平坦，中央有椭圆形浅凹的种脐；子叶背腹向排列，胚乳丰富，粉质；胚直生。气味无，嚼之带黏液性。千粒重约为 1.2 g。

微观特征 种子表皮具紧密网状皱纹。种子（脐点处）横切面：种皮外表皮细胞壁极薄，为黏液层。其下为色素层，背面细胞呈类三角形或略呈方形；腹面的细胞呈类方形或稍径向或横向延长。胚乳细胞 4~5 列，壁稍厚，腹背面内侧的多切向延长，左右两侧的呈类圆形，内含脂及油。子叶细胞含糊粉粒及脂肪油滴。

萌发特性 易萌发，15~35℃下均可萌发，发芽适宜温度为 20~30℃，最适温度为 25℃。发芽 7 d，萌发率可达 98%。

贮　藏 正常型。室温下可贮藏 3 年以上。

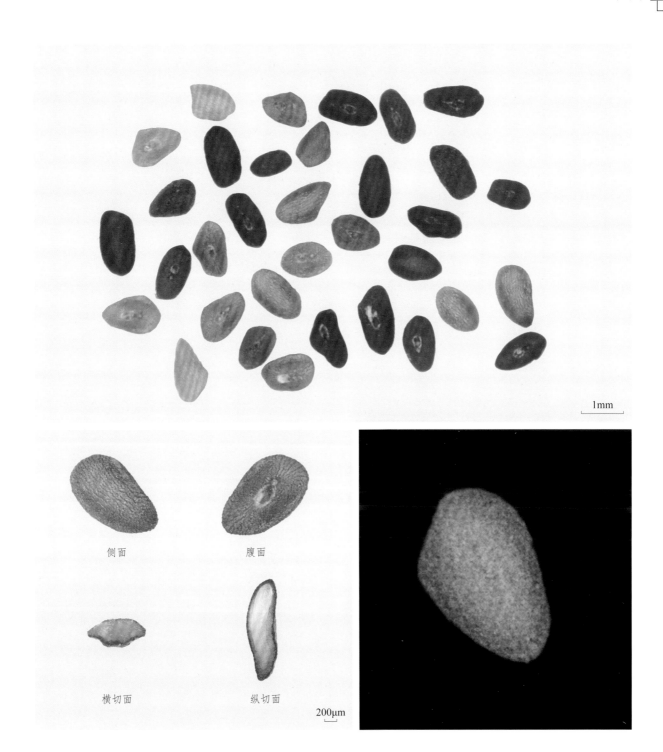

侧面 腹面

横切面 纵切面

200μm

1mm

①种子群体
②种子外观及切面
③种子 X 光图

①
② | ③

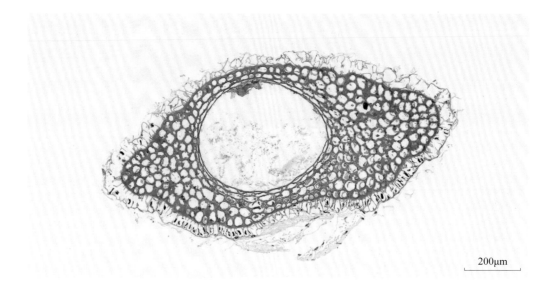

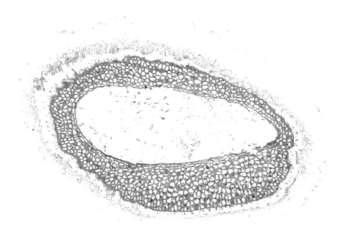

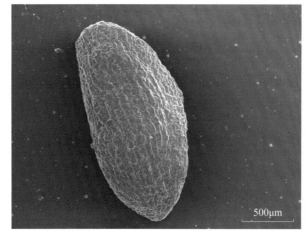

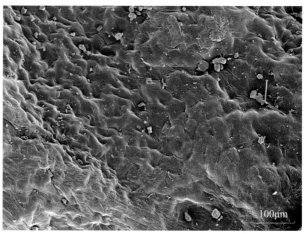

①种子横切面显微结构图　　　　　①
②种子纵切面显微结构图　　　　　──────────
③种子扫描电镜图　　　　　　　　　　②
④种皮表面纹饰　　　　　　　　③　│　④

■ 茜草科 | Rubiaceae

153 白花蛇舌草 一年生无毛纤细披散草本 | 别名：蛇舌草、蛇针草、蛇总管
Hedyotis diffusa Willd.

■ **药用价值** 以干燥全草入药，药材名白花蛇舌草。具有清热解毒、利尿消肿、活血止痛之功效。用于肠痈，疮疖肿毒，湿热黄疸，小便不利等；外治疮疖痛肿。

■ **分　布** 分布于广东、香港、广西、海南、安徽、云南等地。

■ **采　集** 花期春季。果实成熟时采集，晒干。

■ **形态特征** 蒴果膜质，扁球形，成熟时顶部室背开裂，花萼宿存；每室约含 10 枚种子，具棱，干后深褐色，有深而粗的窝孔。

■ **微观特征** 种皮表面为长方形薄壁细胞；内层细胞网状、红棕色。

■ **萌发特性** 有休眠。种子具光敏特性，变温和赤霉素处理可提高种子萌发率。种子在 25℃、24 h、20% 光照强度的条件下，采用机械破碎，贮藏 12 个月萌发率最高。

■ **贮　藏** 正常型。阴凉干燥处贮藏。

100μm

种子群体

154 钩藤

藤本
Uncaria rhynchophylla (Miq.) Miq. ex Havil.

■ **药用价值** 以干燥带钩茎枝入药，药材名钩藤。具有清热平肝、息风定惊之功效。用于肝风内动，惊痫抽搐，高热惊厥，感冒夹惊，小儿惊啼，妊娠子痫，头痛眩晕等，尤其对小儿惊风具有独特疗效。

■ **分　布** 分布于云南、广西、广东、四川、贵州、湖北、湖南等地。

■ **采　集** 花期 6~7 月，果期 10~11 月。采收成熟的果实放置于通风干燥处，直到蒴果开裂，轻轻拍打，使种子从蒴果内脱落出来，用 3 mm 的细筛将种子筛出。

■ **形态特征** 种球由若干蒴果组成，蒴果倒圆锥形或纺锤形，2 裂，每室有种子几枚至几十枚，发育健康的蒴果 2 室的种子数相同。种子是微小粒种子，有双翅，双翅透明，易脱落。

■ **微观特征** 种皮细胞类长方形，外被厚的角质层，部分位置具圆孔，其外缘常呈乳头状突起。胚乳细胞圆形，较大，细胞富含淀粉粒。胚处于胚乳中间，棒状，细胞长圆形，比胚乳细胞小，细胞质浓郁。

■ **萌发特性** 经清水处理后，在 20℃和 25℃条件下萌发，种子发芽率为 70%。

■ **贮　藏** 不耐贮藏，贮藏超过 1 个月，种子发芽率很低。

5mm

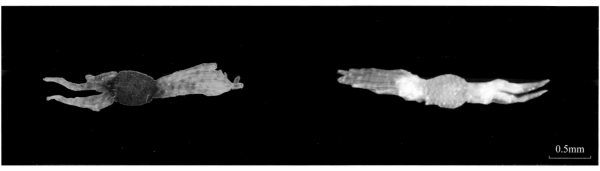

0.5mm

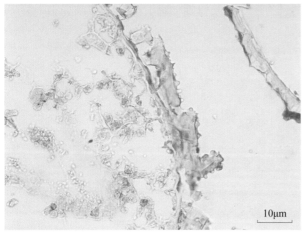

10μm

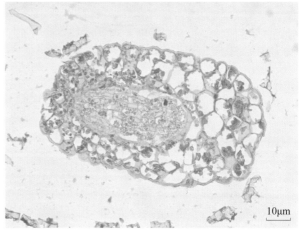

10μm

①种子群体

②种子外观

③种皮显微结构图

④种子纵切面显微结构图

①
②

③	④

⑮ 栀子 多年生常绿灌木
Gardenia jasminoides Ellis

■ 药用价值 以干燥成熟果实入药，药材名栀子。具有泻火除烦、清热利尿、凉血解毒、外用消肿止痛之功效。用于热病心烦、黄疸尿赤、淋证涩痛、血热吐衄、目赤肿痛、火毒疮疡；外治扭挫伤痛。以干燥根入药，药材名栀子根。具有泻火解毒、清热利湿、凉血散瘀之功效。用于传染性肝炎，跌打损伤，风火牙痛。

■ 分　布 分布于长江以南各地，江西、四川、重庆、陕西和甘肃等地有栽培。

■ 采　集 花期 5~7 月。果期 8~11 月。10 月中下旬，果皮由绿色转为黄绿色时采收，除去果柄杂物，直接将果实晒干以收集种子。

■ 形态特征 干燥果实长椭圆形或椭圆形，长 1~4.5 cm，径 0.6~2 cm。表面深红色或红黄色，具有 5~9 条纵棱。顶端残存萼片长达 4 cm，宽达 6 mm，另一端稍尖，有果柄痕。果皮薄而脆，内表面红黄色，有光泽，具 2~3 条隆起的假隔膜，内有多数种子，黏结成团。种子呈扁卵形或扁卵圆形，弯曲而不平整。大小均匀，长约至 4 mm，径约 1 mm；表面红黄色，密被细小疣状突起；顶端钝，基部具明显种脐。种子横切面观：外形轮廓扁长圆形，胚乳角质，胚长形，具 2 枚心形子叶。千粒重约为 4 g。

■ 微观特征 种皮结构单一，外种皮由大型表皮细胞组成。表皮细胞切向延长或显等径性，内壁及两侧壁明显增厚，有的增厚似马蹄形，胞腔内多含棕红色块状物；表皮下数层细胞皱缩不明显。胚乳组织宽阔，占整个切面的大部分，中部宽约 10 余个细胞。胚乳细胞富含脂肪油，最外 1 列细胞较小，含有草酸钙小砂晶。胚组织不发达，子叶细胞细小，有的胞腔含有脂肪油。

■ 萌发特性 有休眠。以在滤纸床上，清水浸种 2 d，30℃黑暗条件为最适宜的萌发条件。

■ 贮　藏 正常型。种子的发芽率、生活力与贮藏时间呈负相关，当储存达 8 个月时，种子的发芽率急剧下降，平均仅为 41.07%。

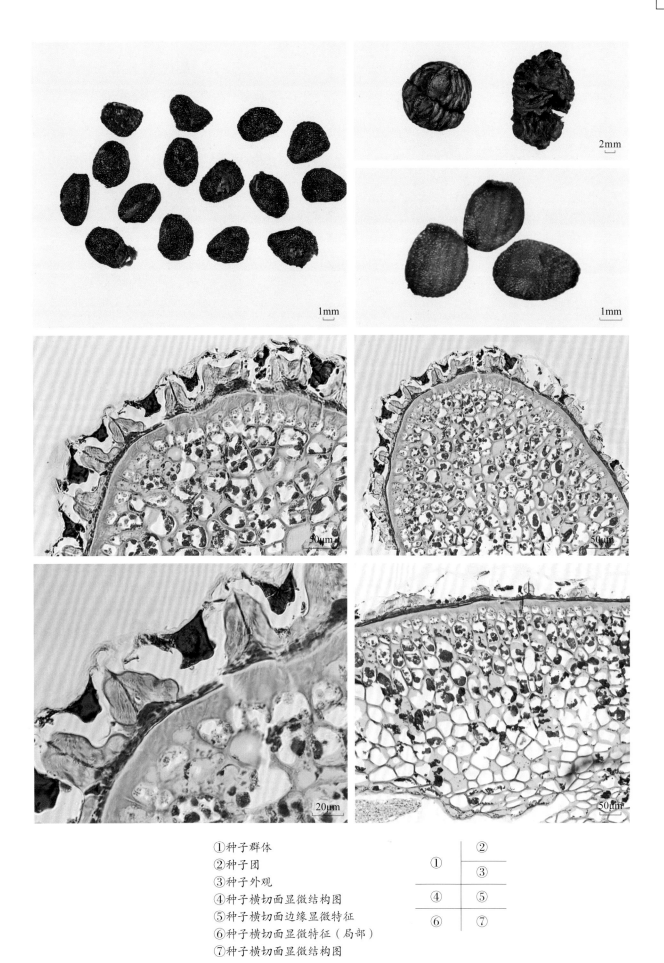

①种子群体
②种子团
③种子外观
④种子横切面显微结构图
⑤种子横切面边缘显微特征
⑥种子横切面显微特征（局部）
⑦种子横切面显微结构图

①	②
	③
④	⑤
⑥	⑦

156 茜草
多年生草本 | 别名：活血草、拉拉藤、地血、血见愁、过山龙
Rubia cordifolia L.

■ **药用价值** 以干燥根和根茎入药，药材名茜草。具有凉血、祛瘀、止血、通经之功效。用于吐血，衄血，崩漏，外伤出血，瘀阻经闭，关节痹痛，跌扑肿痛等。

■ **分　　布** 分布于陕西渭南、河南嵩县、安徽、河北邢台、山东等地。

■ **采　　集** 花期 8~9 月，果期 10~11 月。浆果由红色转黑色时采收，置水中浸泡，洗去果肉，晒干贮藏。

■ **形态特征** 浆果肉质、近球形，成熟时红色至紫黑色，表面光滑。内含 1 枚种子。种子呈扁圆球形，直径 2.6~3.9 mm，厚 1.7~2.6 mm；种皮黑色或灰褐色，表面粗糙，无光泽，密布瘤状小突起；背面圆形，腹面圆环形，中央深凹陷，种脐位于腹面凹陷处中央。胚乳丰富，白色。胚直生，白色，月牙形。千粒重约为 1.53 g。

■ **微观特征** 种子由外向内依次为种皮、胚乳和胚。种皮膜质，外层由 1~3 列形状不规则的细胞组成，种皮内层为颓废色素层。胚乳细胞为较大的薄壁细胞，细胞壁角质化，含少量糊粉粒。胚位于胚乳中央，呈月牙形。种子腹侧腔内为海绵组织，由形状不规则的大型薄壁细胞组成，细胞排列疏松，胞间隙很大。

■ **萌发特性** 有休眠。20℃下，种子萌发率高达 69%，黑暗条件下可缩短种子发芽时间。

■ **贮　　藏** 正常型。干燥处贮藏。

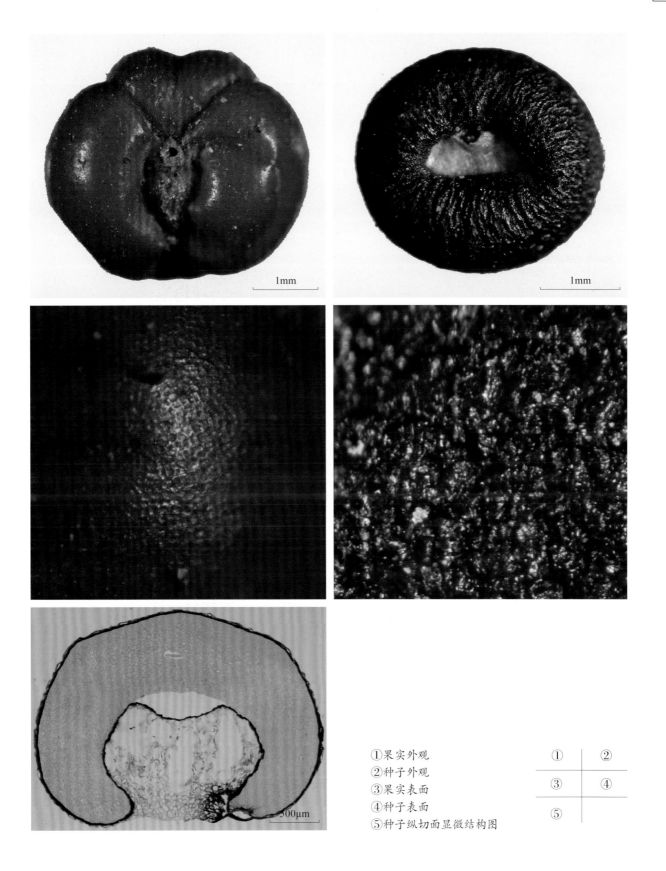

①果实外观
②种子外观
③果实表面
④种子表面
⑤种子纵切面显微结构图

①	②
③	④
⑤	

忍冬科 | Caprifoliaceae

157 忍冬 半常绿藤本 | 别名：金银花、金银藤、银藤、二色花藤、老翁须
Lonicera japonica Thunb.

药用价值 以干燥茎枝入药，药材名忍冬藤。具有清热解毒、疏风通络之功效。用于温病发热，热毒血痢，痈肿疮疡，风湿热痹，关节红肿热痛。以干燥花蕾或带初开的花入药，药材名金银花。具有清热解毒，疏散风热之功效。用于痈肿疔疮，喉痹，丹毒，热毒血痢，风热感冒，温病发热。

分　　布 除黑龙江、内蒙古、宁夏、青海、新疆、海南和西藏无自然生长外，其他各地均有分布。

采　　集 花期4~7月，果期6~11月。浆果呈蓝黑色或黑色时及时采摘，去除果皮和果肉，阴干，精选去杂，干燥处贮藏。

形态特征 浆果球形，直径为6~7 mm；蓝黑色，有光泽；干时皱缩，内含种子多枚。种子倒卵形或椭圆形，扁，背面稍拱，腹面稍凹；表面具细网纹，网底穴状，背腹面各有一条长约为种子的3/4的倒"U"字形纵沟；棕色或棕褐色，略有光泽；长2.61~3.97 mm，宽1.53~2.79 mm，厚0.74~1.33 mm，千粒重为2.54~3.48 g。种脐黄褐色或褐色；近圆形或椭圆形；长0.20~0.25 mm；微凹；位于基端。外种皮褐色或黑褐色；壳质，厚0.15 mm；与内种皮贴合，易分离。内种皮黄绿色；胶质；紧贴胚乳，难以分离。胚乳丰富；乳白色；蜡质，含油脂；几乎充满整粒种子；包被着胚。胚白色，略带乳黄色；蜡质，富含油脂；长1.25~2.64 mm，宽0.46~1.13 mm，厚0.31 mm；直生于种子基端。子叶2枚；倒卵形或椭圆形；长0.73~0.93 mm，宽0.46~0.62 mm，每枚厚0.11 mm；合并，稍交错。胚根圆柱形；长0.52~0.75 mm，宽0.30~0.40 mm，厚0.31 mm；朝向种脐。

萌发特性 具形态生理休眠。在20℃、12 h/12 h光照条件下，含200 mg/L赤霉素（GA₃）的1%琼脂培养基上，萌发率可达100%。

贮　　藏 正常型。干燥至相对湿度15%后，于-20℃条件下贮藏，种子寿命可达4年以上。

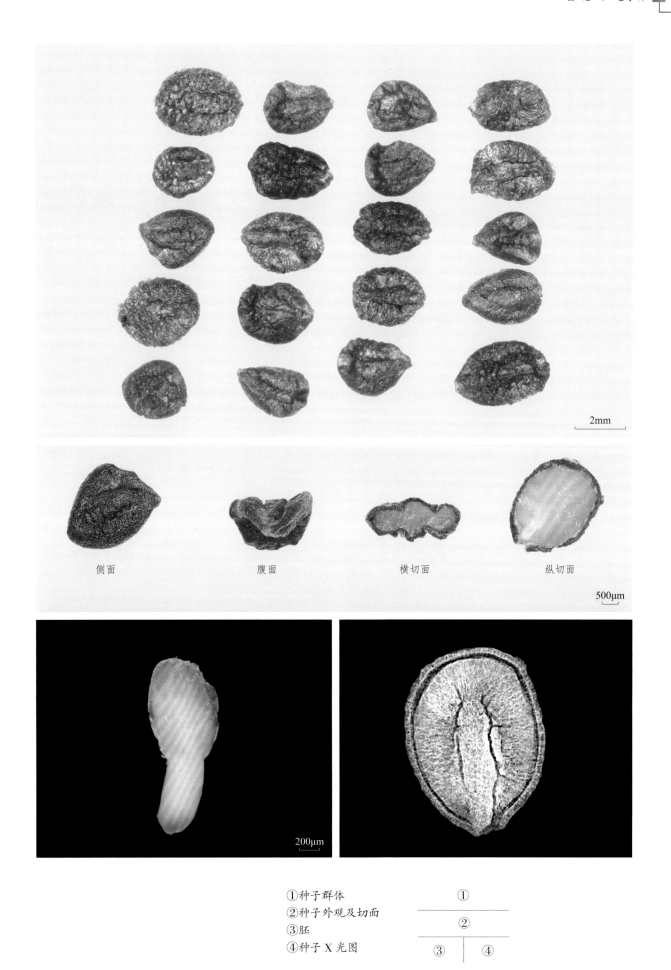

<table>
<tr><td>侧面</td><td>腹面</td><td>横切面</td><td>纵切面</td></tr>
</table>

①种子群体
②种子外观及切面
③胚
④种子 X 光图

①
②
③ ④

■ 川续断科 | Dipsacaceae

158 川续断 多年生草本 | 别名：川断、和尚头、大苦菜
Dipsacus asperoides C. Y. Chenget T. M. Ai.

■ **药用价值** 以干燥根入药，药材名续断。具有补肝肾、强筋骨、续折伤、止崩漏、安胎之功效。
用于肝肾不足，腰膝酸软，风湿痹痛，跌扑损伤，崩漏，胎漏。

■ **分　布** 分布于四川、云南、贵州、湖北、重庆、湖南等地。

■ **采　集** 花期 7~9 月，果期 9~11 月。果序开始松散、苞片由绿色变成黄色时采集，放阴凉通
风处摊晾干燥，抖出成熟果实，晾晒干燥，去杂，置室内通风、干燥处贮藏。

■ **形态特征** 成熟瘦果四棱柱状长倒卵形，长 4.30~5.73 mm，宽 1.15~1.85 mm，厚 1.01~1.86 mm。
常冠以宿存的花萼。 果皮黄褐色，厚约 0.13 mm，外侧被白色长柔毛。种皮薄膜质，
浅黄色，具发达胚乳，油质。胚大，长卵形，黄绿色，长约 2 mm，具 2 枚肉质子叶。
千粒重为 6.744 g。

■萌发特性　无休眠。易发芽，可即采即播。在实验室 20~25℃、保湿条件下，第 4 d 开始萌发。种子主要集中在前 4 d 里萌发，发芽持续时间为 6 d，平均发芽率 78% 左右。

■贮　藏　种子的发芽率受贮藏温度影响。阴干、含水量为 15.3% 的种子，贮藏 290 d 后，在 0~5℃ 条件下贮藏的平均发芽率为 74.5%，与刚采收加工时的发芽率相近；随着贮藏温度的升高，发芽率降低，至室温（18~25℃）贮藏时发芽率很低，低于 –20℃ 贮藏时可能是因为低温造成细胞内水结晶，破坏了细胞结构，从而使种子失去了发芽率。根据试验结果，种子的最适储藏温度为 0~5℃，第二年春播的种子可室温贮藏。

①瘦果群体
②瘦果外观与切面
③胚
④种子（去果皮）外观

葫芦科 | Cucurbitaceae

159 罗汉果 攀缘草本 │ 别名：拉汗果、假苦瓜、光果木鳖、金不换、罗汉表
Siraitia grosvenorii (Swingle) C. Jeffrey ex A. M. Lu et Z. Y. Zhang

■ 药用价值 以干燥果实入药，药材名罗汉果。具有清热润肺、利咽开音、滑肠通便之功效。用于肺热燥咳，咽痛失音，肠燥便秘。

■ 分　布 分布于广西、贵州、湖南南部、广东和江西等地。

■ 采　集 花期 5~8 月，果期 7~9 月。秋季果皮由嫩绿色变深绿色时采收果实，趁鲜揉搓，除去果皮和果瓤，水洗后晾晒，置干燥处贮藏。

■ 形态特征 种子淡黄色，近圆形或阔卵形，扁压状，长 14.0~16.7 mm，宽 11.2~14.8 mm，厚 2.4~4.1 mm，基部钝圆，顶端稍稍变狭，两面中央稍凹陷，周围有放射状沟纹，边缘有微波状缘檐，百粒重 12.62~12.85 g。

■ 微观特征 种皮由外向内依次是放射状增厚的角质层、石细胞层、薄壁细胞层，胚表层细胞近长方形，排列整齐紧密。

■ 萌发特性 有休眠。种皮硬实，将种皮沿中缝线拨开，取出胚，将胚用 1% 次氯酸钠溶液浸泡消毒 10 min，最后点播于 1% 琼脂培养基上进行发芽培养，25 d 的萌发率可达 54% 以上。发芽最低温度 15℃，发芽适宜温度 30℃，发芽对光照条件不敏感。

■ 贮　藏 正常型。室温下可贮藏 1 年以上。

侧面　　　　　腹面　　　　　横切面　　　　　纵切面

①果实
②种子外观及切面

①
———————
②

160 木鳖 粗壮大藤本 | 别名：番木鳖、糯饭果、老鼠拉冬瓜
Momordica cochinchinensis (Lour.) Spreng.

药用价值 以干燥成熟种子入药，药材名木鳖子。具有散结消肿、攻毒疗疮之功效。用于疮疡肿毒，乳痈，瘰疬，痔瘘，干癣，秃疮。

分　布 分布于江苏、安徽、江西、福建、台湾、广东、广西、湖南、四川、贵州、云南和西藏等地。

采　集 花期6~8月，果期8~11月。瓠果橙红色至红色时及时采摘，剖开，取出种子，阴干，精选去杂，干燥处贮藏。

形态特征 瓠果卵球形，长12~15 cm；表面密生3~4 mm长的软刺，顶端有1个短喙；成熟后红色，内含种子多枚。种子卵形或近圆形，扁平，仅中部稍隆起或微凹陷；表面具龟壳状雕纹，周缘具不规则锯齿状突起且中央有一黄棕色环状棱线，顶端具小突尖；黄棕色至黑褐色；长18.85~26.09 mm，宽15.61~25.62 mm，厚5.47~7.86 mm，千粒重为1614.88~2252 g。种脐近椭圆形，裂缝状；黄色或灰黄色；长2.55~4.86 mm，宽0.62~1.14 mm；位于基端一齿突上。外种皮黄棕色至黑褐色；壳质，厚0.40 mm；与内种皮分离。内种皮灰绿色，有光泽，表面具稀疏纵向分叉的脉纹；海绵状膜质；紧贴胚，难以分离。胚乳无。胚宽倒卵形，扁平，仅中部稍隆起或微凹陷；黄白色；蜡质，含油脂，味苦，有特殊油腻气；长15.66~23.12 mm，宽14.65~22.40 mm，厚4.62 mm。子叶2枚；宽倒卵形，扁平，肥厚；长14.62~19.34 mm，宽16.04~22.40 mm，每枚厚2.31 mm；紧密并合，难以分离。胚根宽三角形，短；长0.71~1.50 mm，宽0.94~1.65 mm，厚0.90 mm；朝向种脐。

微观特征 种子粉末的厚壁细胞呈椭圆形或类圆形，边缘波状，直径51~117 μm，壁厚，木化，胞腔明显，有的狭窄。子叶薄壁细胞呈多角形，内含脂肪油块和糊粉粒；脂肪油块类圆形，直径27~73 μm，表面可见网状纹理。

萌发特性 在25℃、12 h/12 h光照条件下，1%琼脂培养基上，萌发率为75%~78.9%。

贮　藏 正常型。干燥至相对湿度15%后，于-20℃条件下贮藏，种子寿命可达3年以上。

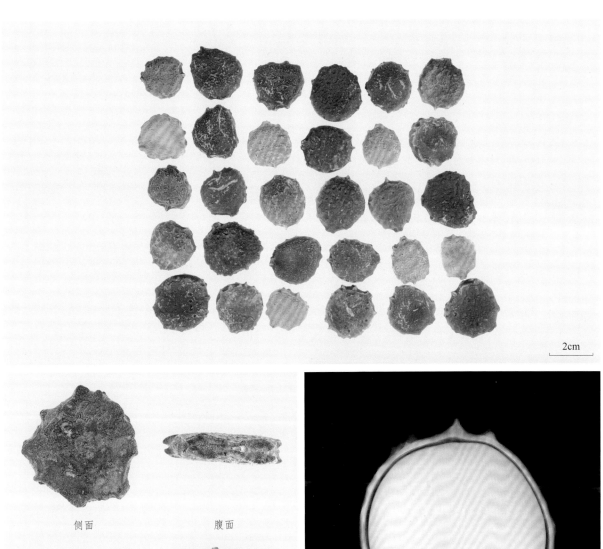

2cm

侧面　　　　　腹面

横切面　　　　纵切面　　1cm

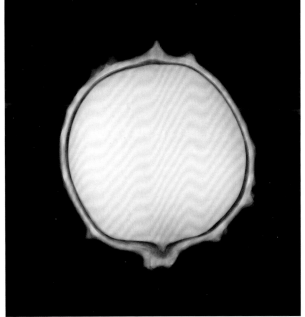

①种子群体
②种子外观及切面
③种子 X 光图

	①	
	②	③

161 丝 瓜

一年生攀缘草本
Luffa cylindrica (L.) Roem.

■ **药用价值** 以干燥成熟果实的维管束入药，药材名丝瓜络。具有祛风、通络、活血、下乳之功效。用于痹痛拘挛，胸胁胀痛，乳汁不通，乳痈肿痛。以干燥种子入药，药材名丝瓜子。具有清热化痰、润燥、驱虫之功效。用于咳嗽痰多，蛔虫病，便秘。

■ **分　布** 全国大部地区均有栽培。

■ **采　集** 花、果期夏、秋二季。果实成熟、果皮变黄、内部干枯时采摘，除去外皮及果肉，洗净，晒干，同时收集种子，晒干。

■ **形态特征** 干燥种子呈扁平的椭圆形，长约 1.2 cm，宽约 7 mm，厚约 2 mm。种皮灰黑色至黑色，边缘有极狭的翅，翅灼一端有种脊，上方有一对呈叉状的突起。种皮稍硬，剥开后可见有膜状灰绿色的内种皮包于子叶之外。子叶 2 枚，黄白色。气无；味微苦。

■ **微观特征** 种皮由外向内依次是增厚的角质层、石细胞层、色素层和薄壁细胞层。

■ **萌发特性** 有休眠。新鲜种子在 5~30℃、黑暗或光照条件下均不萌发。变温可快速解除休眠，发芽 7 d 萌发率可达 98%。

■ **贮　藏** 正常型。室温下可贮藏 3 年以上。

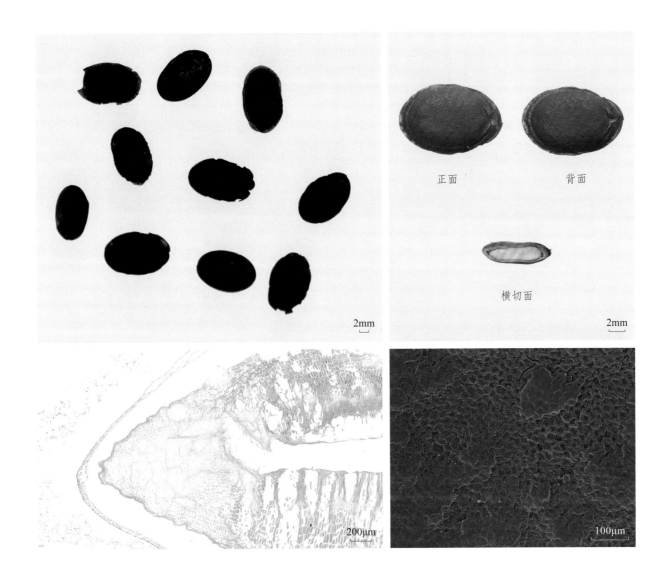

①种子群体
②种子外观及切面
③种子纵切面显微结构图
④种子表面纹饰

①	②
③	④

162 冬 瓜

一年生蔓生或架生草本 | 别名：白瓜、水芝、东瓜、枕瓜

Benincasa hispida (Thunb.) Cogn.

药用价值 以干燥种子入药，药材名冬瓜子。具有清肺化痰、消痈排脓、利湿等功效。用于痰热咳嗽，肺痈，肠痈，白浊，带下，脚气，水肿，淋证。以干燥果瓤入药，药材名冬瓜瓤。具有清热止渴、利水消肿之功效。用于热病烦渴，消渴，淋证，水肿，痈肿。以干燥外层果皮入药，药材名冬瓜皮。具有利尿消肿之功效。用于水肿胀满，小便不利，暑热口渴，小便短赤。以果实入药，药材名冬瓜。具有利尿，清热，化痰，生津，解毒等功效。用于水肿胀满，淋证，脚气，痰喘，暑热烦闷，消渴，痈肿，痔漏，丹石毒，鱼毒，酒毒。以叶入药，药材名冬瓜叶。具有清热、利湿、解毒之功效。用于消渴，暑湿泻痢，疟疾，疮毒，蜂螫。以干燥藤茎入药，药材名冬瓜藤。具有清肺化痰、通经活络之功效。用于肺热咳嗽，关节不利，脱肛，疥疮。

分　　布 全国各地均有栽培。

采　　集 花期5~6月，果期6~8月。果实成熟时取其种子，洗净，晾干，精选去杂，干燥处贮藏。

形态特征 瓠果大型，肉质，长圆柱形或近球状，长30~60 cm，直径20~35 cm，果皮淡绿色，表面有毛和蜡质白粉。种子多数。种子卵圆形或长椭圆形，扁平，长1~1.4 cm，宽0.5~0.8 mm，厚约0.2 mm。种皮淡黄白色，较粗糙，一端钝圆，另端尖，并有2个小突起，较大突起上有1个明显的珠孔，较小的突起为种脐。边缘光滑（单边冬瓜子）或两面外缘各有1道环纹（双边冬瓜子）。种皮较硬脆，剥去种皮后可见白色肥厚的子叶2枚；胚根小，朝向尖端。体轻，有油性。单边冬瓜子为长形冬瓜的种子，双边冬瓜子是圆形冬瓜的种子。

微观特征 种子外表皮为1~2列壁微木化的长梭形细胞。下皮层8~18列细胞，类圆形或不规则形，有的壁微木化，多数具纹孔。其下为2~3列石细胞，石细胞类球形，直径17~54 μm，壁厚7~17 μm。紧靠石细胞有1列通气薄壁组织，其细胞壁向外突起，呈乳头状，细胞间隙较大。种子的两端各有1个维管束。种皮内表皮为1列薄壁细胞。珠心表皮细胞1列，外被较厚的角质层，其下可见胚乳，子叶2枚，细胞中含有脂肪油和糊粉粒。

■**萌发特性** 有休眠，整个休眠期长达 80 d 左右。种子适宜萌发温度为 25~30℃。种子中的脱落酸能促进种子休眠，抑制发芽，持续一段时间的高温，能使种子中的脱落酸降解，促进萌发。在 50~70℃条件下处理 4 h，可以有效促进种子萌发，以 70℃（4 h）处理下的发芽率最高。在 30℃条件下催芽，发芽率可达 58%~78%。播前使用超声波、磁化水等物理手段或赤霉素、过氧化氢等化学药剂处理种子可提高发芽率。

■**贮 藏** 正常型。低温（5~10℃）、干燥的环境中可贮藏约 3 年。

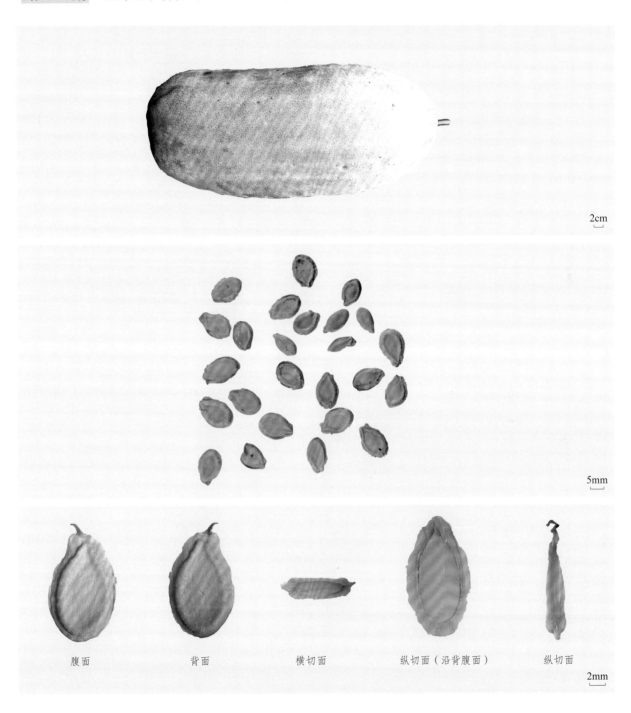

2cm

5mm

| 腹面 | 背面 | 横切面 | 纵切面（沿背腹面） | 纵切面 |

2mm

①果实外观 ———————————— ①
②种子群体
②
③种子外观及切面 ————————————
③

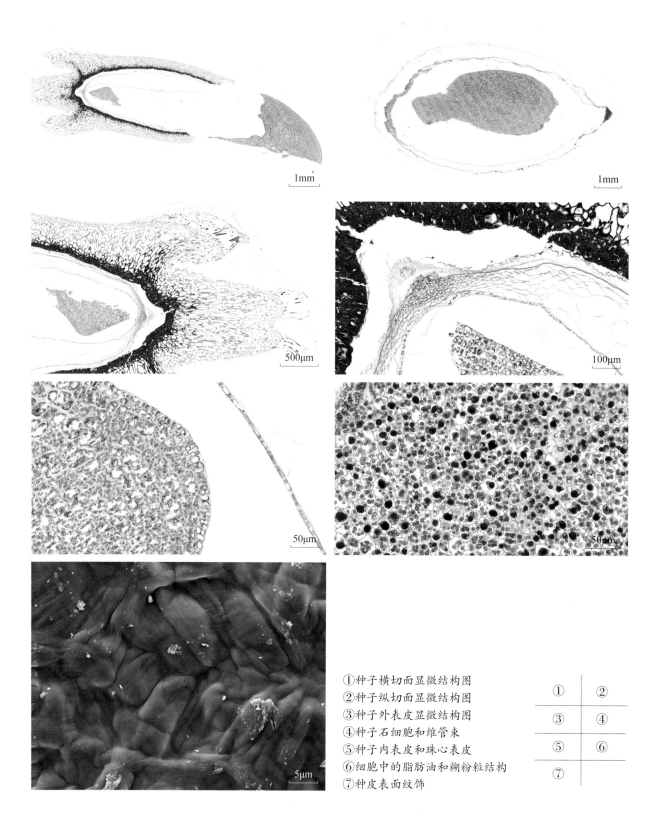

①种子横切面显微结构图
②种子纵切面显微结构图
③种子外表皮显微结构图
④种子石细胞和维管束
⑤种子内表皮和珠心表皮
⑥细胞中的脂肪油和糊粉粒结构
⑦种皮表面纹饰

①	②
③	④
⑤	⑥
⑦	

⑯ 桔 楼

多年生草本 | 别名：瓜蒌
Trichosanthes kirilowii Maxim.

■ 药用价值 以干燥成熟种子入药，药材名瓜蒌子。具有润肺化痰、滑肠通便之功效。用于燥咳痰黏，肠燥便秘。以干燥成熟果实入药，药材名瓜蒌。具有清热涤痰、宽胸散结、润燥滑肠之功效。用于肺热咳嗽，痰浊黄稠，胸痹心痛，结胸痞满，乳痈，肺痈，肠痈，大便秘结。以干燥成熟果皮入药，药材名瓜蒌皮。具有清热化痰、利气宽胸之功效。用于痰热咳嗽，胸闷胁痛。以干燥根入药，药材名天花粉。具有清热泻火、生津止渴、消肿排脓之功效。用于热病烦渴，肺热燥咳，内热消渴，疮疡肿毒。

■ 分　布 分布于河北、河南、山东、安徽、陕西、四川等地。

■ 采　集 花期 5~8 月，果期 8~10 月。果实变黄后采收，去掉果皮，放入水中将种子挤出，捞出种子晾干，干燥处贮藏。

■ 形态特征 果实椭圆形或圆形，长 7~15 cm，直径 6~10 cm。表面橙红色或橙黄色，皱缩或较光滑，顶端有圆形的花柱残基，基部略尖，具残存的果梗。质脆，易破开，内表面黄白色，有红黄色丝络，果瓤橙黄色，黏稠，与多数种子黏结成团。种子扁平椭圆状，长 12~15 mm，宽 6~10 mm，厚约 4 mm，外皮平滑，灰褐色，尖端有一白色凹点状的种脐，四周有宽约 1 mm 的边缘。种皮坚硬，内含种仁 2 瓣，类白色，富油性，外被绿色的外衣（内种皮）。千粒重约为 200 g。

■ 微观特征 横切面：种皮表皮细胞 1 列，长方形，壁具条状增厚纹理，在棱线处表皮细胞延长而呈栅状，外被角质层。厚壁细胞壁木化，最内 1~2 列为石细胞，石细胞类方形或多角形。色素层细胞挤压皱缩，界线不清楚。外胚乳外层细胞的外侧壁角质化，其余细胞皱缩，内胚乳细胞内含脂肪油滴及糊粉粒。子叶细胞充满糊粉粒及脂肪油滴。

■ 萌发特性 种子存在发芽障碍。先在 40℃ 温水中浸泡种子 6 h，再转入冷水浸泡 24 h，取出放在太阳下晒到种子表层水干，最后在 30℃ 条件下催芽，其发芽率可达到 90% 以上。

■ 贮　藏 正常型。室温下可贮藏 2 年以上。

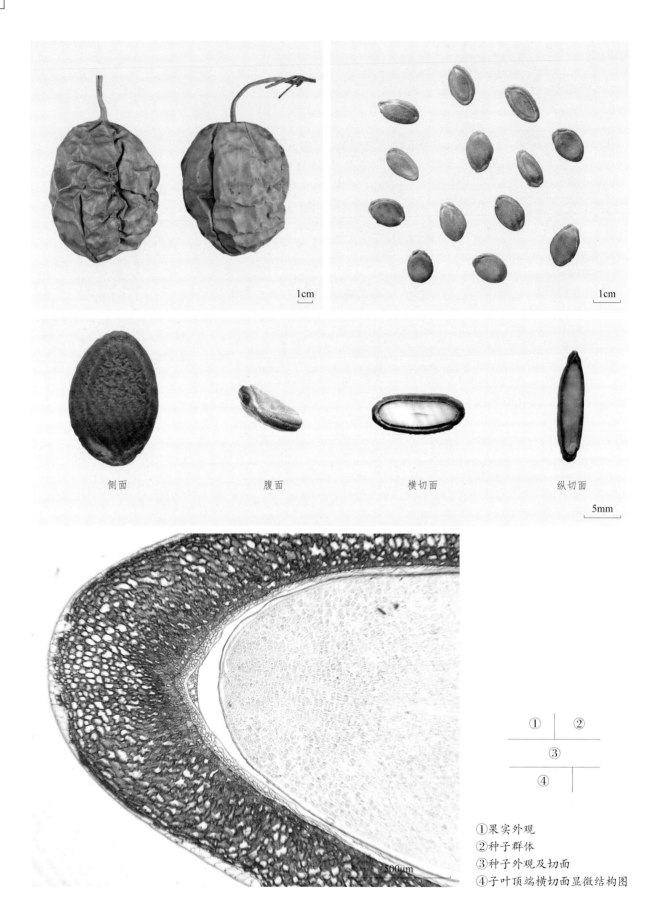

侧面　　　　　　腹面　　　　　　横切面　　　　　　纵切面

1cm

1cm

5mm

500μm

①　②

③

④

①果实外观
②种子群体
③种子外观及切面
④子叶顶端横切面显微结构图

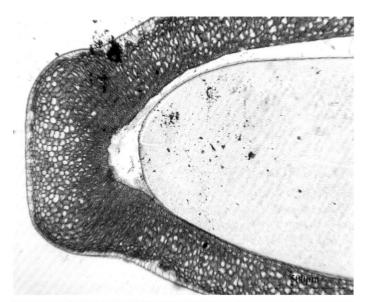

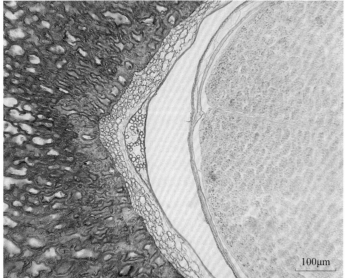

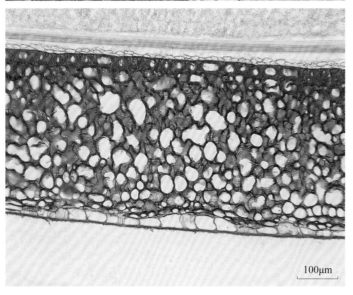

①
②
③

①种脐端横切面显微结构图
②种子横切面显微结构图（局部）
③外种皮横切面显微结构图

桔梗科 | Campanulaceae

164 党参 多年生草本 | 别名：西党参、东党参
Codonopsis pilosula (Franch.) Nannf.

药用价值 以干燥根入药，药材名党参。具有健脾益肺、养血生津之功效。用于脾肺气虚，食少倦怠，咳嗽虚喘，气血不足，面色萎黄，心悸气短，津伤口渴，内热消渴。

分　布 分布于西藏、四川、云南、甘肃、陕西、宁夏、青海、河南、山西、河北、内蒙古及东北各地。

采　集 花期 8~9 月，果期 9~10 月。果皮微带红紫色部分开裂、种子变黄褐色时采收，堆放于室内后熟数日，待果实大部分开裂，搓出种子，再阴干，装入布袋或麻布袋内。

形态特征 蒴果圆锥形。种子呈卵状椭圆形，略扁，细小，长约 1.32 mm，宽约 0.70 mm，表面棕褐色，光滑无毛，有光泽，少数干瘪，顶端钝圆，基部可见 1 个圆形凹窝状种脐。质软，易以指甲压扁，破开后，胚乳乳白色，有油性，胚位于中央，呈圆形或长圆形。味淡。

微观特征 种子由外向内依次为棕红色厚壁细胞层、胚乳层、胚。种皮细胞排列较整齐，其表面纹理与素花党参、川党参极其相似，呈条形网状纹饰，网眼呈长条形或梭形。横切面与素花党参和川党参相似，种皮表皮为 1 列棕红色厚壁细胞，细胞柱状，相邻细胞间没有间隙；胚乳细胞多层，呈多角形作径向延长排列，内含较多的糊粉粒；胚位于中央，外层细胞呈长方形或近方形环状排列，靠近最里面呈径向排列。纵切面：种皮细胞呈纵向长条形或梭形，细胞切向延长，壁孔纹增厚；胚乳多层；胚位于中央，呈长方形作径向排列。

■ **萌发特性** 无休眠。双层滤纸上萌发10 d,在5~35℃光照或黑暗条件下,光照的萌发率分别为0.5%、28.25%、42%、38.25%、39.25%、29.75%、0%；黑暗的萌发率分别为0%、26.5%、44.75%、46.25%、43.75%、35.75%、0%。

■ **贮　藏** 新采的种子在常温条件下贮藏1年后即丧失活力,宜低温贮存,适宜温度为10℃以下。

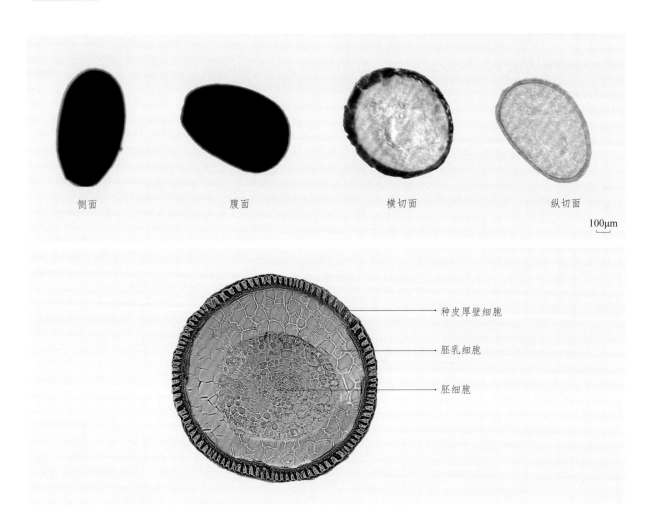

侧面　　　　腹面　　　　横切面　　　　纵切面

100μm

种皮厚壁细胞

胚乳细胞

胚细胞

①种子外观及切面
②种子横切面显微结构图

①

②

165 素花党参 多年生草本 | 别名：纹党、西党
Codonopsis pilosula Nannf. var. *modesta* (Nannf.) L. T. Shen

■ 药用价值 以干燥根入药，药材名党参。具有健脾益肺、养血生津之功效。用于脾肺气虚，食少倦怠，咳嗽虚喘，气血不足，面色萎黄，心悸气短，津伤口渴，内热消渴。

■ 分　布 分布于四川、青海、甘肃、陕西、山西等地。

■ 采　集 花期 8~9 月，果期 9~10 月。果皮微带红紫色部分开裂、种子变黄褐色时采收，堆放于室内后熟数日，待果实大部分开裂搓出种子，再阴干，装入布袋或麻布袋内。

■ 形态特征 蒴果圆锥形。种子呈卵状椭圆形，略扁，少数干瘪，细小，长 1.2~1.7 mm，宽 0.5~0.9 mm，表面深棕褐色，光滑无毛，有油润样光泽，顶端钝圆，基部可见 1 个圆形凹窝状种脐，质软，易以指甲压扁，破开后，胚乳乳白色，有油性，胚位于中央，呈圆形或长圆形，少数有两个胚，呈肾形。

■ 微观特征 种子由外向内依次为厚壁细胞层、胚乳层、胚。横切面：种皮细胞呈纵向长条形或梭形，胚乳多层，呈多角形切向延长排列，胚位于中央，呈长方形作径向排列。种子纵切面的结构同种子横切面。

■ 萌发特性 无休眠。双层滤纸上萌发 10 d，在 5~35℃光照或黑暗条件下，光照的萌发率分别为 0%、38.75%、40.0%、45.0%、49.0%、38.75%、0%；黑暗的萌发率分别为 1.5%、27.25%、41%、43%、44%、41.75%、0%。

■ 贮　藏 新采的种子在常温条件下贮藏 1 年后即丧失活力，宜低温贮存，适宜温度为 10℃以下。

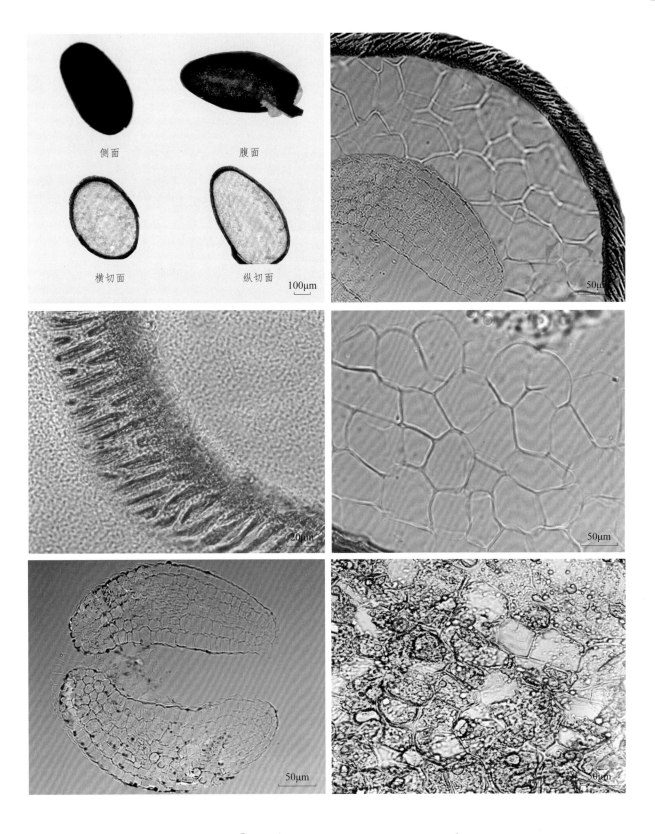

①种子外观及切面
②种子纵切面显微结构图
③种皮纵切面显微结构图
④胚乳细胞（纵切）
⑤胚细胞（纵切）
⑥胚乳细胞中的糊粉粒

①	②
③	④
⑤	⑥

166 川党参

多年生草本 | 别名：条党、单枝党、板桥党
Codonopsis tangshen Oliv.

药用价值 以干燥根入药，药材名党参。具有健脾益肺、养血生津之功效。用于脾肺气虚，食少倦怠，咳嗽虚喘，气血不足，面色萎黄，心悸气短，津伤口渴，内热消渴。

分　布 分布于四川、贵州、湖南、湖北、陕西等地。

采　集 花期7~9月，果期9月中旬至10月中旬。当果皮微带红紫色部分开裂、种子变黄褐色时采收，堆放于室内后熟数日，待果实大部分开裂搓出种子，再阴干，装入布袋或麻布袋内。

形态特征 蒴果下部近于球形，上部短圆锥形，直径2~2.5 cm。种子为柱状椭圆形，长1.1~1.6 mm，宽0.5~0.8 mm，表面棕黄色、深棕褐色或浅棕色，表面光滑且有光泽，具纵向细条纹。质软，易用指甲压扁，破开后，与党参、素花党参相似，胚乳乳白色，有油性，胚位于中央，呈圆形或长圆形。

微观特征 种子由外向内依次为棕红色厚壁细胞层、胚乳层、胚。种皮表面具有排列较整齐的条形网状纹饰，网眼呈梭形或长条形。横切面：种皮为1列棕红色厚壁细胞，细胞柱状，外壁互相连接；胚乳多层，呈多角形作径向延长排列，内含较多的糊粉粒；胚位于中央，外层细胞呈长方形或近方形环状排列，靠近最里面呈径向排列。纵切面：种皮细胞呈纵向长条形或梭形，胚乳多层，呈多角形切向延长排列，胚位于中央，呈长方形作径向排列。

萌发特性 无休眠。双层滤纸上萌发10 d，在5~35℃光照或黑暗条件下，光照的萌发率分别为0%、8.5%、38%、40.25%、35%、20%、0%；黑暗的萌发率分别为1.5%、8.75%、35.75%、33%、28%、23.75%、0%。

贮　藏 新采的种子在常温条件下贮藏1年后即丧失活力，宜低温贮存，适宜温度为10℃以下。

①种子外观及切面
②种子横切面显微结构图
③种皮横切面显微结构图
④胚乳细胞中的糊粉粒
⑤胚乳细胞（横切）
⑥胚细胞（横切）

①	②
③	④
⑤	⑥

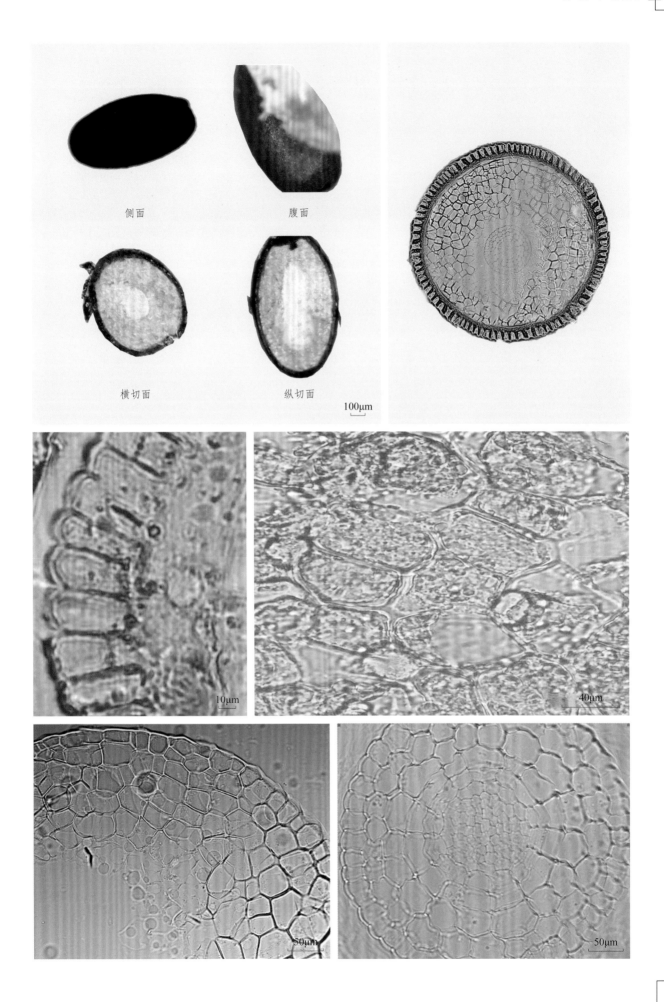

侧面　　　　　腹面

横切面　　　　纵切面

100μm

10μm

40μm

50μm

50μm

167 桔 梗 多年生草本 | 别名：包袱花、铃铛花、道拉基
Platycodon grandiflorum (Jacq.) A. DC.

药用价值 以干燥根入药，药材名桔梗。具有宣肺、利咽、祛痰、排脓之功效。用于咳嗽痰多，胸闷不畅，咽痛喑哑，肺痈吐脓。

分　布 全国大部分地区均有分布。

采　集 花期 7~9 月，果期 8~10 月。蒴果枯黄、果顶端初裂时采收，阴凉处放置 4~5 d，阴干，除杂后贮藏备用。

形态特征 蒴果倒卵圆形，熟时顶部 5 瓣裂。种子多数。种子卵形，长 1.9~2.9 mm，宽 1.0~1.7 mm，厚 0.6~0.9 mm。黑色或棕黑色，表面光滑，密被黑色条纹，具光泽。种脐位于基部，小凹窝状，种翼宽 0.2~0.4 mm，颜色常稍浅。胚乳多层，白色，半透明，含油分。胚细小，直生，位于中央。子叶 2 枚。千粒重为 0.9~1.4 g。

微观特征 表面有与种子长轴平行的细长条纹理。种脐沿翅侧边缘至顶端有 1 条圆滑的棱，在顶端分为 2~4 支。种皮表皮为 1 列棕褐色的色素细胞，细胞壁厚，细胞腔卵形。

萌发特性 具有一定程度的休眠，发芽适温为 15~35℃。用 0.5% 硝酸钾浸种可解除其休眠，萌发率可达 95.7%。

贮　藏 正常型。在 5℃、环境相对湿度 15%~75% 或 15℃、环境相对湿度 43% 条件下贮藏最佳。

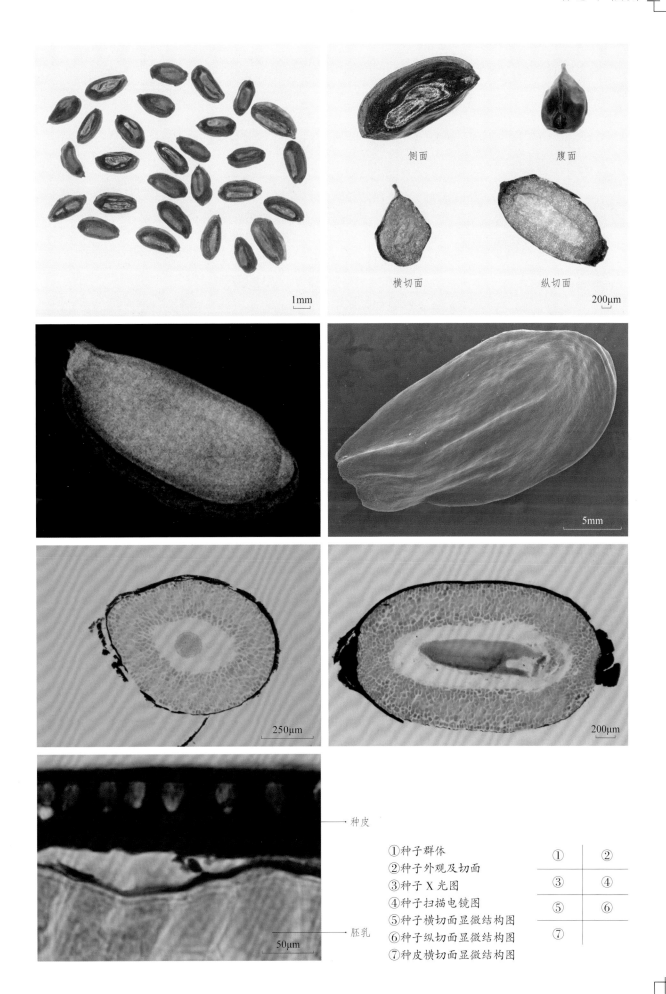

侧面　　　　　　　　腹面

横切面　　　　　　　纵切面

种皮

胚乳

①种子群体
②种子外观及切面
③种子 X 光图
④种子扫描电镜图
⑤种子横切面显微结构图
⑥种子纵切面显微结构图
⑦种皮横切面显微结构图

①	②
③	④
⑤	⑥
⑦	

⒈⒍⒏ 沙 参 *Adenophora stricta* Miq.

多年生草本 | 别名：杏叶沙参

■ 药用价值 以干燥根入药，药材名南沙参。具有养阴清肺、益胃生津、化痰益气之功效。用于肺热燥咳，阴虚劳嗽，干咳痰黏，胃阴不足，食少呕吐，气阴不足，烦热口干。

■ 分 布 分布于江苏、安徽、浙江、江西、湖南等地。

■ 采 集 花期 7~10 月，果期 8~11 月。蒴果黄色时及时采摘，阴干，脱粒，精选去杂，干燥处贮藏。

■ 形态特征 蒴果近球形，长 6~10 mm，顶端残存 5 枚披针形宿萼；黄褐色；成熟后孔裂，内含种子多枚。种子椭圆形、长圆柱形，稍扁，直或稍弯；一侧延展成宽 0.12 mm 的狭翅，或不明显；表面光滑；黄色、浅黄棕色至褐色；长 1.39~2.27 mm，宽 0.55~0.96 mm，厚 0.40~0.76 mm，千粒重为 0.14~0.38 g。种脐黄棕色或褐色；近圆形，直径为 0.25 mm；稍凸；位于基端。种皮浅黄棕色至褐色；胶质，厚 0.02 mm；紧贴胚乳，难以分离。胚乳丰富；白色；肉质，富含油脂，半透明；充满大部分种子；包被着胚。胚长圆柱形；肉质，富含油脂，半透明；长 0.73~1.23 mm，宽 0.21~0.26 mm，厚 0.20~0.24 mm；直生于种子中间。子叶 2 枚；乳黄色；卵形或椭圆形，扁平；长 0.20~0.32 mm，宽 0.17~0.26 mm，每枚厚 0.11 mm；并合，或分离而呈 10° 夹角。胚根长圆柱形，稍扁；白色；长 0.41~0.57 mm，宽 0.21~0.25 mm，厚 0.20~0.24 mm；朝向种脐。

■ 萌发特性 在实验室内，20℃和 30℃/10℃、12 h/12 h 光照条件下，含 200 mg/L 赤霉素（GA_3）的 1% 琼脂培养基上，萌发率分别为 100% 和 90%。田间发芽适温为 20℃。

■ 贮 藏 正常型。干燥至相对湿度 15% 后，于 -20℃条件下贮藏，种子寿命可达 6 年以上；常温条件下为 2 年。

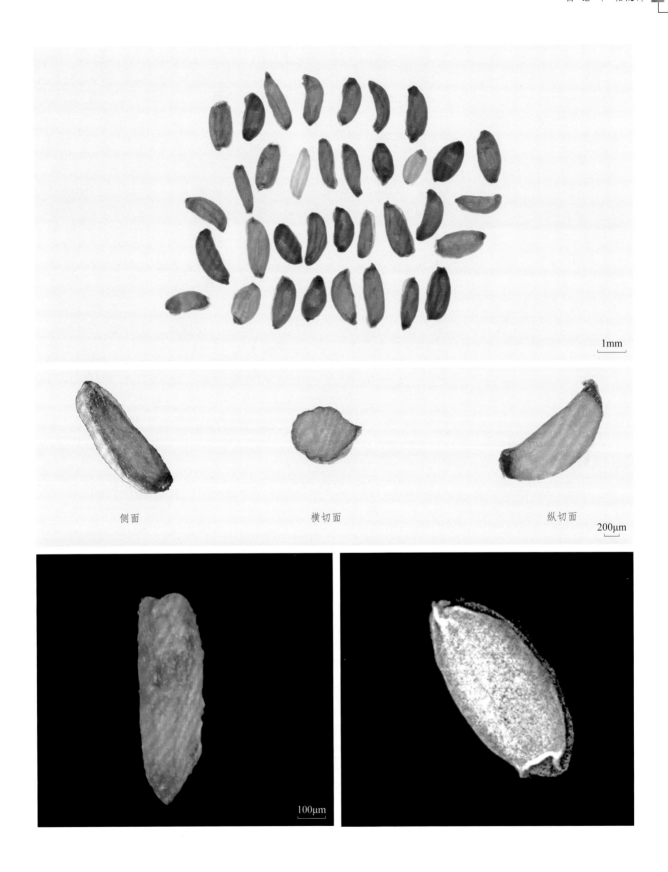

側面　　　　　　　　横切面　　　　　　　纵切面

①种子群体
②种子外观及切面
③胚
④种子 X 光图

	①	
	②	
③		④

169 轮叶沙参

多年生草本 | 别名：南沙参、四叶沙参
Adenophora tetraphylla (Thunb.) Fisch.

■ 药用价值 以干燥根入药，药材名沙参。具有养阴清肺、益胃生津、化痰益气之功效。用于肺热燥咳，阴虚劳嗽，干咳痰黏，胃阴不足，食少呕吐，气阴不足，烦热口干。

■ 分　布 分布于内蒙古、河北、山西、山东、广东、广西、云南、四川、贵州及东北、华东等地。

■ 采　集 花期 7~9 月，果期 8~10 月。蒴果黄色或黄褐色时及时采摘，阴干，脱粒，精选去杂，干燥处贮藏。

■ 形态特征 蒴果卵圆形，长 5~7 mm，宽 4~5 mm；黄褐色；内含种子多枚。种子卵形或矩圆球形，一侧延展成宽 0.12 mm 的纵棱；表面具不明显网纹；浅黄棕色至褐色，略有光泽；长 0.93~1.37 mm，宽 0.62~0.88 mm，厚 0.40~0.63 mm，千粒重为 0.23 g。种脐黑色；近圆形，直径为 0.17 mm；稍凹；位于基端。种皮浅黄棕色至褐色；胶质，厚 0.01 mm；紧贴胚乳，难以分离。胚乳丰富；白色；肉质，富含油脂，半透明；充满大部分种子；包被着胚。胚长圆柱形；乳白色；肉质，富含油脂，半透明；长 0.49~0.77 mm，宽 0.14~0.22 mm，厚 0.18 mm；直生于种子中间。子叶 2 枚；卵形，扁平；长 0.19 mm，宽 0.20 mm，每枚厚 0.09 mm；并合。胚根长圆柱形，稍扁；长 0.44 mm，宽 0.20 mm，厚 0.18 mm；朝向种脐。

■ 萌发特性 具形态生理休眠。在 20℃ 或 25℃ /15℃、12 h/12 h 光照条件下，含 200 mg/L 赤霉素（ GA$_3$ ）的 1% 琼脂培养基上，萌发率可达 100%。

■ 贮　藏 正常型。干燥至相对湿度 15% 后，于 -20℃ 条件下贮藏，种子寿命可达 5 年以上。

侧面　　　　　　腹面　　　　　　横切面　　　　　　纵切面

1mm

200μm

100μm

①种子群体
②种子外观及切面
③胚
④种子 X 光图

	①	
	②	
③		④

▪ 菊 科 | Compositae

⑰ 短葶飞蓬

多年生草本 | 别名：灯盏细辛
Erigeron breviscapus (Vant.) Hand. -Mazz.

▪ 药用价值 以全草入药。药材名灯盏花。具有活血通络止痛、祛风散寒之功效。用于中风偏瘫，胸痹心痛，风湿痹痛，小儿疳积，小儿麻痹及脑膜炎的后遗症，牙痛，小儿头疮等。

▪ 分　布 分布于湖南、广西、贵州、四川、云南及西藏等地。

▪ 采　集 花期 3~10 月。夏、秋二季采集。

▪ 形态特征 瘦果狭长圆形，长 2.5~2.7 mm，宽 0.6~0.8 mm，厚 0.3~0.5 mm；表面黑色或棕黑色。解剖镜下可见扁压，背面常具 1 肋，被密短毛；冠毛淡褐色，2 层，刚毛状，外层极短，内层长约 4 mm。千粒重约为 1.82 g。

▪ 微观特征 果实外果皮 1 列长方形薄壁细胞，外侧具非腺毛；中果皮细胞数列，有小型维管束分布，内果皮由 1 列方形细胞组成；种皮表皮细胞 1 列，排列整齐；内种皮细胞由 1 列径向壁略增厚的细胞组成，类圆形；胚内贮藏大量糊粉粒。

▪ 萌发特性 发芽率 90% 以上。种子适应性强，在 15~35℃条件下均可大量萌发。

▪ 贮　藏 低温贮藏。种子寿命约为 1 年。

①果实群体
②果实外观
③种子外观及切面
④种子纵切面显微结构图（局部）
⑤种子纵切面显微结构图

	①	
	②	
	③	
④		⑤

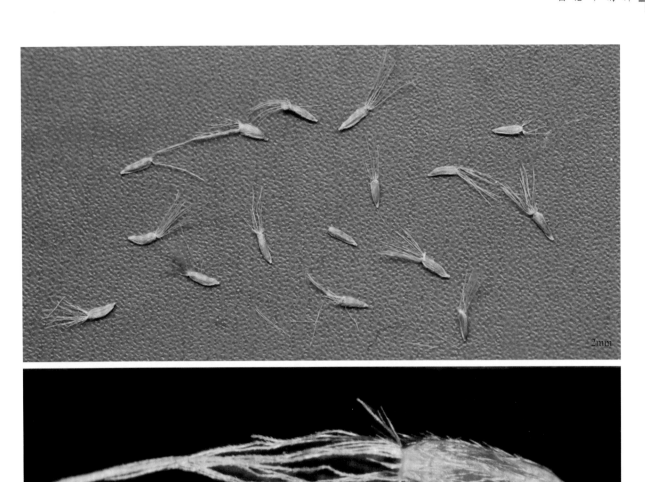

2mm

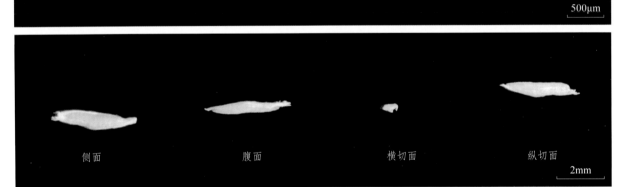

500μm

侧面　　　　　腹面　　　　　横切面　　　　　纵切面

2mm

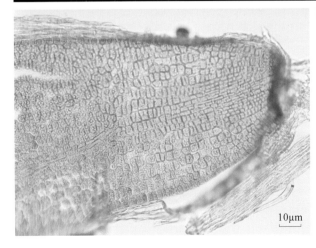

10μm

50μm

171 **旋覆花** 多年生草本 | 别名：金佛花、金佛草、六月菊
Inula japonica Thunb.

药用价值 以干燥头状花序入药，药材名旋覆花。具有降气、消痰、行水、止呕之功效。用于风寒咳嗽，痰饮蓄结，胸膈痞闷，喘咳痰多，呕吐噫气，心下痞硬。以干燥地上部分入药，药材名金沸草。具有降气、消痰、行水之功效。用于外感风寒，痰饮蓄结，咳喘痰多，胸膈痞满。

分　布 分布于我国北部、东北部、中部、东部各省，以及四川、贵州、福建、广东等地。

采　集 花期 6~10 月，果期 9~11 月。瘦果成熟时及时采摘，阴干，脱粒，精选去杂，干燥处贮藏。

形态特征 瘦果圆柱状长倒卵形；表面疏被白色短毛，并具 8~10 条凸起的纵棱；顶端平截，具黄白色或黄棕色筒状冠檐，其上着生白色、长刚毛状冠毛，环中央具短柱状花柱残基；黄褐色或褐色；长 0.75~1.25 mm，宽 0.29~0.42 mm，千粒重为 0.07 g（不包括冠毛）。果疤白色或黄白色；圆形，边缘隆起成环，直径为 0.18 mm；位于基端。果皮黄褐色或褐色；草状胶质；紧贴种皮，难以分离。成熟时不开裂，内含种子 1 枚。种子圆柱状长倒卵形；浅黄棕色；长 0.75~1.25 mm，宽 0.29~0.42 mm。种脐不明显，位于基端。种皮浅黄棕色；胶质，薄、半透明；与胚贴合，可分离。胚乳无。胚长圆柱形；白色；蜡质，稍含油脂；长 0.66~0.89 mm，宽 0.24~0.33 mm，厚 0.23~0.24 mm；充满整粒种子。子叶 2 枚；椭圆形，平凸；长 0.31 mm，宽 0.20 mm，每枚厚 0.11 mm；并合。下胚轴和胚根圆锥形，尖端钝圆；长 0.41 mm，宽 0.19 mm，厚 0.19 mm；朝向种脐。

萌发特性 在 25℃/10℃、25℃/15℃、30℃/10℃，12 h/12 h 光照条件下，1% 琼脂培养基上，萌发率分别为 92%、95.4% 和 94%；在 15℃、12 h/12 h 光照条件下，含 200 mg/L 赤霉素（GA$_3$）的 1% 琼脂培养基上，萌发率为 92%；在 25℃/10℃，12 h/12 h 光照条件下，含 200 mg/L 赤霉素（GA$_3$）的 1% 琼脂培养基上，萌发率可达 100%。

贮　藏 正常型。干燥至相对湿度 15% 后，于 –20℃ 条件下贮藏，种子寿命可达 6 年以上。

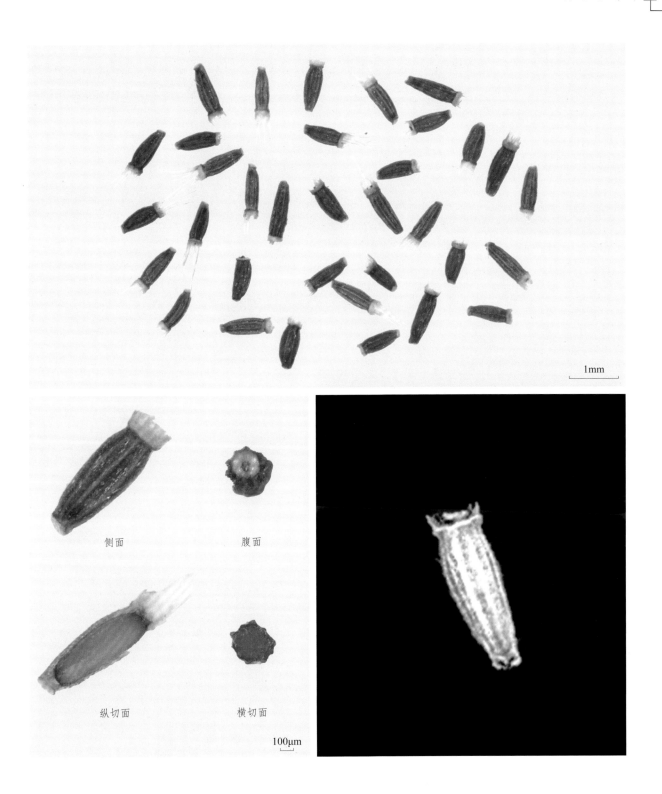

侧面　　　　　腹面

纵切面　　　　横切面

100μm

①果实群体（去冠毛）
②果实外观及切面
③果实X光图

①

② | ③

⑫ 天名精

多年生粗壮草本 | 别名：野烟、皱面草、地松、癞蛤蟆草、野叶子烟
Carpesium abrotanoides L.

药用价值 以干燥成熟果实入药，药材名鹤虱。具有杀虫消积之功效。用于蛔虫病，蛲虫病，绦虫病，虫积腹痛，小儿疳积等。以干燥全草入药，药材名天名精。具有清热、化痰、解毒、杀虫、破瘀、止血之功效。用于乳蛾，喉痹，急慢惊风，牙痛，疔疮肿毒，痔瘘，皮肤痒疹，毒蛇咬伤，虫积，血瘕，吐血，衄血，血淋，创伤出血。

分　　布 全国各地均有分布，主产于河南、山西、贵州等地。

采　　集 花期 6~9 月，果期 10~11 月。果实成熟时采摘果序，晒干，脱粒，精选去杂，阴凉干燥处贮藏。

形态特征 瘦果圆柱状，细小，稍扁，长 3~4 mm，直径小于 1 mm。表面黄褐色或暗黄褐色。具细纵棱数条。顶端收缩，呈细喙状，喙端扩展成小圆盘状；基部稍尖，有着生痕迹。果皮薄，纤维性，种皮菲薄透明，子叶 2 枚，类白色，稍有油性，嚼之有黏性。气特异，味微苦。

微观特征 瘦果横切面：外果皮细胞 1 列，均含草酸钙柱晶。中果皮薄壁细胞数列，棕色，细胞皱缩，界限不清楚，棱线处有纤维束，由数十个纤维组成，纤维壁厚，木化。内果皮细胞 1 列，深棕色。种皮细胞扁平，内胚乳有残存；胚薄壁细胞充满糊粉粒和脂肪油滴，子叶最外层细胞含细小的草酸钙结晶。

萌发特性 种子萌发对温室要求不严，在 15~30℃ 条件下均可发芽。在生产上可于春季 3~4 月做畦条播，覆土 0.6~1 cm，保持土壤湿润，15~20 d 即可出苗。

贮　　藏 隔年种子不能用，贮藏时间 1 年以内。

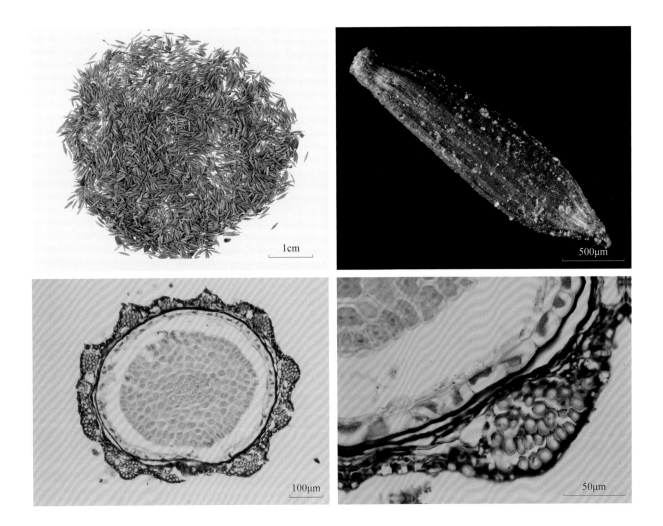

①果实群体
②果实外观
③果实横切面显微结构图
④果实横切面显微结构图(局部)

①	②
③	④

173 苍耳

一年生草本 | 别名：苍耳子、猪耳、菜耳

Xanthium sibiricum Patr.

药用价值 以干燥成熟带总苞的果实入药，药材名苍耳子。具有散风寒、通鼻窍、祛风湿之功效。用于风寒头痛，鼻塞流涕，鼻衄，鼻渊，风疹瘙痒，湿痹拘挛等。

分　　布 全国各地均有分布。

采　　集 花期7~8月，果期9~10月。夏、秋二季果实绿黄时采收。

形态特征 囊状总苞呈卵形或椭圆形，长10~16 mm，宽6~7 mm。先端具2枚刺状喙。总苞壳木质化、坚硬、黄褐色，表面疏生钩刺，疏被密毛。总苞2室，不开裂，每室有1枚瘦果。瘦果椭圆形，两端尖，背面拱凸，腹面平坦，顶端具1个突起的花柱基，果皮薄，灰黑色，具纵纹。种子1枚。种皮膜质，浅灰色，子叶2枚，有油性。千粒重为26~36 g。

微观特征 果实外层为总苞，由表皮、薄壁组织、总苞纤维层组成，总苞纤维纵横排列。果皮外层为表皮细胞及色素层，含黑褐色色素；内层为纤维及薄壁细胞。种皮由1列扁平细胞组成，其下散生维管束。子叶细胞含糊粉粒和油滴。

萌发特性 有休眠，与种皮坚硬及种皮内的薄膜质层有关。通过浸泡、锉伤种皮，发芽率达86.47%。

贮　　藏 正常型。室温下贮藏。

① 果实群体（带总苞）
② 果实外观
③ 种子切面
④ 胚
⑤ 果实 X 光图（带总苞）

	①	
②		③
④		⑤

侧面（带总苞）　　　腹面（带总苞）

横切面　　　纵切面

1cm

2mm

1mm

1mm

174 黄花蒿

一年生草本 │ 别名：草蒿、臭蒿
Artemisia annua L.

药用价值 以干燥地上部分入药，药材名青蒿。具有清虚热、解暑热、除骨蒸、截疟退黄之功效。用于暑邪发热，阴虚发热，夜热早凉，骨蒸劳热，疟疾寒热，湿热黄疸等。可用于提取青蒿素及其衍生物，其能迅速消灭人体内疟原虫，对恶性疟疾有很好的治疗效果。

分　布 分布于我国南北各地。

采　集 花、果期8~11月。10月下旬至11月上旬，采收后将种子打落，用40目左右筛子筛除杂质。

形态特征 瘦果小，倒卵形或长椭圆形，无冠毛。半透明状，表面光滑，略有光泽。长0.5~0.8 mm，宽0.2~0.5 mm。黄棕色或灰白色。放大镜下果实表面有密的纵棱，棱间有网状纹理。顶端有时向一端倾斜，中央花柱残留物呈一小突起，脱落后呈无衣领状环，果脐圆形，常偏向一侧。内含种子1枚，种胚为乳白色，含油分。千粒重为0.032 g。

微观特征 果实剖面：外果皮细胞1列，壁木化增厚。棱线部位细胞为1~2个，形状为五边形，棱线之间细胞切线延长，由1~2个细胞组成。中果皮由不规则薄壁细胞组成，散有维管束。内果皮细胞木化增厚。种皮细胞由1列薄壁细胞组成。子叶细胞为多角形，内含糊粉粒，糊粉粒中有拟晶体。

萌发特性 种子在15~25℃条件下，置于纸床上萌发，每天给予固定光照时间，初次计数时间为5 d，末次计数时间为11 d时，发芽率81%。

贮　藏 置于阴凉干燥处贮藏。

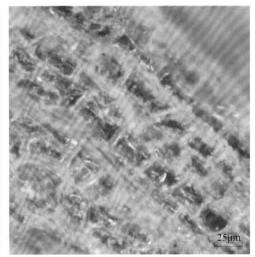

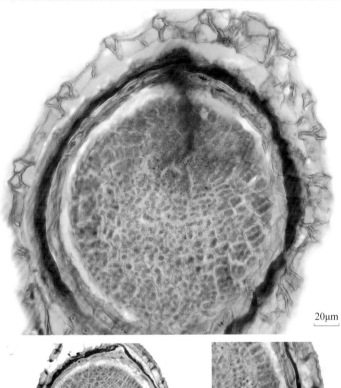

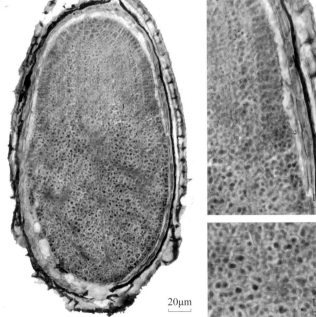

①	②
③	
④	

①种子外观
②种子表面
③种子横切面显微结构图
④种子纵切面显微结构图

175 艾 多年生草本或略呈半灌木状 | 别名：艾蒿、白蒿、冰台、医草、甜艾
Artemisia argyi Lévl. et Vant.

■ 药用价值 以干燥叶入药，药材名艾叶。具有温经止血、散寒止痛、外用祛湿止痒之功效。用于吐血，衄血，崩漏，月经过多，胎漏下血，少腹冷痛，经寒不调，宫冷不孕；外治皮肤瘙痒。

■ 分　布 分布广，除极干旱与高寒地区外，几乎遍布全国。

■ 采　集 花期 7~10 月，果期 8~12 月。瘦果成熟时及时采摘，阴干，脱粒，精选去杂，干燥处贮藏。

■ 形态特征 瘦果长卵形或长椭球形；表面具稀疏不均的纵线棱；顶端平截，无冠毛，具直径为 0.20 mm 的黄褐色圆盘状花盘，盘中央具褐色花柱残基；基端具灰白色、边缘环状隆起的果疤；灰褐色或褐色；长 0.78~1.16 mm，宽 0.31~0.43 mm，千粒重为 0.07 g。果疤白色或褐色；直径为 0.15 mm；深凹；位于基端。果皮灰褐色或褐色；胶质，厚 0.03 mm；与种皮紧密贴合，难以分离。内含种子 1 枚。种子卵状圆柱形；表面光滑；浅黄棕色。种皮白色，透明；胶质，薄；与果皮贴合，难以分离。胚乳无。胚卵状圆柱形；白色，略带点黄棕色；蜡质，含油脂；长 0.72~1.10 mm，宽 0.25~0.37 mm，厚 0.28 mm。子叶 2 枚；椭圆形，平凸，长 0.52 mm，宽 0.35 mm，每枚厚 0.14 mm；并合。胚根圆柱形；长 0.36 mm，宽 0.28 mm，厚 0.28 mm；朝向种脐。

■ 萌发特性 具生理休眠。在 20℃ 或 25℃/15℃、12 h/12 h 光照条件下，1% 琼脂培养基上，萌发率可达 100%。

■ 贮　藏 正常型。干燥至相对湿度 15% 后，于 -20℃ 条件下贮藏，种子寿命可达 8 年以上。

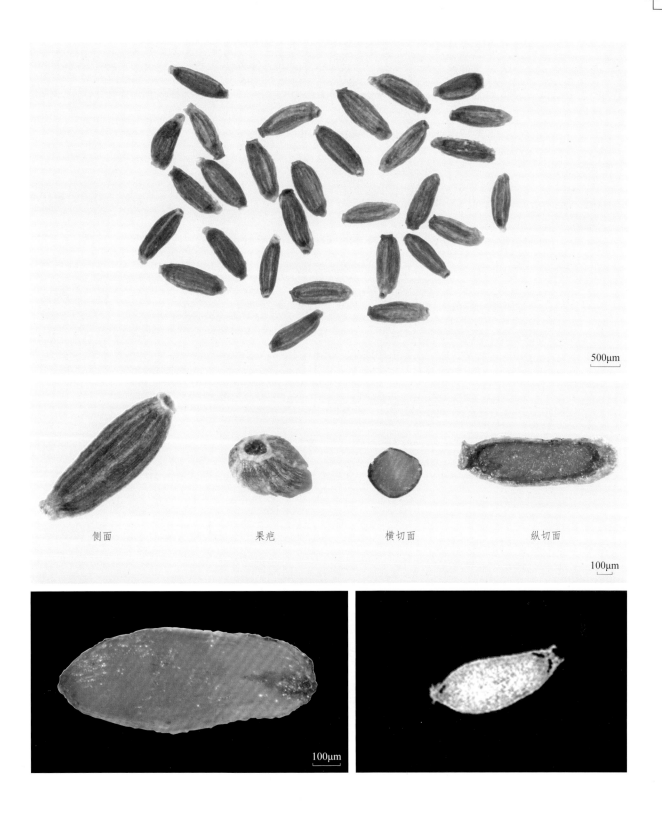

侧面　　　　果疤　　　　横切面　　　　纵切面

500μm

100μm

100μm

①果实群体　　　　　　　　　　①
②果实外观及切面　　　　　　　　②
③胚　　　　　　　　　　　　　③　│　④
④果实X光图

176 茅苍术

多年生草本 | 别名：赤术
Atractylodes lancea (Thunb.) DC.

■ 药用价值 以干燥根茎入药，药材名苍术。具有燥湿健脾、祛风散寒、明目之功效。用于湿阻中焦，脘腹胀满，泄泻，水肿，脚气痿躄，风湿痹痛，风寒感冒，夜盲，眼目昏涩。

■ 分　布 分布于河北、河南、山东、山西、陕西、甘肃、江苏、安徽等地。

■ 采　集 花期 8~10 月，果期 9~10 月。待地上部分枯萎后采收种子，晾干，精选去杂，置干燥处贮藏。

■ 形态特征 瘦果长卵状，略扁，灰白色至灰黄色，长 4.65~6.81 mm，宽 1.75~2.68 mm。表面密被顺向贴伏的白色长直毛，有时部分脱落变稀毛。顶端着生褐色或黄白色冠毛，长 7~8 mm，羽毛状，基部连合成环。千粒重约为 13.35 g。

■ 微观特征 横切面：外果皮细胞形状不规则，边缘波浪状，红棕色。中果皮细胞近圆形。内果皮内部维管束散在。种皮细胞扁长形，含油滴。胚细胞边缘弯曲，细胞间角隅有空隙，胚细胞内有脂肪油滴。

■ 萌发特性 种子在 10~35℃ 条件下均能萌发，其适宜发芽温度为 20~30℃，发芽率可达到 80% 以上。在光照与黑暗条件下均能正常萌发。

■ 贮　藏 正常型。室温下可贮藏 1 年。

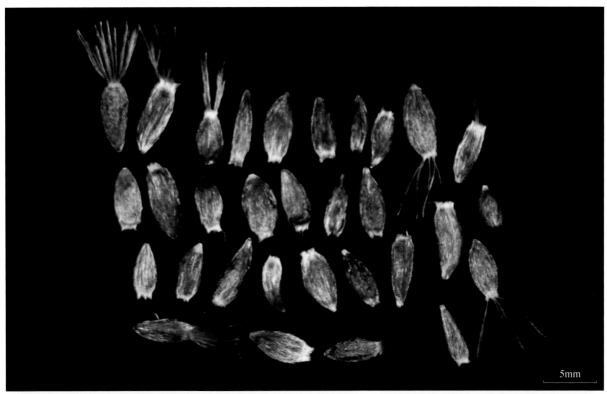

5mm

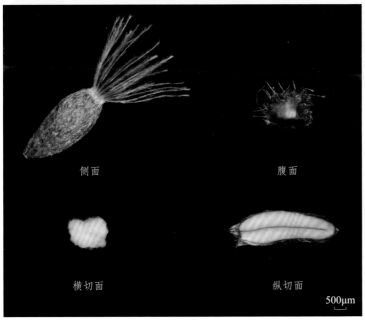

侧面　　　　　　　　腹面

横切面　　　　　　　纵切面

500μm

①果实群体
②果实外观及切面
③果实 X 光图

①

②　　③

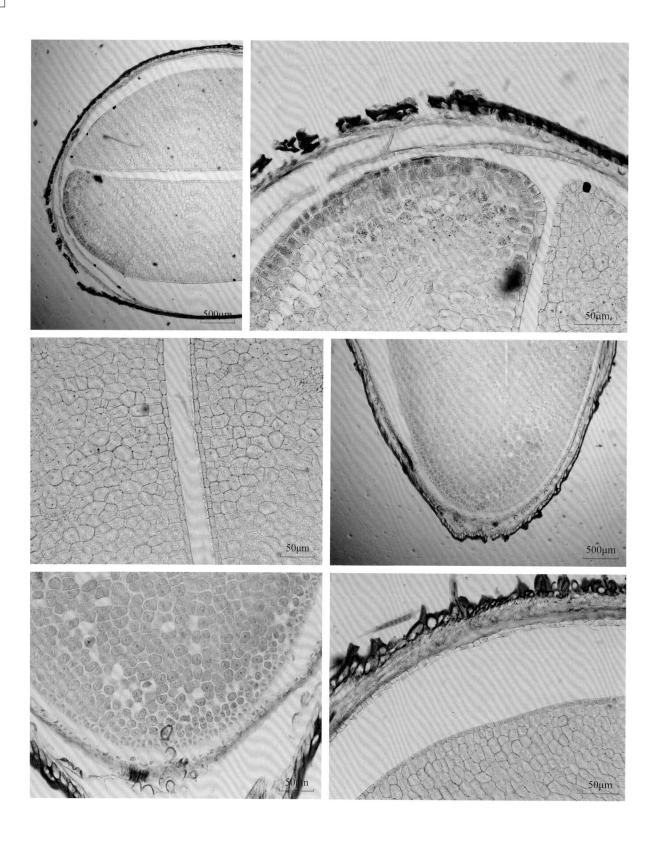

①种子横切面显微结构图
②种子横切面显微结构图（局部）
③种子横切面显微结构图（局部）
④种子纵切面显微结构图
⑤种子纵切面显微结构图（局部）
⑥种子纵切面显微结构图（局部）

①	②
③	④
⑤	⑥

177 白 术 多年生草本 | 别名：于术、冬术、徽术、鹤形术、金线术、白术腿
Atractylodes macrocephala Koidz.

■ 药用价值 以干燥根茎入药，药材名白术。具有健脾益气、燥湿利水、止汗、安胎之功效。用于脾虚食少，腹胀泄泻，痰饮眩悸，水肿，自汗，胎动不安。

■ 分　布 分布于浙江、江苏、安徽、福建、江西、湖南、湖北等地。

■ 采　集 花期9~10月，果期10~11月。11月中旬植株基叶黄枯时，将植株挖起，剪去地下根茎，将地上部分扎成小把，倒挂在屋檐下阴干，促使种子成熟，然后晒干脱粒，置通风干燥处贮藏。

■ 形态特征 瘦果扁长圆形，长8~10 mm，宽3.4 mm，厚1.8~2 mm，表面密生黄白色长毛，底色为棕色，冠毛长1.5 cm，基部为刚毛质，草黄色，上有羽毛状分枝，果肉内和子叶纵切面有分布不均匀的深牵牛紫色，子叶肉质。

■ 萌发特性 种子适宜萌发温度为20℃，一年生植株种子多不充实，发芽率较低，二年生植株种子充实饱满，发芽率较高。种子寿命为1年，陈年种子生活力减弱，发芽率降低，不宜播种。

■ 贮　藏 种子采收后，在室温条件下贮藏，翌年春季播种；在室温条件下贮藏2年后种子无发芽力。

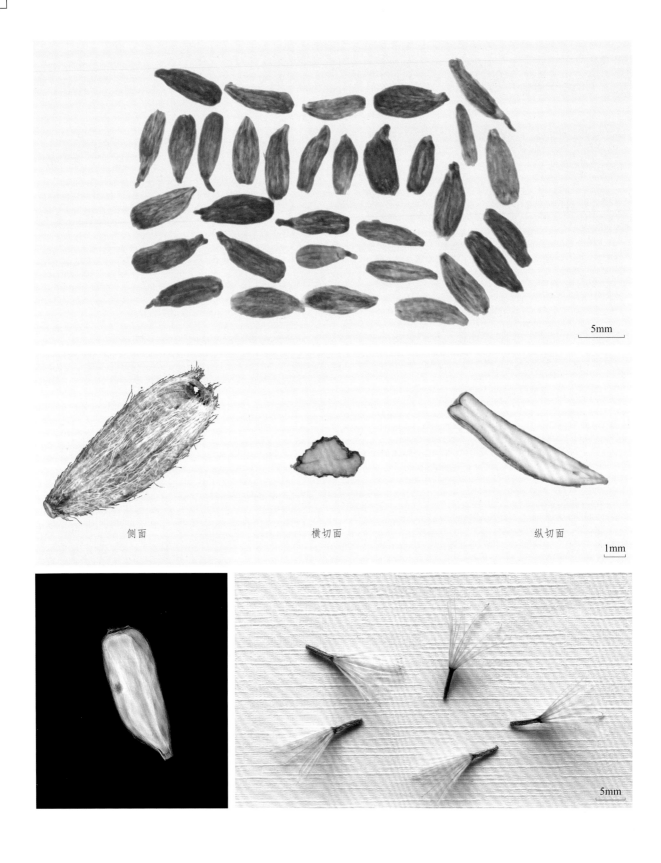

侧面　　　　　　　　横切面　　　　　　　　纵切面

1mm

5mm

①瘦果群体
②瘦果外观及剖面
③瘦果 X 光图
④瘦果群体（带冠毛）

①
②
③　④

178 牛 蒡 多年生草本 | 别名：象耳朵、大力子、鼠粘草
Arctium lappa L.

■ 药用价值 以干燥成熟果实入药，药材名牛蒡子。具有疏散风热、宣肺透疹、解毒利咽之功效。用于风热感冒，咳嗽痰多，麻疹，风疹，咽喉肿痛，痄腮，丹毒，痈肿疮毒。

■ 分　布 广泛分布于全国各地。

■ 采　集 花期 6~8 月，果期 8~10 月。7~8 月，果实呈灰褐色时分批采摘，堆积 2~3 d，曝晒，打下果实，除去杂质，再晒干。

■ 形态特征 瘦果长圆形或长圆状倒卵形，直或微弯曲，长 5.3~6.9 mm，宽 2.2~2.4 mm，厚 1.1~1.3 mm，表面灰褐色，带紫黑色斑点，有数条纵棱，通常中间 1~2 条较明显。顶端钝圆，边缘隆起，围绕深色的圆环，冠毛短刺状，淡黄棕色，或冠毛脱落，中央具有点状花柱残迹。果皮硬，果脐圆形，位于果实基端，果皮内包含 1 枚种子。种子长倒卵形，无胚乳，为包围型胚，子叶 2 枚，乳白色，油质。千粒重约为 11.1 g。

■ 微观特征 外果皮为 1 列大小不等的类方形薄壁细胞，外被角质层。中果皮细胞壁稍厚，棕黄色或暗棕色，微木化；于棱脊处常有小型维管束。内果皮狭窄，为棕黄色的颓废细胞层，细胞界限不清，为 1 列草酸钙方晶所填充。种皮最外为 1 列栅状细胞，排列紧密，壁甚厚，层纹明显；子叶细胞充满糊粉粒及脂肪油，并含有细小的草酸钙簇晶，偶见小方晶。

■ 萌发特性 无休眠。种子在 5~35℃光照条件下均可萌发，其中 25℃光照条件的萌发率最高，可达 88%。

■ 贮　藏 置通风干燥处贮藏。

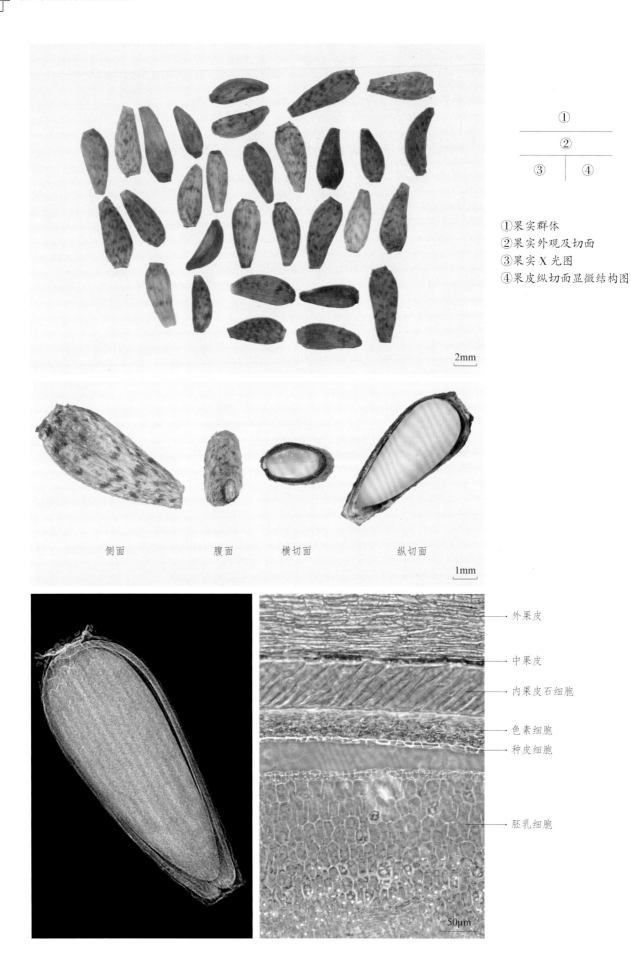

①果实群体
②果实外观及切面
③果实 X 光图
④果皮纵切面显微结构图

2mm

侧面　　　腹面　　　横切面　　　纵切面

1mm

外果皮
中果皮
内果皮石细胞
色素细胞
种皮细胞
胚乳细胞

50μm

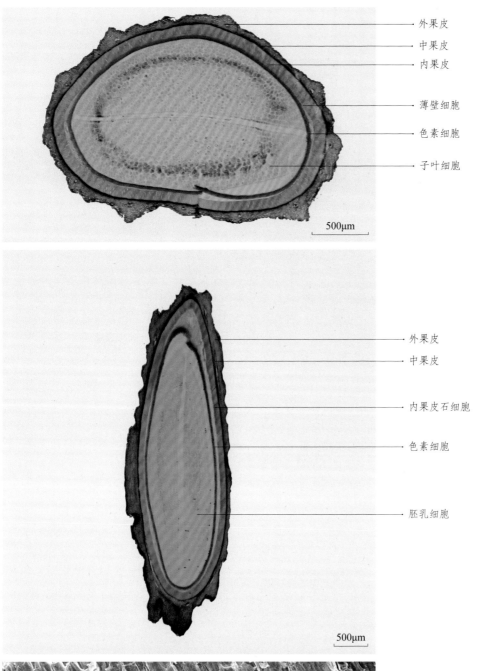

外果皮

中果皮

内果皮

薄壁细胞

色素细胞

子叶细胞

500μm

外果皮

中果皮

内果皮石细胞

色素细胞

胚乳细胞

500μm

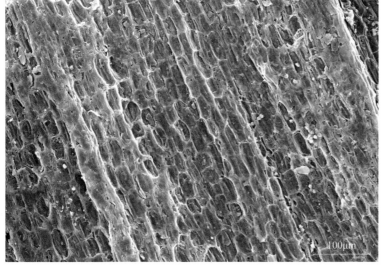

100μm

① _____

② _____

③

①果实横切面显微结构图
②果实纵切面显微结构图
③种子扫描电镜图

179 蓟

多年生草本 | 别名：大刺儿菜
Cirsium japonicum Fisch. ex DC.

药用价值 以干燥地上部分入药，药材名大蓟。具有凉血止血、散瘀解毒消痈之功效。用于衄血，吐血，尿血，便血，崩漏，外伤出血，痈肿疮毒。

分　布 分布于河北、山东、陕西、江苏、浙江、江西、湖南、湖北、四川、贵州、云南、广西、广东、福建和台湾等地，日本、朝鲜亦有分布。

采　集 花、果期4~11月。10月果实成熟时采摘果实，去除杂质，干燥保存。

形态特征 瘦果长倒卵状扁圆柱形，长2.5~4 mm，宽0.8~1.8 mm。顶端较宽而平截，杯口状环明显，有白色羽毛状冠毛，成熟时易脱落，顶端中央具残存花柱，常与杯口状环齐平或略高。果皮黄褐色，两侧中间有1条纵棱，表面平滑，有光泽。果实基部较窄，果脐位于基端。胚直立，无胚乳。千粒重为3.1 g。

微观特征 外果皮为1列较小的长方形或方形薄壁细胞，排列整齐，外被角质层；中果皮较窄，厚0.01~0.03 mm，外侧细胞类圆形，内侧细胞角形或长方形，细胞壁无交织的纹理，微木化；内果皮为1至数列不规则的含晶细胞，草酸钙结晶多菱形、正方形；种皮最外为1列栅状厚壁细胞，浅棕色，营养层数列，散在有稀小的棱晶，胚乳细胞含大量黄棕色油滴，子叶2枚。

萌发特性 有休眠。光照对种子萌发无影响，土壤埋藏深度及湿度对种子萌发率有较大影响。

贮　藏 置低温干燥处贮藏。

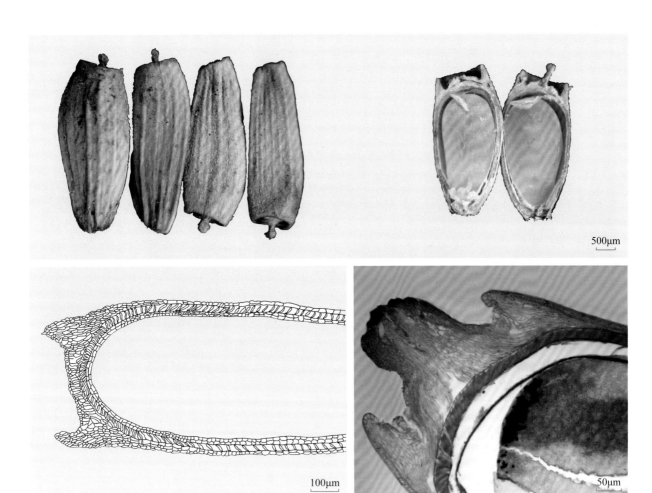

①果实外观及切面
②果实纵切面详图
③果实纵切面显微结构图（局部）

①	
②	③

180 水飞蓟

一年生或二年生草本 │ 别名：水飞雉、奶雉、水禾
Silybum marianum (L.) Gaertn.

■ **药用价值** 以干燥成熟果实入药，药材名水飞蓟。具有清热解毒、疏肝利胆之功效。用于肝胆湿热，胁痛，黄疸。

■ **分　布** 原产于南欧至北非，我国西北、华北地区有引种。

■ **采　集** 花、果期5~10月。当苞片枯黄、向内卷曲成筒，顶部冠毛微张开时，标志着种子已成熟，应及时采收。采收时从果序上剥出，除去杂质，晒干。

■ **形态特征** 瘦果长倒卵形，略扁，长6~9 mm，宽3.5~4.0 mm，厚1.7~2.2 mm。表面灰黄色或棕黄色，密或疏被纵行的不规则黑色斑纹，平滑，稍有光泽；顶端钝圆，稍偏生一隆起的黄白色骨质环（冠毛着生处），中心为1个呈头状突起的花盘；下端稍狭，斜生1个裂口状果脐。果皮坚硬，骨质；含种子1枚。种子倒卵形，略扁。表面灰黄色和淡棕色种皮膜质，与果皮较难分开。胚直生，白色，有油性；胚根细小，子叶2枚，肥厚，倒卵形。千粒重约为25 g。

■ **微观特征** 果皮表面结构较平坦，无附属物。最外层有较厚的角质层，由单层长柱状厚的大石细胞构成，细胞排列规则；次层为薄壁细胞层；外侧第三层由长棱形骨质石细胞构成，细胞排列紧密、规则，可称为骨架层或栅栏层；果皮最内层为薄壁细胞，排列松散且较薄。果皮内部为透明膜质种皮。胚小，倒卵形；子叶肥厚，子叶细胞含有细小簇晶和脂肪油滴。

■ **萌发特性** 无休眠。适宜萌发温度为16~25℃。在20℃光照条件下，发芽4~14 d，发芽率可达66%。

■ **贮　藏** 正常型。室温下可贮藏3年以上。

①果实群体
②果实外观及剖面
③种皮显微结构图
④果实横切面显微结构图
⑤种阜显微结构图
⑥子叶细胞（示簇晶）

①	②
③	④
⑤	⑥

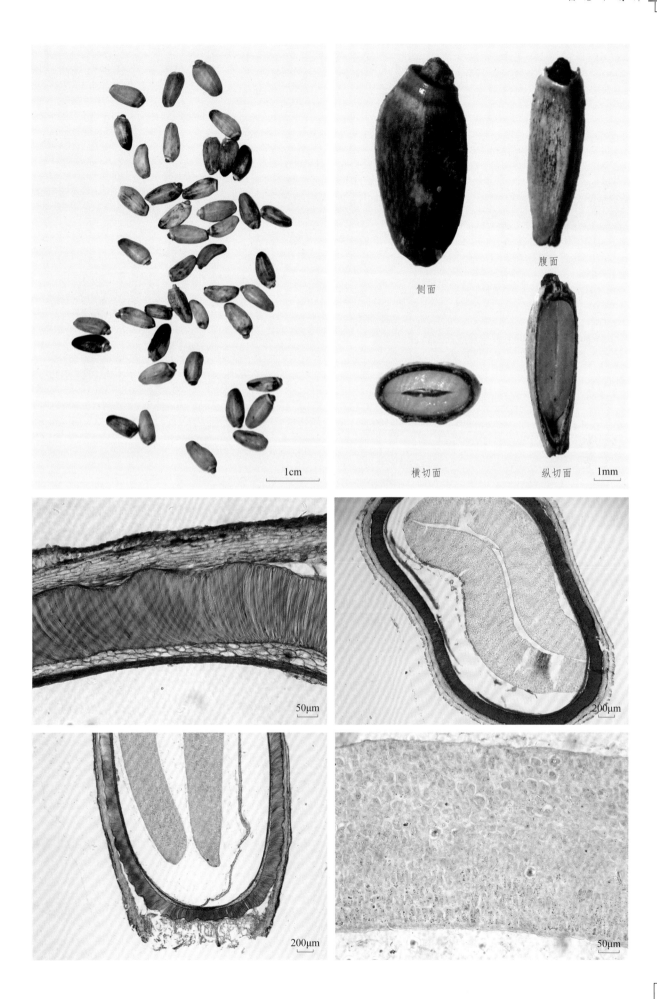

侧面

腹面

横切面

纵切面

1cm

1mm

50μm

200μm

200μm

50μm

⑱ 红 花

一年生草本 │ 别名：红蓝花、刺红花
Carthamus tinctorius L.

■ 药用价值 以干燥花入药，药材名红花。具有活血通经、散瘀止痛之功效。用于经闭，痛经，恶露不行，癥瘕痞块，胸痹心痛，瘀滞腹痛，胸胁刺痛，跌扑损伤，疮疡肿痛。

■ 分　布 四川、黑龙江、辽宁、吉林、河北、山西、内蒙古、陕西、甘肃、青海、山东、浙江、贵州、西藏、新疆均有栽培。

■ 采　集 花期 5~7 月，果期 7~9 月。夏季花由黄色变红色时采摘，阴干或晒干。

■ 形态特征 种子椭圆形或倒卵形，瘦果，表面白色，光滑，具四棱，基部稍歪斜，长约 7 mm，直径约 5 mm，种仁黄白色，富含脂肪油，气微，味淡，千粒重约为 46.83 g。

■ 微观特征 外果皮由 1 列类方形或类圆形的薄壁细胞组成，外被薄角质层；中果皮由数十列厚壁细胞组成。厚壁细胞轴向延长，纤维状，胞壁甚厚。中果皮内侧可见 1 列断续成环的色素细胞层。色素细胞不规则，胞腔内充满红棕色块状物。内果皮通常由 3 列厚壁细胞组成，细胞轴向延长，胞壁稍厚。种皮由数列薄壁细胞组成。子叶组织发达，为种子的主体部分。子叶 2 枚，内侧通常具 3 个突起。子叶外侧细胞较大，充满脂肪油；中部组织 30 余列细胞较小，其间可见多数未发育成熟的维管束；内侧细胞较小，亦充满脂肪油。

■ 萌发特性 种子发芽率约 70%。种子宜在 20℃、8 h 光照 750~1250 Lux、16 h 黑暗条件下，沙中发芽。

■ 贮　藏 贮藏条件直接影响种子寿命，红花种子应在低温（一般 –18℃）条件下贮藏，以保持较高的生活力。

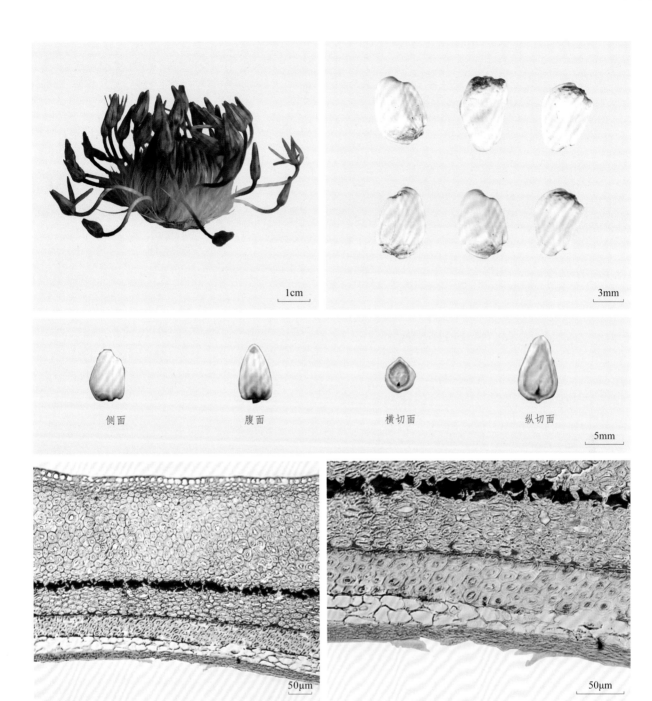

1cm

3mm

侧面 　　　　腹面 　　　　横切面 　　　　纵切面

5mm

50μm

50μm

①花序
②种子群体
③种子外观及切面
④果皮横切面显微结构图
⑤果皮横切面显微结构图(局部)

①	②
③	
④	⑤

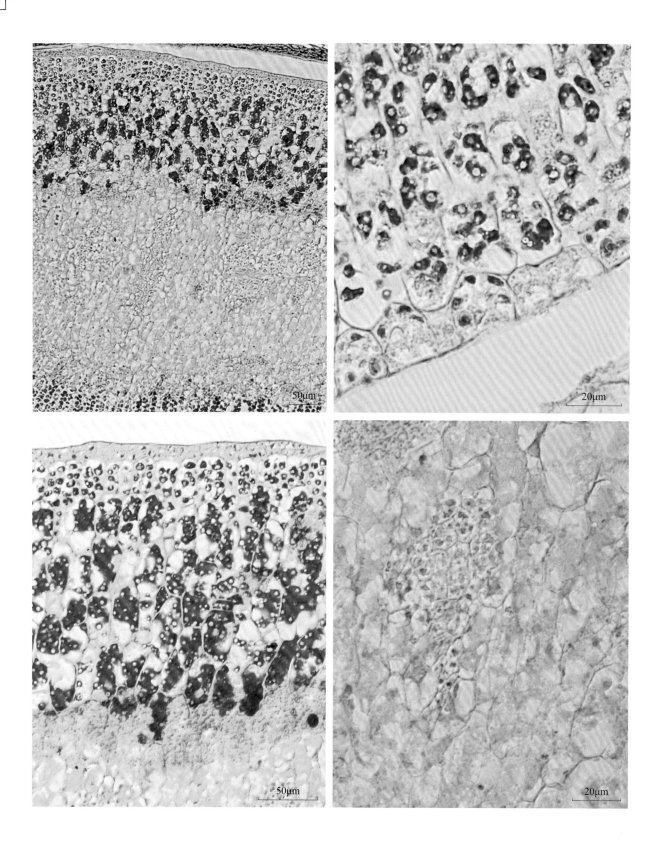

①子叶横切面显微结构图
②子叶横切面显微结构图（局部）
③子叶横切面显微结构图（局部）
④子叶横切面显微结构图（局部）

①	②
③	④

(182) 云木香
多年生草本 | 别名：广木香、青木香
Saussurea costus (Falc.) Lipech.

■ 药用价值 以干燥根入药，药材名云木香。具有行气止痛、健脾消食之功效。用于胸胁、脘腹胀痛，泻痢后重，食积不消，不思饮食。

■ 分　布 我国四川、云南、广西、贵州有栽培。

■ 采　集 花期7月，果期8~10月。种子老熟后易脱落，应及时采收。当花柄变黄，花苞变为黄褐色，花苞上部细毛接近散开时可采收，经日晒或摊晾干燥后，打出种子，簸去杂质，置通风干燥处贮藏。

■ 形态特征 瘦果线状卵形，长7~12 mm，宽2.0~3.8 mm，厚约2 mm，先端钝尖，基部平或圆形，灰褐色或浅棕色，上下有不规则的纵肋，散布细小的锈色斑块，基部有衣领状环，同色。顶端生1轮黄色直立的锯齿冠毛，果熟时脱落，果顶有花柱基部残留。千粒重为23.82 g。

■ 微观特征 外果皮细胞1列，排列紧密；中果皮由数列细胞组成，有时细胞中含小簇晶，有小型维管束通过；内果皮细胞1列，内含挥发油；外种皮细胞1列，径向延长，排列整齐，含棕红色色素，内种皮细胞不规则，多角形，含色素物质；胚占较大部分，由薄壁细胞组成，内含大量脂肪油和糊粉粒。

■ 萌发特性 种子发芽率90%以上。种子宜在25℃、12 h光照、12 h黑暗的条件下发芽。

■ 贮　藏 在室温条件下保存，可贮藏1年；在4℃低温条件下保存，可贮藏3年。

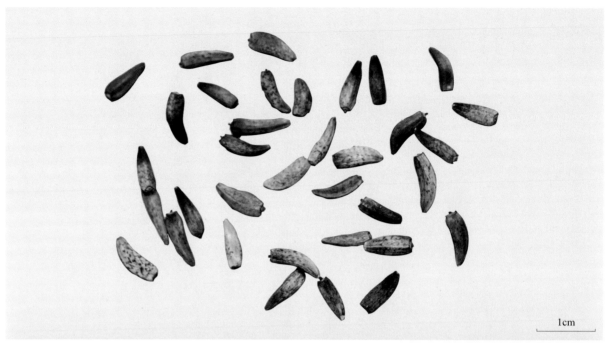

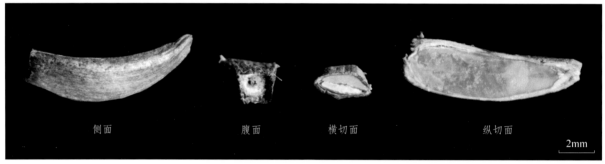

侧面　　　　　腹面　　　　横切面　　　　　纵切面

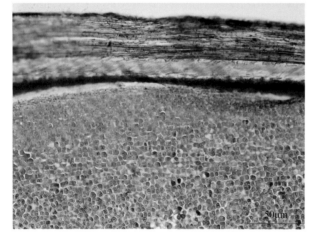

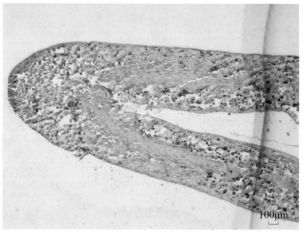

①果实群体
②果实外观及切面
③果皮显微结构图
④果实纵切面显微结构图（局部）

	①	
	②	
③		④

183 蒲公英

多年生草本 | 别名：白蒲公英、婆婆丁、古丁
Taraxacum mongolicum Hand.-Mazz.

药用价值　以干燥全草入药，药材名蒲公英。具有清热解毒、消肿散结、利尿通淋之功效。用于疔疮肿毒，乳痈，瘰疬，目赤，咽痛，肺痈，肠痈，湿热黄疸，热淋涩痛。

分　布　广泛分布于东北、华北、华东、华中、西北、西南。

采　集　花期 4~9 月，果期 5~10 月。果实淡黄褐色时及时分批采收，防止果实随风飘散。采收后脱粒、晾干、贮藏。

形态特征　瘦果倒披针形至倒卵状，长 2.5~3 mm，宽 0.7~1.0 mm，黄棕色或暗褐色。外具纵棱和浅沟，棱上有小突起，上部具小刺，下部具成行排列的小瘤，顶端逐渐收缩为长约 1 mm 的圆锥至圆柱形喙基，喙长 6~10 mm，纤细；冠毛白色，长 4.5~6 mm。果脐凹陷。种子倒披针形，灰绿色；胚白色，直生，含油分，无胚乳。千粒重为 0.47 g。

微观特征　瘦果表面有倒生的短非腺毛。

萌发特性　易萌发。在 15~30℃ 条件下均可萌发，发芽适宜温度为 15~25℃。

贮　藏　正常型。室温下最多可贮藏 1~2 年。

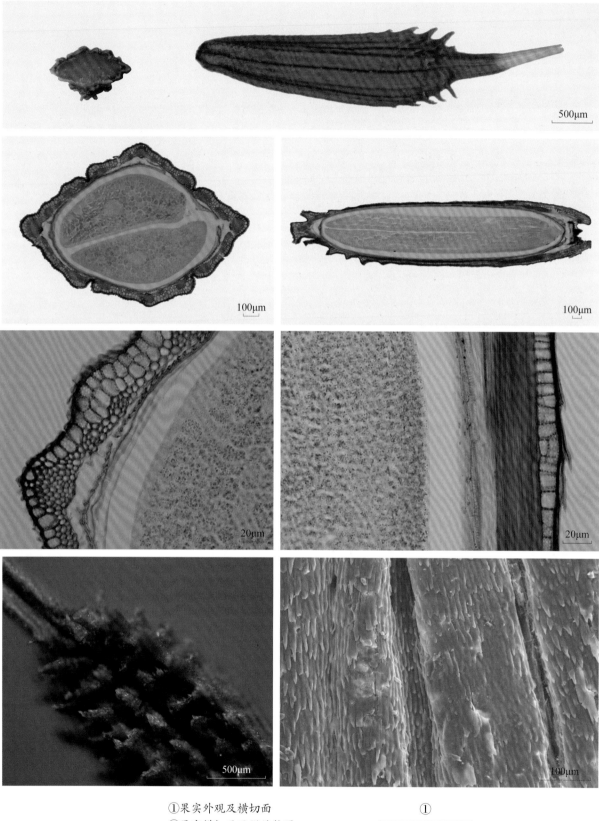

①果实外观及横切面

②果实横切面显微结构图

③果实纵切面显微结构图

④果实横切面显微结构图（局部）

⑤果实纵切面显微结构图（局部）

⑥瘦果上部的刺

⑦果皮扫描电镜图

①	
②	③
④	⑤
⑥	⑦

黑三棱科 | Sparganiaceae

184 黑三棱 多年生水生或沼生草本 | 别名：三棱
Sparganium stoloniferum Buch.-Ham.

■ 药用价值 以干燥块茎入药，药材名三棱。具有破血行气、消积止痛之功效。用于癥瘕痞块，痛经，瘀血经闭，胸痹心痛，食积胀痛。

■ 分　布 分布于黑龙江、吉林、辽宁、内蒙古、河北、山西、陕西、甘肃、新疆、江苏、江西、湖北、云南等地。

■ 采　集 花期 6~7 月，果期 7~8 月。采收成熟果实，除去杂质，干燥处贮藏。

■ 形态特征 果实为成熟的核果，呈广倒卵状圆锥形，棕褐色，无梗，有棱角，具干革质的宿存花被片。外果皮较厚，海绵质，内果皮坚纸质。种子具薄膜质种皮，胚乳粉状。

■ 微观特征 果实的外果皮为 1 列长方形的表皮细胞，外被厚角质层，中果皮由 10 数层类圆形细胞组成，其内散有多数油细胞，近表皮处有 3~4 列切向排列的厚角组织细胞。内果皮由多层椭圆形石细胞构成。中果皮和内果皮中散在维管组织。种皮由多层切向排列的石细胞构成。胚乳细胞多角形，胚乳中富含淀粉粒及糊粉粒。

■ 萌发特性 有休眠。种子较坚硬，发芽前预处理方法采用 0.5% 高锰酸钾浸泡 10 min，洗净；清水浸泡 1 周，隔天换水，换水时除去不饱满的种子，置于 40℃ 水浴锅 0.5 h，滤去水分后重新加水。发芽床采用滤纸、纱布、脱脂棉及细沙等。

■ 贮　藏 在正常干燥条件下贮藏。

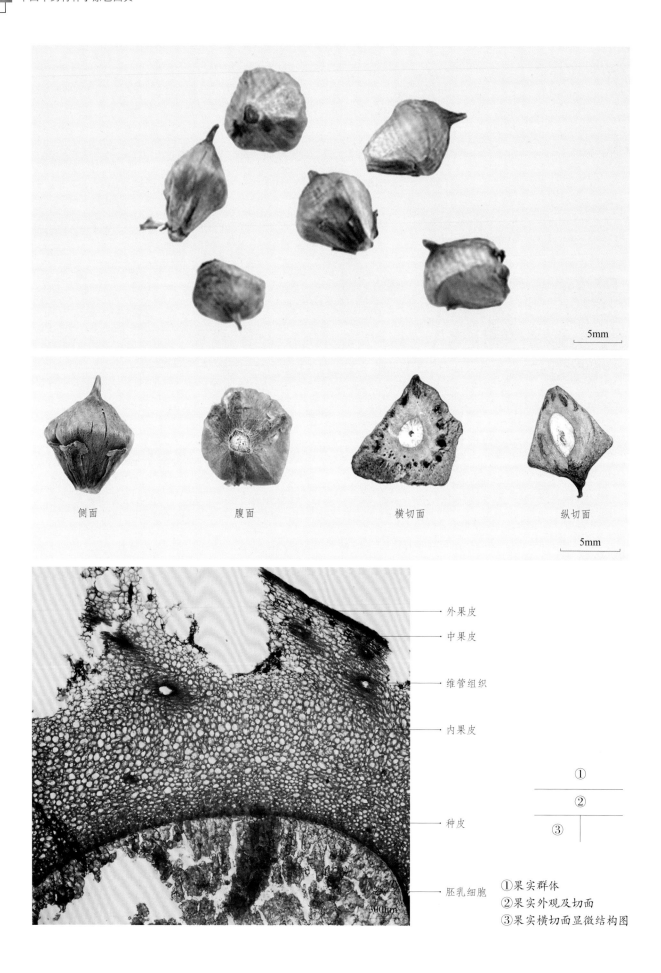

侧面　　　　　腹面　　　　　横切面　　　　　纵切面

5mm

外果皮

中果皮

维管组织

内果皮

种皮

胚乳细胞

①
②
③

①果实群体
②果实外观及切面
③果实横切面显微结构图

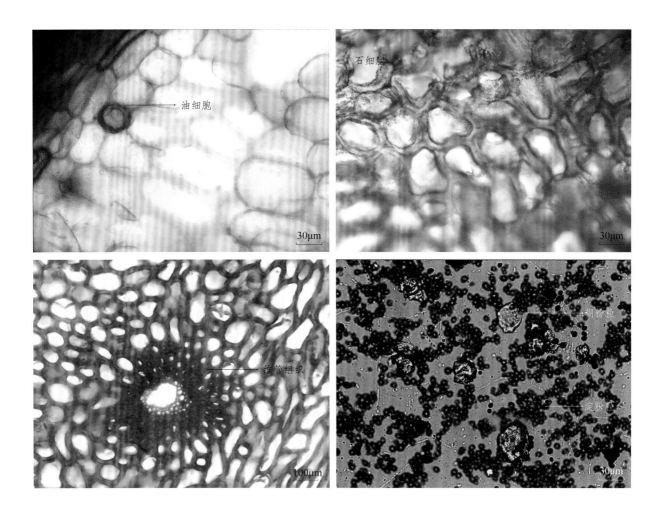

①中果皮及油细胞
②内果皮
③维管束
④胚乳中淀粉粒及糊粉粒

①	②
③	④

禾本科 | Gramineae

185 大麦 一年生草本 | 别名：饭麦
Hordeum vulgare L.

药用价值 以成熟果实经发芽干燥的炮制加工品入药，药材名麦芽。具有行气消食、健脾开胃、回乳消胀之功效。用于食积不消，脘腹胀痛，脾虚食少，乳汁郁积，乳房胀痛，妇女断乳，肝郁胁痛，肝胃气痛。

分　　布 我国南北各地均有栽培。

采　　集 花、果期6~8月。秋季果实成熟时采收。

形态特征 颖果熟时黏着于稃内，不脱出。紧贴颖果腹沟基部着生1个退化的小穗轴，称基刺。长约8.8 cm，宽约3.3 cm，千粒重约为35.5 g。籽粒多为黄色或淡黄色，也有紫、棕、黑和绿色等。

微观特征 主要有淀粉粒，籽粒糊粉层由2列细胞或2列以上的细胞组成。

萌发特性 有休眠。新鲜种子在15~30℃、黑暗或光照条件下均可以萌发。变温可快速解除休眠，在15~25℃条件下萌发率可达87.5%。

贮　　藏 正常型。室温下可贮藏3年以上。

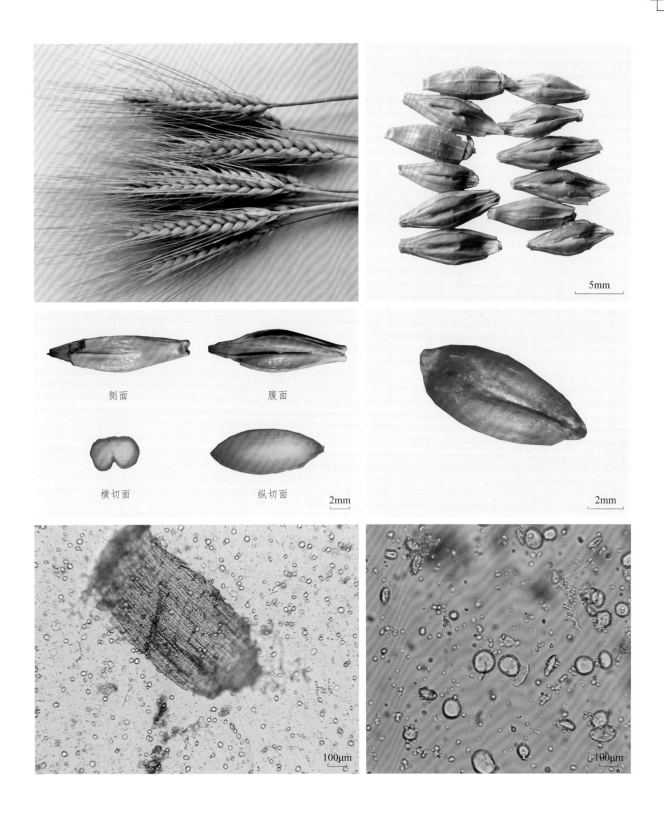

①果穗
②种子群体
③种子外观及切面
④种子腹面（去浮皮）
⑤种皮细胞
⑥淀粉粒

①	②
③	④
⑤	⑥

侧面　　腹面

横切面　　纵切面

186 薏苡 一年生粗壮草本 | 别名：薏米、野绿米
Coix lacryma-jobi L. var. *mayuen* (Roman.) Stapf

药用价值 以干燥成熟种仁入药，药材名薏苡仁。具有利水渗湿、健脾止泻、除痹、排脓、解毒散结之功效。用于水肿，脚气，小便不利，脾虚泄泻，湿痹拘挛，肺痈，肠痈，赘疣，癌肿。

分　布 分布于辽宁、河北、山西、山东、河南、陕西、江苏、安徽、浙江、江西、湖北、湖南、福建、台湾、广东、广西、海南、四川、贵州、云南等地。

采　集 花、果期6~10月。果实成熟时采割植株，晒干，打下果实，晒干，去除外壳、杂质，收集种子，保存。

形态特征 颖果外包坚硬总苞，卵形，长8.2~13.2 mm，宽5.0~7.3 mm，表面浅棕色或棕色，顶端具1个宿存花柱，基部微凹，有1个白色椭圆形果种。后侧围以一暗棕色肾形斑。背面圆凸，腹面有1条较宽而深的纵沟。胚乳白色。胚淡黄色，具油性。千粒重为83 g。

微观特征 果皮与种皮紧密贴合，偶有残留。最外层为1列果皮表皮细胞，下为数列薄壁细胞。种皮角质样，下为1列糊粉层。胚内侧为盾片，细胞类圆形或长圆形，排列紧密，含蛋白质颗粒及淀粉粒。胚乳白色，细胞呈多角形或类多角形，含淀粉粒。

萌发特性 有休眠。常温下普通的发芽方法，发芽率极低，发芽时间长。去壳机械处理浸种24 h后，进行25℃ 6 h/35℃ 8 h变温催芽，萌发率达86%；用30℃水浸种30 min，然后置沸水中3~5 s，再用1000 mg/L赤霉素（GA$_3$）和0.2%氯化钾混合处理种子，萌发率达83.33%。

贮　藏 正常型。干燥保存。

侧面　　　　　　腹面　　　　　　横切面　　　　　　纵切面

1mm

侧面　　　　　　纵切面

2mm

1cm

①果实群体　　　　　　　　　　　　①
②种子外观及切面　　　　　　　　——————————
③果实 X 光图　　　　　　　　　　②
④果实外观及切面　　　　　　　　③　　　　④

天南星科 | Araceae

187 **异叶天南星** 多年生草本 | 别名：南星、半边莲、狗爪半夏、虎掌半夏
Arisaema heterophyllum Blume

药用价值 以干燥块茎入药，药材名天南星。具有散结消肿之功效。外治痈肿，蛇虫咬伤。

分　布 除西北、西藏外，大部分地区均有分布。

采　集 花期4~5月，果期7~9月。浆果黄红色、红色时及时采摘，去除果皮和果肉，阴干，精选去杂，干燥处贮藏。

形态特征 浆果黄红色或红色；圆柱形，长约5 mm；内含1枚种子，不育胚珠2~3枚。种子卵形、半球形或圆球形，基端平截；表面皱缩不平；浅黄棕色；长3.52~5.62 mm，宽2.94~4.58 mm，千粒重为31.40~34.13 g。种脐黄棕色或褐色；三角形，极凸，短柄状，长0.68~1.62 mm，宽0.76~1.57 mm；位于基端凹陷处。种皮浅黄棕色；膜质；紧贴胚乳，难以分离。胚乳丰富；白色；玻璃状角质；充满大部分种子；包被着胚；与胚之间存在胚腔。胚长倒卵形，扁平；乳白色或乳黄色；蜡质；长2.54~3.53 mm，宽0.86~1.49 mm，厚0.43~0.45 mm；直生于种子中央。子叶1枚；乳白色或乳黄色；卵形，稍内凹；长2.20 mm，宽0.90 mm，每枚厚0.40 mm。胚根乳白色或乳黄色，表面着生紫色斑块；短圆柱状，稍扁，根尖平截；长1.25 mm，宽0.75~0.79 mm，厚0.43~0.45 mm；朝向顶端合点。

萌发特性 无休眠。在25℃、12 h/12 h光照条件下，1%琼脂培养基上，萌发率可达100%；在20℃、12 h/12 h光照条件下，含200 mg/L赤霉素（GA$_3$）的1%琼脂培养基上，萌发率也可达100%。

贮　藏 正常型。在室内条件下放置210 d就会丧失生活力，而同细沙混合于冰箱中保存270 d后生活力仍可达90%；干燥至相对湿度15%后，于-20℃条件下贮藏，种子寿命可达5年。

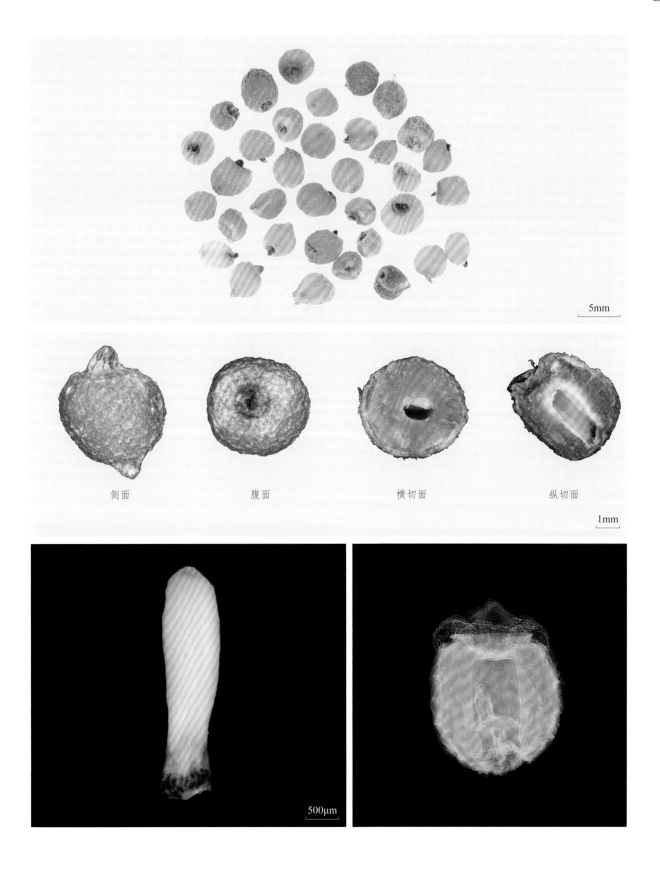

5mm

侧面　　　　　腹面　　　　　横切面　　　　　纵切面

1mm

500μm

①种子群体
②种子外观及切面
③胚
④种子 X 光图

	①	
	②	
③		④

188 东北天南星

多年生草本 | 别名：天南星、大参、天老星、虎掌
Arisaema amurense Maxim.

药用价值 以干燥块茎入药，药材名天南星。具有散结消肿之功效。外治痈肿，蛇虫咬伤。

分　布 分布于北京、河北、内蒙古、宁夏、陕西、山西、黑龙江、吉林、辽宁、山东和河南等地。

采　集 花期5月，果期6~10月。浆果红色时及时采摘，去除果皮和果肉，阴干，精选去杂，干燥处贮藏。

形态特征 浆果红色，直径5~9 mm，内含种子4枚。种子半球形或圆球形，基端平截；表面皱缩不平；灰白色或黄棕色；长3.61~5.46 mm，宽3.50~4.46 mm，千粒重为42.51 g。种脐灰白色或褐色；三角形，极凸，短柄状；长0.58~1.32 mm，宽0.72~1.75 mm；位于基端凹陷处。种皮灰白色或黄棕色；膜质；紧贴胚乳，难以分离。胚乳丰富；白色；粉末状；充满大部分种子；包被着胚；与胚之间存在胚腔。胚长倒卵形，平凸；乳白色或乳黄色；蜡质；长1.81~2.91 mm，宽0.42~1.10 mm，厚0.40 mm；直生于种子中央。子叶1枚；乳白色或乳黄色；卵形，平凸或中央微凹；长1.11~1.50 mm，宽0.64~0.85 mm，厚0.30 mm。胚根乳黄色；短柱状，平凸，胚根尖平截；长0.89~0.95 mm，宽0.46~0.55 mm，厚0.40 mm；朝向顶端合点。

萌发特性 在20℃、12 h/12 h光照条件下，1%琼脂培养基上，萌发率为90%~94%。

贮　藏 正常型。在室内条件下放置210 d就会丧失生活力；而混同细沙保存于冰箱中270 d后生活力仍可达90%。

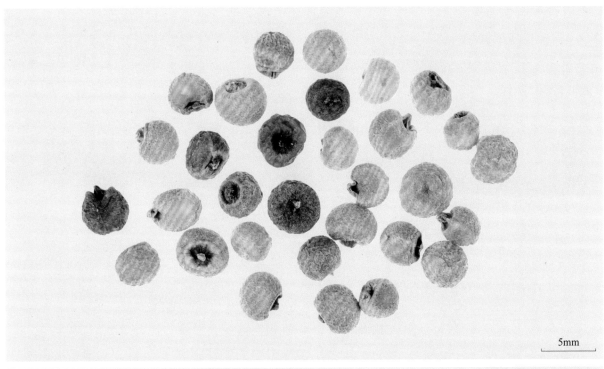

5mm

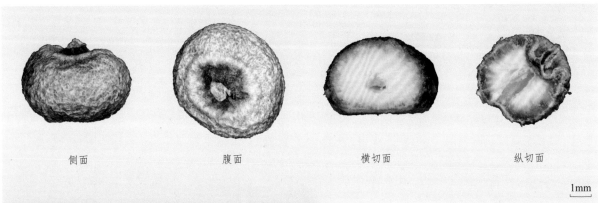

侧面　　　　　腹面　　　　　横切面　　　　　纵切面

1mm

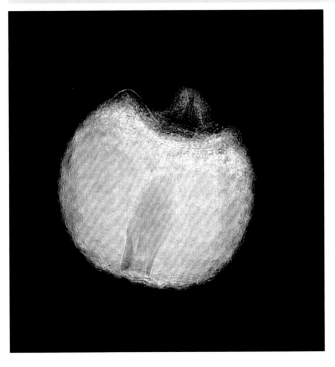

①种子群体
②种子外观及切面
③种子 X 光图

① 　　　　　
—————————
② 　　　　　
—————————
③

(189) 天南星 多年生草本 | 别名：虎掌南星、麻蛇饭、刀口药、半夏、一把伞
Arisaema erubescens (Wall.) Schott

药用价值 以干燥块茎入药，药材名天南星。具有散结消肿之功效。外治痈肿，蛇虫咬伤。

分　布 除内蒙古、黑龙江、吉林、辽宁、山东、江苏、新疆外，其他各地均有分布。

采　集 花期 5~7 月，果期 7~11 月。浆果红色时及时采摘，去除果皮和果肉，阴干，精选去杂，干燥处贮藏。

形态特征 浆果红色，内含种子 1~2 枚。种子卵形、半球形或圆球形，基端平截；表面皱缩不平；黄色、橙黄色和浅黄棕色；长 3.22~5.88 mm，宽 3.12~5.25 mm，千粒重为 46.68 g。种脐黑褐色；三角形，极凸，短柄状；长 0.95~2.32 mm，宽 1.12~2.15 mm；位于基端凹陷处。种皮浅黄棕色；膜质；紧贴胚乳，难以分离。胚乳丰富；白色；玻璃状角质或部分为白色粉末状；充满大部分种子；包被着胚；与胚之间存在胚腔。胚椭圆形，扁平；乳白色或乳黄色；蜡质；长 2.17~3.25 mm，宽 0.89~1.43 mm，厚 0.70~1.21 mm；直生于种子中央。子叶 1 枚；乳白色或乳黄色；宽椭圆形，中部凹陷，有皱褶；长 2.05 mm，宽 1.35 mm，厚 0.70 mm。胚根乳黄色；短柱状，胚根尖平截；长 1.15 mm，宽 1.10 mm，厚 0.60 mm；朝向顶端合点。

萌发特性 具上胚轴形态生理休眠。在 20℃ 或 25℃/15℃、12 h/12 h 光照条件下，1% 琼脂培养基上，萌发率可达 100%。

贮　藏 正常型。干燥至相对湿度 15% 后，于 -20℃ 条件下贮藏，种子寿命可达 8 年以上。

5mm

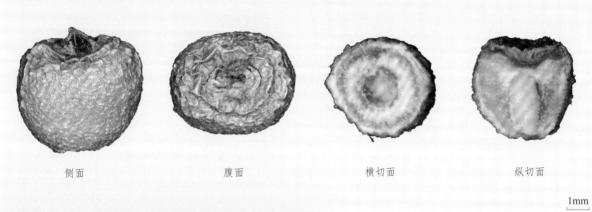

侧面　　　　　　腹面　　　　　　横切面　　　　　　纵切面

1mm

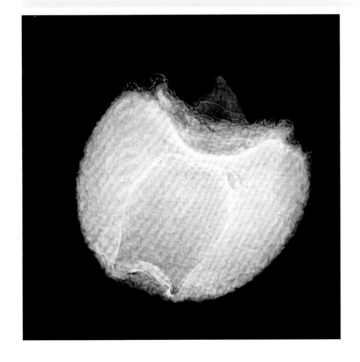

①种子群体　　　　　　　　　①
②种子外观及切面　　　　　　②
③种子 X 光图　　　　　　③

谷精草科 | Eriocaulaceae

190 谷精草

草本 | 别名：连萼谷精草、珍珠草
Eriocaulon buergerianum Koern.

■ 药用价值 以干燥带花茎的头状花序入药，药材名谷精草。具有疏散风热、明目退翳之功效。用于风热目赤，肿痛羞明，眼生翳膜，风热头痛。

■ 分　布 分布于江苏、安徽、浙江、江西、福建、台湾、湖北、湖南、广东、广西、四川、贵州等地。

■ 采　集 花、果期 7~12 月。蒴果黄褐色时及时采摘，阴干，脱粒，精选去杂，干燥处贮藏。

■ 形态特征 蒴果，室背开裂，每室含种子 1 枚。种子椭球形，顶端具黑色合点；表面具不明显横格纹；黄色、黄棕色或棕色；长 0.56~0.93 mm，宽 0.36~0.52 mm，千粒重为 0.07 g。种脐黑褐色；近圆形，直径为 0.30 mm；位于基端。种皮黄棕色或棕色；胶质；与胚乳贴合，可分离。胚乳丰富；白色；胶质，半透明，与胚相接处有时为粉末状；几乎充满整粒种子；位于胚的上方。胚未分化；半圆球形；浅褐色；胶质；直径 0.15~0.24 mm，厚 0.10~0.11 mm；位于种子基端。

■ 萌发特性 在 20℃ 和 25℃、12 h/12 h 光照条件下，1% 琼脂培养基上，萌发率分别为 100% 和 90.4%。

■ 贮　藏 正常型。干燥至相对湿度 15% 后，于 –20℃ 条件下贮藏，种子寿命可达 8 年以上。

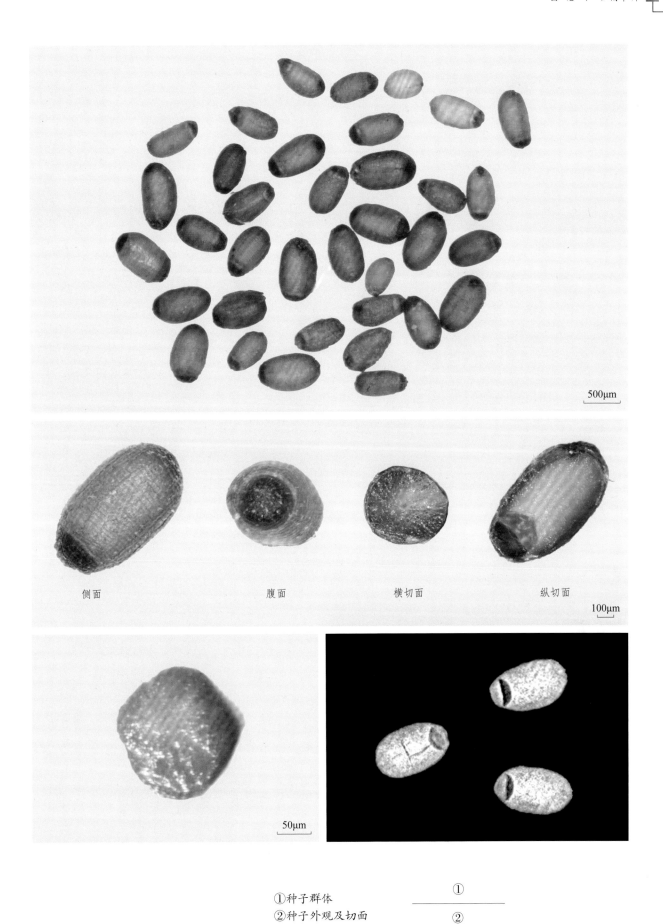

①种子群体
②种子外观及切面
③胚
④种子 X 光图

	①	
	②	
③		④

灯心草科 | Juncaceae

191 灯心草

多年生草本
Juncus effusus L.

■ 药用价值 以干燥茎髓入药,药材名灯心草。具有清心火、利小便之功效。用于心烦失眠,尿少涩痛,口舌生疮。

■ 分 布 分布于黑龙江、吉林、辽宁、河北、陕西、甘肃、山东、江苏、安徽、浙江、江西、福建、台湾、河南、湖北、湖南、广东、广西、四川、贵州、云南和西藏等地。

■ 采 集 花期4~7月,果期6~9月。蒴果呈黄褐色时及时采摘,阴干,脱粒,精选去杂,干燥处贮藏。

■ 形态特征 蒴果长圆形或卵形,长约2.8 mm;顶端钝或微凹;黄褐色。种子椭球形或卵形;表面具不明显细网纹;顶端具褐色合点,略尖;黄色或黄棕色;长0.47~0.69 mm,宽0.22~0.33 mm,千粒重为0.02 g。种脐褐色;近圆形,直径0.10 mm;凸;位于基端。种皮黄色或黄棕色;胶质,厚0.02 mm;紧贴胚乳,可分离。胚乳丰富;白色,略带黄色;蜡质,稍硬;几乎充满整粒种子;包被着胚。胚未分化;倒卵形;乳白色;蜡质;长0.11~0.13 mm,宽0.06~0.10 mm;直生于种子基端。

■ 萌发特性 具生理休眠。在25℃/15℃、12 h/12 h光照条件下,1%琼脂培养基上,萌发率可达100%。

■ 贮 藏 正常型。干燥至相对湿度15%后,于-20℃条件下贮藏,种子寿命可达9年以上。

侧面　　　　　纵切面

横切面　　　　50μm

500μm

①种子群体
②种子外观及切面
③种子 X 光图

①

② ③

■ 百合科 | Liliaceae

192 知 母 多年生草本 | 别名：毛知母
Anemarrhena asphodeloides Bge.

■ 药用价值 以干燥根茎入药，药材名知母。具有清热泻火、滋阴润燥之功效。用于外感热病，肺热咳嗽，骨蒸潮热，内热消渴，肠燥便秘等。

■ 分　　布 分布于河北、山西、内蒙古、陕西、甘肃、宁夏等地。

■ 采　　集 花期 6~8 月，果期 7~9 月。少数果壳开裂时割下果茎，晒干，脱粒，除去杂质。

■ 形态特征 蒴果狭椭圆形，长 8~13 mm，宽 5~6 mm，顶端有短喙。内含种子 3 枚。种子长椭圆形或纺锤形。黑色表面粗糙，长 7.5~12.0 mm，宽 2.1~4.2 mm，具有细微且密集的瘤状突起。种子具 3~4 个翅状棱。背部呈弓状隆起，腹棱平直，下端有 1 个微凹的种脐。胚乳较多，白色，具油性。胚位于中央，圆形，稍弯曲，白色，胚根圆柱形。千粒重约为 8.26 g。

■ 微观特征 种皮表皮为长方形黑棕色细胞，1 列红棕色的薄壁细胞。部分胚及胚乳细胞内可见黄色的晶体物和小油滴。

■ 萌发特性 种子在 5~35℃ 条件下均能正常萌发，其中适宜发芽温度为 20~25℃，发芽率可达 75% 以上。在光照和黑暗条件下，种子发芽率无显著差异。

■ 贮　　藏 正常型。室温下可贮藏 1 年。

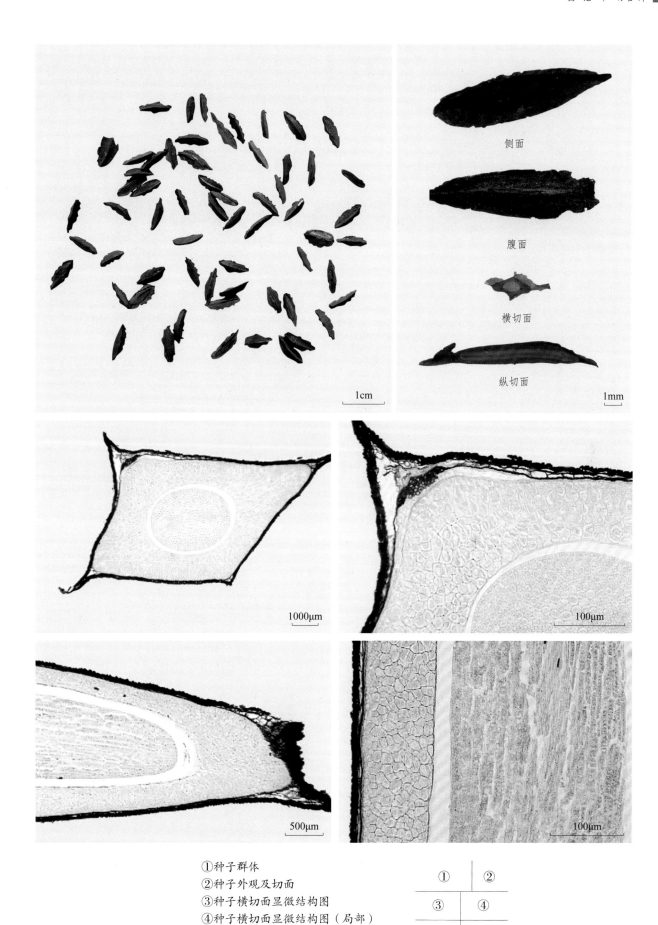

1cm

1mm

侧面

腹面

横切面

纵切面

1000μm

100μm

500μm

100μm

①种子群体
②种子外观及切面
③种子横切面显微结构图
④种子横切面显微结构图（局部）
⑤种子纵切面显微结构图
⑥种子纵切面显微结构图（局部）

①	②
③	④
⑤	⑥

193 伊犁贝母 | 多年生草本 *Fritillaria pallidiflora* Schrenk

■ **药用价值**　以干燥鳞茎入药，药材名伊贝母。具有清热润肺、化痰止咳之功效。用于肺热燥咳，干咳少痰，阴虚劳嗽，咳痰带血。

■ **分　布**　分布于新疆西北部（伊宁、霍城），亦分布于哈萨克斯坦。

■ **采　集**　花期5~6月，果期5~7月。5~7月采集。

■ **形态特征**　蒴果长圆形，具6条棱，棱上有宽翅。种子卵圆形，薄片状，长约为4.54 cm，宽约为0.86 cm，厚约为1.57 cm。种子淡黄白色，以淀粉粒为主体。千粒重约为7.57 g。

■ **微观特征**　种皮由外向内依次是角质层，2~3层厚壁近方形的大石细胞层，1层薄壁细胞，1层近扁平的石细胞层（内种皮），再向内是大量的胚乳贮藏组织。

■ **萌发特性**　属于种皮休眠和胚休眠的双重类型。去皮与切除胚乳均能有效提高种子发芽率，可达90.0%，外源激素和高温刺激效果也较大，均超过50.0%。

■ **贮　藏**　种球低温（0℃左右）沙藏，种子阴凉库贮存。

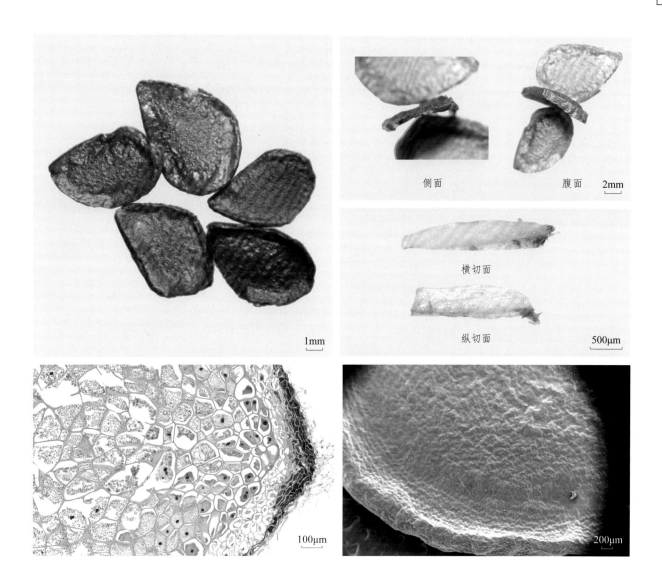

侧面　　　　　　腹面　　2mm

横切面

纵切面　　　　　　500μm

1mm

100μm

200μm

①种子群体
②种子外观
③种仁切面
④种子横切面显微结构图
⑤种子扫描电镜图

①	②
	③
④	⑤

194 平贝母 多年生草本 | 别名：坪贝、贝母、平贝
Fritillaria ussuriensis Maxim.

药用价值 以干燥鳞茎入药，药材名平贝母。具有清热润肺、化痰止咳之功效。用于肺热燥咳，干咳少痰，阴虚劳嗽，咳痰带血。

分 布 分布于东北地区的长白山脉和小兴安岭南部山区。

采 集 花期5~6月，果期6月。蒴果变黄时采摘，放通风处摊晾后熟，果缝裂开时，取出种子，簸去瘪粒，充分干燥后，贮藏于阴凉处。

形态特征 蒴果倒卵形，具6条圆棱，长25~40 mm，直径16~19 mm，子房3室，顶裂，中轴胎座，内含100~150枚种子。种子扁平，半圆形至三角形，边缘具翅，黄绿色，种子长5.5~6.3 mm，宽4.2~4.8 mm，厚约0.46 mm，为有胚乳种子，胚乳长4~4.5 mm。

萌发特性 有休眠。种子播种后，胚即开始发育，约经50 d，当胚率达到60 %以上时胚即发育成熟。此时已近9月，月平均气温和种子层土温已经降到15 ℃以下，种子开始萌发，此阶段主要为下胚轴生长，到10月底全长已经长到20 mm左右，这时初生根和胚茎之间已有明显的界限，鳞茎在交界处形成。以后停止生长并开始越冬。到第二年四月初又开始活动，此时上胚轴也开始迅速生长，到4月中旬前后子叶露出地面。到6月下旬生长基本结束，此后开始枯萎，鳞茎进入夏眠。

贮 藏 置通风干燥处贮藏，注意防蛀。

1cm

1cm

①果实群体
②种子群体

①
②

195 川贝母

多年生草本 | 别名：卷叶贝母
Fritillaria cirrhosa D. Don

药用价值 以干燥鳞茎入药，药材名川贝母。具有清热润肺、化痰止咳、散结消痈之功效。用于肺热燥咳，干咳少痰，阴虚劳嗽，痰中带血，瘰疬，乳痈，肺痈等。

分　布 分布于四川、青海、西藏、云南等地，四川甘孜州康定等地有栽培。

采　集 花期 5~7 月，果期 8~10 月。蒴果呈黄褐色时及时采摘，晒干，脱粒，精选去杂，干燥处贮藏。

形态特征 蒴果长圆形，长约 1.6 cm，宽约 1.6 cm，具 6 棱，棱上具宽 1~1.5 mm 的翅，种子多数。种子呈扁平圆三角形或卵圆形，起伏不平整。长约至 5 mm，宽约 4 mm，表面黄褐色或淡棕色，密被疣状突起，靠边缘具 1 个深色环；种脐位于较小端。

微观特征 种子中段横切面观：外形轮廓扁长圆形，两端具尾翼。最外为种皮，由 1 列扁长椭圆形的表皮细胞组成，外壁木栓化，其内为 1~2 层椭圆形、卵状的薄壁细胞层；内种皮不明显；胚乳为整个组织的主体，约占整个切面半径的 2/3。胚乳细胞较大，胞腔大多内含多糖类物；未见发育的胚组织。

萌发特性 有休眠。新鲜种子在 0~30℃、黑暗或光照条件下均不萌发。层积可部分解除休眠。按种子：腐殖土（1：4）混合，贮藏于透气木箱内 40 d 左右，胚长度可超过种子纵轴的 2/3；种子完成胚形态后熟后，进行低温处理 3 个月，即可进行发芽。

贮　藏 正常型。室温下可贮藏 1 年以上。

①种子群体
②种子外观
③④种子横切面中部组织显微特征（局部）
⑤⑥种子尾翼端横切面显微结构
⑦⑧种子横切面显微结构图

①	②
③	④
⑤	⑥
⑦	⑧

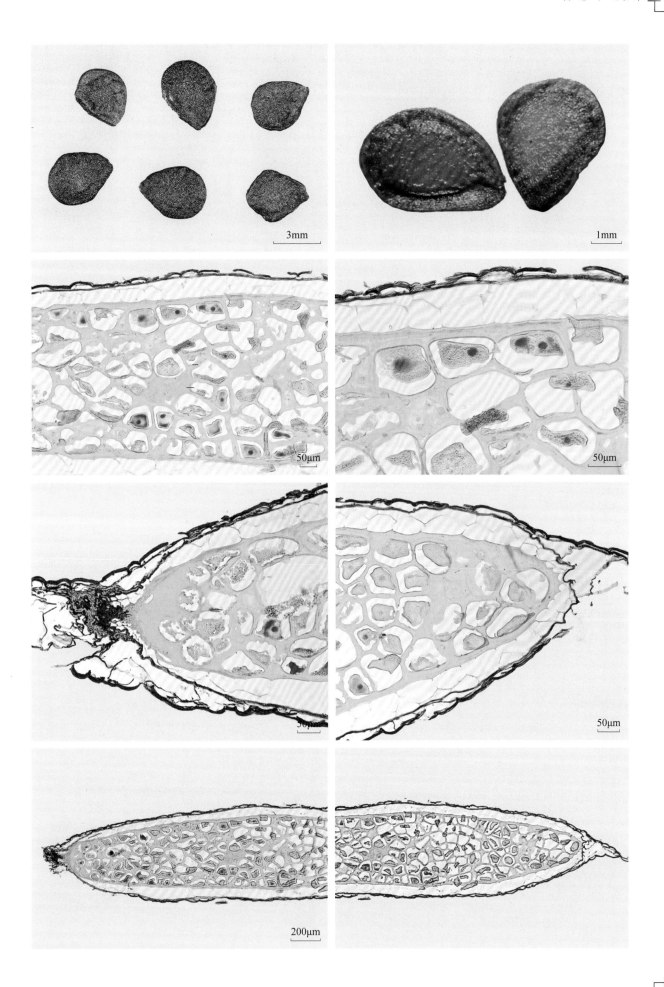

196 暗紫贝母

多年生草本 | 别名：川贝母
Fritillaria unibracteata Hsiao et K. C. Hsia

■ 药用价值 以干燥鳞茎入药，药材名川贝母。具有清热润肺、化痰止咳、散结消痈之功效。用于肺热燥咳，干咳少痰，阴虚劳嗽，痰中带血，瘰疬，乳痈，肺痈等。

■ 分　布 分布于四川、青海、甘肃、西藏等地，四川阿坝州松潘、红原等地有栽培。

■ 采　集 花期6~7月，果期8月。蒴果呈黄褐色时及时采摘，晒干，脱粒，精选去杂，干燥处贮藏。

■ 形态特征 蒴果长圆形，具6条棱，长1~1.5 mm，宽1~1.2 mm，棱上的翅极狭，宽约1 mm。种子扁平圆三角形，起伏不平整。长约至4 mm，宽约3 mm，表面黄棕色或棕褐色，密被疣状突起；种脐位于较小端。气微，味淡。

■ 微观特征 种子中段横切面观：外形轮廓扁椭圆形。最外为种皮，由1列扁长方形或长椭圆形的表皮细胞组成，外壁木栓化，其内为1~2层切向延长的薄壁细胞层；内种皮不明显；胚乳为整个组织的主体，约占整个切面半径的2/3。胚乳细胞较大，大多胞腔内含多糖类物；胚未发育成熟。

■ 萌发特性 有休眠。新鲜种子在0~30℃、黑暗或光照条件下均不萌发。层积可部分解除休眠。生长素对种子的胚发育有明显的促进作用，200 mg/kg生长素处理、15℃下沙埋层积为最适条件。赤霉素解除种子生理休眠，浓度以250 mg/kg效果最好。

■ 贮　藏 正常型。室温下可贮藏1年以上。

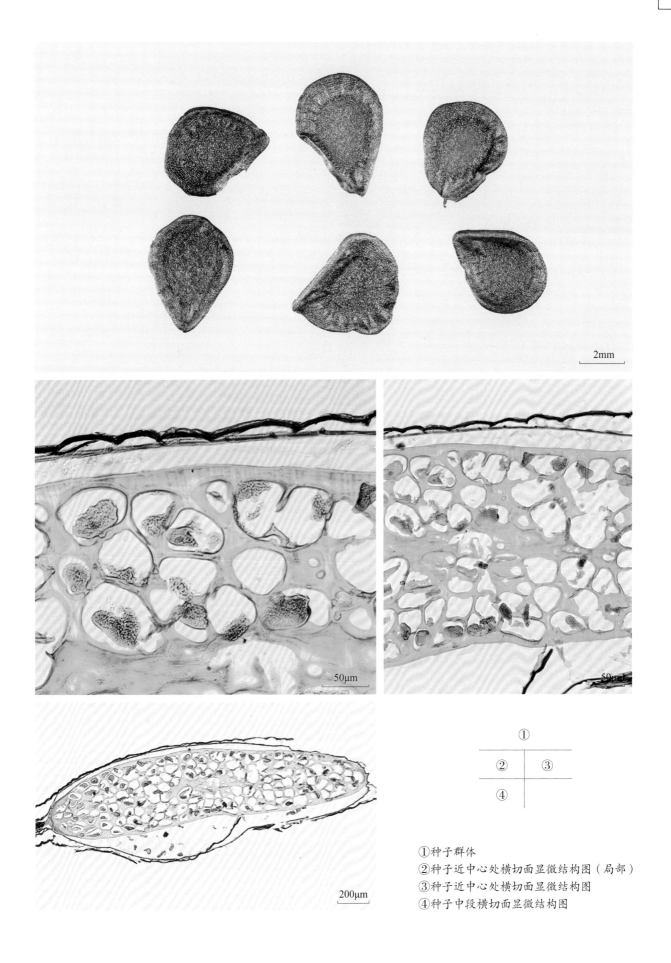

①种子群体
②种子近中心处横切面显微结构图（局部）
③种子近中心处横切面显微结构图
④种子中段横切面显微结构图

197 韭 菜

多年生草本 | 别名：起阳菜、长生韭、壮阳草
Allium tuberosum Rottl. ex Spreng.

■ **药用价值** 以干燥成熟种子入药，药材名韭菜子。具有温补肝肾、壮阳固精之功效。用于肝肾亏虚，腰膝酸痛，阳痿遗精，遗尿尿频，白浊带下。以全草入药，药材名韭菜。具有健胃、提神、止汗固涩之功效。用于噎膈反胃，自汗，盗汗；外治跌打损伤，瘀血肿痛，外伤出血。

■ **分　　布** 分布于河北、山西、吉林、江苏、山东、安徽、河南等地，全国各地有栽培。

■ **采　　集** 花期7~8月，果期8~9月。秋季果实成熟时采收果序，晒干，搓出种子，除去杂质。

■ **形态特征** 种子呈半圆形或半卵圆形，略扁，长2~4 mm，宽1.5~3 mm。表面黑色，一面突起，粗糙，有细密的网状皱纹；另一面微凹，皱纹不甚明显。顶端钝，基部稍尖，有点状突起的种脐。质硬，气特异，味微辛。千粒重约为4.15 g。

■ **微观特征** 种子横切面：由外向内依次为外表皮、内表皮、胚乳、胚。外表皮由1列壁厚的平整细胞组成，呈断续的尖锐角质层，且细胞腔内含暗棕褐色物；内表皮为数列纵横交错排列的棕黄色薄壁细胞；胚乳由大型薄壁细胞组成，排列紧密，细胞内含糊粉粒及脂肪油；胚分别位于种子横切面靠近上、下端的部分，胚细胞排列紧密，细胞内充满糊粉粒。

■ **萌发特性** 种子发芽无障碍，适宜萌发温度15~25℃，其中新鲜种子发芽率可达85%以上，于4~5 d即可达到发芽高峰。

■ **贮　　藏** 种子贮藏期间，应注意通风干燥，防潮、防虫鼠害。

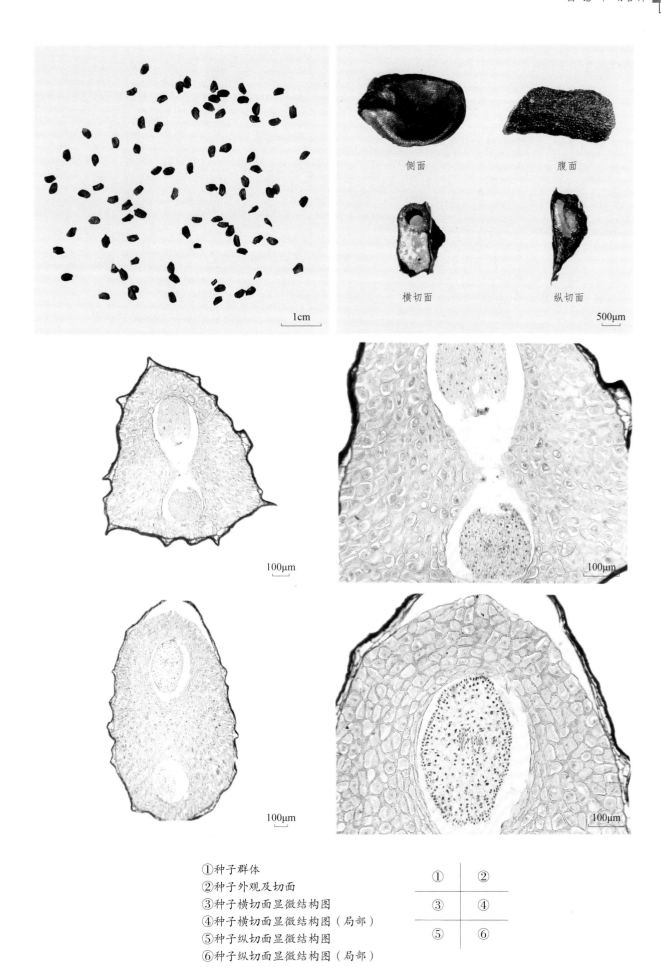

1cm

侧面　　　　　　　　腹面

横切面　　　　　　　纵切面

500μm

100μm

100μm

100μm

100μm

①种子群体
②种子外观及切面
③种子横切面显微结构图
④种子横切面显微结构图（局部）
⑤种子纵切面显微结构图
⑥种子纵切面显微结构图（局部）

①	②
③	④
⑤	⑥

198 万寿参 多年生草本 | 别名：白味参、百尾参、打竹伞、稻谷伞、牛尾参
Disporum cantoniense (Lour.) Merr.

■ **药用价值** 以干燥根和根茎入药，药材名百尾参。具有润肺止咳、健脾消积之功效。用于虚损咳喘，痰中带血，肠风下血，食积胀满。

■ **分　布** 分布于贵州各地。

■ **采　集** 花期5~10月，果期9~12月。果实成熟变黑色时采集，放入清水中搓去果肉，滤出，晾干，装入布袋，于干燥处贮藏。

■ **形态特征** 种子褐色，呈肾形稍扁的半圆形，坚硬，有种脐，平均长5.67 mm，宽4.25 mm，厚3.91 mm。种皮较薄，角质，黄褐色；胚乳丰富，硬角质状，胚包埋其中，呈卵圆形，长约2.2 mm，宽约1.3 mm。千粒重为54.80 g。

■ **萌发特性** 冬播种子至翌年春季的发芽率68.89%，发芽势为42.22%。种子试验发芽温度为20~25℃，当年种子的发芽率一般为70%~85%。

■ **贮　藏** 用透气布袋或竹筐装，置于低温干燥的室内贮藏，供冬播，或贮藏用以来年春播。

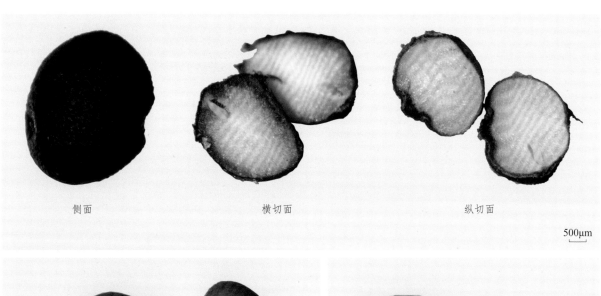

侧面　　　　　　　　横切面　　　　　　　　纵切面

500μm

1mm

500μm

①种子外观及切面
②种子群体
③胚

	①	
②		③

199 玉竹 多年生草本 | 别名：萎蕤、女萎
Polygonatum odoratum (Mill.) Druce

药用价值　以干燥根茎入药，药材名玉竹。具有养阴润燥、生津止渴之功效。用于肺胃阴伤，燥热咳嗽，咽干口渴，内热消渴。

分　布　分布于黑龙江、吉林、辽宁、河北、山西、内蒙古、甘肃、青海、山东、河南、湖北、湖南、安徽、江西、江苏、台湾等地。

采　集　花期5~6月，果期7~9月，果实成熟时果皮呈紫黑色，果肉变软，易脱落，分批采集果实，浸泡在水中，搓去果肉，漂洗干净，取出沉底的种子，保湿沙藏。

形态特征　浆果球形，成熟后紫黑色。种子卵圆形，直径3.4 mm，黄褐色，无光泽，不光滑，种脐明显突起，深棕色。鲜种千粒重为43.46 g，干种千粒重为36 g。

微观特征　种皮薄，由1层木质化的石细胞组成。胚乳占种子结构的大部分，胚乳细胞中含有大量的淀粉，细胞壁明显增厚。胚位于种子中部，分化不明显，结构简单，沿种子中轴呈棒状结构。

萌发特性　上胚轴休眠类型。采种后即播或第二年春播均于第二年夏季长根，第三年4月出苗。刚收获种子的胚条形，其长度不到胚乳的1/2，胚后熟要求25℃温箱中放置38 d即有34%长根，放置80 d即有83%长根，并在根的基部形成小的根状茎，根状茎在15~20℃条件下继续发育膨大，但不经低温不出苗。因其上胚轴休眠需经低温打破。

贮　藏　种子阴干后在室温条件下贮藏1.5年后播种，发芽率为96%；贮藏39个月，发芽率为0.7%。

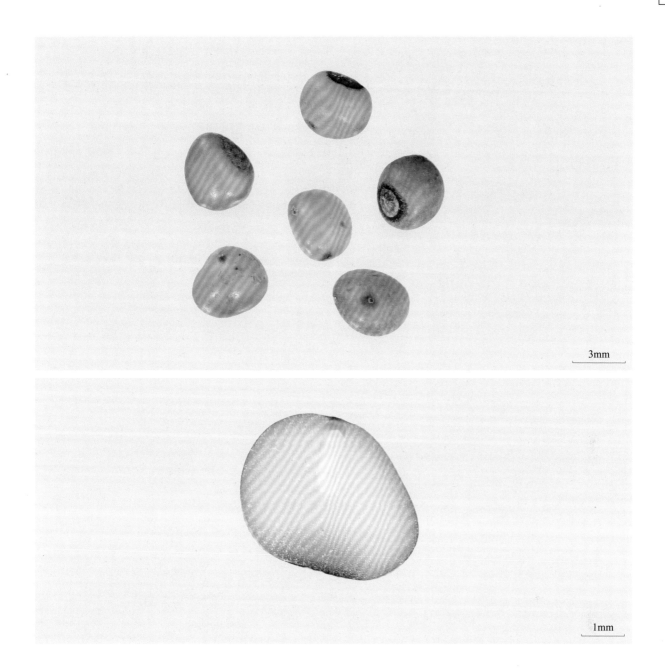

3mm

1mm

①种子群体
②种子纵切面（示胚）

①
②

200 多花黄精

多年生草本 | 别名: 山姜、长叶黄精
Polygonatum cyrtonema Hua

药用价值 以干燥根茎入药,药材名黄精。具有补气养阴、健脾、润肺、益肾之功效。用于脾胃气虚,体倦乏力,胃阴不足,口干食少,肺虚燥咳,劳嗽咯血,精血不足,腰膝酸软,须发早白,内热消渴。

分　　布 分布于四川、贵州、湖南、湖北、河南(南部和西部)、江西、安徽、江苏(南部)、浙江、福建、广东(中部和北部)、广西(北部)等地。

采　　集 花期5~6月,果期8~10月。浆果呈黑色时采摘成熟果实,搓去外皮,漂洗阴干,保湿沙藏。

形态特征 浆果黑色,直径约1 cm,具3~9枚种子。种子半球形、扁球形或类球形,淡黄白色,有光泽,顶端具1个深棕色圆形种孔,底端具一椭圆形略隆起的黄棕色基座,基座周围有黄褐色斑,长4.43~5.74 mm,宽3.33~4.97 mm,厚2.83~4.33 mm。纵切面白色,可见棒状的胚,无明显分化,胚与种孔连接,约占纵切面的2/3;横切面中间可见点状胚。千粒重为42.24 g。

微观特征 种子结构包括种皮、胚乳和胚等。其中种皮由1层木质化的细胞组成,种皮非常薄。胚乳占种子结构的大部分,胚乳细胞中含有大量的淀粉,细胞壁明显增厚。胚位于种子中部,分化不明显,结构简单,沿种子中轴呈棒状结构。

萌发特性 种子发芽率:15℃,光照4%,黑暗81%;20℃,光照12%,黑暗85%;25℃,光照0,黑暗45%;30℃,光照2%,黑暗14%。种子在25~30℃的温水中浸种48 h后,宜在20℃黑暗条件下萌发。

贮　　藏 顽拗型。保湿沙藏。

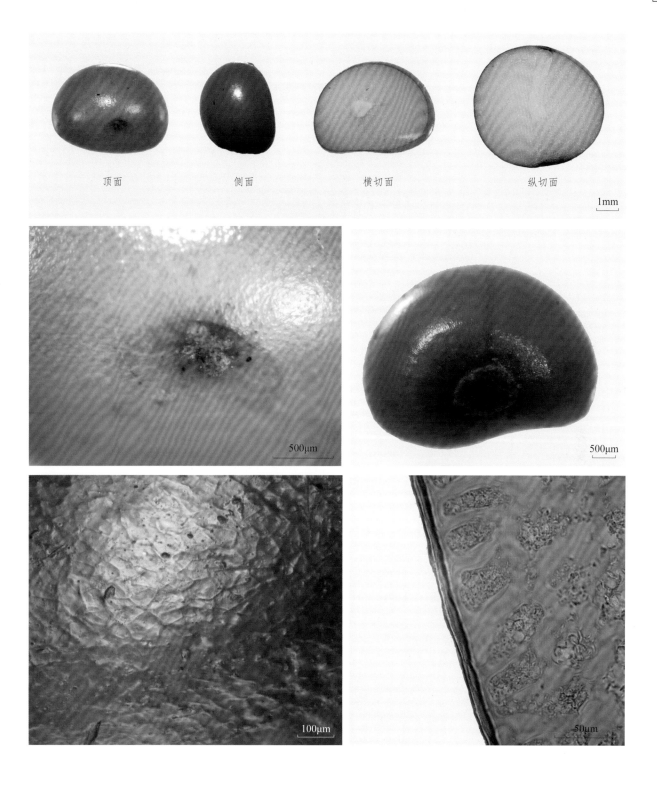

顶面　　　　　侧面　　　　　横切面　　　　　纵切面

1mm

500μm

500μm

100μm

50μm

①种子外观及切面
②种孔
③种脐
④种子表面
⑤种皮横切面显微结构图

	①	
②		③
④		⑤

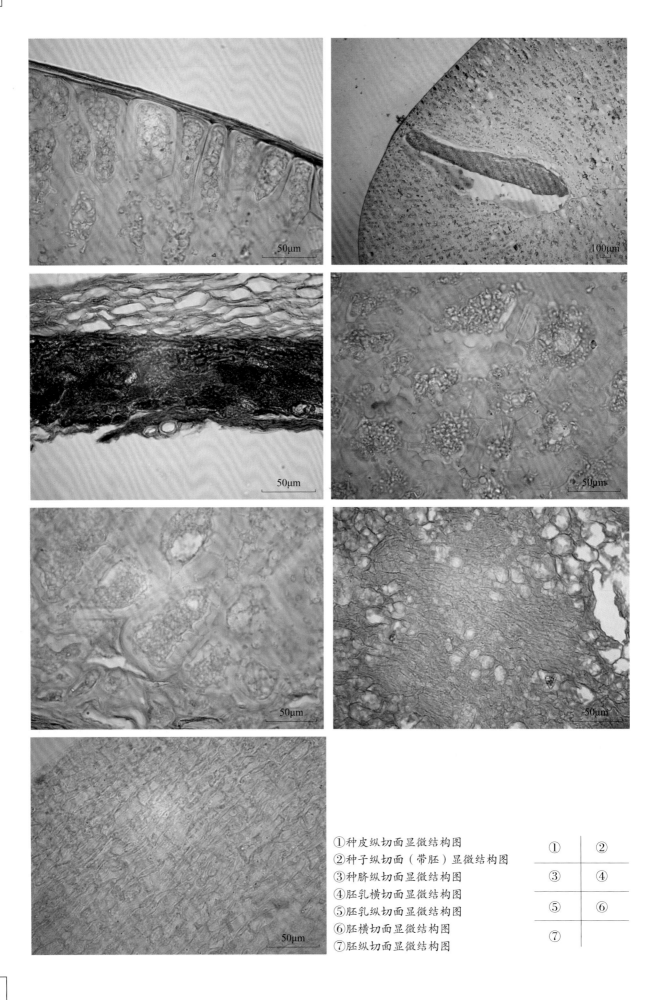

①种皮纵切面显微结构图
②种子纵切面（带胚）显微结构图
③种脐纵切面显微结构图
④胚乳横切面显微结构图
⑤胚乳纵切面显微结构图
⑥胚横切面显微结构图
⑦胚纵切面显微结构图

①	②
③	④
⑤	⑥
⑦	

⓵ 云南重楼 多年生草本 | 别名：滇重楼
Paris polyphylla Smith var. *yunnanensis* (Franch.) Hand-Mazz.

■ 药用价值 以干燥根茎入药，药材名重楼。具有清热解毒、消肿止痛、凉肝定惊之功效。用于疗疮痈肿，咽喉肿痛，蛇虫咬伤，跌扑伤痛，惊风抽搐。

■ 分　布 分布于贵州、四川、云南及西藏西南部。

■ 采　集 花期 4~7 月，果期 8~11 月。蒴果开裂或果皮颜色变黄，外种皮呈现红色或橘红色时及时分批采摘，后熟数日，洗去外种皮，沙藏处理或直接播种。

■ 形态特征 蒴果近球形，直径 2~5 cm，果期绿色，成熟时黄绿色、黄色，有 5~8 条隆起的腹缝线，成熟后部分果实沿腹缝线开裂，种子多数。种子球形或扁球形，直径 3~5 mm，由种皮、胚乳和胚组成，外种皮鲜红色或橘红色，肉质，表面有光泽，内种皮白色、土黄色或朱黄色。种脐在种子基部，边缘隆起，色较浅，有时有宿存的种柄。胚乳白色，坚硬，位于种脐一端有细小种孔，对应顶端有合点，微微内陷，质地没胚乳坚硬，颜色相对深一些。成熟种子的胚发育不完全，没有明显的分化，处于球形胚、心形胚、鱼雷胚阶段，靠近种孔一端。种子内 99% 以上充满着胚乳，整个胚的长度为种仁长度的 1/9~1/8。

■ 微观特征 内种皮细胞 1 层，细胞壁略增厚并栓质化。胚乳细胞长圆形，从胚乳中央向四周呈散射状排列，细胞富含淀粉粒及小晶体。合点端胚乳细胞与珠心组织紧密相连，珠心组织细胞被胚乳挤压而聚在一起，部分珠心细胞已经消失，在珠心位置出现空洞。胚处于球形胚时期，细胞比胚乳细胞小。

■ 萌发特性 种子存在生理休眠和形态休眠。适宜温度条件下光照或黑暗均可萌发。最适萌发温度为 18~20℃，发芽率可达 60%~95%，出苗率一般为 30%~40%。

■ 贮　藏 可采用 4℃低温或湿沙贮藏。

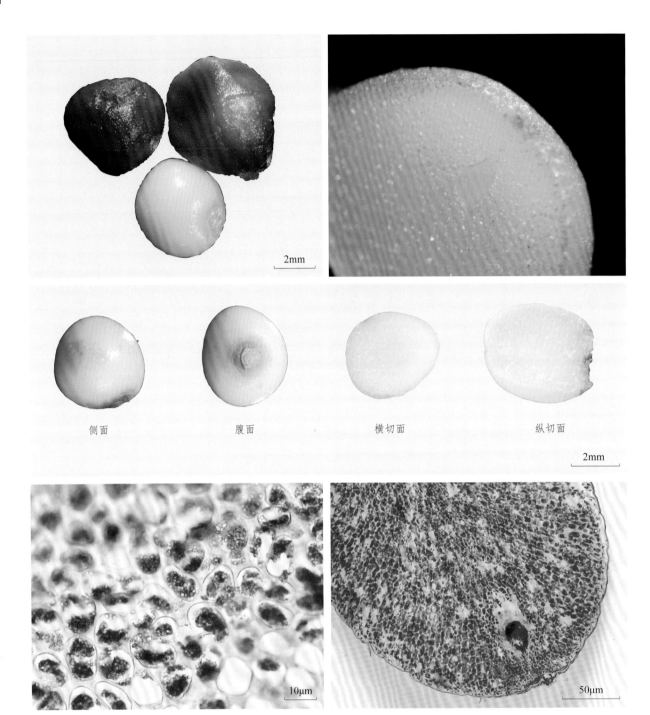

侧面　　　　　　腹面　　　　　　横切面　　　　　　纵切面

①种子群体（示红色带皮种子与白色去皮种子）
②种子纵切面（示鱼雷胚）
③种子外观及切面
④淀粉粒及小晶体
⑤种子纵切面显微结构图（示鱼雷胚）

①	②
③	
④	⑤

202 天冬

攀缘植物 | 别名：三百棒、丝冬、老虎尾巴根
Asparagus cochinchinensis (Lour.) Merr.

■ 药用价值 以干燥块根入药，药材名天冬。具有养阴润燥、清肺生津之功效。用于肺燥干咳，顿咳痰黏，腰膝酸痛，骨蒸潮热，内热消渴，热病津伤，咽干口渴，肠燥便秘。

■ 分 布 分布于河北、山西、陕西、甘肃等地的南部至华东、中南、西南各省区。

■ 采 集 花期5~6月，果期8~10月。浆果红色时及时采摘，去除果皮和果肉，阴干，精选去杂，干燥处贮藏。

■ 形态特征 浆果球形，直径6~8 mm；熟时红色；果皮光滑，内含种子1枚。种子圆球形，长4.48~5.04 mm，宽4.21~4.81 mm，千粒重为62.02 g；表面光滑而光亮；黑色。种脐近圆形，直径0.65~0.97 mm；乳白色；位于基端。种皮黑色；纸质，厚0.03 mm；紧贴胚乳，难分离。胚乳白色；角质，含少量油脂，半透明；几乎充满整粒种子，包被着胚；与胚存在胚腔。胚长条形，平凸；乳白色，稍带乳黄色；蜡质；长1.86~3.15 mm，宽0.28~0.45 mm，厚0.18 mm；或直或弯斜生于种子中。子叶1枚；披针形，平凸；乳白色。胚根长矩圆形，平凸；乳黄色。

■ 萌发特性 无休眠。在实验室内，20℃、12 h/12 h光照条件下，1%琼脂培养基上，萌发率为95%。田间发芽适温为18~22℃。

■ 贮 藏 正常型。在常温条件下种子寿命为1年。

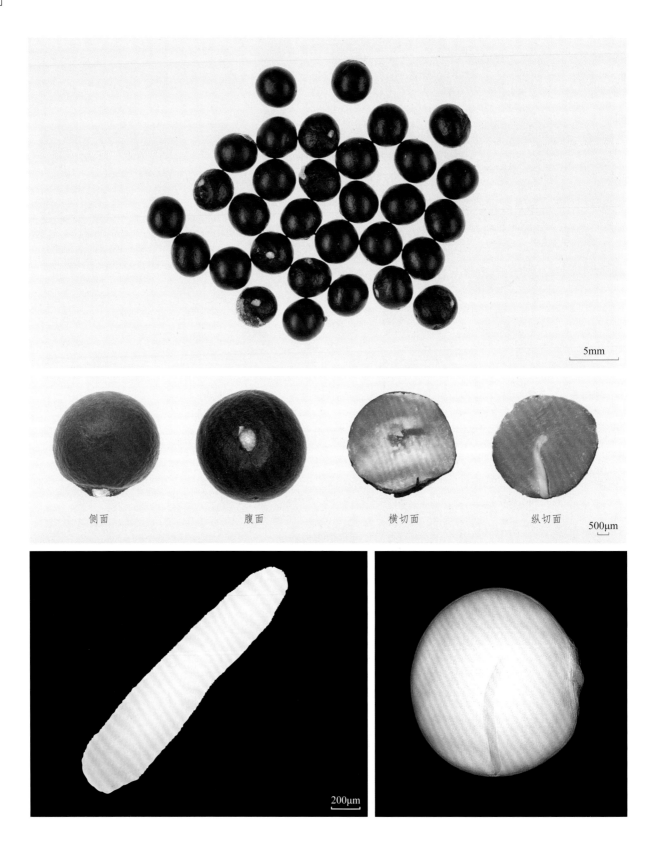

①种子群体
②种子外观及切面
③胚
④种子X光图

	①	
	②	
③		④

侧面　　　腹面　　　横切面　　　纵切面

5mm

500μm

200μm

203 麦 冬

多年生草本 | 别名：麦门冬、沿阶草、寸冬

Ophiopogon japonicus (L. f.) Ker-Gawl.

■ 药用价值 以干燥块根入药，药材名麦冬。具有养阴生津、润肺清心之功效。用于肺燥干咳，阴虚痨嗽，喉痹咽痛，津伤口渴，内热消渴，心烦失眠，肠燥便秘。

■ 分　布 分布于广东、广西、福建、台湾、浙江、江苏、江西、湖南、湖北、四川、云南、贵州、安徽、河南、陕西和河北等地。

■ 采　集 花期5~8月，果期8~12月。浆果呈蓝黑色时及时采摘，去除果皮和果肉，阴干，精选去杂，干燥处贮藏。

■ 形态特征 浆果圆球形或椭球形，直径5~6 mm；蓝黑色；内含种子1~2枚。种子圆球形；表面皱缩不平，顶端具圆形、褐色、稍凸的合点，基端具突起且呈深褐色的圆盖状种阜；黄色至黄棕色；长3.03~5.34 mm，宽2.58~5.13 mm，千粒重为31.5~50.17 g。种脐褐色或黑褐色；近圆形，锅盖状，直径为1.85 mm；略凸；位于基端。种皮黄色至黄棕色；膜状胶质；紧贴胚乳，难以分离。胚乳丰富；白色；淀粉状角质；充满大部分种子；包被着胚；与胚之间存在胚腔。胚线型；扁圆柱形；乳白色；蜡质；长1.16~2.53 mm，宽0.45~0.76 mm，厚0.36~0.50 mm；直生或斜生于种子中上部。子叶1枚；椭圆形，舌状，稍内卷；长1.09 mm，宽0.60 mm，厚0.39 mm。下胚轴和胚根扁圆柱形，基端平截；长0.61 mm，宽0.60 mm，厚0.50 mm；朝向合点。

■ 萌发特性 具形态生理休眠。5℃低温处理2~3个月；或用0.60 mg/L 6-苄基腺嘌呤（6-BA）处理，可提高麦冬种子发芽率。

■ 贮　藏 正常型。在室内条件下种子寿命为1年。

侧面　　　　　　腹面　　　　　　横切面　　　　　　纵切面

5mm

500μm

200μm

①种子群体（去外种皮）
②种子外观及切面（去除外种皮）
③胚
④种子X光图

	①	
	②	
③		④

薯蓣科 | Dioscoreaceae

204 薯蓣 缠绕草质藤本 | 别名：野山豆、野脚板薯、面山药、淮山
Dioscorea opposita Thunb.

药用价值 以干燥根茎入药，药材名山药。具有补脾养胃、生津益肺、补肾涩精之功效。用于脾虚食少，久泻不止，肺虚喘咳，肾虚遗精，带下，尿频，虚热消渴。

分　布 分布于东北及河北、山东、河南、安徽、江苏、浙江、江西、福建、台湾、湖北、湖南、广西、贵州、云南、四川、甘肃、陕西等地。

采　集 花期 6~9 月，果期 7~11 月。蒴果黄褐色或黑褐色时及时采摘，阴干，脱粒，精选去杂，干燥处贮藏。

形态特征 蒴果三棱状扁圆形或圆形，具翅状棱；黄褐色，表面被白粉；长 1.2~2 cm，宽 1.5~3 cm；成熟后顶端开裂，内含种子多枚。种子近圆形，扁平；胚和胚乳部褐色，四周具黄色或黄棕色膜质周翅，长 3.98~5.31 mm，宽 3.15~4.27 mm，厚 0.48~0.61 mm，千粒重为 5.07 g。种脐小，不明显；位于种子近基端。种皮褐色；膜质；紧贴胚乳，难以分离。胚乳丰富，厚 0.40 mm；白色；胶质，含油脂，半透明；几乎充满整粒种子；包被着胚。胚近扇形；白色或乳黄色；蜡质，含油脂；长 0.60~0.75 mm，宽 0.26~0.59 mm，厚 0.17~0.21 mm；位于种子基端。子叶 1 枚；近扇形或宽卵形，薄；长 0.44 mm，宽 0.26~0.59 mm，厚 0.05 mm。胚根舌状；长 0.31 mm，宽 0.28 mm，厚 0.21 mm，朝向种脐。

萌发特性 具形态生理休眠，冷层积和在培养基中加赤霉素（GA₃）均有助于打破休眠。在 25℃/15℃、12 h/12 h 光照条件下，含 200 mg/L 赤霉素（GA₃）的 1% 琼脂培养基上，萌发率可达 90%。

贮　藏 正常型。

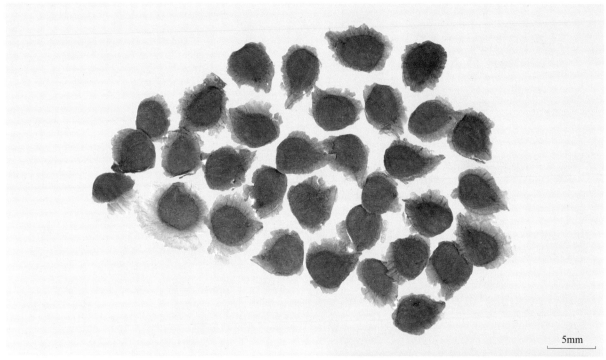

5mm

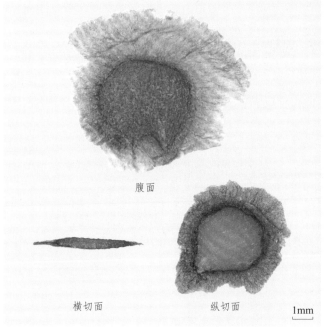

腹面

横切面　　　　　纵切面　　　1mm

①种子群体　　　　　　　　　　①
②种子外观及切面　————————————
③种子 X 光图　　　　　　②　｜　③

■ 鸢尾科 | Iridaceae

205 射 干 多年生草本 | 别名：野萱花
Belamcanda chinensis (L.) DC.

■ **药用价值** 以干燥根茎入药，药材名射干。具有清热解毒、消痰、利咽之功效。用于热毒痰火郁结，咽喉肿痛，痰涎壅盛，咳嗽气喘。

■ **分 布** 全国大多数地区均有分布。

■ **采 集** 花期 7~9 月，果期 8~10 月。果皮开裂后采收种子，晒干。

■ **形态特征** 种子球形，直径 3.8~5.4 mm。外包黑色假种皮，光滑，有光泽，多皱缩。种皮灰绿色至黑色，坚硬。种脐圆形，略凹，位于基部，黄褐色。千粒重约为 26 g。

■ **微观特征** 横切面：假种皮内层为数列黄褐色的细胞，细胞形状不规则，壁稍有弯曲；假种皮有网格状纹理，网格边缘较粗。种皮细胞棕褐色，近椭圆形。胚乳角质，细胞壁边界不明显，细胞腔不规则圆形，内多充满物质，细胞间有短粗的枝状结构连接。

■**萌发特性** 种子外包 1 层黑色、有光泽而且坚硬的假种皮，种子表皮内附着 1 层胶状物质，影响出苗。因此，必须进行播前处理。首先，将种子浸入清水中浸泡 7 d，然后捞起种子放入箩筐内，用麻布盖严。经常淋水保持湿润，在气温 18~26℃时，15 d 左右种子开始露白，当种子露白达 60% 以上时即可播种。

■**贮　藏** 种子易受潮发生霉变，应贮存在清洁、干燥、通风、阴凉、无异味、无鼠、虫害的专用仓库中，不得与有毒、有害物品混合贮存。

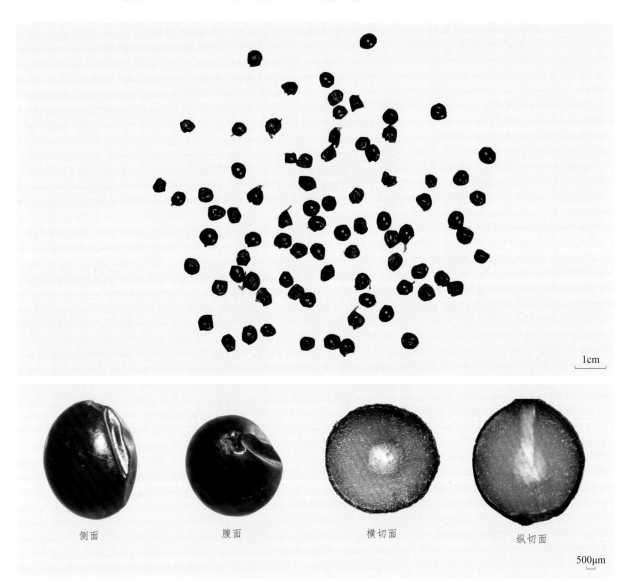

1cm

侧面　　　　　腹面　　　　　横切面　　　　　纵切面

500μm

①种子群体　　　　　　　　　　①
②种子外观及切面　　　——————
　　　　　　　　　　　　　　　②

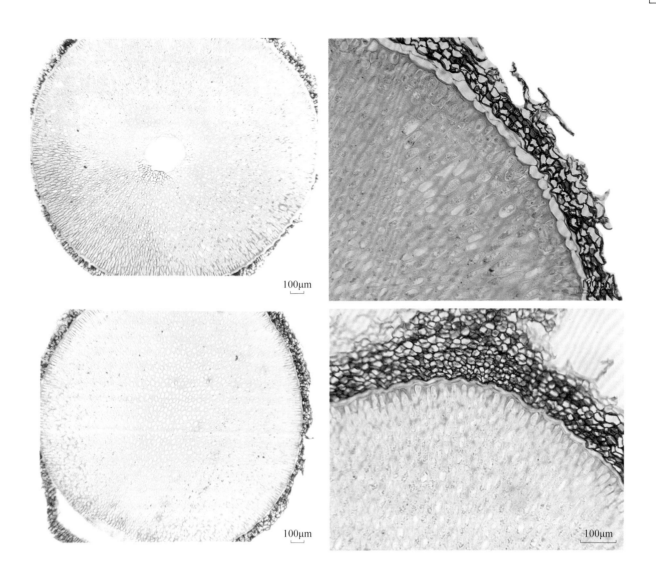

①种子横切面显微结构图
②种子横切面显微结构图（局部）
③种子纵切面显微结构图
④种子纵切面显微结构图（局部）

①	②
③	④

206 马蔺 多年生草本 | 别名：蠡实、紫蓝草、兰花草、箭秆风、马莲
Iris lactea Pall. var. *chinensis* (Fisch.) Koidz.

■ **药用价值** 以种子入药，药材名马蔺子。具有清热利湿、止血、解毒之功效。用于泻痢，小便不利，疝痛，吐血，衄血，血崩，风湿痹痛，痈肿，急性咽炎。

■ **分　布** 分布于黑龙江、吉林、辽宁、内蒙古、河北、山西、山东、河南、安徽、江苏、浙江、湖北、湖南、陕西、甘肃、宁夏、青海、新疆、四川、西藏等地。

■ **采　集** 花期5~6月，果期6~9月。果实成熟后及时采收，阴干，脱粒，精选去杂，干燥处贮藏。

■ **形态特征** 蒴果长椭圆状柱形，长4~6 cm，宽1~1.4 cm，有6条明显的肋，顶端有短喙。种子呈不规则圆形，具条棱，长2.5~4.5 mm，宽3.5 mm；棕褐色至棕黑色；基部具黄白色种脐，顶端具略突起的合点。质地坚硬。胚乳丰富；灰白色；角质。胚黄白色；条状，略弯。

■ **微观特征** 外种皮分为3层，外层为1列径向延长的栅状细胞，壁棕色，胞腔较大；中层为颓废组织，偶见草酸钙小方晶；内层为4~8列黄棕色多角形和长方形细胞组成，切向延长，排列紧密，无细胞间隙。内种皮为薄壁细胞，1~2层。胚乳细胞类圆形，壁厚，壁孔发达，略作念珠状，细胞内含脂肪油滴及糊粉粒。胚小，子叶细胞呈类方形。

■ **萌发特性** 种子具深度休眠，存在强迫休眠及生理休眠现象，自然条件下种子萌发率低，播种前应先经一定处理催芽。有研究表明碾压处理、酸蚀处理、碱蚀处理对种子萌发具有显著效果，其中以碱蚀处理种子20 h为最佳。

■ **贮　藏** 置通风干燥处贮藏。

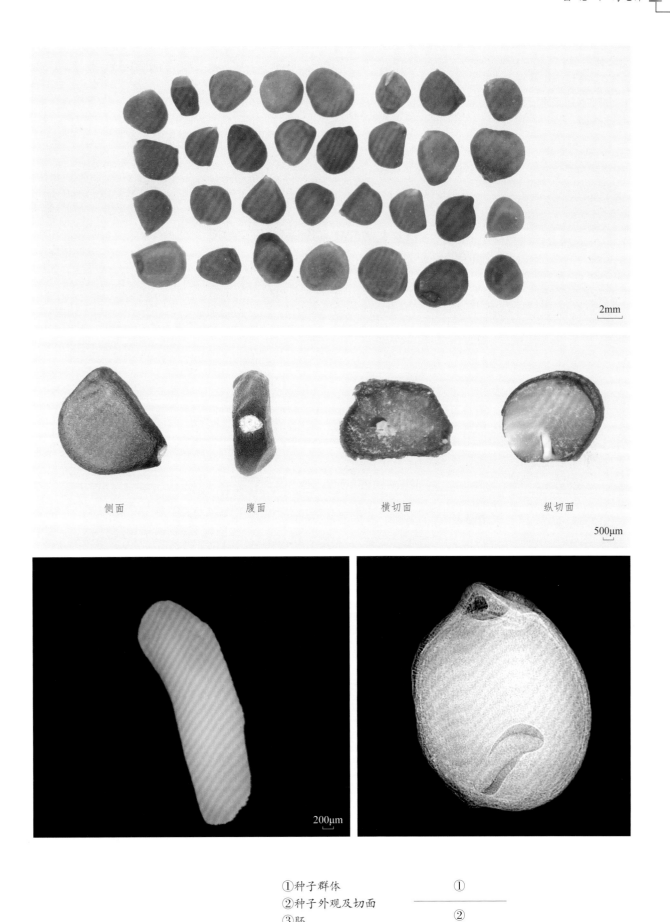

2mm

侧面　　　　　　　腹面　　　　　　横切面　　　　　　纵切面

500μm

200μm

①种子群体
②种子外观及切面
③胚
④种子 X 光图

①
②
③　　④

207 鸢尾

多年生草本 | 别名：屋顶鸢尾、蓝蝴蝶、紫蝴蝶、扁竹花、蛤蟆七

Iris tectorum Maximowicz

药用价值 以干燥根茎入药，药材名川射干。具有清热解毒、祛痰、利咽之功效。用于热毒痰火郁结，咽喉肿痛，痰涎壅盛，咳嗽气喘。

分　布 分布于山西、安徽、江苏、浙江、福建、湖北、湖南、江西、广西、陕西、甘肃、四川、贵州、云南和西藏。

采　集 花期 4~9 月，果期 6~10 月。蒴果黄褐色时及时采摘，阴干，脱粒，精选去杂，干燥处贮藏。

形态特征 蒴果三角状倒卵形或长椭圆形，具 6 条明显的肋，顶部有部分凋萎的花被宿存；黄褐色；长 2.5~6 cm，宽 2~2.5 cm；分为三室，成熟时室背开裂，自上而下 3 瓣裂，内含种子 3~11 枚。种子梨形或倒卵球形；表面皱缩，具网状皱折；褐色或黑褐色；长 3.98~5.16 mm，宽 2.80~3.51 mm，千粒重为 15.47 g。种脐黄白色；近圆形，直径 0.65~1.02 mm；凸；略外倾；位于种子基端。种皮褐色或黑褐色；泡沫状纸质，厚 0.18 mm，下面密布 1 层黄褐色、富含油脂的细颗粒物质；紧贴胚乳，难以分离。胚乳丰富；白色；角质，硬，半透明；包被着胚；与胚之间存在胚腔。胚长条形，直或稍弯；乳白色；蜡质，含油脂；长 1.67~2.04 mm，宽 0.17~0.48 mm，厚 0.25 mm；直生于种子中下部。子叶 1 枚；长条形，扁；长 1.00 mm，宽 0.30 mm，厚 0.20 mm。胚根长条形，略扁；下胚轴和胚根尖为乳黄色，其余为白色；长 0.85 mm，宽 0.35 mm，厚 0.25 mm，朝向种脐。

萌发特性 具形态生理休眠。在 5℃ 层积 56 d，然后在 20℃、12 h/12 h 光照条件下，1% 琼脂培养基上，萌发率可达 100%；在 30℃ /20℃、12 h/12 h 光照条件下，含 200 mg/L 赤霉素（GA_3）的 1% 琼脂培养基上，萌发率为 90%~94%。

贮　藏 正常型。室温下可贮藏 1~2 年。干燥至相对湿度 15% 后，于 –20℃ 条件下贮藏，种子寿命可达 4 年以上。

2mm

侧面　　　　　腹面　　　　　横切面　　　　　纵切面

500μm

200μm

①种子群体
②种子外观及切面
③胚
④种子 X 光图

	①	
	②	
③		④

姜 科 | Zingiberaceae

208 大高良姜

多年生草本 | 别名：红豆蔻
Alpinia galanga (L.) Willd.

药用价值 以干燥成熟果实入药，药材名红豆蔻。具有散寒燥湿、醒脾消食之功效。用于脘腹冷痛，食积胀满，呕吐泄泻，饮酒过多。以干燥根茎入药，药材名大高良姜。具有散寒、暖胃、止痛之功效。用于胃脘冷痛，脾寒吐泻。

分　布 分布于台湾、广西、广东和云南等地。

采　集 花期 5~8 月，果期 9~11 月。秋季果实变红时采收，除去杂质，阴干。

形态特征 蒴果呈长球形，中部略细，长 0.7~1.2 cm，直径 0.5~0.7 cm。表面红棕色或暗红色，略皱缩，顶端有黄白色管状宿萼，基部有果梗痕。果皮薄，易破碎。种子 6 枚。种子扁圆形或三角状多面形，黑棕色或红棕色，外被黄白色膜质假种皮。胚乳灰白色。气香，味辛辣。千粒重约为 31.09 g。

微观特征 假种皮细胞 4~7 列，圆形或切向延长，壁稍厚。种皮的外层为 1~5 列非木化厚壁纤维，呈圆形或多角形，直径 13~45 μm，其下为 1 列扁平的黄棕色或深棕色色素细胞；油细胞 1 列，方形或长方形，直径 16~54 μm；色素层细胞 3~5 列，含红棕色物；内种皮为 1 列栅状厚壁细胞，长约 65 μm，宽约 30 μm，黄棕色或红棕色，内壁及靠内方的侧壁极厚，胞腔偏外侧，内含硅质块。外胚乳细胞充满淀粉粒团，偏见草酸钙小方晶。内胚乳细胞含糊粉粒和脂肪油滴。

萌发特性 有休眠。新鲜种子在 5~30℃、黑暗或光照条件下均不萌发。果实脱粒后放在室内或室外干燥处沙藏，待第二年播种时，筛出种果，搓去种皮，揉散种子团播种。也可将采收的果实，阴干贮藏，第二年播种时去掉果皮，揉散种子团播种。

贮　藏 中间型。沙藏可贮藏 1 年。

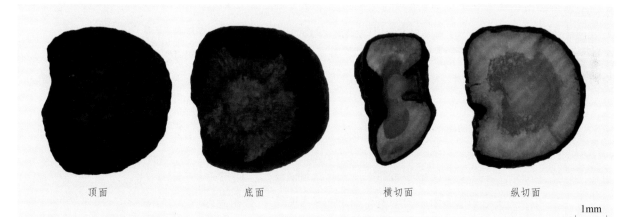

顶面   底面   横切面   纵切面

①果实群体
②种子群体
③种子外观及切面

①

②

③

209 草果 | 多年生草本
Amomum tsao-ko Crevost et Lemaire

■ **药用价值** 以干燥成熟果实入药，药材名草果。具有燥湿温中、截疟除痰之功效。用于寒湿内阻，脘腹胀痛，痞满呕吐，疟疾寒热，瘟疫发热。

■ **分　布** 云南、广西和贵州局部地区有栽培。

■ **采　集** 花期 4~6 月，果期 9~12 月。果实呈紫红色且未开裂时及时采收，剥去外果皮，取出种子团，用草木灰搓散种子团和外层的果肉及胶质，洗净阴干即可。

■ **形态特征** 果实呈长椭圆形，具 3 条钝棱，长 2~4 cm，直径 1~2.5 cm，表面灰棕色至红棕色，具纵沟及棱线，顶端有圆形突起的柱基，基部有果梗或果梗痕。果皮质坚韧，易纵向撕裂，剥去外皮，中间有黄棕色隔膜，将种子团分成 3 瓣，每瓣有种子多为 8~11 枚。种子呈圆锥状多面体，长 3~7 mm，直径 3~5 mm，表面红棕色，外被灰白色膜质的假种皮，种脊为 1 条纵沟，尖端有种脐，质硬，胚乳灰白色，有特异香气，味辛，微苦。

■ **微观特征** 假种皮残存，细胞壁薄，皱缩；种皮表皮细胞棕色，长方形，壁较厚；下皮细胞 1 列，含黄色物；油细胞层 1 列，含黄色油滴；色素层为数列棕色细胞，皱缩。内种皮为 1 列栅状厚壁细胞，棕红色，内壁与侧壁略呈 "V" 字形极度增厚，胞腔小，内含硅质块。外胚乳细胞含淀粉粒和少数细小草酸钙簇晶及方晶。内胚乳细胞含糊粉粒和淀粉粒。

■ **萌发特性** 有休眠，湿沙层积可有效解除休眠。自然层积 30 d 后发芽率达 62%；光照和黑暗条件下均可萌发，最适温度为 30℃ /20℃变温。

■ **贮　藏** 种子不耐贮藏，保湿条件下贮藏不超过 1 年。

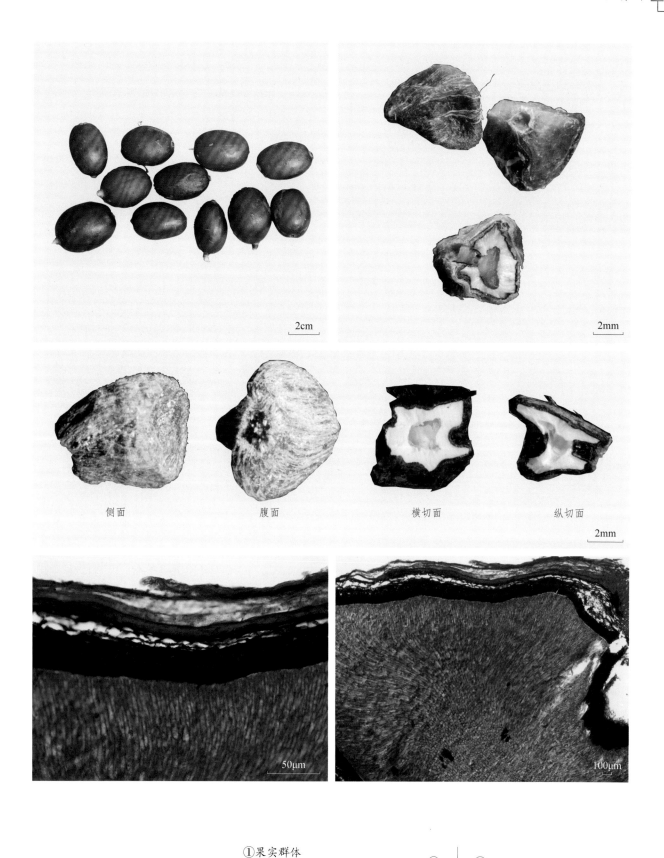

①果实群体
②种子（示胚乳）
③种子外观及切面
④种皮纵切面显微结构图
⑤种子纵切面显微结构图

①	②
③	
④	⑤

210 阳春砂

多年生草本 │ 别名：砂仁、春砂仁
Amomum villosum Lour.

■ **药用价值** 以干燥成熟果实入药，药材名砂仁。具有化湿开胃、温脾止泻、理气安胎之功效。用于湿浊中阻，脘痞不饥，脾胃虚寒，呕吐泄泻，妊娠恶阻，胎动不安。

■ **分　布** 广东、云南、广西、福建有栽培。

■ **采　集** 花期 3~6 月，果期 7~9 月。采集成熟的果实置于较柔和的阳光下晒 2~3 h，连晒 2 d，再放置 3~4 d，然后加等量的细沙和少量清水揉搓，除去果肉种衣，再用清水漂净阴干。

■ **形态特征** 果实呈椭圆形或卵圆形，有不明显的 3 条棱，长 1.5~2 cm，直径 1~1.5 cm。表面棕褐色，密生刺状突起，顶端有花被残基，基部常有果梗。果皮薄而软。种子集结成团，具 3 条钝棱，中有白色隔膜，将种子团分成 3 瓣，每瓣有种子 5~26 枚。种子为不规则多面体，长 2.75~4.26 mm，宽 1.88~3.74 mm。表面黑褐色，有细皱纹，较小的一端有凹陷的发芽孔，较大的一端为合点。种脊沿腹面呈一纵沟，背面平坦。千粒重为 8.81~20.42 g。

■ **微观特征** 假种皮为类方形薄壁细胞，多皱缩，种皮表皮细胞 1 列，径向延长，壁稍厚，排列整齐；下皮细胞 1~2 列，切向延长或类方形，含黄棕色色素；油细胞为 1 列切向延长的薄壁细胞，含黄色油滴；色素层为数列含淡黄棕色色素的薄壁细胞；内种皮为 1 列栅状厚壁细胞，排列紧密，细胞壁深棕色，胞腔小，内含硅质块，外胚乳细胞方形或径向延长；内胚乳细胞略小，多角形。胚细胞类圆形或略长，充满内含物。

■ **萌发特性**　种子存在成熟度不一致、种皮透性差、胚轻度休眠等现象，导致发芽慢且不整齐，播前宜采用湿沙贮藏 20 d 后，用 100 mg/L 赤霉素浸泡种子 30 h，在 30℃/20℃ 变温条件下萌发。不同居群自然干燥的阳春砂发芽率 10.33%~76.25%。

■ **贮　藏**　种子不耐贮藏，保湿条件下贮藏不超过 1 年。

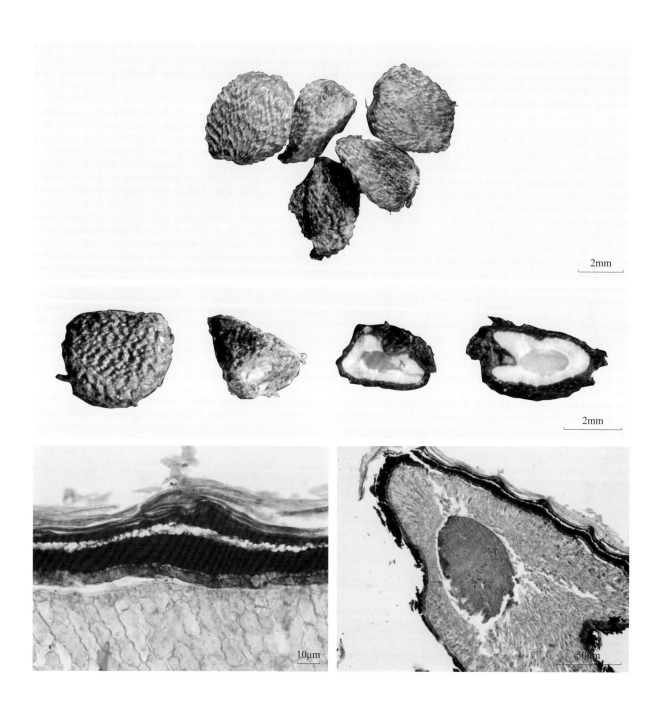

① 种子群体
② 种子外观及切面
③ 种子纵切面显微结构图（示种皮）
④ 种子纵切面显微结构图（中部为胚）

■兰 科 | Orchidaceae

211 白 及 多年生草本 | 别名：连及草
Bletilla striata (Thunb.) Reiehb. f.

■ **药用价值** 以干燥块茎入药，药材名白及。具有收敛止血、消肿生肌之功效。用于咯血，吐血，外伤出血，疮疡肿毒，皮肤皲裂等。

■ **分　　布** 分布于陕西南部、甘肃东南部、江苏、安徽、浙江、江西、福建、湖北、湖南、广东、广西、四川和贵州等地。

■ **采　　集** 花期4~5月，果期6~11月。果实变黄、未开裂时采收，避光通风保存。

■ **形态特征** 果实椭圆形，具六棱。不同发育时期，果实颜色分别为绿色、黄色和棕色。授粉后42 d的果实，果实向阳面颜色为深色，背阳面颜色为绿色，长4.6~4.8 cm。果实为侧膜胎座，果实纵切，果皮切口处有黏液。果实成熟后，果皮颜色由绿色变为黄色或棕色，每个果实内种子的数量众多且极小，种子数万枚。种子不规则，长椭圆形。授粉后42 d的果实，果实为绿色，种子为白色，相互黏结。果实为棕色时，种子为深褐色，松散，易同果皮分离。100枚种子的平均长度为1.72 mm，宽度为0.22 mm。

■ **微观特征** 种子由种皮和胚组成，种皮为1层透明的薄壁细胞，有加厚的环纹。

■ **萌发特性** 无休眠。种子在自然条件下萌发率极低。以未开裂果实为外植体进行消毒，将种子接种于无菌培养基上培养，萌发率较高，可达92%。

■ **贮　　藏** 以果实形式低温保存，防止果实开裂。

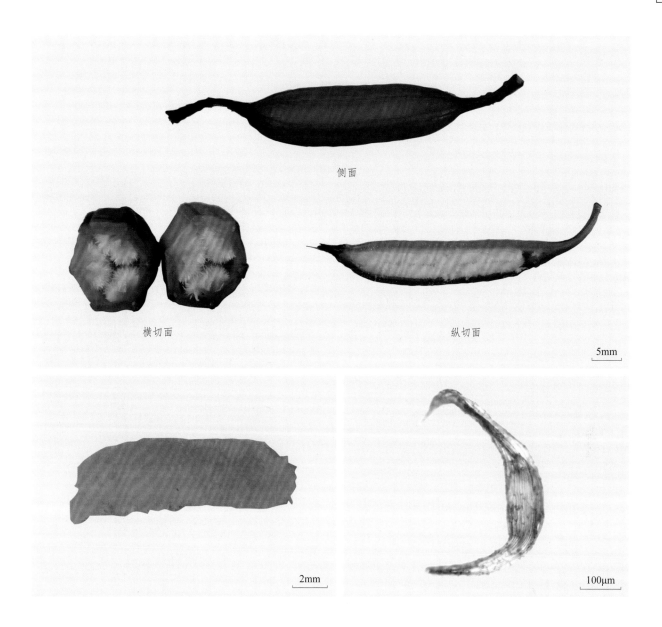

侧面

横切面   纵切面

5mm

2mm   100μm

①果实外观及切面   ①
②种子外观
③种子微观形态   ② │ ③

212 铁皮石斛

附生草本 | 别名：黑节草、云南铁皮

Dendrobium officinale Kimura et Migo

药用价值 以干燥茎入药，药材名石斛。具有益胃生津、滋阴清热之功效。用于热病津伤，口干烦渴，胃阴不足，食少干呕，病后虚热不退，阴虚火旺，骨蒸劳热，目暗不明，筋骨痿软。

分　布 分布于安徽、浙江、福建、广西、四川和云南等地。

采　集 花期3~6月，果期10月。蒴果呈黄绿色时及时采摘，阴干，脱粒，精选去杂，干燥处贮藏。

形态特征 蒴果圆柱形；黄绿色；内含种子多枚。种子纺锤形，两端呈窄翅状；表面具长条状网状纹饰。胚部为乳黄色，翅部为白色。极小，粉尘状，长240.20~364.27 μm，宽51.53~94.94 μm。种皮白色；薄，膜质；紧贴着胚。胚乳无。胚圆球形或圆柱形，未分化；乳黄色；蜡质；长128.72~182.71 μm，宽48.46~91.11 μm；位于种子中央。

萌发特性 具形态休眠。以改良MS、2.0% 土豆熟汁液、2.0% 蔗糖、0.65% 琼脂、0.1 mg/L NAA为种子萌发培养基，萌发率可达90%以上；以1/2MS、0.3 mg/L NAA、30 L蔗糖为种子萌发培养基，萌发率可达91%；而改良MS、0.4 mg/L 6–BA、0.2 mg/L NAA、30 L蔗糖较适于铁皮石斛原球茎增殖、成苗，诱导率可达100%；改良MS、0.6 mg/L ABT–6、0.2 mg/L IBA、0.1 mg/L NAA、15 L蔗糖较适于铁皮石斛原生苗生根，生根率可达100%。

贮　藏 正常型。不耐长期贮藏。

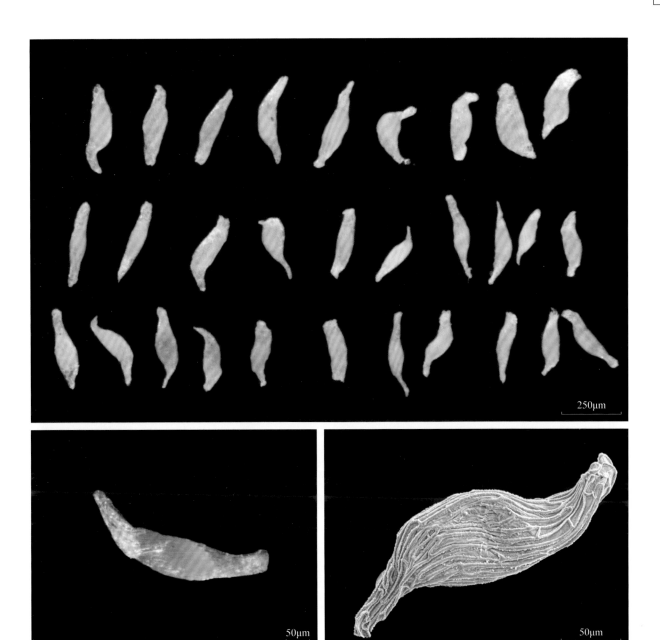

250μm

50μm

50μm

①种子群体
②种子外观
③种子扫描电镜图

①
② ③

㉑㉓ 霍山石斛
多年生草本 | 别名：米斛
Dendrobium huoshanense C. Z. Tang et S. J. Cheng

药用价值 以干燥茎入药，药材名石斛。具有益胃生津、滋阴清热之功效。用于胃、肾阴虚证，热病伤津证。

分　布 分布于安徽西南部霍山县及周边地区。

采　集 花期 5 月，果期 7~11 月，果实变黄且未开裂时采收，避光通风保存。

形态特征 果实为蒴果，自然条件下易干燥开裂。三角状圆锥形，黄色或黄绿色，长 2~3 cm。每个果实内种子的数量众多且极小，每个蒴果内含种子数万至数十万枚。种子略呈橄榄形，似黄色粉状。20 粒种子的平均长度为 253 μm，宽度为 94 μm，千粒重为 0.0555 mg。

微观特征 种皮为 1 层透明的薄壁细胞，具加厚的环纹，中间有 1 个细小的圆形胚，其内部和外部分化均不明显。

萌发特性 无休眠。种子在自然条件下萌发率极低。以未开裂果实为外植体进行消毒，将种子接种于无菌培养基上培养，萌发率较高，可达 90%。

贮　藏 以果实形式低温保存，防止果实开裂。

①果实外观
②种子群体
③种子微观形态

①	②
③	

主要参考文献

［1］国家药典委员会.中华人民共和国药典［S］.北京：中国医药科技出版社，2015.

［2］郭巧生，王庆亚，刘丽.中国药用植物种子原色图鉴［M］.北京：中国农业出版社，2008：84.

［3］中国科学院《中国植物志》编辑委员会.中国植物志：1-80卷［M］.北京：科学出版社，1959-2004.

［4］陈瑛.实用中药种子技术手册［M］.北京：人民卫生出版社，1999.

［5］国家中医药管理局《中华本草》编委会.中华本草：1-10卷［M］.上海：上海科学技术出版社.1999.

［6］曹福亮.中国银杏志［M］.北京：中国林业出版社，2007.

［7］周桂生，姚鑫，唐于平，等.白果仁化学成分研究［J］.中国药学杂志，2012，47（17）：1362-1365.

［8］徐英宏，朱谦，席启俊，等.银杏种子营养化学成分的研究［J］.经济林研究，1999，17（1）：20.

［9］夏启中，邓中，张明菊.银杏种子萌发特性初探［J］.华中农业大学学报，1995，14（1）：93-96.

［10］董岳，李艳萍，颜世超.银杏种子发芽特性与含水量贮藏方式的关系［J］.现代农业科学，2009，16（2）：1-2.

［11］斯海平，夏国华.榧树种子外种皮"榧眼"初探［J］.浙江林业科技，2012，32（1）：50-53.

［12］CAROL C B，JERRY M B. Seeds Ecology，Biogeography，and Evolution of Dormancy and Germination ［M］. 2nd ed. San Diego，CA：Elsevier，2014.

［13］张克丽，夏玉芳，张雪燕.构树种子萌发的生理生态学特征［J］.贵州农业科学，2012，40（10）：41-43.

［14］李明，安熙强，马媛.无花果研究进展［J］.新疆中医药，2010，28（1）：79-80.

［15］肖培根，连文琰.中药植物原色图鉴［M］.北京：中国农业出版社，1999：47.

［16］韩承伟，韩喜财，姜颖，等.汉麻种子的特点及贮藏［J］.安徽农业科学，2015，43（19）：264-265.

［17］贵州省药品监督管理局.贵州省中药材、民族药材质量标准（2003年版）［M］.贵阳：贵州科技出版社，2003：187.

［18］孙庆文，徐文芬，齐维娜，等.苗药红禾麻种质资源的形态变异研究［J］.资源与利用，2015，34（4）：59-63.

［19］王志清，邵财，王振兴，等.北细辛种子萌发过程中内源激素含量的变化［J］.种子，2013，32（10）：21-24.

［20］王志清，张舒娜，朝月乔，等．北细辛种子萌发特性研究［J］．种子，2014，33（12）：13-18.

［21］许桂芳，刘明久，席世丽，等．破除红蓼种子休眠研究初报［J］．种子，2005，24（1）：24-25.

［22］汪洋，刘玉艳，刘晓薇，等．不同处理条件对红蓼种子萌发的影响［J］．种子，2017，36（7）：51-55.

［23］张继，任婧昱，何轶．水红花子与商陆种子的比较研究［J］．药物分析杂志，2007（5）：661-664.

［24］吕小梨．头花蓼种子发芽条件研究［J］．中药材，2010，33（3）：328-330.

［25］王新村．头花蓼开花结果与授粉特性观察研究［J］．现代中药研究与实践，2006，20（4）：12-15.

［26］孙长生．头花蓼种子发芽生物学特性研究［J］．现代中药研究与实践，2005，19（2）：19-22.

［27］刘青，刘卫东，冉懋雄，等．特色苗药杠板归［M］．贵阳：贵州科技出版社，2013：2-25.

［28］肖承鸿，周涛，陈敏，等．何首乌种子品质检验及质量分级标准研究［J］．时珍国医国药，2015，26（8）：2017-2021.

［29］姚琥．何首乌的生药学鉴定［J］．中国药业，2007，16（2）：59.

［30］李经纬，余瀛鳌，蔡景峰，等．中医大词典（2版）［M］．北京：人民卫生出版社，2004：1024.

［31］肖苏萍，陈敏，黄璐琦，等．大黄果实形态和种子发芽特性的初步研究［J］，中国中药杂质，2007，32（3）：195-199.

［32］王昌华，银福军，刘翔，等．大黄种子发芽检验标准化研究［J］．时珍国医国药，2009，29（6）：1369-1371.

［33］谢万宗．全国中草药汇编［M］．北京：人民卫生出版社，1996：62-63.

［34］石有太．掌叶大黄种子研究［D］．甘肃：甘肃农业大学，2009.

［35］杨君丽，阿继凯，董汇泽，等．三种处理对唐古特大黄种子萌发能力的影响［J］．中国种业，2008（8）：53-54.

［36］董琴琴，颜健，郑梦斐，等．牛膝种子化学成分研究［J］．热带亚热带植物学报，2010，18（5）：569-572.

［37］崔现亮，罗娅婷，邱其伟，等．不同地区牛膝种子的萌发变异［J］．北方园艺，2014（19）：150-153.

［38］祁建军，李先恩，周丽莉，等．牛膝种子质量研究［J］．中国中药杂志，2011，36（15）：2038-2041.

［39］马尧，张得保，张洪刚．不同处理方法对商陆种子发芽率的影响［J］．种子，2009，28（5）：

105-107.

［40］何昀昆，晏升禄，廖海民.不同处理对商陆和垂序商陆种子萌发的影响［J］.山地农业生物学报，2014，33（1）：87-88.

［41］陈国妮，孙龙飞，闫亚茹，等.马齿苋黄酮类化合物抑菌机理的研究［J］.化学与生物工程：自然科学版，2015，32（10）：34-37.

［42］王鸿磊，王红艳.马齿苋种子催芽实验结果初报［J］.中国农学通报，2005，21（7）：313-314.

［43］彭励，吴晓玲，鲍瑞，等.银柴胡种子形态结构与发芽的研究［J］.世界科学技术：中医药现代化，2006，8（1）：121-123.

［44］吴晓玲，彭励，张沛川.野生与栽培银柴胡种子种用性能的研究［J］.江苏农业科学，2006（03）：151-154.

［45］于凯强，焦连魁，彭励，等.银柴胡种子质量分级标准研究［J］.中药材，2016，39（4）：720-723.

［46］谢晓燕.浅述王不留行的鉴别［J］.中国中医药现代远程教育，2012，24：101-102.

［47］高钦，杨太新，刘晓清.王不留行种子质量分级标准研究［J］.种子，2015，02：107-110.

［48］韦颖.105种常用药用植物果实、种子性状与显微鉴别特征研究［D］.中国中医科学院，2012.

［49］孔德政，张曼，杨秋生.莲种子休眠解除与促进萌发的研究［J］.河南科学，2007，25（3）：401-404.

［50］李长春，黄天芳.莲的形态结构及个体发育概述［J］.生物学教学，2013，38（1）：4-5.

［51］黄上志，汤学军，张玲，等.莲种子的耐热性及抗氧化酶活性［J］.分子植物（英文版），2003，29（5）：421-424.

［52］沈蓓，吴启南，陈蓉，等.芡实的现代研究进展［J］.西北药学杂志，2012，27（2）：185-187.

［53］朱红莲，柯卫东，李双梅.芡实种子休眠解除与促进萌发的初步研究［J］.中国种业，2013，（9）：63-65.

［54］刘心民，程逸远，张霁，等.牡丹种子萌发特性与播种繁殖技术研究进展［J］.河南林业科技，2005，25（4）：38-40.

［55］杨辉，戴林森，史国安.观赏及药用牡丹的结实力、种子特性及生化成分的观测分析［J］.河南科技大学学报（自然科学版），2006，27（5）：75-78.

［56］岳桦，杨洋.不同处理对芍药种子生根和胚根发育质量的影响［J］.湖北农业科学，2009，48（5）：1195-1197.

［57］袁燕波，于晓南.外源GA$_3$与低温处理对芍药种子萌发和幼苗生长的影响［J］.安徽农业大学学报，2014，41（2）：273-277.

［58］陶新宇，杨海兰，李莉．芍药种子萌发特性的研究［J］．赤峰学院学报（自然科学版），2005（06）：13，19.

［59］费日雯，孙晓梅，杨盼盼，等．芍药种子变温层积过程中的解剖结构观察［J］．沈阳农业大学学报，2017，48（03）：354-359.

［60］孙晓梅，杨盼盼，杨宏光，等．芍药种子破除休眠方法研究［J］．辽宁农业科学，2013（04）：20-22.

［61］徐艳芝，孟思彤，王振月．兴安升麻种子内源抑制物质活性的研究［J］．中国林副特产，2015（1）：29-31.

［62］宋德勋，张学愈，陈智忠，等．紫背天葵种子贮藏及发芽的研究［J］．中药研究与信息，2005，7（1）：21-22.

［63］李先恩，陈瑛，张军．黄连种子胚后熟期间生理生化变化及激素的影响［J］．中国中药杂志，1997，22（5）：272-273.

［64］罗婷婷，马云桐，裴瑾．黄连种子后熟过程中抗氧化酶活性动态变化的研究［J］．中药与临床，2017，8（3）：1-3.

［65］黄正方．黄连生物学特性和主要栽培技术［J］．西南农业大学学报，1994（6）：163.

［66］杨志玲，杨旭，谭梓峰，等．厚朴不同种源及家系种子性状的变异［J］．中南林业科技大学学报，2009，29（5）：49-55.

［67］杨占南，林俊清，余正文，等．厚朴种子挥发性物质的评价［J］．种子，2012，31（4）：80-82

［68］舒泉，杨志玲，段红平，等．濒危植物厚朴种子萌发特性研究［J］．中国中药杂志，2010，35（4）：419-422.

［69］刘永华．八角种植与加工利用［M］．北京：金盾出版社，2003：16-17.

［70］黄卓民．八角［M］．北京：中国林业出版社，1994：27-28.

［71］刘瑜新，吴宏欣，田璞玉，等．八角茴香种子和果壳挥发油成分［J］．河南大学学报（医学版），2009，28（2）：107-109.

［72］王琴，蒋林，温其标．八角茴香研究进展［J］．粮食与油脂，2005（5）：42-44.

［73］张华，李姝睿，龙丽．五味子种子萌发与愈伤组织的诱导［J］．北方园艺，2013，3：164-167.

［74］齐永平，顾蔚，罗成，等．华中五味子种子的发育和3种内源激素含量的变化［J］．植物生理学通讯，2009，45（6）：615-618.

［75］高建平，王彦涵，陈道峰．南五味子类药材的鉴别研究［J］．中草药，2003，34（7）：646-649.

［76］谢国荣．南五味子播种育苗方法［J］．特种经济动植物，2011，14（1）：36.

［77］杨志荣，林祁，刘长江，等．五味子属种子形态及其分类学意义［J］．云南植物研究，2012，24（5）：627-637.

［78］耿红梅，张彦，苗庆峰，等．白花菜子挥发油化学成分、抗氧化活性和抑菌活性的研究［J］．现代食品科技，2014，30（11）：194-199，23.

［79］耿红梅，祁金龙．白花菜的研究进展［J］．时珍国医国药，2008，19（11）：2808-2809.

［80］耿红梅，王燕，高焕君，等．白花菜子化学成分的初步研究［J］．时珍国医国药，2011，22（3）：560-561.

［81］张彦，耿红梅，陈彦芬，等．白花菜子不同溶剂提取物总多酚、总黄酮含量及抗氧化活性测定［J］．科学技术与工程，2014，14（29）：125-129.

［82］ASIS B，BISWAKANTH K，PALLAB K. et al. Evaluation of anticancer activity of Cleome gynandra on Ehrlich's Ascites Carcinoma treated mice［J］．Journal of Ethnopharmacology，2010，129（1）：131-134.

［83］BOONSONG E. Effects of seed maturity，seed storage and pre-germination treatments on seed germination of cleome（*Cleome gynandra* L.）［J］．Scientia Horticulturae，2009，119：236-240.

［84］徐国钧．中药材粉末显微鉴定［M］．北京，人民卫生出版社，1986：552-553.

［85］孙稚颖，郑纪庆，李法曾．基于种皮形态和叶绿体 trnL-F 对菘蓝属（十字花科）的系统学位置研究［J］．西北植物学报，2008，10：1978-1982.

［86］周颂东，罗鹏．不同药剂对破除播娘蒿种子休眠的效应［J］．四川师范大学学报（自然科学版），1998（3）：300-303.

［87］崔海兰，黄红娟，张宏军，等．双氧水（H_2O_2）和赤霉素（GA_3）对播娘蒿种子萌发的影响［J］．全国杂草科学大会、联合国粮农组织——中国"水稻化感作用论坛"，2007：1.

［88］张丽艳，李燕，杨玉琴，等．贵州虎耳草的质量对比研究［J］．中国实验方剂学杂志，2010，16（18）：57-59.

［89］余启高，姚茂桂．杜仲种子发芽条件的研究［J］．农技服务，2010（11）：1455-1455，1460.

［90］徐本美，白克智．低温对杜仲种子发芽与成苗的影响［J］．林业科技通讯，1993，9：4-6.

［91］吴士杰，李秋津，肖学凤，等．山楂化学成分及药理作用的研究．药物评价研究，2010，33（4）：316-317.

［92］杨晓玲，郭守华，张建文，等．层积和激素处理对山楂种子生理生化的影响［J］．经济林研究，2009，01：76-79.

［93］钱万杰．山楂种子休眠和萌发生理的初步研究［J］．植物生理学通讯，1984，05：17-20.

［94］王红霞．药用观赏植物——贴梗海棠［J］．种子，2003，（6）：30.

［95］陈瑛．植物药种子手册［M］．北京：人民卫生出版社，1987.

［96］隋云吉，郭润华．不同处理对3种蔷薇种子萌发的影响［J］．种子，2015，34（5）：86-87.

［97］卢涛，方肇勤．关于中药果实和种子成熟度研究进展［J］．辽宁中医杂志，2016（12）：2683-2684.

［98］张贵君. 现代中药材商品通鉴［M］. 北京：中国中医药出版社，2001.

［99］肖培根. 新编中药志（第二卷）［M］. 北京：化学工业出版社，2001：365-369.

［100］王菲，杨燕云，许亮，等. 大皂角、山皂角和猪牙皂三种药材的显微鉴别［J］. 中药材，
2013，10：1599-1601.

［101］刘来正，赵桂珍. 皂角子、皂荚与猪牙皂粉末显微鉴定的比较研究［J］. 山西中医学院学报，
2009，02：24-25.

［102］张风娟，徐兴友，孟宪东，等. 皂荚种子休眠解除及促进萌发［J］. 福建林学院学报，
2004，24（2）：175-178.

［103］张春平，何平，杜丹丹，等. 决明种子硬实及萌发特性研究［J］. 中草药，2010，41（10）：
1700-1704.

［104］杨永榆，甄汉深，余小燕，等. 广豆根种子的显微鉴别［J］. 中国实验方剂学杂志，
2010，16（6）：289.

［105］孙长生，朱虹，龙祥友. 不同温度对山豆根种子发芽的影响［J］. 种子，2014，33（5）：
82-85.

［106］张庆霞，纪瑛. 苦参种子形态特征及萌发规律研究［J］. 中国种业，2009，11：54-55

［107］程红玉，方子森，纪瑛，等. 苦参种子发芽特性研究［J］. 种子，2010，29（11）：39-41.

［108］李文军，朱成兰，唐自民. 民族药相思子的生药学研究［J］. 云南民族学院学报（自然科学
版），2000，9（3）：179-180，183.

［109］WU Z Y, RAVEN P H, HONG D Y, et al. Flora of China ［M/OL］. Beijing：Science
Press；St. Louis：Missouri Botanical Garden Press，1989-2013. http://foc.iplant.cn/.

［110］艾铁民. 中国药用植物志［M］. 北京：北京大学医学出版社，2013.

［111］于新，胡林子. 大豆加工副产物的综合利用［M］. 中国纺织出版社，2013.

［112］汪旭. 大豆中化学成分的研究［D］. 吉林大学，2008.

［113］韩梅，樊绍钵，杨利民，等. 落花生、扁豆、黑大豆、绿豆和豉豆的生药学显微鉴定［J］.
吉林农业大学学报，1992，14（4）：30-33.

［114］陈立君，郭强，刘迎雪. 不同温度对大豆种子萌发影响的研究［J］. 中国农学通报，
2009，25（10）：140-142.

［115］刘玉章，董天昌，孙伟. 白扁豆栽培技术［J］. 特种经济动植物，2005，8（11）：27-28.

［116］宁颖，孙建，吕海宁，等. 赤小豆的化学成分研究［J］. 中国中药杂志，2013，12：1938-
1941.

［117］任晗堃，李丽，董银卯，等. 正交实验优选赤小豆萌芽工艺研究［J］. 北方园艺，2013，
24：17-20.

［118］张小慧，李丽，董银卯，等. 赤小豆萌芽不同部位总酚酸和总黄酮含量分析及其抗氧化活性
研究［J］. 食品工业，2014，10：90-92.

[119] 李建秀，周凤琴，张照荣．山东药用植物志［M］．西安交通大学出版社，2013.

[120] 许亮，杨燕云，冯陈波，等．沙苑子与补骨脂两种豆科药材显微鉴定研究［J］．时珍国医国药，2014，25（8）：1892-1894.

[121] 余前媛，钟晓英．药剂浸种对补骨脂种子萌发影响初探［J］．安徽农学通报，2015，21（19）：31-32，41.

[122] 李娜．药用植物种子形态结构及贮藏特性的研究［D］．北京：中国中医科学院，2008.

[123] 秦雪梅，何盼，李震宇，等．黄芪的名称考证［J］．中药材，2014，37（6）：1077-1080.

[124] 周成明．常用中草药种子种苗［M］．北京：中国农业出版社，2004.

[125] 赵连兴，宋俊骊，孙增科．蒺藜、软蒺藜的鉴别与合理应用［J］．河北中医．2010，32（2）：251-252.

[126] 孟雅冰，李新蓉．蒺藜、两种集合繁殖体形态及间歇性萌发特性——以蒺藜和欧夏至草为例［J］．生态学报，2015，35（23）：7785-7793.

[127] 郭书好，周明辉，李素梅．川黄柏果挥发油的化学成分研究［J］．暨南大学学报自然科学与医学版，1998（3）：61-63.

[128] 苏荣辉，金武祚．川黄柏果中的新三萜化合物［J］．Journal of Integrative Plant Biology，1991（10）.

[129] 苏荣辉，金武祚，中岛修平，等．黄皮树果实中的酰胺类化合物［J］．Journal of Integrative Plant Biology，1994（10）：817-820.

[130] 余启高，姚茂桂．浓硫酸处理对黄柏种子发芽的影响［J］．安徽农学通报，2010，16（19）：32-32.

[131] RICARDO J F, M. Fátima G S, João B F, et al. Flavonoids from the fruits of Murraya paniculata［J］. Phytochemistry, 1998, 47（3）: 393-396.

[132] 李振华，鞠建明，华俊磊，等．中药川楝子研究进展［J］．中国实验方剂学杂志，2015，21（1）：219-223.

[133] 江军，谌九大，江民．苦楝种子形态相关性及萌发习性的观测与研究［J］．江西林业科学，2013，16（1）：21-23.

[134] 陈明霞，王相立，张宇杰．中药急性子油类成分分析及毒性考察［J］．中国中药杂志，2006，31（11）：928-929.

[135] 林琼，肖娟．凤仙花种子萌发特性的研究［J］．衡阳师范学院学报，2007，28（3）：79-81.

[136] 陈振德，许重远，谢立．超临界流体 CO_2 萃取酸枣仁脂肪油化学成分的研究［J］．中草药，2001，32（11）：976-977.

[137] 刘沁舡，王邠，梁鸿，等．酸枣仁皂苷D的分离及结构鉴定［J］．药学学报，2004，39（8）：601-604.

[138] 王贱荣，张健，殷志琦，等．酸枣仁的化学成分［J］．中国天然药物，2008，6（4）：268-270.

［139］王宏伟，王素巍，董玉，等 . 蒙药材冬葵果的实验研究［J］. 内蒙古医学院学报，2012，34（1）：69-72.

［140］孟和毕力格，吴香杰 . 蒙药材冬葵果的研究进展［J］. 中国民族医药杂志，2012，18（12）：37-39.

［141］江苏新医学院 . 中药大辞典［M］. 上海：上海科学技术出版社，1979：2075.

［142］林文群，陈忠，陈金玲，等 . 黄蜀葵种子形态及其化学成分的研究［J］. 天然产物研究与开发，2001，14（3）：41-44.

［143］朱华云，谈献和，杨卉，等 . 黄蜀葵种子品质检验及质量标准初步研究［J］. 中国现代中药，2010，12（4）：21-23，33.

［144］张杰，李文，高慧媛，等 . 刺五加种子的化学成分［J］. 沈阳药科大学学报，2005，22（3）：183-185.

［145］杨晓丹，井月娥，卢芳 . 刺五加的化学成分研究进展［J］. 中华中医药学刊，2015，33（2）：316-317.

［146］赵澎 . 人参果成分的研究［J］. 中医杂志，1979，12（023）：50-53.

［147］樊绍钵，段维和，徐志远，等 . 东北药用植物种子图说［M］. 吉林：《特产科学实验》编辑部出版社，1981.

［148］代晓蕾，李先恩，郭巧生 . 西洋参果实及种子生长发育初步研究［J］. 中国中药杂志，2012，37（15）：2272-2275.

［149］臧埔，王亚星，邰玉钢，等 . 西洋参种子质量分级标准研究［J］. 安徽农业科学，2011，39（8）：4546 – 4547.

［150］黄永兴 . 西洋参种子（苗）质量标准及农田西洋参单体皂苷研究［D］. 吉林农业大学，2012.

［151］檀树先，赵洪全，王化武，等 . 西洋参种胚发育特性及催芽技术讲究［J］. 人参研究，1990，1：9-12.

［152］包文芳 . 西洋参化学成分的研究进展［J］. 沈阳药科大学学报，1998，15（2）：149-152.

［153］石思信，张志娥，肖建平 . 西洋参种子贮存习性的研究［J］. 中草药，2000，31（10）：776-778.

［154］张萍 . 明党参果实的生药学研究［D］. 南京：南京中医药大学，2007.

［155］宋春凤，刘玉龙，刘启新，等 . 伞形科植物明党参花后果实发育的解剖结构变化［J］. 植物资源与环境学报，2011，20（4）：1-7.

［156］邱英雄，傅承新 . 明党参的濒危机制及其保护对策的研究［J］. 生物多样性，2001，9（2）：151-156.

［157］厉彦森，郭巧生，王长林，等 . 明党参种子休眠机制和发芽条件的研究［J］. 中国中药杂志，2006，31（3）：197-199.

［158］殷现伟，常杰，葛滢，等 . 濒危植物明党参和非濒危峨参种子休眠和萌发比较［J］. 生

物多样性, 2002, 10 (4): 425-430.

[159] 张恩和, 陈小莉, 方子森, 等. 野生羌活种子休眠机理及破除休眠技术研究 [J]. 草地学报, 2007, 15 (6): 509-514.

[160] 杨植松, 尚文艳, 黄荣利, 等. 羌活种子贮藏和处理方法的研究 [J]. 中草药, 2006, 37 (10): 1578-1579.

[161] 彭云霞, 陈垣, 张东佳, 等. 药剂处理对小叶黑柴胡和狭叶柴胡种子发芽的影响 [J]. 甘肃农业科技, 2016, (11): 24-26.

[162] 朴锦, 邵天玉, 吕龙石. 不同贮藏法和处理法对长白山区柴胡种子发芽率的影响 [J]. 延边大学农学学报, 2007, 29 (1): 27-29.

[163] 马宏飞, 王玉庆, 马小娟. 柴胡种子生物学性状研究 [J]. 农学学报, 2011, 01 (8): 16-22.

[164] 黄娅, 韩凤, 韦中强, 等. 中药材白芷种子优化培育技术 [J]. 亚太传统医药, 2012, 08 (1): 24-25.

[165] 谭洪秀, 聂琴, 陈文年. 药用植物白芷种子萌发特性研究 [J]. 种子, 2016, 22 (14): 34-36.

[166] 陈莹, 韩敏, 曹景之, 等. 白芷种子生物学特征初探 [J]. 生物技术世界, 2015 (3): 60-62.

[167] 文萌, 沈晓霞, 沈宇峰, 等. 中药杭白芷的发芽条件研究 [J]. 中国现代中药, 2011, 13 (5): 26-28.

[168] 赵玉玲, 李颖, 张钦德, 等. 北沙参种子品质检验及质量标准研究 [J]. 安徽农业科学, 2008, 23: 10016-10018.

[169] 李美芝, 宋春风, 刘启新. 中国伞形科前胡属果实表面微形态特征及分类学意义 [J]. 植物资源与环境学报, 2012, 21 (2): 19-29.

[170] 王淼媛, 刘玫, 程薪宇, 等. 中国伞形科前胡属果实结构的系统学价值 [J]. 草业学报, 2015, 24 (6): 168-172.

[171] 李青凤, 金吉芬, 白志川, 等. 不同处理方式对白花前胡种子萌发的影响 [J]. 种子, 2013, 32 (11): 77-79.

[172] 冯协和, 何伶俐, 陈科力, 等. 白花前胡种子发芽试验研究 [J]. 北方园艺, 2015, (14): 159-162.

[173] 孙开照. 白花前胡种子发芽特性及贮藏技术研究 [J]. 安徽农学通报, 2015, 21 (14): 144-145.

[174] 周艳玲. 防风种子休眠生理与栽培技术研究 [D]. 哈尔滨: 东北林业大学, 2009.

[175] 董诚明, 陈随清, 冯卫生, 等. 连翘种子萌发特性研究 [J]. 中医学报, 2005, 20 (1): 26-27.

［176］杜国新，占玉芳，甄伟玲，等．几种处理因素对连翘播种育苗种子萌发的影响［J］.甘肃科技，2009，25（11）：146-147.

［177］唐斌．印度马钱子的发芽试验［J］.中药材，1996，19（3）：114-115.

［178］杨梅权，涛杨，杨天梅，等．滇龙胆种子质量分级标准研究［J］.江苏农业科学，2011，39（2）：363-364.

［179］明学成，李银强，张璐，等．龙胆种子发芽特性研究［J］.特产研究，2014（2）：32-35.

［180］孙颖，程云清，王海凤．不同化学药剂处理对龙胆草种子萌发的影响［J］.吉林师范大学学报（自然科学版），2015，26（4）：45-46.

［181］黄欢．苗药黑骨藤的生药学以及化学成分研究［D］.成都：四川师范大学，2007.

［182］李家实．中药鉴定学［M］.上海：上海科学技术出版社，2000.

［183］罗会．筋骨草研究进展［J］，广东化工，2011，11（38）：68-69

［184］吴玉兰，丁安伟，冯有龙．荆芥及其相关药材挥发油的成分研究［J］.中草药，2000，31（12）：894-896.

［185］叶定江，丁安伟，俞琏，等．荆芥不同药用部位及炒炭后挥发油的成分研究［J］.中药通，1985，10（7）：307-309.

［186］高峰．荆芥种质资源评价与种子质量标准研究［D］.中国中医科学院，2007.

［187］成清琴，王磊，陈娟，等．丹参种子的超干贮藏研究［J］.中草药，2010，41（5）：825-829.

［188］单成钢，张教洪，王光超，等．丹参种子特性研究［J］.中国现代中药，2013，15（8）：680-684

［189］王涛，刘世勇，江晓波，等．不同产地丹参种子形态及萌发特性的研究[J].四川农业大学学报，2014，32（3）：293-297

［190］陈士林，林余霖．中草药大典［M］.北京：军事医学科学出版社，2006.8.

［191］王雪利．果实类中药材的微性状鉴别研究［D］.安徽中医药大学，2013.

［192］李会珍，孙子文，李晓君，等．紫苏种子性状与主要营养成分相关性分析［J］，中国粮油学报，2013，28（10）：55-59.

［193］周晓晶，李可，范航，等．不同变种及种源紫苏种子油脂肪酸组分及含量比较［J］.北京林业大学学报，2015，37（10）：98-106.

［194］王居仓，赵云青，慕小倩，等．曼陀罗种质资源研究进展［J］.陕西农业科学，2011，01：82-88，106.

［195］周丽波．北洋金花种子及其混伪品的系统鉴别研究［D］.河北医科大学，2004.

［196］王金淑．环境因素对曼陀罗种子萌发特性的影响［J］.北方园艺，2012（04）：72-74.

［197］孙昌高，许炫玉．药用植物种子手册［M］.北京：中国医药科技出版社，1990：467-469.

［198］程齐来，陈君．肉苁蓉属植物研究概况［J］.中药材，2004，10（27）：789-791.

[199] JIANG Y, LI S P, WANG Y T, et al. Differentiation of Herba Cistanches by fingerprint with high-performance liquid chromatographydiode array detection-mass spectrometry. J Chromatogr A, 2009, 1216: 2156-2162.

[200] 徐荣, 孙素琴, 陈君, 等. 肉苁蓉种子成分及活力的红外光谱分析 [J]. 光谱学与光谱分析, 2009, 1 (29): 97-101.

[201] 张国秀, 高旭东, 张学峰. 车前与平车前种子萌发及人工移栽试验产量测定 [J]. 北方园艺, 2008 (8): 216-218.

[202] 牛红云, 王臣, 于辉, 等. 车前属 (Plantago L.) 3种车前种子的生物学比较研究 [J]. 中国农学通报. 2016, 32 (35): 30-34.

[203] 郭巧生, 吴传万, 刘俊, 等. 白花蛇舌草种子萌发特性 [J]. 中药材. 2001, 24 (8): 548-550.

[204] 张敏, 谈献和, 张瑜, 等. 白花蛇舌草种子发芽及化感部位的研究 [J]. 中国野生植物资源, 2012, 31 (1): 33-34.

[205] 韦树根, 何弘, 付金娥, 等. 钩藤种子发芽影响因素研究 [J]. 广西科学院学报, 2014, 30 (4): 278-283.

[206] 刘涛, 刘作易, 贺定祥, 等. 野生中药材资源钩藤种子发芽研究 [J]. 安徽农业科学, 2008, 36 (33): 14436-14437.

[207] 杨俊轶. 钩藤的种子育苗技术 [J]. 中国野生植物资源, 2007, 26 (1): 66-67.

[208] 颜升, 王晓云, 董艳凯, 等. 栀子种子检验规程研究 [J]. 江苏农业科学, 2014, 42 (3): 248-252.

[209] 董丽华, 邹红, 朱玉野, 等. 不同产地栀子种子萌发特性研究 [J]. 种子, 2014, 33 (10): 1-4.

[210] 朱玉野, 董艳凯, 龚雨虹, 等. 贮藏时间对栀子种子生活力及发芽率的影响 [J]. 湖北农业科学, 2016, 5 (15): 3917-3922.

[211] 罗晓铮, 董诚明, 陈随清, 等. 茜草种子萌发特性的研究 [J]. 河南科学, 2008, 26 (9): 1059-1061.

[212] 赵新礼, 张馨. 茜草种子休眠特性的初步研究 [J]. 中药材, 1990 (12): 9-10.

[213] 魏升华, 王新村, 冉懋雄, 等. 地道特色药材续断 [M]. 贵阳: 贵州科技出版社, 2014: 3-17.

[214] 樊新民, 庞胜群, 苏霞. 不同温度处理对冬瓜种子萌发的影响 [J]. 长江蔬菜, 2007 (5): 56-57.

[215] 黄如葵. 冬瓜种子质量在其发育过程及采后处理中的变化 [J]. 中国蔬菜, 2006 (9): 16-18.

[216] 周火强, 刘晓虹. 大型冬瓜杂交制种关键技术研究 [J]. 中国蔬菜, 2008 (5): 26-28.

[217] 沈颖, 黄智文, 田永红, 等. 冬瓜种子萌发处理研究进展 [J]. 蔬菜, 2016 (9): 28-30.

[218] 王玲娜, 于京平, 张永清. 栝楼化学成分研究概述 [J]. 环球中医药, 2014, 7 (1): 72-76.

［219］徐礼英，张小平．不同处理对栝楼种子萌发的影响［J］．芜湖职业技术学院学报，2008，10
（4）：75-77.

［220］孙丽娜．桔梗种质资源的比较研究［D］．延吉：延边大学，2007.

［221］刘自刚．桔梗种子休眠解除方法研究［J］．种子（Seed），2009，28（1）：72-76.

［222］黄家总，邱明珠，傅家瑞，等．贮藏条件对益母草、桔梗和白术种子发芽率的影响［J］．热
带亚热带植物学报，2000，8（4）：365-368.

［223］李鹂，党承林．灯盏花种子萌发特性［J］．中药材，2005，11（28）：975-976.

［224］张勇，孔繁华，路兴涛，等．苍耳种子解除休眠的物理方法研究［J］．杂草学报，2011，29（3）：
60-61.

［225］李孟良，汪从，顺方军．苍耳种子萌发和出苗特性的研究［J］．种子，2014，23（4）：35-
38.

［226］余正文，杨占南，乙引．不同产地青蒿种子脂肪酸GC-MS分析［J］．种子，2011，30（6）：
6-7，12.

［227］闫志刚，马小军，董青松，等．青蒿种子检验规程研究［J］．中国种业，2011（1）：37-40.

［228］赵文吉，李敏，何俊蓉．基于不同来源白术种子的质量评价研究［J］．现代中药研究与实践，
2012，26（6）：18-22.

［229］凌宗全．白术化学成分及药理作用研究进展［J］．内蒙古中医药，2013，35：105-106.

［230］杜一鸣，李靖实，郭彦久，等．牛蒡子的形态与组分［N］．河北科技师范学院学报，2014，
28（4）：1-4.

［231］姜莉，刘拉平，孙新涛，等．大蓟籽及其油的特性研究［J］．中国粮油学报，2015，30（3）：
71-74.

［232］刘路芳，马绍宾．滇大蓟种子特性和影响萌发因素研究［J］．种子，2005（12）：57-59.

［233］徐晓明．盐胁迫对大蓟种子萌发及幼苗生长和生理特性的影响［D］．四川农业大学，2015.

［234］孙江，李新波．水飞蓟种子生物学特性初探［J］．安徽农业科学，2012，40（15）：8492-
8495.

［235］张爱霞，陈叶，祁林强，等．水飞蓟种子质量检验方法研究［J］．中草药，2015，6（4）：
580-583.

［236］尹为治．不同种源红花种子生物学特性研究［D］．新乡：河南师范大学，2009.

［237］陈贞．红花种子人工老化试验研究［J］．种子，1998（1）：13-15.

［238］陈成斌，覃初贤，陈家裘，等．提高野生薏苡种子发芽率的试验研究［J］．中国农学通报，
2000，16（5）：26-28.

［239］芩爱华，邓伟，陈小桦，等．赤霉素＋氯化钾组合处理对薏苡种子萌发的影响［J］．种子，
2016，35（7）：92-94.

［240］刘继永，王英平，孔祥义，等．天南星种子生活力和发芽率的测定［J］．特产研究，

2004，26（1）：25-26.

[241] 朴锦，吕龙石，金大勇.东北天南星种子不同保存及处理方法的研究[J].中国种业，2005（7）：33-34.

[242] 马生军，沙红，包晓玮，等.伊贝母种子发芽率影响因素的研究[J].时珍国医国药，2011，22（06）：1481-1482.

[243] 郝赤松.平贝母有性繁殖方法简介[J].中药材科技，1979，03：23-25.

[244] 王俊翔.平贝母的生长发育研究[J].中药材科技，1979，01：4-9.

[245] 彭成.中华道地药材[M].北京：中国医药出版社，2011：711-715.

[246] 伍燕华，付绍兵，黄开荣，等.川贝母种子质量分级标准研究[J].种子，2012，31（12）：104-107.

[247] 陈瑛，张军，李先恩.卷叶贝母种子胚后熟的温度条件[J].中国中医药杂志，1993，18（5）：270-272.

[248] 马永贵，金兰，罗桂花，等.青海暗紫贝母种子休眠解除的初步研究[J].中华中医药杂志，2012，27（12）：3214-3217.

[249] 徐红，董婷霞，林燕靖，等.韭菜子的生药学研究[J].中国药房，2013，03：246-248.

[250] 黄楠，王华磊，赵致，等.苗药百尾参种子质量标准研究[J].种子，2012，10（31）：124-126.

[251] 李勇刚，李景玉，张跃进.黄精种子营养成分的测定与分析[J].西北植物学报，2009，29（8）：1692-1696.

[252] 王艳芳，唐玲，李荣英，李戈.影响滇重楼种子萌发及胚根生长因素的研究[J].云南中医学院学报，2012，35（2）：28-31.

[253] 朱艳霞，黄燕芬，潘春柳.云南重楼种子生物学特性研究进展[J].中药材，2015，38（3）：632-635.

[254] 韩晶宏，史宝胜，李淑晓.6-BA和GA$_3$浸种对麦冬种子萌发及幼苗生长的影响.江苏农业科学，2011，4：189-190.

[255] 畅晶，张媛媛，李莉，等.射干种子品质检验及质量标准研究[J].中国中药杂志，2011，07：828-832.

[256] 束盼，秦民坚，沈文娟，等.鸢尾属及射干种子的化学成分研究进展[J].中国野生植物资源，2008，02：15-18，32.

[257] 申志英，孟祥财，郑平，等.提高射干种子发芽率的简易方法[J].中药材，2004（03）：163.

[258] 杨福顺，赵胜德，杨文务，等.射干种子繁殖方法[J].中国中药杂志，1991，06.

[259] 李晨，赵祥，董宽虎，等.不同处理方法对马蔺种子萌发的影响[J].畜牧与饲料科学，2013，34（7-8）：23-24.

[260] 肖杰易，周正，余明安. 红豆蔻栽培技术 [J]. 中国中药杂志，1995, 20（4）：208-209.

[261] 陈海云，宁德鲁，李勇杰，等. 草果丰产栽培技术 [J]. 林业科技开发，2012, 26（6）：105-107.

[262] 胡永琼. 草果高产栽培技术 [J]. 云南农业科技，2012（2）：42.

[263] 张丽霞，李学兰，唐德英，等. 阳春砂仁种子质量检验方法的研究 [J]. 中国中药杂志，2011, 36（22）：3086-3090

[264] 赵昕梅，远凌威，张玉. 铁皮石斛种子萌发关键因素研究 [J]. 农技服务，2015, 32（1）：87-88.

[265] 徐云（昌鸟），于力文. 霍山石斛种子的萌发和试管苗的培养 [J]. 安徽农学院学报，1984, 01：2, 48-52, 111.

■ 附录一 │ 种子传统经验术语图解

■ **果实**：由受精的子房（少数单性结实）发育而成的生殖器官。

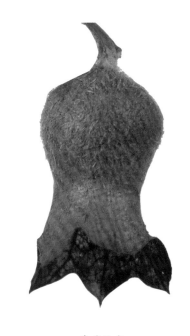

1cm

莨菪果实

■ **果脐**：果实成熟时，果柄脱落所留下的一个痕迹。

■ **果皮**：成熟的子房壁。

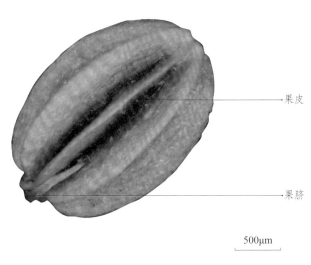

果皮

果脐

500μm

蛇床果实

■ **纵切面**：指对果实或种子与果脐或种脐相平行而切开的面。

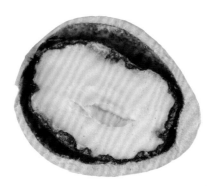

櫔树种子纵切面

■ **横切面**：指对果实或果脐与种子或种脐相垂直而切开的面。

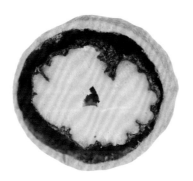

櫔树种子横切面

■ **种子**：植物学上是指由胚珠发育而成的器官，是种子植物特有的繁殖器官。在农、林、园艺生产及中药材栽培领域，种子的概念泛指一切可以繁殖后代，供生产繁殖用的植物器官或植物体的一部分。除了植物学的真种子外，还包括种子状果实、营养器官及人工种子。

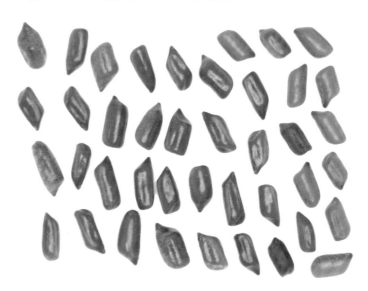

决明种子（真种子）

1mm

丹参（小坚果）

1mm

薯蓣（营养器官）

- ■ **种皮**：由一层或二层珠被发育而成，外珠被发育成外种皮，内珠被发育成内种皮。
- ■ **胚乳**：被子植物在双受精过程中精子与极核融合后形成种子的贮藏组织。
- ■ **胚**：为受精卵发育而成的幼小植物体，一般由胚芽、胚轴、胚根和子叶4部分组成。
- ■ **子叶**：为种胚的幼叶，具1枚（单子叶植物）、2枚（双子叶植物有）或多枚（裸子植物）。
- ■ **胚根**：为植物未发育的初生根，位于胚轴下方，有1条或多条。
- ■ **种阜**：胚珠的外珠被顶端生出一种围绕着珠孔的海绵状突起物。

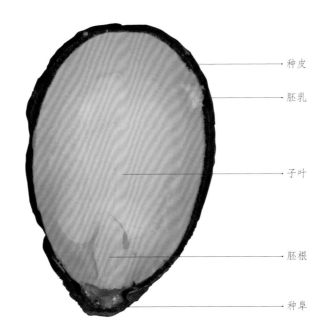

右侧标注（从上到下）：种皮、胚乳、子叶、胚根、种阜

蓖麻

■ **种孔**：由胚珠上的珠孔发育而成，通常为种子萌发时吸收水分和胚根伸出的部位。

■ **种脐**：是种子成熟后从珠柄与种子的连接处断开后，留在种皮上的疤痕。豆科植物种子的种脐明显，如黄芪、甘草等。

■ **合点**：指胚珠受精后，某些外珠被细胞扩大或增殖所形成的瘤状物。多着生于种脐的附近或种脊上。常见于豆科植物。

■ **种脊**：指种脐到合点之间隆起的脊棱线，由倒生胚珠的珠柄发育而来。种脊发达的如蓖麻 *Ricinus communis*。

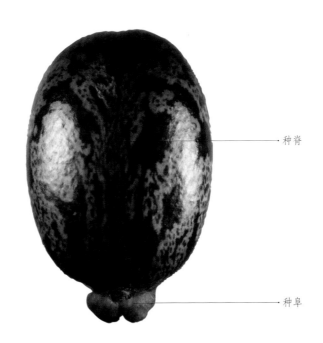

右侧标注（从上到下）：种脊、种阜

蓖麻种脊

■ 总苞：由多数苞片密集在一朵花或一花序的基部，愈合包裹着花序。常见于菊科或伞形科的一些植物。

2mm

薏苡总苞

■ 坚果：果皮坚硬干燥，内含 1 枚种子，果皮与种皮分离。

■ 分果：由复雌蕊发育而成，果实成熟时按心皮数分离成两个或多个含种子的分果瓣，分果瓣干燥不分裂。

■ 瘦果：果皮干燥、坚韧的小型种子。

■ 颖果：果皮较薄，与种皮愈合，不易分离，内含 1 枚种子的果实类型，农业生产上常称为"种子"，是禾本科植物特有的果实类型。

■ 翅果：果实内含 1 枚种子，果皮干燥，一端或周边向外延伸成翅状。

■ 双悬果：由两个合生心皮的下位子房发育形成的果实。果实成熟时分离成两个分果，悬挂在心皮柄上端，各个分果各含 1 枚种子，是伞形科植物特有的果实。

■ 节荚：由单雌蕊发育而成的果实，成熟时不开裂而成节荚。有的节荚成熟后节节脱落，每节含 1 枚种子。

■ 浆果：由单心皮或合生心皮的雌蕊发育形成的果实。外果皮薄，中果皮和内果皮肉质多汁，1 枚果实中常有多数种子。

■ 核果：多由单心皮发育而成的肉质果实，内果皮木质化形成坚硬的果核。

■ 瓠果：由具侧膜胎座的三心皮发育而成的肉质果实，下位子房，是葫芦科植物特有的果实类型。

■ 柑果：由多心皮具中轴胎座的子房发育而成的肉质果实。其外果皮革质，分布多数分泌腔，内含油质；中果皮疏松，具多分枝的维管束；内果皮膜质，分为若干室，向内产生多个汁囊，是主要食用部分，每室含有多粒种子，是芸香科柑橘属植物特有的果实类型。

■ 梨果：由下位子房的花萼筒和子房壁发育而成的果实类型，花萼筒部分膨大为可食部分，外果皮和中果皮均肉质化，内果皮木质化，常分隔为 5 室，每室含 2 枚种子。

■ **胞果**: 又称囊果, 由合生心皮的上位子房发育形成。果皮包围着种子, 果皮薄而疏松, 易与种皮分开。黎科的果实均为胞果。

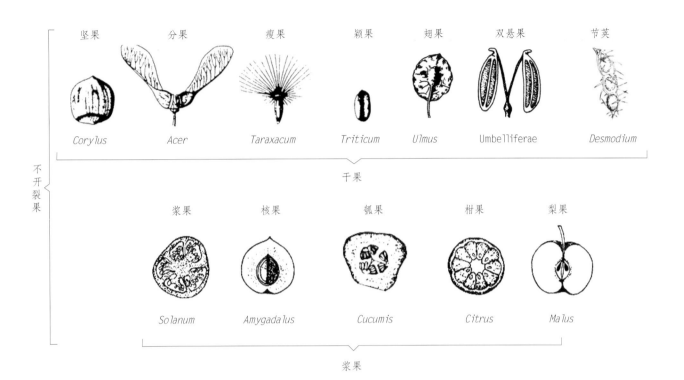

主要不开裂果的果实类型

附录二 部分中药材种子萌发温度表

序号	植物名	拉丁学名	发芽床	发芽温度/℃	最适温度/℃	初次计数/d	末次计数/d	发芽率/100%	备注	引自标准
1	菘蓝	*Isatis indigotica* Fortune	TP	15~25	20	3	8	92	—	—
2	苍术	*Atractylodes lancea* (Thunb.) DC.	TP	20~30	25	4	8	93	光照	—
3	草果	*Amomum tsao-ko* Crevost et Lemaire	S	30/20	30/20	7	49	82.5	光照	—
4	赤小豆	*Vigna umbellata* Ohwi et Ohashi	TP	20~35	25	2	11	99	—	—
5	短葶飞蓬	*Erigeron breviscapus* (Vant.) Hand.-Mazz.	TP	15~30	15~30	2	6	99		—
6	儿茶	*Acacia catechu* (L. f.) Willd.	TP	20~35	30	2	4	100	—	—
7	丹参	*Salvia miltiorrhiza* Bge.	TP	15~30	25	3	8	95	—	—
8	白花前胡	*Peucedanum praeruptorum* Dunn	TP	20~25	20	7	24	75	光照	—
9	枸杞	*Lycium chinense* Mill.	TP	15~30	20	7	21	94.5	—	GB 2772—1999
10	沙棘	*Hippophae rhamnoides* L.	TP	25	25	10	19	98.5	始温45℃水浸种24 h	GB 2772—1999
11	钩藤	*Uncaria rhynchophylla* (Miq.) Miq. ex Havil.	TP	20~25	20	10	35	70	光照	—
12	荆芥	*Schizonepeta tenuifolia* Briq.	TP	15~25	25	2	7	93	—	—

续表

序号	植物名	拉丁学名	发芽床	发芽温度/℃	最适温度/℃	初次计数/d	末次计数/d	发芽率/100%	备注	引自标准
13	九里香	*Murraya exotica* L.	TP	20~30	30	6	9	99	—	—
14	韭菜	*Allium tuberosum* Rottl. ex Spreng.	TP	20~25	25	3	15	59.5	—	—
15	萝卜	*Raphanus sativus* L.	TP	5~30	20~30	2	3	100	—	—
16	马钱	*Strychnos nux-vomica* L.	TP	20~30	20	1	13	89	—	—
17	大麦	*Hordeum vulgare* L.	BP; S	20	20	4	7	78	①预热（30~35℃）；②预冷；③GA$_3$	GB/T 2930.4—2001
18	蒙古黄芪	*Astragalus membranaceus* (Fishch.) Bge. var. *mongholicus* (Bge.) Hsia	TP	15~25	20	3	15	79	研磨使种皮破损	—
19	牵牛	*Pharbitis nil* (L.) Choisy	TP	20~35	35	1	13	86	—	—
20	芡	*Euryale ferox* Salisb.	TP	25	25	7	30	80	—	—
21	黄花蒿	*Artemisia annua* L.	TP	10~15	10	5	11	81	—	—
22	石竹	*Dianthus chinensis* L.	TP	20~30	25	2	7	93	—	—
23	射干	*Belamcanda chinensis* (L.) DC.	TP	20~25	25	5	14	72	黑暗	—
24	酸枣	*Ziziphus jujuba* Mill. var. *spinosa* (Bunge) Hu ex H. F. Chou	TP	25	25	4	11	62	黑暗	—
25	麦蓝菜	*Vaccaria segetalis* (Neck.) Garcke	TP	15~25	25	2	9	97.5	—	—
26	白花曼陀罗	*Datura metel* L.	TP	25	25	3	15	61	光照	—
27	云木香	*Saussurea costus* (Falc.) Lipech.	TP	25~30	25	3	8	97.75	—	—

续表

序号	植物名	拉丁学名	发芽床	发芽温度/℃	最适温度/℃	初次计数/d	末次计数/d	发芽率/100%	备注	引自标准
28	皂荚	*Gleditsia sinensis* Lam.	TP	20~25	20~25	12	21	35	①浓硫酸浸1 h，充分冲洗，②始温45℃温水浸48 h；水浸种24 h，余硬粒再处理1~2次	GB 2772—1999
29	知母	*Anemarrhena asphodeloides* Bunge	TP	20~30	25	4	13	80	黑暗	—
30	胡芦巴	*Trigonella foenum-graecum* L.	TP；BP	20~30；20	20~30；20	14	28	98.5	1~5℃层积60 d	GB 2772—1999
31	紫苏	*Perilla frutescens* (L.) Britt.	TP	15~35	15	5	10		—	—
32	银杏	*Ginkgo biloba* L.	TP	20~25	20~25	12	21	2	①浓硫酸浸1 h，充分冲洗，②始温45℃温水浸48 h；水浸种24 h，余硬粒再处理1~2次	GB 2772—1999

（TP：纸上；BP：纸间；S：砂上；GA$_3$：赤霉素溶液）

附录三　中华人民共和国种子法

（2000年7月8日第九届全国人民代表大会常务委员会第十六次会议通过　根据2004年8月28日第十届全国人民代表大会常务委员会第十一次会议《关于修改〈中华人民共和国种子法〉的决定》第一次修正　根据2013年6月29日第十二届全国人民代表大会常务委员会第三次会议《关于修改〈中华人民共和国文物保护法〉等十二部法律的决定》第二次修正　2015年11月4日第十二届全国人民代表大会常务委员会第十七次会议修订）

目　　录

第一章　总　　则

第二章　种质资源保护

第三章　品种选育、审定与登记

第四章　新品种保护

第五章　种子生产经营

第六章　种子监督管理

第七章　种子进出口和对外合作

第八章　扶持措施

第九章　法律责任

第十章　附　　则

第一章　总　　则

第一条　为了保护和合理利用种质资源，规范品种选育、种子生产经营和管理行为，保护植物新品种权，维护种子生产经营者、使用者的合法权益，提高种子质量，推动种子产业化，发展现代种业，保障国家粮食安全，促进农业和林业的发展，制定本法。

第二条　在中华人民共和国境内从事品种选育、种子生产经营和管理等活动，适用本法。

本法所称种子，是指农作物和林木的种植材料或者繁殖材料，包括籽粒、果实、根、茎、苗、芽、叶、花等。

第三条　国务院农业、林业主管部门分别主管全国农作物种子和林木种子工作；县级以上地方人民政府农业、林业主管部门分别主管本行政区域内农作物种子和林木种子工作。

各级人民政府及其有关部门应当采取措施，加强种子执法和监督，依法惩处侵害农民权益的种子违法行为。

第四条　国家扶持种质资源保护工作和选育、生产、更新、推广使用良种，鼓励品种选育和种子生产经营相结合，奖励在种质资源保护工作和良种选育、推广等工作中成绩显著的单位和个人。

第五条　省级以上人民政府应当根据科教兴农方针和农业、林业发展的需要制定种业发展规划并组织实施。

第六条　省级以上人民政府建立种子储备制度，主要用于发生灾害时的生产需要及余缺调剂，保障农业和林业生产安全。对储备的种子应当定期检验和更新。种子储备的具体办法由国务院规定。

第七条　转基因植物品种的选育、试验、审定和推广应当进行安全性评价，并采取严格的安全控制措施。国务院农业、林业主管部门应当加强跟踪监管并及时公告有关转基因植物品种审定和推广的信息。具体办法由国务院规定。

第二章　种质资源保护

第八条　国家依法保护种质资源，任何单位和个人不得侵占和破坏种质资源。

禁止采集或者采伐国家重点保护的天然种质资源。因科研等特殊情况需要采集或者采伐的，应当经国务院或者省、自治区、直辖市人民政府的农业、林业主管部门批准。

第九条　国家有计划地普查、收集、整理、鉴定、登记、保存、交流和利用种质资源，定期公布可供利用的种质资源目录。具体办法由国务院农业、林业主管部门规定。

第十条　国务院农业、林业主管部门应当建立种质资源库、种质资源保护区或者种质资源保护地。省、自治区、直辖市人民政府农业、林业主管部门可以根据需要建立种质资源库、种质资源保护区、种质资源保护地。种质资源库、种质资源保护区、种质资源保护地的种质资源属公共资源，依法开放利用。

占用种质资源库、种质资源保护区或者种质资源保护地的，需经原设立机关同意。

第十一条　国家对种质资源享有主权，任何单位和个人向境外提供种质资源，或者与境外机构、个人开展合作研究利用种质资源的，应当向省、自治区、直辖市人民政府农业、林业主管部门提出申请，并提交国家共享惠益的方案；受理申请的农业、林业主管部门经审核，报国务院农业、林业主管部门批准。

从境外引进种质资源的，依照国务院农业、林业主管部门的有关规定办理。

第三章　品种选育、审定与登记

第十二条　国家支持科研院所及高等院校重点开展育种的基础性、前沿性和应用技术研究，以及常规作物、主要造林树种育种和无性繁殖材料选育等公益性研究。

国家鼓励种子企业充分利用公益性研究成果，培育具有自主知识产权的优良品种；鼓励种子企业与科研院所及高等院校构建技术研发平台，建立以市场为导向、资本为纽带、利益共享、风险共担的产学研相结合的种业技术创新体系。

国家加强种业科技创新能力建设，促进种业科技成果转化，维护种业科技人员的合法权益。

第十三条 由财政资金支持形成的育种发明专利权和植物新品种权，除涉及国家安全、国家利益和重大社会公共利益的外，授权项目承担者依法取得。

由财政资金支持为主形成的育种成果的转让、许可等应当依法公开进行，禁止私自交易。

第十四条 单位和个人因林业主管部门为选育林木良种建立测定林、试验林、优树收集区、基因库等而减少经济收入的，批准建立的林业主管部门应当按照国家有关规定给予经济补偿。

第十五条 国家对主要农作物和主要林木实行品种审定制度。主要农作物品种和主要林木品种在推广前应当通过国家级或者省级审定。由省、自治区、直辖市人民政府林业主管部门确定的主要林木品种实行省级审定。

申请审定的品种应当符合特异性、一致性、稳定性要求。

主要农作物品种和主要林木品种的审定办法由国务院农业、林业主管部门规定。审定办法应当体现公正、公开、科学、效率的原则，有利于产量、品质、抗性等的提高与协调，有利于适应市场和生活消费需要的品种的推广。在制定、修改审定办法时，应当充分听取育种者、种子使用者、生产经营者和相关行业代表意见。

第十六条 国务院和省、自治区、直辖市人民政府的农业、林业主管部门分别设立由专业人员组成的农作物品种和林木品种审定委员会。品种审定委员会承担主要农作物品种和主要林木品种的审定工作，建立包括申请文件、品种审定试验数据、种子样品、审定意见和审定结论等内容的审定档案，保证可追溯。在审定通过的品种依法公布的相关信息中应当包括审定意见情况，接受监督。

品种审定实行回避制度。品种审定委员会委员、工作人员及相关测试、试验人员应当忠于职守，公正廉洁。对单位和个人举报或者监督检查发现的上述人员的违法行为，省级以上人民政府农业、林业主管部门和有关机关应当及时依法处理。

第十七条 实行选育生产经营相结合，符合国务院农业、林业主管部门规定条件的种子企业，对其自主研发的主要农作物品种、主要林木品种可以按照审定办法自行完成试验，达到审定标准的，品种审定委员会应当颁发审定证书。种子企业对试验数据的真实性负责，保证可追溯，接受省级以上人民政府农业、林业主管部门和社会的监督。

第十八条 审定未通过的农作物品种和林木品种，申请人有异议的，可以向原审定委员会或者国家级审定委员会申请复审。

第十九条 通过国家级审定的农作物品种和林木良种由国务院农业、林业主管部门公告，可以在全国适宜的生态区域推广。通过省级审定的农作物品种和林木良种由省、自治区、直辖市人民政府农业、林业主管部门公告，可以在本行政区域内适宜的生态区域推广；其他省、自治区、直辖市属于同一适宜生态区的地域引种农作物品种、林木良种的，引种者应当将引种的品种和区域报所在省、自治区、直辖市人民政府农业、林业主管部门备案。

引种本地区没有自然分布的林木品种，应当按照国家引种标准通过试验。

第二十条　省、自治区、直辖市人民政府农业、林业主管部门应当完善品种选育、审定工作的区域协作机制，促进优良品种的选育和推广。

第二十一条　审定通过的农作物品种和林木良种出现不可克服的严重缺陷等情形不宜继续推广、销售的，经原审定委员会审核确认后，撤销审定，由原公告部门发布公告，停止推广、销售。

第二十二条　国家对部分非主要农作物实行品种登记制度。列入非主要农作物登记目录的品种在推广前应当登记。

实行品种登记的农作物范围应当严格控制，并根据保护生物多样性、保证消费安全和用种安全的原则确定。登记目录由国务院农业主管部门制定和调整。

申请者申请品种登记应当向省、自治区、直辖市人民政府农业主管部门提交申请文件和种子样品，并对其真实性负责，保证可追溯，接受监督检查。申请文件包括品种的种类、名称、来源、特性、育种过程以及特异性、一致性、稳定性测试报告等。

省、自治区、直辖市人民政府农业主管部门自受理品种登记申请之日起二十个工作日内，对申请者提交的申请文件进行书面审查，符合要求的，报国务院农业主管部门予以登记公告。

对已登记品种存在申请文件、种子样品不实的，由国务院农业主管部门撤销该品种登记，并将该申请者的违法信息记入社会诚信档案，向社会公布；给种子使用者和其他种子生产经营者造成损失的，依法承担赔偿责任。

对已登记品种出现不可克服的严重缺陷等情形的，由国务院农业主管部门撤销登记，并发布公告，停止推广。

非主要农作物品种登记办法由国务院农业主管部门规定。

第二十三条　应当审定的农作物品种未经审定的，不得发布广告、推广、销售。

应当审定的林木品种未经审定通过的，不得作为良种推广、销售，但生产确需使用的，应当经林木品种审定委员会认定。

应当登记的农作物品种未经登记的，不得发布广告、推广，不得以登记品种的名义销售。

第二十四条　在中国境内没有经常居所或者营业场所的境外机构、个人在境内申请品种审定或者登记的，应当委托具有法人资格的境内种子企业代理。

第四章　新品种保护

第二十五条　国家实行植物新品种保护制度。对国家植物品种保护名录内经过人工选育或者发现的野生植物加以改良，具备新颖性、特异性、一致性、稳定性和适当命名的植物品种，由国务院农业、林业主管部门授予植物新品种权，保护植物新品种权所有人的合法权益。植物新品种权的内容和归属、授予条件、申请和受理、审查与批准，以及期限、终止和无效等依照本法、有关法律和行政法规规定执行。

国家鼓励和支持种业科技创新、植物新品种培育及成果转化。取得植物新品种权的品种得到推广应用的，育种者依法获得相应的经济利益。

第二十六条　一个植物新品种只能授予一项植物新品种权。两个以上的申请人分别就同一个品种申请植物新品种权的，植物新品种权授予最先申请的人；同时申请的，植物新品种权授予最先完成该品种育种的人。

对违反法律，危害社会公共利益、生态环境的植物新品种，不授予植物新品种权。

第二十七条 授予植物新品种权的植物新品种名称，应当与相同或者相近的植物属或者种中已知品种的名称相区别。该名称经授权后即为该植物新品种的通用名称。

下列名称不得用于授权品种的命名：

（一）仅以数字表示的；

（二）违反社会公德的；

（三）对植物新品种的特征、特性或者育种者身份等容易引起误解的。

同一植物品种在申请新品种保护、品种审定、品种登记、推广、销售时只能使用同一个名称。生产推广、销售的种子应当与申请植物新品种保护、品种审定、品种登记时提供的样品相符。

第二十八条 完成育种的单位或者个人对其授权品种，享有排他的独占权。任何单位或者个人未经植物新品种权所有人许可，不得生产、繁殖或者销售该授权品种的繁殖材料，不得为商业目的将该授权品种的繁殖材料重复使用于生产另一品种的繁殖材料；但是本法、有关法律、行政法规另有规定的除外。

第二十九条 在下列情况下使用授权品种的，可以不经植物新品种权所有人许可，不向其支付使用费，但不得侵犯植物新品种权所有人依照本法、有关法律、行政法规享有的其他权利：

（一）利用授权品种进行育种及其他科研活动；

（二）农民自繁自用授权品种的繁殖材料。

第三十条 为了国家利益或者社会公共利益，国务院农业、林业主管部门可以作出实施植物新品种权强制许可的决定，并予以登记和公告。

取得实施强制许可的单位或者个人不享有独占的实施权，并且无权允许他人实施。

第五章 种子生产经营

第三十一条 从事种子进出口业务的种子生产经营许可证，由省、自治区、直辖市人民政府农业、林业主管部门审核，国务院农业、林业主管部门核发。

从事主要农作物杂交种子及其亲本种子、林木良种种子的生产经营以及实行选育生产经营相结合，符合国务院农业、林业主管部门规定条件的种子企业的种子生产经营许可证，由生产经营者所在地县级人民政府农业、林业主管部门审核，省、自治区、直辖市人民政府农业、林业主管部门核发。

前两款规定以外的其他种子的生产经营许可证，由生产经营者所在地县级以上地方人民政府农业、林业主管部门核发。

只从事非主要农作物种子和非主要林木种子生产的，不需要办理种子生产经营许可证。

第三十二条 申请取得种子生产经营许可证的，应当具有与种子生产经营相适应的生产经营设施、设备及专业技术人员，以及法规和国务院农业、林业主管部门规定的其他条件。

从事种子生产的，还应当同时具有繁殖种子的隔离和培育条件，具有无检疫性有害生物的种子生产地点或者县级以上人民政府林业主管部门确定的采种林。

申请领取具有植物新品种权的种子生产经营许可证的，应当征得植物新品种权所有人的书面同意。

第三十三条　种子生产经营许可证应当载明生产经营者名称、地址、法定代表人、生产种子的品种、地点和种子经营的范围、有效期限、有效区域等事项。

前款事项发生变更的，应当自变更之日起三十日内，向原核发许可证机关申请变更登记。

除本法另有规定外，禁止任何单位和个人无种子生产经营许可证或者违反种子生产经营许可证的规定生产、经营种子。禁止伪造、变造、买卖、租借种子生产经营许可证。

第三十四条　种子生产应当执行种子生产技术规程和种子检验、检疫规程。

第三十五条　在林木种子生产基地内采集种子的，由种子生产基地的经营者组织进行，采集种子应当按照国家有关标准进行。

禁止抢采掠青、损坏母树，禁止在劣质林内、劣质母树上采集种子。

第三十六条　种子生产经营者应当建立和保存包括种子来源、产地、数量、质量、销售去向、销售日期和有关责任人员等内容的生产经营档案，保证可追溯。种子生产经营档案的具体载明事项，种子生产经营档案及种子样品的保存期限由国务院农业、林业主管部门规定。

第三十七条　农民个人自繁自用的常规种子有剩余的，可以在当地集贸市场上出售、串换，不需要办理种子生产经营许可证。

第三十八条　种子生产经营许可证的有效区域由发证机关在其管辖范围内确定。种子生产经营者在种子生产经营许可证载明的有效区域设立分支机构的，专门经营不再分装的包装种子的，或者受具有种子生产经营许可证的种子生产经营者以书面委托生产、代销其种子的，不需要办理种子生产经营许可证，但应当向当地农业、林业主管部门备案。

实行选育生产经营相结合，符合国务院农业、林业主管部门规定条件的种子企业的生产经营许可证的有效区域为全国。

第三十九条　未经省、自治区、直辖市人民政府林业主管部门批准，不得收购珍贵树木种子和本级人民政府规定限制收购的林木种子。

第四十条　销售的种子应当加工、分级、包装。但是不能加工、包装的除外。

大包装或者进口种子可以分装；实行分装的，应当标注分装单位，并对种子质量负责。

第四十一条　销售的种子应当符合国家或者行业标准，附有标签和使用说明。标签和使用说明标注的内容应当与销售的种子相符。种子生产经营者对标注内容的真实性和种子质量负责。

标签应当标注种子类别、品种名称、品种审定或者登记编号、品种适宜种植区域及季节、生产经营者及注册地、质量指标、检疫证明编号、种子生产经营许可证编号和信息代码，以及国务院农业、林业主管部门规定的其他事项。

销售授权品种种子的，应当标注品种权号。

销售进口种子的，应当附有进口审批文号和中文标签。

销售转基因植物品种种子的，必须用明显的文字标注，并应当提示使用时的安全控制措施。

种子生产经营者应当遵守有关法律、法规的规定，诚实守信，向种子使用者提供种子生产者信息、种子的主要性状、主要栽培措施、适应性等使用条件的说明、风险提示与有关咨询服务，不得作虚假或者引人误解的宣传。

任何单位和个人不得非法干预种子生产经营者的生产经营自主权。

第四十二条　种子广告的内容应当符合本法和有关广告的法律、法规的规定，主要性状描述等应当与审定、登记公告一致。

第四十三条　运输或者邮寄种子应当依照有关法律、行政法规的规定进行检疫。

第四十四条　种子使用者有权按照自己的意愿购买种子，任何单位和个人不得非法干预。

第四十五条　国家对推广使用林木良种造林给予扶持。国家投资或者国家投资为主的造林项目和国有林业单位造林，应当根据林业主管部门制定的计划使用林木良种。

第四十六条　种子使用者因种子质量问题或者因种子的标签和使用说明标注的内容不真实，遭受损失的，种子使用者可以向出售种子的经营者要求赔偿，也可以向种子生产者或者其他经营者要求赔偿。赔偿额包括购种价款、可得利益损失和其他损失。属于种子生产者或者其他经营者责任的，出售种子的经营者赔偿后，有权向种子生产者或者其他经营者追偿；属于出售种子的经营者责任的，种子生产者或者其他经营者赔偿后，有权向出售种子的经营者追偿。

第六章　种子监督管理

第四十七条　农业、林业主管部门应当加强对种子质量的监督检查。种子质量管理办法、行业标准和检验方法，由国务院农业、林业主管部门制定。

农业、林业主管部门可以采用国家规定的快速检测方法对生产经营的种子品种进行检测，检测结果可以作为行政处罚依据。被检查人对检测结果有异议的，可以申请复检，复检不得采用同一检测方法。因检测结果错误给当事人造成损失的，依法承担赔偿责任。

第四十八条　农业、林业主管部门可以委托种子质量检验机构对种子质量进行检验。

承担种子质量检验的机构应当具备相应的检测条件、能力，并经省级以上人民政府有关主管部门考核合格。

种子质量检验机构应当配备种子检验员。种子检验员应当具有中专以上有关专业学历，具备相应的种子检验技术能力和水平。

第四十九条　禁止生产经营假、劣种子。农业、林业主管部门和有关部门依法打击生产经营假、劣种子的违法行为，保护农民合法权益，维护公平竞争的市场秩序。

下列种子为假种子：

（一）以非种子冒充种子或者以此种品种种子冒充其他品种种子的；

（二）种子种类、品种与标签标注的内容不符或者没有标签的。

下列种子为劣种子：

（一）质量低于国家规定标准的；

（二）质量低于标签标注指标的；

（三）带有国家规定的检疫性有害生物的。

第五十条　农业、林业主管部门是种子行政执法机关。种子执法人员依法执行公务时应当出示行政执法证件。农业、林业主管部门依法履行种子监督检查职责时，有权采取下列措施：

（一）进入生产经营场所进行现场检查；

（二）对种子进行取样测试、试验或者检验；

（三）查阅、复制有关合同、票据、账簿、生产经营档案及其他有关资料；

（四）查封、扣押有证据证明违法生产经营的种子，以及用于违法生产经营的工具、设备及运输工具等；

（五）查封违法从事种子生产经营活动的场所。

农业、林业主管部门依照本法规定行使职权，当事人应当协助、配合，不得拒绝、阻挠。

农业、林业主管部门所属的综合执法机构或者受其委托的种子管理机构，可以开展种子执法相关工作。

第五十一条　种子生产经营者依法自愿成立种子行业协会，加强行业自律管理，维护成员合法权益，为成员和行业发展提供信息交流、技术培训、信用建设、市场营销和咨询等服务。

第五十二条　种子生产经营者可自愿向具有资质的认证机构申请种子质量认证。经认证合格的，可以在包装上使用认证标识。

第五十三条　由于不可抗力原因，为生产需要必须使用低于国家或者地方规定标准的农作物种子的，应当经用种地县级以上地方人民政府批准；林木种子应当经用种地省、自治区、直辖市人民政府批准。

第五十四条　从事品种选育和种子生产经营以及管理的单位和个人应当遵守有关植物检疫法律、行政法规的规定，防止植物危险性病、虫、杂草及其他有害生物的传播和蔓延。

禁止任何单位和个人在种子生产基地从事检疫性有害生物接种试验。

第五十五条　省级以上人民政府农业、林业主管部门应当在统一的政府信息发布平台上发布品种审定、品种登记、新品种保护、种子生产经营许可、监督管理等信息。

国务院农业、林业主管部门建立植物品种标准样品库，为种子监督管理提供依据。

第五十六条　农业、林业主管部门及其工作人员，不得参与和从事种子生产经营活动。

第七章　种子进出口和对外合作

第五十七条　进口种子和出口种子必须实施检疫，防止植物危险性病、虫、杂草及其他有害生物传入境内和传出境外，具体检疫工作按照有关植物进出境检疫法律、行政法规的规定执行。

第五十八条　从事种子进出口业务的，除具备种子生产经营许可证外，还应当依照国家有关规定取得种子进出口许可。

从境外引进农作物、林木种子的审定权限，农作物、林木种子的进口审批办法，引进转基因植物品种的管理办法，由国务院规定。

第五十九条　进口种子的质量,应当达到国家标准或者行业标准。没有国家标准或者行业标准的,可以按照合同约定的标准执行。

第六十条　为境外制种进口种子的,可以不受本法第五十八条第一款的限制,但应当具有对外制种合同,进口的种子只能用于制种,其产品不得在境内销售。

从境外引进农作物或者林木试验用种,应当隔离栽培,收获物也不得作为种子销售。

第六十一条　禁止进出口假、劣种子以及属于国家规定不得进出口的种子。

第六十二条　国家建立种业国家安全审查机制。境外机构、个人投资、并购境内种子企业,或者与境内科研院所、种子企业开展技术合作,从事品种研发、种子生产经营的审批管理依照有关法律、行政法规的规定执行。

第八章　扶持措施

第六十三条　国家加大对种业发展的支持。对品种选育、生产、示范推广、种质资源保护、种子储备以及制种大县给予扶持。

国家鼓励推广使用高效、安全制种采种技术和先进适用的制种采种机械,将先进适用的制种采种机械纳入农机具购置补贴范围。

国家积极引导社会资金投资种业。

第六十四条　国家加强种业公益性基础设施建设。

对优势种子繁育基地内的耕地,划入基本农田保护区,实行永久保护。优势种子繁育基地由国务院农业主管部门商所在省、自治区、直辖市人民政府确定。

第六十五条　对从事农作物和林木品种选育、生产的种子企业,按照国家有关规定给予扶持。

第六十六条　国家鼓励和引导金融机构为种子生产经营和收储提供信贷支持。

第六十七条　国家支持保险机构开展种子生产保险。省级以上人民政府可以采取保险费补贴等措施,支持发展种业生产保险。

第六十八条　国家鼓励科研院所及高等院校与种子企业开展育种科技人员交流,支持本单位的科技人员到种子企业从事育种成果转化活动;鼓励育种科研人才创新创业。

第六十九条　国务院农业、林业主管部门和异地繁育种子所在地的省、自治区、直辖市人民政府应当加强对异地繁育种子工作的管理和协调,交通运输部门应当优先保证种子的运输。

第九章　法律责任

第七十条　农业、林业主管部门不依法作出行政许可决定,发现违法行为或者接到对违法行为的举报不予查处,或者有其他未依照本法规定履行职责的行为的,由本级人民政府或者上级人民政府有关部门责令改正,对负有责任的主管人员和其他直接责任人员依法给予处分。

违反本法第五十六条规定,农业、林业主管部门工作人员从事种子生产经营活动的,依法给予处分。

第七十一条　违反本法第十六条规定,品种审定委员会委员和工作人员不依法履行职责,弄虚作假、徇私舞弊的，依法给予处分；自处分决定作出之日起五年内不得从事品种审定工作。

第七十二条　品种测试、试验和种子质量检验机构伪造测试、试验、检验数据或者出具虚假证明的，由县级以上人民政府农业、林业主管部门责令改正，对单位处五万元以上十万元以下罚款，对直接负责的主管人员和其他直接责任人员处一万元以上五万元以下罚款；有违法所得的，并处没收违法所得；给种子使用者和其他种子生产经营者造成损失的，与种子生产经营者承担连带责任；情节严重的，由省级以上人民政府有关主管部门取消种子质量检验资格。

第七十三条　违反本法第二十八条规定，有侵犯植物新品种权行为的，由当事人协商解决，不愿协商或者协商不成的，植物新品种权所有人或者利害关系人可以请求县级以上人民政府农业、林业主管部门进行处理，也可以直接向人民法院提起诉讼。

县级以上人民政府农业、林业主管部门，根据当事人自愿的原则，对侵犯植物新品种权所造成的损害赔偿可以进行调解。调解达成协议的，当事人应当履行；当事人不履行协议或者调解未达成协议的，植物新品种权所有人或者利害关系人可以依法向人民法院提起诉讼。

侵犯植物新品种权的赔偿数额按照权利人因被侵权所受到的实际损失确定；实际损失难以确定的，可以按照侵权人因侵权所获得的利益确定。权利人的损失或者侵权人获得的利益难以确定的，可以参照该植物新品种权许可使用费的倍数合理确定。赔偿数额应当包括权利人为制止侵权行为所支付的合理开支。侵犯植物新品种权，情节严重的，可以在按照上述方法确定数额的一倍以上三倍以下确定赔偿数额。

权利人的损失、侵权人获得的利益和植物新品种权许可使用费均难以确定的，人民法院可以根据植物新品种权的类型、侵权行为的性质和情节等因素，确定给予三百万元以下的赔偿。

县级以上人民政府农业、林业主管部门处理侵犯植物新品种权案件时，为了维护社会公共利益，责令侵权人停止侵权行为，没收违法所得和种子；货值金额不足五万元的，并处一万元以上二十五万元以下罚款；货值金额五万元以上的，并处货值金额五倍以上十倍以下罚款。

假冒授权品种的，由县级以上人民政府农业、林业主管部门责令停止假冒行为，没收违法所得和种子；货值金额不足五万元的，并处一万元以上二十五万元以下罚款；货值金额五万元以上的，并处货值金额五倍以上十倍以下罚款。

第七十四条　当事人就植物新品种的申请权和植物新品种权的权属发生争议的，可以向人民法院提起诉讼。

第七十五条　违反本法第四十九条规定，生产经营假种子的，由县级以上人民政府农业、林业主管部门责令停止生产经营，没收违法所得和种子，吊销种子生产经营许可证；违法生产经营的货值金额不足一万元的，并处一万元以上十万元以下罚款；货值金额一万元以上的，并处货值金额十倍以上二十倍以下罚款。

因生产经营假种子犯罪被判处有期徒刑以上刑罚的，种子企业或者其他单位的法定代表人、直接负责的主管人员自刑罚执行完毕之日起五年内不得担任种子企业的法定代表人、高级管理人员。

第七十六条　违反本法第四十九条规定，生产经营劣种子的，由县级以上人民政府农业、林业主管部门责令停止生产经营，没收违法所得和种子；违法生产经营的货值金额不足一万元的，并处五千元以上五万元以下罚款；货值金额一万元以上的，并处货值金额五倍以上十倍以下罚款；情节严重的，吊销种子生产经营许可证。

因生产经营劣种子犯罪被判处有期徒刑以上刑罚的，种子企业或者其他单位的法定代表人、直接负责的主管人员自刑罚执行完毕之日起五年内不得担任种子企业的法定代表人、高级管理人员。

第七十七条　违反本法第三十二条、第三十三条规定，有下列行为之一的，由县级以上人民政府农业、林业主管部门责令改正，没收违法所得和种子；违法生产经营的货值金额不足一万元的，并处三千元以上三万元以下罚款；货值金额一万元以上的，并处货值金额三倍以上五倍以下罚款；可以吊销种子生产经营许可证：

（一）未取得种子生产经营许可证生产经营种子的；

（二）以欺骗、贿赂等不正当手段取得种子生产经营许可证的；

（三）未按照种子生产经营许可证的规定生产经营种子的；

（四）伪造、变造、买卖、租借种子生产经营许可证的。

被吊销种子生产经营许可证的单位，其法定代表人、直接负责的主管人员自处罚决定作出之日起五年内不得担任种子企业的法定代表人、高级管理人员。

第七十八条　违反本法第二十一条、第二十二条、第二十三条规定，有下列行为之一的，由县级以上人民政府农业、林业主管部门责令停止违法行为，没收违法所得和种子，并处二万元以上二十万元以下罚款：

（一）对应当审定未经审定的农作物品种进行推广、销售的；

（二）作为良种推广、销售应当审定未经审定的林木品种的；

（三）推广、销售应当停止推广、销售的农作物品种或者林木良种的；

（四）对应当登记未经登记的农作物品种进行推广，或者以登记品种的名义进行销售的；

（五）对已撤销登记的农作物品种进行推广，或者以登记品种的名义进行销售的。

违反本法第二十三条、第四十二条规定，对应当审定未经审定或者应当登记未经登记的农作物品种发布广告，或者广告中有关品种的主要性状描述的内容与审定、登记公告不一致的，依照《中华人民共和国广告法》的有关规定追究法律责任。

第七十九条　违反本法第五十八条、第六十条、第六十一条规定，有下列行为之一的，由县级以上人民政府农业、林业主管部门责令改正，没收违法所得和种子；违法生产经营的货值金额不足一万元的，并处三千元以上三万元以下罚款；货值金额一万元以上的，并处货值金额三倍以上五倍以下罚款；情节严重的，吊销种子生产经营许可证：

（一）未经许可进出口种子的；

（二）为境外制种的种子在境内销售的；

（三）从境外引进农作物或者林木种子进行引种试验的收获物作为种子在境内销售的；

（四）进出口假、劣种子或者属于国家规定不得进出口的种子的。

第八十条　违反本法第三十六条、第三十八条、第四十条、第四十一条规定，有下列行为之一的，由县级以上人民政府农业、林业主管部门责令改正，处二千元以上二万元以下罚款：

（一）销售的种子应当包装而没有包装的；

（二）销售的种子没有使用说明或者标签内容不符合规定的；

（三）涂改标签的；

（四）未按规定建立、保存种子生产经营档案的；

（五）种子生产经营者在异地设立分支机构、专门经营不再分装的包装种子或者受委托生产、代销种子，未按规定备案的。

第八十一条　违反本法第八条规定，侵占、破坏种质资源，私自采集或者采伐国家重点保护的天然种质资源的，由县级以上人民政府农业、林业主管部门责令停止违法行为，没收种质资源和违法所得，并处五千元以上五万元以下罚款；造成损失的，依法承担赔偿责任。

第八十二条　违反本法第十一条规定，向境外提供或者从境外引进种质资源，或者与境外机构、个人开展合作研究利用种质资源的，由国务院或者省、自治区、直辖市人民政府的农业、林业主管部门没收种质资源和违法所得，并处二万元以上二十万元以下罚款。

未取得农业、林业主管部门的批准文件携带、运输种质资源出境的，海关应当将该种质资源扣留，并移送省、自治区、直辖市人民政府农业、林业主管部门处理。

第八十三条　违反本法第三十五条规定，抢采掠青、损坏母树或者在劣质林内、劣质母树上采种的，由县级以上人民政府林业主管部门责令停止采种行为，没收所采种子，并处所采种子货值金额二倍以上五倍以下罚款。

第八十四条　违反本法第三十九条规定，收购珍贵树木种子或者限制收购的林木种子的，由县级以上人民政府林业主管部门没收所收购的种子，并处收购种子货值金额二倍以上五倍以下罚款。

第八十五条　违反本法第十七条规定，种子企业有造假行为的，由省级以上人民政府农业、林业主管部门处一百万元以上五百万元以下罚款；不得再依照本法第十七条的规定申请品种审定；给种子使用者和其他种子生产经营者造成损失的，依法承担赔偿责任。

第八十六条　违反本法第四十五条规定，未根据林业主管部门制定的计划使用林木良种的，由同级人民政府林业主管部门责令限期改正；逾期未改正的，处三千元以上三万元以下罚款。

第八十七条　违反本法第五十四条规定，在种子生产基地进行检疫性有害生物接种试验的，由县级以上人民政府农业、林业主管部门责令停止试验，处五千元以上五万元以下罚款。

第八十八条　违反本法第五十条规定，拒绝、阻挠农业、林业主管部门依法实施监督检查的，处二千元以上五万元以下罚款，可以责令停产停业整顿；构成违反治安管理行为的，由公安机关依法给予治安管理处罚。

第八十九条　违反本法第十三条规定，私自交易育种成果，给本单位造成经济损失的，依法承担赔偿责任。

第九十条　违反本法第四十四条规定，强迫种子使用者违背自己的意愿购买、使用种子，给使用者造成损失的，应当承担赔偿责任。

第九十一条 违反本法规定，构成犯罪的，依法追究刑事责任。

第十章 附 则

第九十二条 本法下列用语的含义是：

（一）种质资源是指选育植物新品种的基础材料，包括各种植物的栽培种、野生种的繁殖材料以及利用上述繁殖材料人工创造的各种植物的遗传材料。

（二）品种是指经过人工选育或者发现并经过改良，形态特征和生物学特性一致，遗传性状相对稳定的植物群体。

（三）主要农作物是指稻、小麦、玉米、棉花、大豆。

（四）主要林木由国务院林业主管部门确定并公布；省、自治区、直辖市人民政府林业主管部门可以在国务院林业主管部门确定的主要林木之外确定其他八种以下的主要林木。

（五）林木良种是指通过审定的主要林木品种，在一定的区域内，其产量、适应性、抗性等方面明显优于当前主栽材料的繁殖材料和种植材料。

（六）新颖性是指申请植物新品种权的品种在申请日前，经申请权人自行或者同意销售、推广其种子，在中国境内未超过一年；在境外，木本或者藤本植物未超过六年，其他植物未超过四年。

本法施行后新列入国家植物品种保护名录的植物的属或者种，从名录公布之日起一年内提出植物新品种权申请的，在境内销售、推广该品种种子未超过四年的，具备新颖性。

除销售、推广行为丧失新颖性外，下列情形视为已丧失新颖性：

1. 品种经省、自治区、直辖市人民政府农业、林业主管部门依据播种面积确认已经形成事实扩散的；

2. 农作物品种已审定或者登记两年以上未申请植物新品种权的。

（七）特异性是指一个植物品种有一个以上性状明显区别于已知品种。

（八）一致性是指一个植物品种的特性除可预期的自然变异外，群体内个体间相关的特征或者特性表现一致。

（九）稳定性是指一个植物品种经过反复繁殖后或者在特定繁殖周期结束时，其主要性状保持不变。

（十）已知品种是指已受理申请或者已通过品种审定、品种登记、新品种保护，或者已经销售、推广的植物品种。

（十一）标签是指印制、粘贴、固定或者附着在种子、种子包装物表面的特定图案及文字说明。

第九十三条 草种、烟草种、中药材种、食用菌菌种的种质资源管理和选育、生产经营、管理等活动，参照本法执行。

第九十四条 本法自 2016 年 1 月 1 日起施行。

■ 基原植物中文名笔画索引

一画

一见喜 /342

一百针 /244

一把伞 /218，426

一点气 /50

二画

二色花藤 /356

人参 /246

八角茴香 /124

九里香 /208

九真藤 /60

儿茶 /160

了木槵 /32

刀口药 /426

刀豆 /176

刀皂 /162

三画

三七 /248

三白草 /34

三百棒 /453

三花龙胆 /292

三角枫 /106

三棱 /415

于术 /399

干漆 /220

土人参 /252

土茴香 /262

寸冬 /455

大力子 /401

大三叶升麻 /96

大云 /340

大木漆 /220

大叶通草 /282

大叶紫珠 /307

大头羌 /255

大奶浆草 /216

大红蓼 /52

大麦 /418

大麦牛 /82

大芸 /338，340

大豆 /178

大苦菜 /358

大刺儿菜 /404

大参 /424

大茴香 /124

大活 /266

大高良姜 /466

大料 /124

大接骨 /62

大麻 /41

大蒜芥 /145

万寿参 /444

小木通 /104

小木漆 /220

小叶金丝桃 /234

小叶莲 /114

小苦草 /288

小金丝桃 /234

小茴香 /262

小黄连树 /203

山五味子 /128

山龙胆 /290

山丝苗 /41

山西胡麻 /197

山苋菜 /76

山花椒 /126

山芹菜 /280

山杏 /158

山豆根 /118，170

山豆秧根 /118

山里红果 /153

山枣 /224

山茶根 /311

山虾子 /54

山独活 /277

山姜 /448

山烟 /328

山烟根子 /298

山萝卜 /252

山梨 /153

山麻子 /303

山楂 /153

山槐子 /172

山漆 /220

千年老鼠屎 /110

千两金 /218

川木通 /104

川贝母 /438，440

川龙胆 /288

川军 /64

川党参 /376

川断 /358

川续断 /358

川楝 /210

川楝实 /210

广木香 /411

广豆根 /170

子芩 /311

女萎 /446

飞扬草 /216

飞相草 /216

马斗铃 /48

马连菜 /80

马齿 /80

马齿苋 /80

马莲 /462

马钱 /286

马兜铃 /50

马蔺 /462

马蹄黄 /66

四画

王牡牛 /82

天仙藤 /50

天冬 /453

天台乌药 /130

天老星 /424

天名精 /388

天南星 /424，426

天葵 /110

元参 /334

元柏 /201

无花果 /39

云木香 /411

云龙胆 /288

云归 /270

云南重楼 /451

云南铁皮 /474

木芍药 /92

木鳖 /362

五味子 /126

五毒 /108

五梅子 /126

五梅草 /134

车轮草 /346

车茶草 /344

车轱辘菜 /346

车前 /346

车前草 /344

牙皂 /162

止血草 /307

中宁枸杞 /323

中国旌节花 /236

内蒙古紫草 /305

内蒙紫草 /305

水九节连 /34

水飞蓟 /406

水飞雉 /406

水禾 /406

水芝 /366

水凉子 /236

水绣球 /56

水萝卜 /334

贝母 /436

牛吉力 /326

牛尾参 /444

牛蒡 /401

牛膝 /76

毛知母 /432

毛独活 /272

升麻 /98

长叶黄精 /448

长生草 /272

长生韭 /442

公孙树 /30

风龙 /116

风茄花 /332

丹参 /318

乌头 /108

乌拉尔甘草 /193

乌药 /108，130

乌参泥 /160

凤仙花 /222

六月菊 /386

文光果 /39

火麻 /41

巴仁 /214

巴豆 /214

巴菽 /214

巴霜刚子 /214

五画

玉竹 /446

打竹伞 /444

甘草 /193

甘草苗头 /193

艾 /394

艾蒿 /394

古丁 /413

节节草 /216

石竹 /84

石竹子花 /84

石荠草 /56

石荷叶 /147

石桂树 /208

石碱花 /86，166

布氏地丁 /132

龙须子 /303

龙胆 /290

龙胆草 /290，292，294

龙眼根 /96

平车前 /344

平贝 /436

平贝母 /436

东北天南星 /424

东北龙胆 /294

东北黄芪 /189

东瓜 /366

东党参 /372

北马兜铃 /48

北五味子 /126

北细辛 /46

叶上珠 /282

田七 /248

田大芸 /338，340

史君子 /242

四叶沙参 /382

四君子 /242

四季红 /56

四棱杆蒿 /313

生军 /66

白及 /472

白马薇 /298

白毛草 /280

白毛夏枯草 /309

白丑 /300

白术 /399

白术腿 /399

白瓜 /366

白舌骨 /34

白芷 /266，268

白花前胡 /277

白花菜 /134

白花曼陀罗 /332

白花蛇舌草 /349

白苏 /320

白味参 /444

白果 /30

白苣 /268

白面菇 /34

白背树 /130

白麻 /230

白蒿 /394

白蒺藜 /199

白蒲公英 /413

白薇 /298

白藊豆 /180

瓜蒌 /369

印度草 /342

冬术 /399

冬瓜 /366

冬苋菜 /228

冬葵 /228

包袱花 /378

玄参 /334

兰花草 /462

半边莲 /422

半夏 /426

头花蓼 /56

宁夏枸杞 /323

尼恩巴 /118

辽沙参 /274

辽细辛 /46

奶汁草 /216

奶米 /82

奶浆果 /39

奶雏 /406

对节菜 /76

丝瓜 /364

丝冬 /453

丝棉皮 /149

六画

老瓜瓢根 /298

老阳子 /214

老虎耳 /147

老虎利 /58

老虎尾巴根 /453

老虎潦 /244

老翁须 /356

老鼠拉冬瓜 /362

地丁草 /132

地血 /354

地松 /388

地肤 /70

地菱 /199

地葵 /70

地槐 /172

芍药 /94

亚麻 /197

芝麻楷 /32

过山龙 /354

西大黄 /64

西五味子 /128

西伯利亚杏 /158

西南杠柳 /296

西洋参 /250

西党 /374

西党参 /372

西域旌节花 /238

百丈光 /252

百尾参 /444

百荡草 /298

光果木鳖 /360

当归 /270

当陆 /78

刚子 /214

肉苁蓉 /340

竹节羌活 /257

竹叶柴胡 /260

华中五味子 /128

伊犁贝母 /434

血见愁 /354

血藤 /126

多花黄精 /448

多花蓼 /60

壮阳草 /442

冰台 /394

决明 /168

羊耳朵 /307

羊角菜 /134

关防风 /280

关黄柏 /201

米米蒿 /145

米豆 /184

米斛 /476

灯心草 /430

灯盏细辛 /384

兴安升麻 /100

兴安白芷 /266

异叶天南星 /422

阳春砂 /470

防风 /280

好汉枝 /172

红小豆 /182

红丹参 /318

红禾麻 /44

红花 /408

红豆 /174，182

红豆蔻 /466

红草 /52

红珠仔刺 /326

红柴胡 /258

红蓝花 /408

红蓼 /52

七画

麦门冬 /455

麦无踪 /110

麦冬 /455

麦蓝菜 /82

麦蒿 /145

扯丝皮 /149

走马芹 /266

赤小豆 /184

赤术 /396

赤苏 /320

赤豆 /182

赤参 /318

坎拐棒子 /244

护羌使者 /257

芙蕖 /88

芸香 /195

芫华 /336

花旗参 /250

芥 /136

芥菜 /136

苍耳 /390

苍耳子 /390

茂 /90

杜仲 /149

杠板归 /58

杏叶沙参 /380

豆阎王 /303

豆寄生 /303

医草 /394

连及草 /472

连壳 /284

连蕚谷精草 /428

连翘 /284

坚龙胆 /288

旱莲子 /284

园参 /246

别离草 /94

牡丹 /92

何首乌 /60

皂角 /162

皂荚 /162

皂荚树 /162

谷精草 /428

狂草 /328

条叶龙胆 /294

条党 /376

饭麦 /418

饭豆 /184

羌青 /257

羌活 /257

羌滑 /257

沙纸树 /36

沙苑子 /187

沙苑蒺藜 /187

沙参 /380

沙棘 /240

怀牛膝 /76

补骨脂 /185

忍冬 /356

鸡爪大黄 /68

鸡公花 /74

鸡头子 /90

鸡头实 /90

鸡母珠 /174

鸡角枪 /74

鸡冠花 /74

鸡素苔 /114

鸡髻花 /74

纹党 /374

八画

青木香 /50，411

青鱼胆 /288

青荚叶 /282

青麻 /44

青葙 /72

青葙子 /72

青葙花 /72

青翘 /284

青藤 /116

坪贝 /436

坤草野麻 /316

拉汗果 /360

拉拉藤 /354

苦地丁 /132

苦实 /286

苦参 /172

苦骨 /172

苦楝 /212

苘麻 /230

苻蓠 /268

茅苍术 /396

林下山参 /246

板桥党 /376

板蓝根 /142

构树 /36

杭白芷 /268

枕瓜 /366

刺五加 /244

刺红花 /408

刺拐棒 /244

刺梨子 /157

轮叶沙参 /382

鸢尾 /464

虎耳草 /147

虎杖 /62

虎掌 /424

虎掌半夏 /422

虎掌南星 /426

国老 /193

明党参 /252

罗汉表 /360

罗汉果 /360

岷归 /270

岷羌活 /255

知母 /432

垂序商陆 /78

和尚头 /358

使君子 /242

金不换 /248，360

金丝荷叶 /147

金佛花 /386

金佛草 /386

金线术 /399

金线吊芙蓉 /147

金铃子 /210

金银花 /356

金银藤 /356

金樱子 /157

乳籽草 /216

肥皂草 /86

狗牙子 /326

狗牙根 /326

狗爪半夏 /422

狗尾巴花 /52

狗屎豆 /166

夜关门 /234

闹羊花 /332

卷叶贝母 /438

单枝党 /376

河沟精 /48

沿阶草 /455

泽芬 /268

空藤杆 /238

参三七 /248

线荠 /313

线麻 /41

细参 /46

贯叶连翘 /234

九画

春砂仁 /470

珍珠草 /428

珊瑚菜 /274

挟剑豆 /176

指甲花 /222

荆芥 /313

茜草 /354

草乌 /108

草龙胆 /290

草决明 /168

草果 /468

草河车 /54

草蒿 /392

茴香 /262

茶叶包 /48

胡王使者 /257

胡芦巴 /195

南大黄 /64

南五味子 /128

南沙参 /382

南星 /422

南扁豆 /180

南柴胡 /258

药用大黄 /64

相思子 /174

相思豆 /174

相思藤 /174

栀子 /352

枸杞 /326

枸杞菜 /326

厚叶梅 /151

厚朴 /122

砂仁 /470

面山药 /457

牵牛花 /300

鸦麻 /197

韭叶柴胡 /260

韭菜 /442

映山红果 /153

思仲 /149

贴梗木瓜 /155

贴梗海棠 /155

钝叶决明 /168

钩藤 /350

香大活 /266

香大黄 /66

香白芷 /268

香苏 /320

香豆 /195

香荆荠 /313

香草 /195

香独活 /272

秋葵 /232

重齿毛当归 /272

鬼打死 /114

胆草 /290

狭叶柴胡 /258

独行根 /50

独行菜 /140

将军 /66

将离 /94

美国商陆 /78

美洲凌霄 /336

籽海 /246

前胡 /277

活血草 /354

洋商陆 /78

津枸杞 /323

穿心莲 /342

扁竹花 /464

扁豆 /180

扁茎黄芪 /187

屋顶鸢尾 /464

孩儿茶 /160

十画

耗子屎 /110

秦归 /270

珠芽艾麻 /44

素花党参 /374

蚕羌 /257

赶风紫 /307

起阳菜 /442

盐乌头 /108

莱阳参 /274

莱菔子 /138

莲 /88

荷花 /88

莨菪 /328

莨菪子 /328

桔梗 /378

栝楼 /369

桃儿七 /114

破故纸 /185

柴木通 /106

柴胡 /260

党参 /372

唛角 /124

鸭脚树 /30

圆槟 /32

贼子叶 /307

铁皮石斛 /474

铁帚把 /234

铁扁担 /48

铁脚梨 /155

铁散沙 /296

铁棒槌 /44

铃铛花 /378

倒根草 /54

臭瓜篓 /48

臭花菜 /134

臭蒿 /392

射干 /459

舀求子 /242

留行子 /82

皱皮木瓜 /155

皱面草 /388

离草 /94

唐古特大黄 /68

拳参 /54

拳蓼 /54

粉防己 /120

粉沙参 /252

益母草 /316

益母蒿 /316

烟袋锅花 /46

浙玄参 /334

海沙参 /274

宽叶羌活 /255

冤葵 /228

陵霄花 /336

通条树 /238

绣球藤 /106

十一画

菘蓝 /142

黄皮树 /203

黄丝 /303

黄芙蓉 /232

黄花软柴草 /305

黄花蒿 /392

黄芩 /311

黄芩茶 /311

黄芪 /189

黄豆 /178

黄连 /112

黄条香 /118

黄柏 /201，203

黄耆 /191

黄葵 /232

黄蜀葵 /232

黄檗 /201

黄檗木 /201

菽 /178

萝卜 /138

萝卜药 /236

蒌蕻 /446

菜耳 /390

菟丝子 /303

菩萨豆 /218

菌荋 /88

野山豆 /457

野叶子烟 /388

野枣 /224

野茴香 /262，264

野胡萝卜 /264

野扁豆 /166

野烟 /388

野梅 /151

野脚板薯 /457

野绿米 /420

野萱花 /459

野葵 /228

野槐 /172

曼陀罗 /332

蛇舌草 /349

蛇针草 /349

蛇床 /264

蛇总管 /349

蛇倒退 /58

铜钱树 /130

铜筷子 /114

银杏 /30

银藤 /356

甜大芸 /338

甜艾 /394

甜草 /193

甜草苗 /193

甜根子 /193

犁头刺藤 /58

兜铃根 /50

假花生 /168

假苏 /313

假苦瓜 /360

象耳朵 /401

猪牙皂 /162

猪耳 /390

猪耳草 /346

猪屎草 /134

麻蛇饭 /426

旌节花 /236

旋覆花 /386

望江南 /166

淮山 /457

淮木通 /106

淡大云 /340

淡大芸 /338，340

婆婆丁 /413

续随子 /218

绿升麻 /98

十二画

斑皮柴 /130

斑庄根 /62

越南槐 /170

喜马山旌节花 /238

彭氏紫堇 /132

联步 /218

棒槌 /246

楮 /36

楮桑 /36

棋盘菜 /228

植首 /220

森树 /212

硬苗柴胡 /260

硬枣 /224

雁喙实 /90

裂叶牵牛 /300

紫丹参 /318

紫乌藤 /60

紫花树 /212

紫苏 /320

紫参 /54

紫草 /305

紫背天葵 /110

紫堇 /132

紫葳华 /336

紫蓝草 /462

紫蝴蝶 /464

掌叶大黄 /66

豌 /268

蛤蟆七 /464

蛤蟆叶 /344

黑三棱 /415

黑丑 /300

黑节草 /474

黑龙骨 /296

黑刺 /240

黑骨头 /296

短葶飞蓬 /384

鹅儿花 /108

筋骨草 /309

番木鳖 /286，362

猴子眼 /174

道拉基 /378

十三画

塘边藕 /34

蓝蝴蝶 /464

蓟 /404

蓑衣藤 /104

蒺藜 /199

蒺藜狗子 /199

蒲公英 /413

蒙古黄芪 /191

楝 /212

楝树 /212

暗紫贝母 /440

鼠粘草 /401

腺毛黑种草 /102

腺茎独行菜 /140

腺独行菜 /140

滇龙胆 /288

滇杠柳 /296

滇重楼 /451

窟窿牙 /100

窟窿牙根 /96

福氏羌活 /255

十四画

蔓黄耆 /187

榧 /32

酸刺 /240

酸枣 /224

酸浆 /330

酸梅子 /153

酸桶芦 /62

酸筒杆 /62

管花肉苁蓉 /338

膜荚黄芪 /189

漆树 /220

蜜果 /39

十五画

播娘蒿 /145

橄榄莲 /342

醋柳 /240

蝙蝠葛 /118

稻谷伞 /444

箭秆风 /462

鹤形术 /399

十六画

薯蓣 /457

薇草 /298

薏米 /420

薏苡 /420

霍山石斛 /476

糖罐子 /157

壁虱胡麻 /197

十七画

戴椹 /191

藊豆 /180

徽术 /399

槷木 /201

十八画

鳑毗树 /130

癞蛤蟆草 /388

二十画

糯饭果 /362

二十一画

蠡实 /462

■ 药材中文名笔画索引

二画

人参 /246

八角茴香 /124

九里香 /208

儿茶 /160

刀豆 /176

三画

三七 /248

三白草 /34

三棱 /415

干漆 /220

大叶紫珠 /307

大豆黄卷 /178

大皂角 /162

大青叶 /142

大高良姜 /466

大黄 /64，66，68

大蓟 /404

小叶莲 /114

小茴香 /262

小通草 /236，238，282

山豆根 /170

山药 /457

山楂 /153

千金子 /218

川木通 /104，106

川贝母 /438，440

川乌 /108

川射干 /464

川楝子 /210

飞扬草 /216

马齿苋 /80

马钱子 /286

马兜铃 /48，50

马蔺子 /462

四画

王不留行 /82

天仙子 /328

天冬 /453

天名精 /388

天花粉 /369

天南星 /422，424，426

天葵子 /110

无花果 /39

云木香 /411

木瓜 /155

木鳖子 /362

五味子 /126

车前子 /344，346

车前草 /344，346

水飞蓟 /406

水红花子 /52

牛蒡子 /401

牛膝 /76

升麻 /96，98，100

丹参 /318

乌药 /130

乌梅 /151

火麻仁 /41

巴豆 /214

五画

玉竹 /446

甘草 /193

艾叶 /394

石莲子 /88

石斛 /474，476

龙胆 /288，290，292，294

平贝母 /436

北豆根 /118

北沙参 /274

白及 /472

白术 /399

白芍 /94

白芷 /266，268

白花菜子 /134

白花蛇舌草 /349

白果 /30

白扁豆 /180

白薇 /298

瓜蒌 /369

瓜蒌子 /369

瓜蒌皮 /369

冬瓜 /366

冬瓜子 /366

冬瓜叶 /366

冬瓜皮 /366

冬瓜藤 /366

冬瓜瓤 /366

冬葵果 /228

玄参 /334

头花蓼 /56

丝瓜子 /364

丝瓜络 /364

六画

地肤子 /70

地骨皮 /323，326

亚麻子 /197

西洋参 /250

百尾参 /444

当归 /270

肉苁蓉 /338，340

伊贝母 /434

决明子 /168

关黄柏 /201

灯心草 /430

灯盏花 /384

防己 /120

防风 /280

红禾麻 /44

红花 /408

红豆蔻 /466

七画

麦冬 /455

麦芽 /418

赤小豆 /182，184

赤芍 /94

芥子 /136

苍术 /396

苍耳子 /390

芡实 /90

杜仲 /149

杜仲叶 /149

杠板归 /58

连翘 /284

牡丹皮 /92

皂角刺 /162

谷精草 /428

羌活 /255，257

沙苑子 /187

沙参 /382

沙棘 /240

补骨脂 /185

附子 /108

忍冬藤 /356

鸡冠花 /74

八画

青风藤 /116

青葙子 /72

青蒿 /392

苦地丁 /132

苦杏仁 /158

苦参 /172

苦楝子 /212

苦楝皮 /210，212

苘麻子 /230

板蓝根 /142

刺五加 /244

虎耳草 /147

虎杖 /62

明党参 /252

罗汉果 /360

知母 /432

使君子 /242

金沸草 /386

金银花 /356

金樱子 /157

肥皂草 /86

夜交藤 /60

细辛 /46

贯叶连翘 /234

九画

荆芥 /313

茜草 /354

草果 /468

茺蔚子 /316

胡芦巴 /195

南五味子 /128

南沙参 /380

相思子根 /174

栀子 /352

栀子根 /352

枸杞子 /323

厚朴 /122

厚朴花 /122

砂仁 /470

牵牛子 /300

韭菜 /442

韭菜子 /442

钩藤 /350

重楼 /451

独活 /272

急性子 /222

前胡 /277

洋金花 /332

穿心莲 /342

十画

莱菔子 /138

莲子 /88

莲子心 /88

莲须 /88

荷叶 /88

桔梗 /378

柴胡 /258，260

党参 /372，374，376

射干 /459

凌霄花 /336

拳参 /54

益母草 /316

十一画

黄芩 /311

黄芪 /189，191

黄连 /112

黄柏 /203

黄蜀葵花 /232

黄精 /448

菟丝子 /303

蛇床子 /264

银杏叶 /30

猪牙皂 /162

商陆 /78

旋覆花 /386

望江南 /166

淡豆豉 /178

续断 /358

十二画

葶苈子 /140，145

楮叶 /36

楮皮间白汁 /36

楮茎 /36

楮实子 /36

楮树白皮 /36

楮树根 /36

紫苏子 /320

紫苏叶 /320

紫苏梗 /320

紫草 /305

黑豆 /178

黑骨藤 /296

黑种草子 /102

筋骨草 /309

十三画

蒺藜 /199

蒲公英 /413

锦灯笼 /330

十四画

榧子 /32

酸枣仁 /224

十五画

鹤虱 /388

十六画

薏苡仁 /420

十八画

藕节 /88

瞿麦 /84

基原植物拉丁学名索引

A

Abelmoschus manihot (L.) Medic./232

Abrus precatorius L./174

Abutilon theophrasti Medic./230

Acacia catechu (L. f.) Willd./160

Acanthopanax senticosus (Rupr. et Maxim.) Harms/244

Achyranthes bidentata Bl./76

Aconitum carmichaelii Debx. /108

Adenophora stricta Miq./380

Adenophora tetraphylla (Thunb.) Fisch./382

Ajuga decumbens Thunb./309

Allium tuberosum Rottl. ex Spreng./442

Alpinia galanga (L.) Willd./466

Amomum tsao-ko Crevost et Lemaire/468

Amomum villosum Lour./470

Andrographis paniculata (Burm. f.) Nees/342

Anemarrhena asphodeloides Bge./432

Angelica dahurica (Fisch. ex Hoffm.) Benth. et Hook. f./266

Angelica dahurica (Fisch. ex Hoffm.) Benth. et Hook. f. ex Franch. et Sav. var. formosana (Boiss.) Shan et Yuan/268

Angelica pubescens Maxim. f. biserrata Shan et Yuan/272

Angelica sinensis (Oliv.) Diels/270

Arctium lappa L./401

Arisaema amurense Maxim./424

Arisaema erubescens (Wall.) Schott/426

Arisaema heterophyllum Blume/422

Aristolochia contorta Bge. /48

Aristolochia debilis Sieb. et Zucc. /50

Armeniaca mume Sieb. var. pallescens (Franch.) Yü et Lu /151

Arnebia guttata Bunge./305

Artemisia annua L./392

Artemisia argyi Lévl. et Vant./394

Asarum heterotropoides Fr. Schmidt var. mandshuricum (Maxim.) Kitag. /46

Asparagus cochinchinensis (Lour.) Merr./453

Astragalus complanatus R. Br./187

Astragalus membranaceus (Fisch.) Bge./189

Astragalus membranaceus (Fisch.) Bge. var. mongholicus (Bge.) Hsiao/191

Atractylodes lancea (Thunb.) DC./396

Atractylodes macrocephala Koidz./399

B

Belamcanda chinensis (L.) DC./459

Benincasa hispida (Thunb.) Cogn./366

Bletilla striata (Thunb.) Reiehb. f./472

Brassica juncea (L.) Czern. et Coss. /136

Broussonetia papyrifera (L.) Vent. /36

Bupleurum chinense DC./260

Bupleurum scorzonerifolium Wild./258

C

Callicarpa macrophylla Vahl/307

Campsis radicans (L.) Seem./336

Canavalia gladiata (Jacq.) DC./176

Cannabis sativa L. /41

Carpesium abrotanoides L./388

Carthamus tinctorius L./408

Cassia obtusifolia L./168

Cassia occidentalis L./166

Celosia argentea L. /72

Celosia cristata L. /74

Chaenomeles speciosa (Sweet) Nakai /155

Changium smyrnioides Wolff/252

Cimicifuga dahurica (Turcz.) Maxim. /100

Cimicifuga foetida L./98

Cimicifuga heracleifolia Kom. /96

Cirsium japonicum Fisch. ex DC./404

Cistanche deserticola Y. C. Ma/340

Cistanche tubulosa (Schenk) Wight/338

Clematis armandii Franch. /104

Clematis montana Buch.-Ham. ex DC. /106

Cleome gynandra L. /134

Cnidium monnieri (L.) Cuss./264

Codonopsis pilosula (Franch.) Nannf./372

Codonopsis pilosula Nannf. var. *modesta* (Nannf.) L. T. Shen/374

Codonopsis tangshen Oliv./376

Coix lacryma-jobi L. var. *mayuen* (Roman.) Stapf/420

Coptis chinensis Franch. /112

Corydalis bungeana Turcz. /132

Crataegus pinnatifida Bge. /153

Croton tiglium Linnaeus/214

Cuscuta chinensis Lam./303

Cynanchum atratum Bge./298

D

Datura metel L./332

Dendrobium huoshanense C. Z. Tang et S. J. Cheng/476

Dendrobium officinale Kimura et Migo/474

Descurainia sophia (L.) Webb ex Prantl. /145

Dianthus chinensis L. /84

Dioscorea opposita Thunb./457

Dipsacus asperoides C. Y. Chenget T. M. Ai./358

Disporum cantoniense (Lour.) Merr./444

Dolichos lablab L./180

E

Erigeron breviscapus (Vant.) Hand. -Mazz./384

Eriocaulon buergerianum Koern./428

Eucommia ulmoides Oliv. /149

Euphorbia hirta L./216

Euphorbia lathyris L. /218

Euryale ferox Salisb. /90

F

Ficus carica L./39

Foeniculum vulgare Mill./262

Forsythia suspensa (Thunb.) Vahl/284

Fritillaria cirrhosa D. Don/438

Fritillaria pallidiflora Schrenk/434

Fritillaria unibracteata Hsiao et K. C. Hsia/440

Fritillaria ussuriensis Maxim./436

G

Gardenia jasminoides Ellis/352

Gentiana manshurica Kitag./294

Gentiana rigescens Franch./288

Gentiana scabra Bge./290

Gentiana triflora Pall./292

Ginkgo biloba L. /30

Gleditsia sinensis Lam. /162

Glehnia littoralis Fr. Schmidt ex Miq./274

Glycine max (L.) Merr./178

Glycyrrhiza uralensis Fisch./193

H

Hedyotis diffusa Willd./349

Helwingia japonica (Thunb.) Dietr./282

Hippophae rhamnoides L./240

Hordeum vulgare L./418

Hyoscyamus niger L./328

Hypericum perforatum Linnaeus/234

I

Illicium verum Hook. f. /124

Impatiens balsamina L./222

Inula japonica Thunb./386

Iris lactea Pall. var. *chinensis* (Fisch.) Koidz./462

Iris tectorum Maximowicz/464

Isatis indigotica Fort. /142

J

Juncus effusus L./430

K

Kochia scoparia (L.) Schrad. /70

L

Laportea bulbifera (Sieb. et Zucc.) Wedd. /44

Leonurus japonicus Houtt./316

Lepidium apetalum Willd. /140

Lindera aggregata (Sims) Kosterm./130

Linum usitatissimum L./197

Lonicera japonica Thunb./356

Luffa cylindrica (L.) Roem./364

Lycium barbarum L./323

Lycium chinense Mill./326

M

Magnolia officinalis Rehd. et Wils. /122

Malva verticillata L./228

Melia azedarach L./212

Melia toosendan Sieb. et Zucc./210

Menispermum dauricum DC. /118

Momordica cochinchinensis (Lour.) Spreng./362

Murraya exotica L./208

N

Nelumbo nucifera Gaertn. /88

Nigella glandulifera Freyn et Sint. /102

Notopterygium franchetii H. de Boiss./255

Notopterygium incisum Ting ex H. T. Chang/257

O

Ophiopogon japonicus (L. f.) Ker-Gawl./455

P

Paeonia lactiflora Pall. /94

Paeonia suffruticosa Andr. /92

Panax ginseng C. A. Mey./246

Panax notoginseng (Burk.) F. H. Chen/248

Panax quinquefolium L./250

Paris polyphylla Smith var. *yunnanensis* (Franch.)
　　Hand-Mazz./451

Perilla frutescens (L.) Britt./320

Periploca forrestii Schltr./296

Peucedanum praeruptorum Dunn/277

Pharbitis nil (L.) Choisy/300

Phellodendron amurense Rupr./201

Phellodendron chinense Schneid./203

Physalis alkekengi L. var. *franchetii* (Mast.)
　　Makino/330

Phytolacca americana L. /78

Plantago asiatica L./346

Plantago depressa Willd./344

Platycodon grandiflorum (Jacq.) A. DC./378

Polygonatum cyrtonema Hua/448

Polygonatum odoratum (Mill.) Druce/446

Polygonum bistorta L. /54

Polygonum capitatum Buch.-Ham. ex D. Don /56

Polygonum cuspidatum Sieb. et Zucc. /62

Polygonum multiflorum Thunb./60

Polygonum orientale Linn./52

Polygonum perfoliatum L. /58

Portulaca oleracea L. /80

Prunus sibirica L./158

Psoralea corylifolia L./185

Q

Quisqualis indica L./242

R

Raphanus sativus L. /138

Rheum officinale Baill. /64

Rheum palmatum L. /66

Rheum tanguticum Maxim. ex Balf. /68

Rosa laevigata Michx. /157

Rubia cordifolia L./354

S

Salvia miltiorrhiza Bge./318

Saponaria officinalis L. /86

Saposhnikovia divaricata (Turcz.) Schischk./280

Saururus chinensis (Lour.) Baill./34

Saussurea costus (Falc.) Lipech./411

Saxifraga stolonifera Meerb. /147

Schisandra chinensis (Turcz.) Baill. /126

Schisandra sphenanthera Rehd. et Wils./128

Schizonepeta tenuifolia Briq./313

Scrophularia ningpoensis Hemsl./334

Scutellaria baicalensis Georgi/311

Semiaquilegia adoxoides (DC.) Makino /110

Silybum marianum (L.) Gaertn./406

Sinomenium acutum (Thunb.) Rehd. et Wils./116

Sinopodophyllum hexandrum (Royle) Ying/114

Siraitia grosvenorii (Swingle) C. Jeffrey ex A. M. Lu et Z. Y. Zhang/360

Sophora flavescens Ait./172

Sophora tonkinensis Gagnep./170

Sparganium stoloniferum Buch.-Ham./415

Stachyurus chinensis Franch./236

Stachyurus himalaicus Hook. f. et Thoms./238

Stephania tetrandra S. Moore /120

Strychnos nux-vomica L./286

T

Taraxacum mongolicum Hand.-Mazz./413

Torreya grandis Fort./32

Toxicodendron vernicifluum (Stokes) F. A. Barkl./220

Tribulus terrestris L./199

Trichosanthes kirilowii Maxim./369

Trigonella foenum-graecum L./195

U

Uncaria rhynchophylla (Miq.) Miq. ex Havil./350

V

Vaccaria segetalis (Neck.) Garcke/82

Vigna angularis Ohwi et Ohashi/182

Vigna umbellata Ohwi et Ohashi/184

X

Xanthium sibiricum Patr./390

Z

Ziziphus jujuba Mill. var. *spinosa* (Bunge) Hu ex H. F. Chou/224